문화재수리보수기술자

한국건축
구조와 시공 ❷

이승환 · 박남신 · 정수희

예문사

문화재 수리의 커다란 원칙은 「원형유지」입니다. 어떤 것의 원형을 유지하는 것이 뭐 그리 어려운 일이겠나 싶겠으나 막상 문화재를 수리하는 현장에서는 「원형유지」라는 말의 무게가 그리 가볍지 않습니다. 문화재 수리는 '보존해야 할 원형이 무엇인가'를 심사숙고하고, 올바로 보전하기 위해 '어떻게 수리할 것인가' 하는 방법을 연구하고 실행하는 과정의 연속입니다.

수리보수기술자로서 문화재 관련 분야에서 일하면서 늘 아쉬운 부분은 문화재 및 전통건축물의 구조와 시공에 대해 체계적으로 정리되어 있는 서적을 만나기 힘들다는 것입니다. 또한, 문화재의 원형을 파악하고 수리의 방향을 잡아나가기 위한 논의를 함에 있어서도 참고할 만한 기준들이 부족하다는 것도 그러한 부분입니다. 그런 아쉬움 때문에 내용적으로 부족하고 오류가 있더라도 전체적으로 정리된 텍스트가 지속적으로 발간되는 것이 필요하다는 생각으로 이 책을 펴내게 되었습니다.

이 책은 새로운 창작물이 아닙니다. 전통건축의 구조에 대한 기존의 연구 성과를 정리하고, 문화재 수리 현장에서 축적된, 수리보수기술자와 기능자의 경험을 정리한 것입니다. 여기저기 조금씩 흩어진 이야기들을 모아서 정리하는 수고에 더하여 문화재수리보수기술자로서 현장에서 문화재 수리 업무를 맡아보면서 듣고 보고 생각한 것들을 보태었습니다.

이렇듯, 완전히 새로운 창작물은 아니지만, 이 책이 문화재 관련 업무에 종사하는 분들께 조금이나마 도움이 될 수 있도록 가급적 많은 내용을 담고자 노력했습니다. 우선 전통건축과 문화재 수리에 관련된 단행본과 논문, 문화재청의 연구 보고서 등을 참고하여 기본적인 이론을 정리하였습니다. 또한, 문화재 수리 표준시방서와 문화재 실측조사 보고서, 수리 보고서 등을 기반으로 기초자료를 수집하고 정리하였습니다. 깊은 내용의 논의보다는 전통건축물의 구조와 시공에 대한 전반적인 내용을 한 권의 책으로 만들어내는 데 의미를 두었습니다.

2권에서는 1권에서 미처 다루지 못했던 목조건축물의 수장부와 중층 건축물, 향교를 비롯한 건축물들과 건축유형에 대해 다루고, 이어서 석조문화재의 주를 이루는 석탑, 성곽을 중심으로 석조물에 대한 내용을 정리했습니다. 더불어, 근대기에 형성된 벽돌조 건축물에 대해 다루었습니다. 1권과 마찬가지로, 제한적이지만 개별 건축물의 구조와 문화재 수리 사례를 최대한 다양하게 싣고자 노력하였습니다. 특히, 독자들이 전통건축물의 구조와 시공을 좀 더 쉽게 이해할 수 있도록 도면 작성에 공을 들여 간략하고 함축적인 형태의 도면을 제시하기 위해 모든 도면을 핸드 드로잉 작업하였습니다.

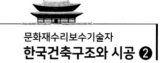

책에 수록된 도면은 전통건축과 관련한 기존의 서적, 논문, 연구 보고서, 문화재 실측수리 보고서 등에 게재된 사진과 도면을 참고하여 일부 내용을 수정하거나 보완하는 과정을 거쳐 모두 재작성한 것입니다. 따라서 도면 하나하나에 참고도면을 명시하는 것이 마땅하겠으나, 도면의 수량이 방대하여 일일이 그렇게 하지 못하였습니다. 이 점에 대하여 관계자분들께 감사의 인사와 함께 넓은 아량과 이해를 구합니다. 또한, 집필자의 능력이 부족한 까닭에 내용을 전달하는 과정에서 많은 오류가 있을 것이라 생각합니다. 이 점에 대해서도 독자와 관계자분들의 넓은 양해와 조언을 구합니다.

지면을 낭비하지 않기 위해 문화재청 홈페이지에서 자유롭게 다운로드할 수 있는 개별 건물의 도면이나, 인터넷 검색을 통해 확인할 수 있는 각종 사진들은 굳이 싣지 않았습니다. 다만, 책 말미에 전통건축에 대한 다양한 자료를 찾아보실 수 있도록 도움이 되는 사이트를 기재해놓았으니 이를 참고하시기 바랍니다. 또한, 참고문헌의 목록도 책의 말미에 게재하였습니다. 책의 내용과 관련하여 좀 더 깊고 풍부한 내용을 얻고자 하시는 분들은 참고문헌에 제시된 도서와 논문을 읽어보시길 권합니다.

문화재 수리에 대한 불신과 의혹의 눈초리 속에서도 많은 문화재수리보수기술자와 기능인, 현장 직원들이 묵묵히 현장에서 문화재를 돌보고 있습니다. 올바른 문화재 수리를 통해 문화유산을 지켜나가는 일이 하루아침에 이루어질 수는 없을 것입니다. 감시와 제재를 위한 법과 제도를 만드는 일은 쉽겠으나 사회적인 배경과 동력을 만드는 일은 어렵습니다. 이것은 관심과 애정을 전제로 한 장기적인 계획과 투자 없이는 불가능하기 때문입니다. 힘든 여건 속에서도 전통건축과 문화재에 대한 사명감으로 오늘도 현장을 지키는 많은 사람들이 있어 우리는 오늘보다는 나은 내일을 맞이할 것이라 믿고 있습니다.

나름의 사명감으로 문화재 수리 업무에 임하고 있는 문화재수리보수기술자 모임 『문온새미』 회원분들의 도움과 격려가 있어 책을 발행할 수 있었습니다. 이 자리를 빌려 감사의 인사를 드립니다. 아무쪼록 이 책이 전통건축과 문화재 관련 업무에 종사하는 분들에게 도움이 될 수 있기를 바랍니다. 또한, 문화재 수리 현장에서 땀 흘려 일하는 가운데 문화재수리보수기술자 자격을 취득하기 위해 애쓰시는 기능자, 현장 직원분들께도 조금의 힘이 되었으면 합니다.

저자 일동

**8편
중층 구조와
시공**

9편
건축유형과
건축물

**10편
석탑의
구조와
시공**

문화재수리보수기술자
한국건축구조와 시공 ❷
CONTENTS

문화재수리보수기술자
한국건축구조와 시공 ❷

PART **7** 수장부 구조와 시공

LESSON 01 벽체의 구조와 시공

SECTION 01 | 인방

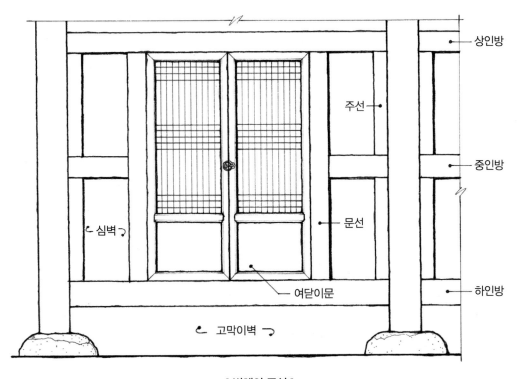

상인방

주선

중인방

심벽

문선

여닫이문

하인방

고막이벽

‖ 벽체의 구성 ‖

01 | 개요

① 개념
　　㉠ 기둥과 기둥, 기둥과 벽선 사이를 건너질러 설치한 수장폭 부재
　　㉡ 심벽의 뼈대 또는 문틀이 되는 가로재

② 기능
　　㉠ 기둥 사이의 간격 유지
　　㉡ 기둥 사이를 연결하여 목조건물에 작용하는 횡력에 대응
　　㉢ 흙벽 및 판벽, 창호 구성을 위한 틀

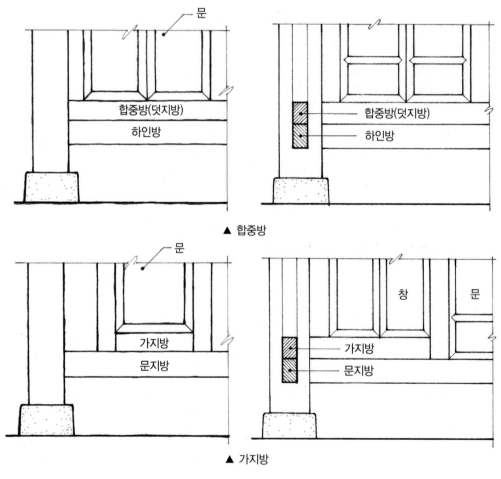

▲ 합중방

▲ 가지방

‖ 합중방과 가지방 ‖

③ 종류

    ㉠ 설치 위치에 따른 분류 : 상인방, 중인방, 하인방

    ㉡ 설치 목적에 따른 분류 : 문상방, 문하방(문지방), 청방, 꿸중방, 여모중방

    ㉢ 가지방 : 문지방 위에 덧대어 기둥과 벽선 사이에 이중으로 건너지른 부재

    ㉣ 합중방 : 하인방, 문지방 위에 인방을 겹쳐 놓아 문턱을 높이거나 인방을 보강하는 부재

02 | 인방의 규격

① 너비

    ㉠ 수장폭 : 벽체, 창호 등 수장재를 설치하는 기준이 되는 너비

    ㉡ 인방의 너비 : 벽체의 폭, 기둥의 직경 등을 고려(수장폭)

    ㉢ 3치~5치

② 인방의 춤

    ㉠ 주칸 길이, 창호 규격, 벽체의 전체적인 입면비례 등을 고려(너비의 2배 내외)

    ㉡ 하인방 > 중인방 ≧ 상인방

03 | 인방의 설치

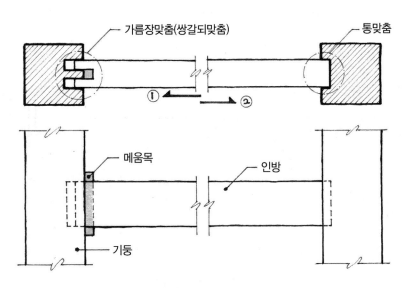

‖ 인방과 기둥의 결구 ‖

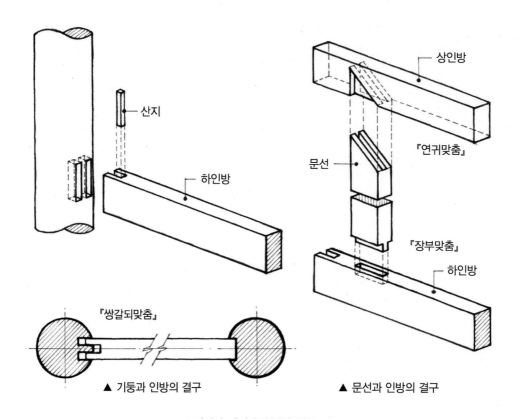

▲ 기둥과 인방의 결구

▲ 문선과 인방의 결구

‖ 귀신사 대적광전 인방 결구도 ‖

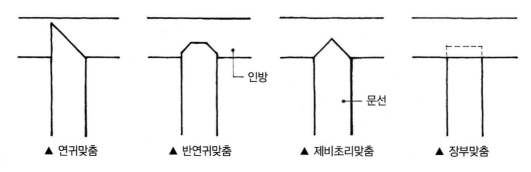

▲ 연귀맞춤   ▲ 반연귀맞춤   ▲ 제비초리맞춤   ▲ 장부맞춤

‖ 인방과 문선의 결구 ‖

① 인방의 결구

　㉠ 인방과 기둥 : 쌍갈되맞춤, 통넣고 되맞춤(쐐기, 메움목 설치)

　㉡ 인방과 주선, 문선 : 장부맞춤, 연귀맞춤, 촉맞춤

② 인방의 치목과 조립

　㉠ 치목 : 조립 직전에 장부를 치목

　㉡ 조립 : 지붕공사 후 하중에 의해 목구조가 안정화된 후 조립

③ 수직, 수평보기

　㉠ 기둥의 건조에 따른 수축과 뒤틀림 고려

　㉡ 인방재 설치 전에 결구홈 위치를 다시 확인 후 인방 설치

④ 상인방 설치 : 창방이나 장여 하부에 설치(민도리집, 포집)

⑤ 중인방 설치

　㉠ 창호의 규격 및 설치 위치에 따라 중인방 설치

　㉡ 흙벽 구성을 위한 벽체 분할에 따라 중인방 설치(중깃 설치를 위한 바탕재로 기능)

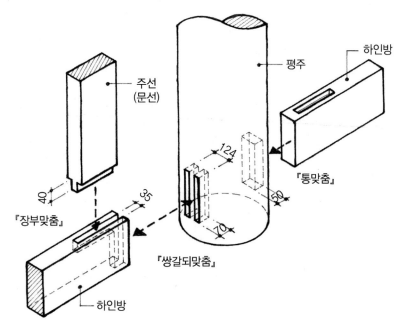

┃ 화암사 극락전 하인방 결구도 ┃

⑥ 하인방 설치

　㉠ 부재 사이의 입면비례, 상부 벽체 및 창호의 하중을 고려하여 규격 설정

　㉡ 하인방 상면에서 2치 정도 아래에 실의 바닥이 위치

01 │ 개요

① 개념

　　㉠ 상하 인방 사이에 수직으로 설치한 수장폭 부재

　　㉡ 창문틀, 문홈대에 세워 대는 수직방향 틀재(문선)

　　㉢ 흙벽에 접하는 기둥의 옆을 막아주는 세로재(주선)

　　㉣ 흙벽을 분할하고 구성하는 뼈대(벽선)

② 종류 : 설치 위치와 구조에 따라 여러 가지 명칭으로 사용(문설주, 문선, 벽선, 주선)

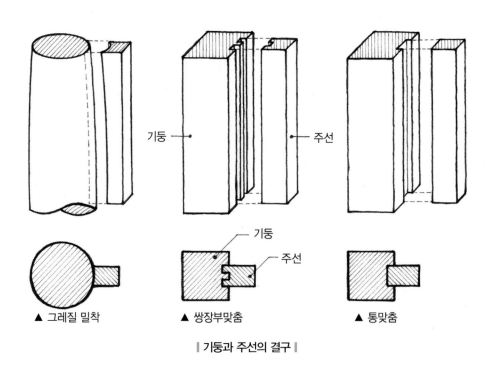

│ **기둥과 주선의 결구** │

02 | 벽선의 결구

① 주선

    ㉠ 기둥에 그레질해서 밀착하고 못으로 고정

    ㉡ 기둥에 주선의 폭만큼 턱을 내어 물리거나 쌍장부맞춤

② 벽선, 문선 : 상하 인방에 장부맞춤, 연귀맞춤, 반연귀맞춤, 촉맞춤

03 | 창얼굴 구성의 시대적 특징

① 중간설주가 설치된 영쌍창은 18세기 이후로 사라짐

② 인방과 문선의 맞춤은 연귀, 반연귀, 제비초리, 장부맞춤 등을 사용

③ 조선 초 · 중기는 연귀맞춤, 제비초리맞춤이 다수 / 조선 후기에는 반연귀맞춤과 장부맞춤이 다수

④ 고려시대 건물은 입면상 벽체 중간에 창얼굴이 독립적으로 구성(봉정사 극락전 살창 등)

01 | 개요

① 개념

    ㉠ 머름 : 하인방과 창 사이에 머름대와 청판 등을 조립하여 구성한 벽체 부분

    ㉡ 기능 : 창 하부 벽체의 마감 및 의장 / 방풍과 단열

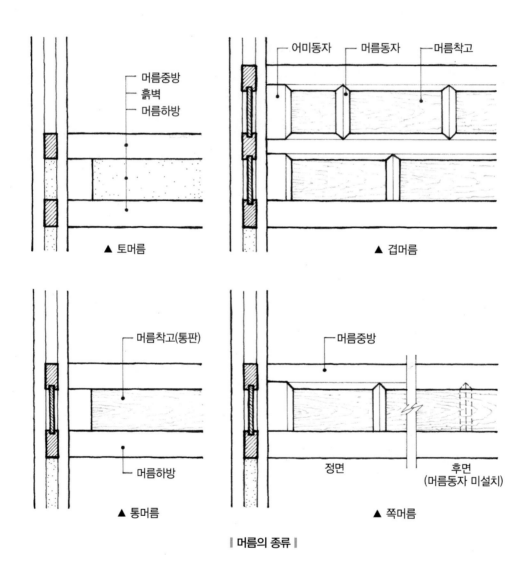

| 머름의 종류 |

② 종류

    ㉠ 짜는머름 : 머름동자를 사용하여 머름대와 널을 짜서 구성한 머름

    ㉡ 토머름 : 머름하방과 머름중방 사이를 흙벽으로 마감한 머름

ⓒ 겹머름 : 머름틀을 상하 2단으로 구성한 머름

ⓔ 쪽머름 : 실 안쪽으로는 머름동자 없이 판재로 마감한 머름

ⓜ 통머름 : 머름동자를 설치하지 않고 판재로 마감한 머름(통판머름)

③ 온돌방의 머름

　　ㄱ 조선 초기~조선 중기 : 벽체 일부에 설치되는 창호의 폭에 맞춰 그 하부에 설치

　　ㄴ 조선 후기 : 창호 설치 범위와 별도로 벽체 전체에 걸쳐 설치되는 경향

④ 불전의 머름

　　ㄱ 고려시대 : 협퇴칸에 창을 두고 하부에 머름 설치 / 정칸에 문 설치(폐쇄적)

　　ㄴ 조선시대 : 전면 모든 칸에 머름 없이 궁판이 달린 분합창호 설치(개방적)

02 | 머름의 구조

① 규격

　　ㄱ 높이 : 신체 치수와 좌식생활, 사생활 보호를 고려하여 1.5자(45cm) 내외의 높이로 구성

　　ㄴ 폭 : 벽 전체에 설치하거나 벽체의 일부에만 설치

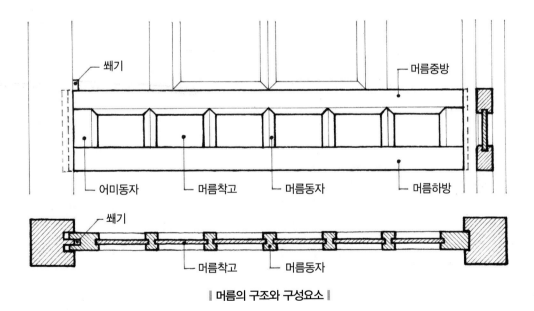

‖ 머름의 구조와 구성요소 ‖

② 구성요소

　　ㄱ 머름하방, 머름중방(머름대) / 머름동자, 어미동자, 머름착고(청판)

　　ㄴ 쇠시리 : 머름중방, 어미동자, 머름동자에 쌍사면치기

03 | 조립

① 결구
  ㉠ 머름틀과 기둥 : 쌍갈 되맞춤, 통넣고 되맞춤(메움목, 쐐기 설치)
  ㉡ 머름동자와 머름중방, 머름하방 : 머름중방에 제비초리맞춤, 머름하방에 장부맞춤
  ㉢ 어미동자와 머름중방, 머름하방 : 머름중방에 반연귀맞춤, 머름하방에 장부맞춤
  ㉣ 머름착고 : 머름대와 머름하방, 머름동자에 홈을 파서 청판을 끼움

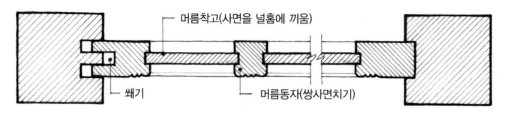

‖ 머름틀 평면 상세도 ‖

② 조립
  ㉠ 한 벌로 조립하여 머름틀을 통으로 기둥에 조립하거나, 기둥 사이에 부재를 순서대로 조립
  ㉡ 부재의 수축과 이완을 고려하여 창호 및 벽체 설치 시까지 머름틀을 압축하여 고정
  ㉢ 수평보기 : 창호 설치 시에 머름틀의 수평을 재확인

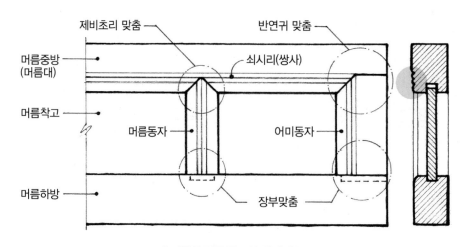

‖ 머름의 결구 구조와 쇠시리 ‖

SECTION 04 | 심벽(흙벽)

01 | 개념

① 기둥과 기둥 사이에 중깃과 외를 엮어 흙으로 마감한 벽체 / 기둥 노출
② 비내력벽 구조

02 | 심벽의 구조

① 중깃 : 수직재인 기둥, 주선, 벽선과 수평재인 인방 사이에 중깃을 고정
② 외엮기 : 중깃을 바탕으로 가로대, 힘살, 눌외, 설외를 엮어 설치
③ 흙바름 : 외엮은 바탕 위에 흙바름(초벌, 재벌, 정벌)

03 | 중깃

① 흙벽의 외를 엮기 위하여 중방과 상하 인방 사이에 세로로 대는 가는 부재
② 상하 인방 사이에 설치하는 버팀대
③ 쪼갬목, 나뭇가지 또는 각목 등을 사용
④ 수장폭의 1/3 정도 크기
⑤ 1~1.5치 규격(벽체의 두께를 고려)

04 | 가시새, 힘살

① 가시새 : 흙벽 외엮기의 반대쪽에서 중깃에 가로로 대거나 중깃에 끼어 가로외를 보강하거나 세로외를 엮어매는 부재
② 힘살 : 흙벽의 세로외를 보강하거나 가로외를 엮어매기 위하여 중깃 사이에 세워 대는 부재
③ 지름 12mm 굵기의 잡목이나 싸리나무, 통대나무 등을 사용
④ 방보라 : 벽체가 좁은 경우에 설외를 엮기 위해 기둥ㆍ벽선과 문선 사이에 가로로 설치하는 가는 부재

05 | 눌외, 설외

① 눌외 : 흙벽의 중깃, 힘살 등에 좁은 간격으로 가로로 엮어매는 가는 부재(가로외)
② 설외 : 흙벽의 가시새 등에 좁은 간격으로 세로로 엮어매는 가는 부재(세로외)
③ 잡목, 싸리나무, 쪼갠 대나무, 겨릅대(삼줄기), 수수깡 등을 사용

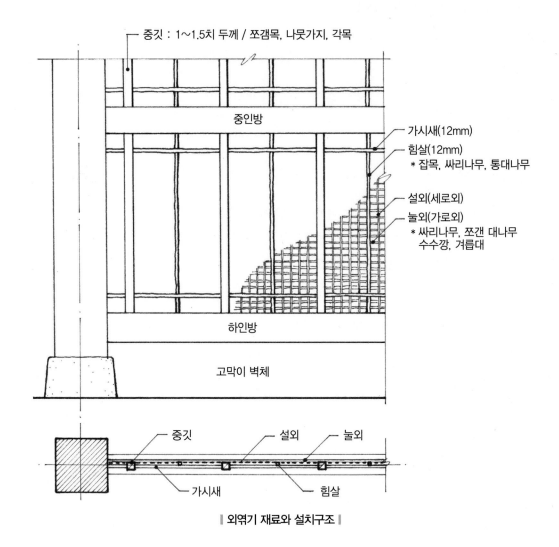

중깃 : 1~1.5치 두께 / 쪼갬목, 나뭇가지, 각목

중인방

가시새(12mm)

힘살(12mm)
* 잡목, 싸리나무, 통대나무

설외(세로외)

눌외(가로외)
* 싸리나무, 쪼갠 대나무
수수깡, 겨릅대

하인방

고막이 벽체

중깃   설외   눌외

가시새   힘살

‖ 외엮기 재료와 설치구조 ‖

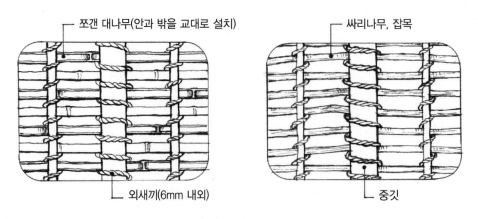

쪼갠 대나무(안과 밖을 교대로 설치)

싸리나무, 잡목

외새끼(6mm 내외)

중깃

‖ 외엮기 상세도 ‖

06 | 외새끼

① 짚을 꼬아서 만든 지름 6mm 내외의 가는 새끼줄 사용(벽체 미장면 균열 방지)
② 기타 : 삼으로 꼰 줄 또는 칡덩굴을 새끼의 대용으로 외엮기에 사용

07 | 여물(균열방지)

① 짚여물
  　㉠ 잘 마른 볏짚을 잘게 잘라서 부드럽게 푼 것을 사용
  　㉡ 초벌바름용은 30~90mm, 재벌바름용은 20mm 내외

② 삼여물
  　㉠ 잘 씻어서 충분히 건조한 대마를 사용
  　㉡ 정벌바름용은 백색으로 표백하여 사용

③ 종이여물 : 한지, 마농지, 창호지 등의 헌 종이를 물에 풀어 섬유로 만들어 표백하여 사용

④ 털여물
  　㉠ 소털, 말털 등 동물의 털로서 표백한 것을 풀어서 사용(수사)
  　㉡ 회벽을 바를 때 이겨서 섞어 바름

08 | 풀 · 첨가제(점착력 증가)

① 밀풀, 쌀풀, 찹쌀풀(교말), 느릅나무껍질(유근피)[1]
② 해초풀(미역, 한천, 우뭇가사리, 도박 등의 해초를 끓인 물)
③ 마분(馬糞), 동유(오동나무기름), 법유(들기름)
④ 유근피, 해초는 한번 끓인 것을 재사용하지 않음

---

1) 「종묘영녕전중수도감의궤(宗廟永寧殿曾修都監儀軌 1835-1836)」 2책 p.0113
　"宗廟永寧殿上樑時奠物各 本所所掌樑上塗灰所入物力當 為磨鍊而取考謄錄則搗 灰時以米炊粥入用是如為有矣近来各處樑上塗灰時
　皆 以榆皮水和搗用之是如乎今畓則何以為之是乎旀於且塗"

09 | 흙바름

① **초벌바름** : 최초로 하는 바름 / 진흙에 여물을 섞어 바름(초벽치기, 맞벽치기)

    ⊙ 초벽치기 : 건물안쪽의 벽면에 처음 바르는 것

    ⓒ 맞벽치기 : 건물바깥쪽에서 초벽에 맞대어 치기

② **재벌바름** : 초벌바름 위에 덧바르는 바름 / 진흙에 여물을 섞어 바름

③ **정벌바름** : 초벌과 재벌한 면에 바름 / 진흙 또는 석회죽에 여물, 풀, 모래 등을 섞어 바름

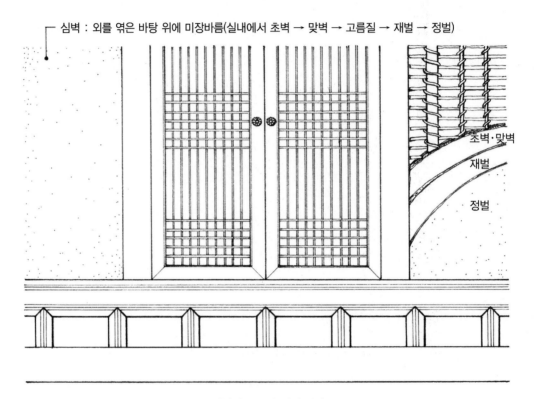

심벽 : 외를 엮은 바탕 위에 미장바름(실내에서 초벽 → 맞벽 → 고름질 → 재벌 → 정벌)

초벽·맞벽
재벌
정벌

‖ **심벽의 구조와 벽체 구성** ‖

④ **진흙**

    ⊙ 진흙은 차지고 부드러우며 이물질이 섞이지 않은 것을 사용

    ⓒ 사용하기 3일 전에 이겨두고, 사용 시 다시 묽기를 맞추어 이겨서 사용

    ⓒ 사벽용은 모래가 섞인 점성이 있는 부드러운 것으로서 체가름을 한 후 사용

⑤ 마사(마사토)

　　㉠ 색이 누렇고 희면서 모래와 흙이 서로 섞인 것. 석비레(石飛興)[2]

　　㉡ 암반이 완전히 풍화되지 않아 푸석돌이 섞인 흙. 화강암이 풍화된 밝은 색의 모래[3]

　　㉢ 질마사와 백마사[4]

⑥ 백토(白土)

　　㉠ 화강암이 풍화된 흙으로서 모래가 많이 섞이고 빛깔이 흰 흙

　　㉡ 백토를 부수어 체로 쳐서 왕모래를 가려내어 사용

　　㉢ 점성이 있는 흰 가루로서 도자기의 원료가 되는 백색점토[5]

⑦ 사벽토(沙壁土)

　　㉠ 누렇고 고우면서 차진 모래(黃細黏沙)[6] / 사벽(沙壁), 새벽흙

　　㉡ 모래가 포함된 점토질 흙(진흙)[7]. 백와(白瓦)

10 | 심벽의 훼손 유형

벽체의 균열, 박리 · 박락, 탈락, 기울음 등

11 | 심벽의 훼손 원인

① 흙의 점성 저하

② 재료의 문제

　　㉠ 중깃, 외새끼, 흙, 석회 등에 열악한 재료 사용

　　㉡ 중깃, 외의 내구성 저하

---

2) 「임원경제십육지. 서유구」 中 섬용지(贍用志) 권 제1 營造之制 中 "卽色黃白而沙土相雜者, 俗呼 石飛興"
3) 「임원경제지 섬용지 1」 (서유구 지음. 임원경제연구소 옮김. 풍석문화재단. 2017) 中 p.100
4) 「100년 만에 되살리는 한국의 전통미장기술」 (김진욱 지음. 성안당) 中 p.56 "돌가루와 비슷한 상태의 흙인 백마사, 황토성분이 섞여 있는 질마사로 분류"
5) 「임원경제지 섬용지 1」 p.264 권 제2 營造之具 中 "粉白而有黏氣者佳. 今人取以和石灰爲泥, 墁飾墻垣瓦礫 之間, 白紋可愛 백토를 석회와 섞어 흙반죽을 만들고, 이를 담장의 기와조각 사이에 발라 꾸미는데 하얀 무늬가 사랑스럽다" "백토로 방의 내벽을 하얗게 바르는데, 옥처럼 매끈하고 거울처럼 밝아서 도배지를 바르지 않아도 벽의 사방이 환하다"
6) 「임원경제지 섬용지 1」 p.128 권 제1 營造之制 中 "待乾淨, 復用黃細黏沙[俗稱 砂壁土]和乾馬矢爲泥, 墁飾, 俗謂之 仰壁 흙이 다 마르면 다시 누렇고 고우면서 찰진 모래[민간에서 새벽흙이라 한다]를 말린 말똥에 개어 반죽을 만든 뒤 흙손질을 하는데 민간에서는 이를 앙벽이라 한다"
7) 「임원경제지 섬용지 1」 p.264 권 제2 營造之具 中 "東國宮室之制 : 凡鋪墍裝壁, 皆用赤黏土, 土性獷烈, 乾輒皸坼, 更取黃細沙土之略帶黏氣者, 和馬失搗泥, 薄墁其上, 以掩皸路塡蟀隙, 平其不平, 俗謂之 '沙壁' 붉은 찰흙은 성질이 거칠고 억세어서 점토가 마르면 바로 갈라진다. 이 때문에 작업이 끝난 뒤에는 누렇고 고운 모래흙 가운데 찰기가 약간 있는 흙을 말똥과 섞고 이를 찧어 반죽을 만든 다음 구들장이나 벽 위에 얇게 발라 주름처럼 갈라진 길을 덮고 틈을 메워 평평하지 않은 부분을 평평하게 해준다. 민간에서는 이를 '사벽砂壁'이라 한다."

③ 시공상의 문제

    ㉠ 중깃, 외새끼 규격 과대로 흙바름 두께 부족

    ㉡ 재벌이 충분히 양생되지 않은 상태에서 정벌바름

    ㉢ 중깃 고정 부실(못고정) / 비닐끈, 못으로 윗가지 고정

    ㉣ 동절기 시공에 따른 동결융해 작용

④ 상하부 부재의 변위

    ㉠ 상부 편심하중에 의한 벽체 파손

    ㉡ 기둥의 뒤틀림과 기울음

    ㉢ 인방재의 변위에 따른 벽체의 이완 및 파손

    ㉣ 기초, 초석, 기둥의 침하

⑤ 처마내밀기 문제

    ㉠ 처마내밀기 부족으로 인한 기단 상부 우수 유입 및 벽체 훼손

    ㉡ 맞배집 측면 벽체의 훼손(도리뺄목, 박공처마의 길이 부족)

⑥ 주변환경 문제

    ㉠ 습기, 통풍 곤란 : 배수로 시설 미비, 배면 석축과 벽체 근접, 잡목 등의 영향

    ㉡ 대기오염 및 직사광선

12 │ 균열의 방향과 훼손 원인

① 수직 방향 : 중깃과 벽체 마감 사이의 간격이 좁은 경우 / 중깃 설치 위치에 수직 방향 균열

② 사선 방향 : 벽체 주변 상하부 구조체의 변위에 의한 편심 작용

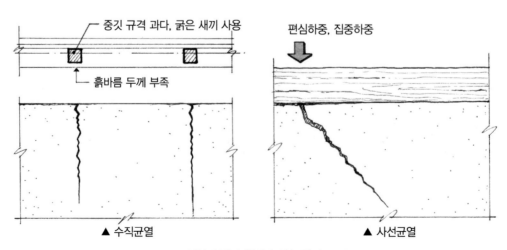

┃ 심벽 균열의 형태와 훼손 원인 ┃

13 | 사전조사

① 현황조사
  ㉠ 벽체의 균열, 기울음 등 벽체 상태 조사
  ㉡ 균열 발생부의 위치 및 균열 양상에 대한 조사
  ㉢ 육안조사 : 벽체의 흔들림 정도, 벽을 눌러서 들어가는 정도, 벽을 두드려서 소리를 들어 파악
  ㉣ 기구검사 : 박락부(송곳, 칼) / 수장재의 처짐 및 뒤틀림(다림추, 장척) / 탐침 / 적외선 촬영
  ㉤ 누수흔적에 대한 조사
  ㉥ 벽체 외부뿐만 아니라 내부의 벽체 현황도 조사(누수와 결로로 인한 습기 여부)

② 벽화 및 단청에 대한 조사
  ㉠ 벽화, 벽화의 흔적 등이 있는 경우 적외선 촬영을 통해 조사
  ㉡ 외관상 드러나는 벽화의 유무와 상관없이 적외선 촬영 조사(벽화, 묵서 등에 대한 조사)
  ㉢ 벽체 해체 및 수리방법 검토
  ㉣ 단청 문양 조사(문양모사도 작성)
  ㉤ 해체수리 전 벽화존재여부, 균열, 박리, 기울음, 시공기법, 사용재료 등을 조사
  ㉥ 해체수리 시 벽화가 있는 벽체는 벽화가 손상되지 않도록 조사

③ 상하부 구조체의 변위 조사 : 초석, 기둥, 벽선 및 인방, 공포, 보의 처짐 등을 조사(부재의 수직 · 수평 조사)

④ 처마내밀기 및 기단 상면 상태 조사
  ㉠ 비틀이침에 의한 벽체의 손상 여부
  ㉡ 결로에 의한 고막이벽의 파손 여부

⑤ 주변환경에 대한 조사(배수로, 배면 석축, 주변 잡목 등)

14 | 해체조사

① 벽체 구성 재료와 설치구조에 대한 조사
② 흙바름 층위별 두께와 재료, 설치기법 확인(초벌, 재벌, 정벌)
③ 중깃, 힘살, 가시새, 눌외, 설외 등의 재료와 설치방법, 파손 여부, 고정 및 엮음 불량 여부 조사
④ 외부로 드러나지 않은 훼손 원인에 대한 조사

15 | 보수방침 수립

① 처리방침에 대한 검토

  ㉠ 벽화 및 단청의 유무, 보존가치, 벽체 상태 등을 종합하여 검토

  ㉡ 벽체 해체 및 재설치에 대한 방침을 마련(신재 설치, 벽화 보존처리 후 별도 장소 보관 등)

  ㉢ 벽체 해체 후 처리방침에 따른 해체 방법 마련

② 해체 및 수리 범위 검토

  ㉠ 벽체 외부의 상하부 구조체에 문제가 없는 경우에는 벽체만 해체하여 보수

  ㉡ 건물에 구조적인 문제가 있는 경우에는 건물의 해체 보수과정에서 벽체 보수

  ㉢ 흙벽, 인방, 벽선의 건조수축에 따른 이완인 경우 공극부 보강(덧채움)

  ㉣ 흙벽 재료 및 설치구조상의 문제인 경우 양질의 재료로 재설치

16 | 해체

① 보존가치가 있는 벽체의 해체

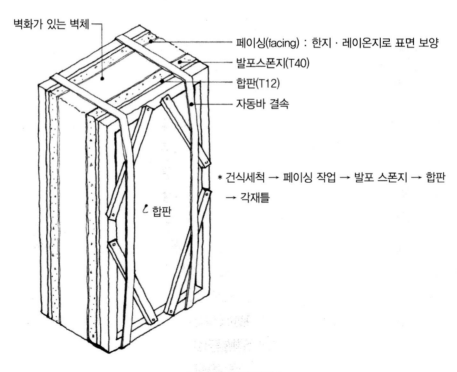

┃ 보호틀 제작 사례 ┃

㉠ 벽화가 있는 포벽 해체 시에는 보존처리를 선행 / 해체 시 파손 유의 / 해체한 벽체는 별도 보관

㉡ 균열 및 탈락부 보양(접착제 사용, 공극부 덧채움)

㉢ 표면보호(한지, 레이온지 부착)

㉣ 보호틀 사용(압축스폰지, 부직포, 합판 / 슬링벨트, 바 등으로 결속)

② 인접 부재 파손 유의

　㉠ 주변부에 영향을 미치지 않도록 유의

　㉡ 인접 부재인 벽선, 인방 등이 파손되지 않도록 점진적으로 해체

③ 조사와 해체 병행(해체조사)

④ 인력에 의한 해체

　㉠ 가급적 인력으로 해체

　㉡ 공구 및 장비 사용 시 벽체 및 주변 가구에 충격을 주지 않도록 함

⑤ 해체범위

　㉠ 벽체 전체 수리 : 벽체, 앙벽, 고막이, 당골막이 등을 초벌바름까지 해체

　㉡ 벽체 부분 수리 : 초벌바름이 손상되지 않게 정벌바름을 긁어내고 수리

⑥ 재료 재사용 : 외와 중깃은 가급적 재사용

⑦ 비산 먼지 등에 대비하여 보양조치 후 해체

⑧ 해체재료는 비산 먼지가 발생하지 않도록 하고, 해체와 동시에 용기에 담아서 처리

⑨ 해체재료의 보관

　㉠ 해체재료는 재사용재와 불용재로 구분하여 표시한 후 구분하여 지정장소에 보관

　㉡ 재사용재는 이물질을 제거한 후 정리하여 보관

　㉢ 해체재료는 상태별, 재료별, 위치별 등으로 구분하여 보관

　㉣ 해체재료는 공사기간 중에 외부로 반출 금지 / 불용재는 담당원의 승인을 받아 반출 가능

⑩ 앙벽 · 당골벽 · 포벽 해체

　㉠ 초벌바름까지 해체하고, 외엮기 · 산자엮기 등은 가능한 재사용

　㉡ 부분수리를 할 때, 정벌바름과 재벌바름은 초벌바름이 손상되지 않게 긁어내고 수리

　㉢ 매 공정마다 해체와 동시에 조사 · 기록

⑪ 고막이벽 해체

　㉠ 고막이벽 정벌바름을 해체

　㉡ 고막이벽 상부에서 하부 순으로 해체

　㉢ 고막이벽 해체로 인하여 구들이 훼손되지 않도록 유의

17 | 시공(조립 재설치)

① 생석회 피우기
  ㉠ 물을 혼합해 7일 이상 피워 사용(물은 가급적 적게 사용)
  ㉡ 가수 후 높은 습도를 일정 기간 유지
  ㉢ 혼합된 반죽물은 뭉쳤을 때 흘러내리지 않아야 함

② 설치순서 : 중깃 → 가시새, 힘살 → 외엮기(눌외, 설외) → 초벌(초벽, 맞벽) → 고름질(갈램방지) → 재벌 → 면긁기 → 정벌

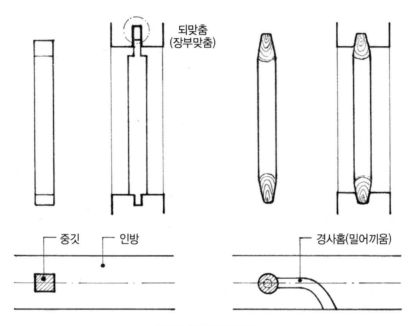

되맞춤
(장부맞춤)

중깃   인방

경사홈(밀어끼움)

‖ 중깃과 인방의 맞춤 ‖

③ 중깃 설치방법
  ㉠ 중깃은 인방재 중심에 놓지 않고 중심에서 바깥쪽으로 약간 치우쳐서 고정(외엮기 고려)
  ㉡ 주선, 벽선에서 60mm 정도 이격하여 설치
  ㉢ 중깃 간격은 300~400mm 정도(벽체 규모에 따라 설치 간격 조정)
  ㉣ 기둥·벽선과 문선 사이와 같이 벽체가 좁은 경우에는 방보라를 설치

④ 중깃 고정방법
  ㉠ 상하 인방에 장부구멍을 파고 되맞춤
  ㉡ 상하 인방에 홈을 파서 끼우고 쐐기 등을 박아 흔들리지 않도록 고정
  ㉢ 기타 : 인방에 경사진 홈을 파고 밀어 넣기 / 인방에 빗홈을 파고 옆에서 밀어서 세우기

⑤ 가시새

    ㉠ 중깃에 가로로 엮어 고정(관통)

    ㉡ 상하 인방과 중방에서 30~60mm 정도 떨어지게 설치

    ㉢ 가시새 설치간격은 600mm

⑥ 힘살 : 중깃 사이에 수직으로 세워 가시새에 고정

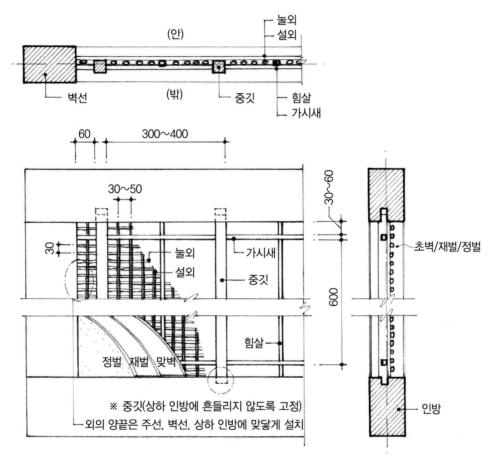

‖ 심벽의 설치 방법 ‖

⑦ 외엮기

    ㉠ 눌외, 설외에 사용되는 싸리나무 등은 껍질을 벗겨 사용

    ㉡ 대나무쪽은 안팎을 교대로 설치(흙의 접착력 고려)

    ㉢ 눌외를 30mm 간격으로 중깃에 외새끼로 감아 견고히 엮음

    ㉣ 설외를 30~50mm 간격으로 가시새와 눌외에 견고하게 엮어 댐

    ㉤ 외의 양끝은 주선이나 벽선, 상하 인방 등에 맞닿게 설치

⑧ 외새끼

    ㉠ 일반새끼보다 가는 외새끼를 사용(6mm)

    ㉡ 흙바름의 두께를 고려

    ㉢ 벽체의 두께에 따라 새끼의 굵기를 조절

⑨ 초벌

    ㉠ 초벌흙은 모래가 섞이고 점성이 많은 진흙을 10mm 체를 통과하는 정도가 되는 것을 골라 사용

    ㉡ 짚여물은 1~3치 길이로 자른 것을 사용하고, 5일 정도 부식시켜 삭힌 후 사용

    ㉢ 사용 3일 전에 짓이겨 물기가 마르지 않도록 비닐로 덮어 보관(황토, 짚여물)

    ㉣ 초벽치기 : 외를 엮어 댄 실내 쪽을 먼저 바름

    ㉤ 맞벽치기 : 한쪽 면에 바른 흙이 뿌연 흙색이 날 때까지 충분히 건조된 후 맞벽치기

    ㉥ 초벽흙이 바깥으로 불거진 부분은 고르게 정리하여 맞벽치기 시에 접착력을 좋게 함

⑩ 고름질 : 초벌바름 건조 후 갈라진 부분, 모서리와 가장자리 틈새 등에 고름질

⑪ 재벌

    ㉠ 큰 갈램이 있거나 가장자리에 틈서리가 있는 곳, 심하게 우묵한 곳을 고름질

    ㉡ 초벌바름면을 고름질 후 적당히 건조된 상태에서 재벌

    ㉢ 초벌보다 조금 부드러운 짚여물과 진흙 사용

    ㉣ 고운 황토, 짚여물, 고운 모래 등을 섞어 바름

⑫ 정벌

    ㉠ 재벌바름이 충분히 건조된 후 정벌바름

    ㉡ 벽체의 두께가 수장재를 포함한 벽선보다 두껍게 마감되지 않도록 함

    ㉢ 초벌바름과 재벌바름의 면을 거칠게 긁어 정벌바름이 잘 부착되도록 함

    ㉣ 황토, 석회, 모래 혼합물에 풀, 털여물 등을 혼합하여 시공

    ㉤ 해초풀은 접착제, 건조지연제 기능(갈램을 줄이고 점성을 확보)

18 | 정벌바름의 종류와 시공법(문화재수리 표준시방서)

① 정벌 시 사용재료에 따라 흙벽, 사벽, 재사벽, 회사벽, 회벽 등으로 분류

② 회반죽벽

    ㉠ 생석회에 소석회를 중량비로 3% 이내로 섞고, 해초풀을 끓인 물과 혼합

    ㉡ 두께 3mm 내외로 덧바름

③ 회사벽
    ㉠ 생석회에 1~2배 되는 물을 가해 2시간 정도 두었다가 떠오르는 물을 제거한 석회죽을 사용
    ㉡ 죽같이 된 석회죽에 모래, 백토 등을 섞어 바름

④ 사벽
    ㉠ 초벌바름, 재벌바름은 흙벽으로 시공
    ㉡ 재벌바름 위에 진흙에 모래 또는 마사를 혼합하여 정벌바름
    ㉢ 사벽 위에 재차 마감이 필요한 경우에는 같은 기법으로 재사벽을 바름
    ㉣ 벽체에 토육색 등 색상을 필요로 하는 경우에는 황토물을 혼합

19 | 수리 시 유의사항

① 벽체의 외부뿐만 아니라 내부의 벽체 현황도 조사
② 해체 시에는 버팀목, 가새 등을 충분히 설치하고 해체
③ 보존가치가 있는 벽체 및 벽화의 파손에 유의
④ 조사된 원형의 재료, 기법대로 시공
⑤ 중깃, 윗가지 등은 가급적 재사용
⑥ 전체 벽체 두께를 고려해 적정 규격의 중깃, 외새끼 등을 사용
⑦ 인방재에 파는 중깃 홈은 너무 깊지 않게 하고, 못 등으로 부실하게 고정하지 않음
⑧ 외엮기 시에 비닐 등 사용 금지
⑨ 초벽 시공 시 외엮은 틈새로 흙이 빠져나가도록 충분히 눌러주면서 바름
⑩ 맞벽 시공 시 벽체의 재료가 이동하거나, 초벽이 떨어져 나가지 않도록 유의
⑪ 매회 흙바름 시 충분히 양생 후 물축이고 고름질
⑫ 재벌바름면은 양생 후 긁어내어 바탕면을 거칠게 한 후 정벌(접착력 증가)
⑬ 정벌은 재벌이 충분히 건조된 후 시공하고, 마감면이 벽선보다 두꺼워지지 않도록 함
⑭ 생석회는 물을 혼합하여 완전히 피워서 사용. 생석회를 피울 때는 물을 충분히 사용. 생석회 반죽은 뭉쳤을 경우 흘러내리지 않는 정도로 사용(양질의 재료 사용)
⑮ 마감면은 조사된 원형대로 시공(손으로 맥질한 민가 흙벽의 질감 등을 유지)
⑯ 미장재료는 서로 섞이지 않고 오염이나 훼손되지 않도록 보관
⑰ 습기, 우수 등으로 변질 우려가 있는 재료는 자재창고에 보관(지면에서 300mm 이상 띄어 보관)
⑱ 진흙, 백토 등은 흐트러지지 않도록 재료 주위에 경계벽을 설치하여 보관
⑲ 바탕면이 변형 또는 파손된 곳은 고름질하여 건조한 다음에 바름
⑳ 바탕면은 일정한 습윤상태에서 면을 거칠게 한 후 바름
㉑ 벽체 바탕처리 후에 충격 등으로 변형이 생기지 않도록 함
㉒ 바름면 자체의 오염, 건조과정에서의 균열 등을 방지하기 위하여 통풍, 일조를 피함

㉓ 겨울철 공사 시에는 동해 방지를 위한 보양 작업

㉔ 여름철 공사 시에는 건조방지를 위해 알맞은 온도와 습도 유지

20 | 벽화가 포함된 벽체의 수리

① 훼손 유형 : 일반적인 벽체의 훼손 유형 외에 표면 안료층의 박리 · 박락, 퇴색 등

② 훼손 원인

  ㉠ 벽화의 퇴락, 박리 · 박락 현상

  ㉡ 사용된 진흙 내의 이물질

  ㉢ 초벽의 짚여물 부족, 흙바름 시의 점착력 부족

  ㉣ 주변 습기 등에 의한 동결융해 작용

  ㉤ 건조수축에 의한 균열

③ 해체

  ㉠ 표면 보존처리 및 보양 / 균열 및 탈락부에 대한 보강 조치 후 해체

  ㉡ 보호틀 제작 및 설치(합판, 바, 부직포, 압축스폰지 등)

  ㉢ 꼬리톱 등으로 윗가지를 절단하여 해체

④ 조립

  ㉠ 보존처리 후 원래 위치에 재조립

  ㉡ 문양모사를 통해 신재 설치 / 구부재는 별도 보관(전시관, 박물관, 보관소)

⠂⠂ 전통미장 시공법에 대한 단상(斷想)

※ 올바른 문화재 수리와 전통기법의 복원에 대해 함께 생각해 봅시다.

▣ 현재 문화재 수리공사 중 미장공사의 경우, 미장재료의 개념과 시공법에 불분명한 부분이 많습니다. 문화재수리표준시방서의 내용을 보면, 전통목조건축의 벽체 시공법과 근대기 조적조 건축물에 적용할 수 있는 벽체 시공법이 혼재되어 있고 부분적으로는 문화재수리표준시방서와 문화재수리표준품셈의 내용이 서로 불일치하기도 하는 등의 문제가 있습니다. 예를 들면, 문화재수리표준시방서에서는 마사와 백토를 서로 다른 재료로 구분하여 백토는 '화강암이 풍화된 흙으로서 모래가 많이 섞이고 빛깔이 흰 흙' 으로 정의하고 있고 마사에 대해서는 별도의 개념 규정이 없습니다. 그러나 품셈에서는 마사를 '점성이 없는 백토'라고 하여 마사와 백토를 같은 것으로 정의하고 있습니다. 이렇게, 마사와 같이 미장공사, 지붕공사 등 문화재 수리공사에서 빈번하게 사용되는 기본적인 재료에 대해서조차 명확한 개념과 사용법이 정립되지 못한 것이 현실입니다. 이로 인해, 실제 문화재 수리현장에서 관련된 시공을 직접 행하거나 감독하는 입장에서도 명확한 기준을 갖지 못하게 되고, 전통건축을 공부하고 연구하는 분들도 당혹스러움을 느끼게 됩니다. 이러한 현실은 일제 강점기와 이식된 근대화 과정을 거치며 전통건축, 전통미장 기술이 역사적인 단절을 겪은 것에 기인한 것입니다. 따라서, 누구의 책임을 물을 수 있는 것이 아니며 지금부터라도 전통건축 연구와 문화재 수리 관련 업무에 종사하는 각자가 전통기법 복원을 위해 나름의 노력을 쌓아나가는 것밖에는 해결 방법이 없다고 생각합니다. 이를 위해서는 미장기법에서 문제가 되고 있는 부분이 무엇인지를 따져보고 관련 연구자와 기능자, 기술자들의 경험과 의견을 모으는 일이 우선일 것입니다. 관련하여, 현재의 문화재수리표준시방서를 중심으로 미장공사 시방에 대한 몇 가지 사항을 검토해 보겠습니다.

01 | 미장재료에 대한 검토[8]

1) 소석회

▌시방서 규정

① 문화재수리표준시방서 0800 미장공사 中 0820 재료 3. 소석회[$Ca(OH)_2$]

　"생석회에 물을 작용하여 소화시켜 만든 것으로 백색 분말이며, <u>미장재료의 보조용으로 사용한다.</u>"

② 문화재수리표준시방서 0800 미장공사 中 0850 시공 1.3 생석회 피우기(소화)

　"생석회는 물을 혼합하여 7일 이상 피워 사용한다."

③ 문화재수리표준시방서 0800 미장공사 中 0850 시공 4.1 회사벽 바름

"석회죽은 생석회에 1~2배 되는 물을 가해 2시간 정도 두었다가 떠오르는 물을 제거하고 남은 죽같이 된 석회를 사용한다."

④ 문화재수리표준시방서 0800 미장공사 中 0850 시공 3.1 회반죽벽 바름

"회반죽은 생석회에 소석회를 중량비로 3% 이내로 섞고, 해초풀을 끓인 물과 혼합하여 두께 3mm 내외로 덧바른다."

■ 시공방법 검토

문화재 수리현장에서는 생석회를 생석회 피우기를 통해 소화시켜 반죽 형태로 만든 후 흙과 함께 혼합하여 지붕공사, 미장공사 등에 사용하고 있다. 이와 관련하여, 시방서의 미장공사 시공 항목에서는 "생석회는 물을 혼합하여 7일 이상 피워 사용한다."9)라고 규정하고 있다. 한편, 회사벽 바름 시공법에서는 "석회죽은 생석회에 1~2배 되는 물을 가해 2시간 정도 두었다가 떠오르는 물을 제거하고 남은 죽같이 된 석회를 사용한다."라고 규정하고 있다. 일반적으로, 소석회는 생석회에 물을 가수하여 얻어지는 것으로 알려져 있다. 생석회 피우기는 생석회에 물을 가해 소화시키는 과정에 해당된다. 그렇다면, 시방서의 생석회 피우기 공법에서 규정한 '물을 혼합하여 7일 이상 피워 사용'하는 재료가 재료 항목에서 규정한 소석회와 동일한 것인지, 혹은 다른 것인지에 대해 정리되어야 한다. 재료 항목에서 소석회에 대해 '미장재료의 보조용'으로 제시하고 있는바, 정벌바름에 사용되는 석회죽10)은 정벌바름의 주재료에 해당하므로 앞서의 '미장재료의 보조용'이라는 것과는 상충한다. 회사벽 바름 항목에서 "생석회에 1~2배 되는 물을 가해 2시간 정도 두었다가 떠오르는 물을 제거하고 남은 죽같이 된 석회"가 앞서 '미장재료의 보조용'으로 규정한 소석회와 다른 것이라면 무슨 차이인지, 또한 '물을 혼합하여 7일 이상 피워 사용'하는 석회와 단지 '2시간 정도' 수화시켜 사용한다는 석회죽의 시공상의 차이점이 무엇인지 알 수 없다. 관련하여, 소석회에 관한 사전적인 규정은 다음과 같다.

① 화학용어사전 : 수산화칼슘. $Ca(OH)_2$. 속칭 소석회라고도 한다. 생석회(산화칼슘 CaO)에 물을 작용시키면 격렬하게 발열하며 생긴다. 동의어 소석회
② 토양비료 용어사전 : 생석회[CaO]가 물과 반응 소화되어 생긴 수산화물[$Ca(OH)_2$]로 가수석회 또는 수산화석회라고도 함. 消石灰(한자), 가수석회(加水石灰, hydrated lime), 수산화석회(水酸化石灰, hydrated lime, slaked lime), 수산화칼슘(水酸化, calcium hydroxide)
③ 과학용어사전 : 수산화칼슘. 소석회(消石灰)라고도 한다. 흰색 분말 형태로서 수산화기를 지닌 염기성 화합물이다. 화학식은 $Ca(OH)_2$이다.
④ 건축용어사전 : 생석회를 물로 소화하여 얻어지는 수산화칼슘[$Ca(OH)_2$]. 미장용의 소석회는 이로부터 미소성의 탄산석회 입자를 체질한 것. 외국어 표기 slaked lime(영어), 消石灰(한자), 수산화석회(水酸化石灰, calcium hydroxide)

종합해보면, 소석회는 생석회를 소화시킨 것을 통칭하는 용어로서 생석회를 피운 것이 소석회라고 할 수 있다. 또한, 건축용어사전에 제시된 것처럼, 미장용 소석회는 미장용으로 별도의 가공을 더한 것으로 볼 수 있다.

시방서 미장공사 중 회반죽벽 바름에서 '회반죽은 생석회에 소석회를 중량비로 3% 이내로 섞고, 해초풀을 끓인 물과 혼합'하여 사용하는 것으로 규정하고 있다. 피우지 않은 생석회와 (피운) 소석회를 바로 해초풀과 혼합하여 사용한다는 시공법은 상식적으로 불가능하여 시방서상의 의미를 알 수 없다. 배합비 3% 또한 그 출처와 이유를 알 수 없다. 또한, 이 시공법에 따른다면, 시방서에 규정된 소석회는 문화재수리현장에서 생석회 피우기, 혹은 석회죽 만들기를 통해 만들어지는 일반적인 의미에서의 피운 석회로서의 소석회가 아닌 것으로 보여진다. 이와 같이, 동일한 미장공사 항목 안에서 생석회에 물을 가해 만들어지는 소석회와 관련하여 3가지의 서로 다른 내용이 공존하는 것에 대해 우선적으로 연구와 정리가 필요하다. 이 3가지 '소석회'는 서로 제작법과 사용처가 다르다고 했을 때, 시공법과 재료적 성질에서 각각의 차이가 무엇인지가 우선적으로 규명되어야 할 것이다.

2) 종이여물

▌시방서 규정

① 문화재수리표준시방서 0800 미장공사 0820 재료 4.3 종이여물
  "한지, 마농지, 창호지 등의 헌 종이를 물에 풀어 섬유로 만들어 표백하여 사용한다."

② 문화재수리표준품셈 제7장 미장공사 7-6 초벌바르기, 7-7 재벌바르기
  "여물은 짚여물, 삼여물 등을 사용한다."

③ 문화재수리표준품셈 제7장 미장공사 7-8-1 회벽바르기 7-8-3 회사벽바르기
  "여물은 털여물, 삼여물, 종이여물 등을 사용한다."

▌시공방법 검토

시방서에서는 한지, 마농지, 창호지 등을 사용한 종이여물에 대해 규정하고 있다. 한편, 품셈에서는 초벌바르기, 재벌바르기에는 종이여물이 규정되어 있지 않으며 단지 회를 사용한 회벽바르기와 회사벽바르기에 한해 털여물, 삼여물과 함께 종이여물이 여물로서 규정되어 있다. 종이여물은 '임원경제지', '경모궁개건도감의궤', '남별전중건청의궤' 등 조선시대의 여러 문헌에서 석회를 사용한 경우 외에도, 사벽(沙壁) 등에서 백휴지를 사용한 종이여물이 기본재료로서 반복적으로 언급되어 있다.[11] 조선시대의 구체적인 미장 시공기법이 기록으로 전해져 오고 있지는 못하지만, 종이여물이 각종 미장바름에서 널리 사용된 것만큼은 분명하다 하겠다. 그러나, 현재의 시방서와 품셈은 현대 건축재료학의 회반죽 항목에 규정된 '한지, 마농지, 창호지 등을 사용한 종이여물'에 대한 내용을 단순

채용[12]하여, 미장공사 중 회를 사용하는 회사벽바르기, 회벽바르기에 적용해 놓은 것으로 판단된다. 미장공사에 있어서 전통재료와 시공법을 복원하고 활성화한다는 측면에서 볼 때 종이여물을 회벽에 국한하지 않고 각종 정벌바름에 기본적인 여물로 규정하고, 기본적인 재료제작방법, 시공법을 제시할 필요가 있다.

3) 해초풀

▌시방서 규정

① 문화재수리표준시방서 0800 미장공사 0850 시공 3. 회반죽벽 바름
"회반죽은 생석회에 소석회를 중량비로 3% 이내로 섞고, 해초풀을 끓인 물과 혼합하여 두께 3mm 내외로 덧바른다."

▌품셈 규정

① 문화재수리표준품셈 제7장 미장공사 7-6 초벌바르기, 7-7 재벌바르기
"여물은 짚여물, 삼여물 등을 사용한다."

② 문화재수리표준품셈 제7장 7-8 정벌바르기(회벽바르기, 재사벽바르기, 회사벽바르기)
"풀은 해초풀 등을 사용한다."

▌시공방법 검토

조선시대 영건과 관련된 의궤를 통해 전통적으로 미장공사에 짚여물, 종이여물과 함께 곡물풀이 기본적으로 사용되어 왔음을 알 수 있다. 지금도 황토집을 짓는 민간공사의 경우 밀풀, 쌀풀 등을 적극적으로 사용하고 있는 것이 현실이다. 그러나, 시방서의 미장공사 항목에서는 미장공사 시 주요사항인 풀에 대한 규정이 없으며, 단지 회반죽벽을 바름에 있어서 해초풀만을 언급하고 있을 뿐이다. 품셈에서는 회벽, 재사벽, 앙토회벽, 양성바름 등 미장의 정벌바름 항목에서 공통적으로 해초풀을 사용하는 것으로 규정하고 있다. 회반죽벽 바름에서 회반죽을 '해초풀을 끓인 물과 혼합'하는 것으로 규정한 것은 정벌바름에 있어서 사용되는 풀의 종류를 해초로 한정 짓는 문제점을 안고 있다. 전통미장기술은 일제강점기와 근대화를 거치며 인적, 기술적으로 단절되어 조선시대의 미장기술에 대해서는 그 구체적인 내용을 알 수가 없는 실정이다. 최근까지 활동했거나 활동하고 있는 미장기능자들에 대한 면담조사[13]를 참고하면 현재 문화재 수리업무에 종사하는 미장기능자들은 일제시대에 일본기술자로부터 미장기술을 전수받았거나, 그 다음 세대로부터 미장기술을 배운 사람들이다. 한편, 조선시대의 구체적인 미장기술을 알 수는 없으나, 의궤의 기록을 참고하면 조선시대에 양성바름 등 석회를 사용한 미장공사에서 종이여물[14]과 법유가 오랜 시간 공통적으로 사용되었으며, 곡물풀인 교말, 진말 등이 석회를 사용한 미장공사를 포함하여 전체 미장공사에 일반적으로 사용되었음을 알

수 있다. 반면, 해초풀에 대한 사용기록은 조선시대 관련 기록 어디에도 그 출처가 없다는 것은 이미 알려져 있는 사실이다. 역사적인 근거와 출처를 알 수 없는 해초풀을 회반죽 바름의 유일한 풀 재료로 단정지어 서술함으로써, 조선시대에 사용되었던 것으로 알려진 전통적인 미장재료인 곡물풀의 사용가능성을 차단하고 시공경험의 반복을 통한 공법의 연구와 개발을 가로막는 역기능을 하고 있다. 이는 전통기술과 시공법을 규정하고 제시해야 하는 문화재수리표준시방서의 취지에 반하는 것이라고 볼 수 있다. 문화재수리표준시방서는 문화재 수리에 있어서 전통기법의 기준을 제시하는 것이며, 전통기술이 현장에서 반복적으로 행해지는 과정에서 그 공법의 타당성이 검증되고 발전될 수 있는 것이다. 그런 점에서 볼 때, 현재의 미장용 풀에 대한 시방서와 품셈의 규정은 기본적인 전통시공기법과 거리가 있으며, 이의 발전에도 장애가 되는 측면을 갖고 있다고 평가할 수 있다.

해초풀을 사용하는 경우에도 해초풀을 제작하는 방법이나 석회 및 흙 재료와의 혼합 등의 시공법이 제시되지 못하고 있다. 따라서, 실제 문화재 수리현장에서도 해초풀의 제작과 시공에 대한 일정한 기준 없이 공사가 이루어지고 있으며, 시공 방법에 따라 미장면 변색, 곰팡이 발생 등으로 이어지기도 한다. 따라서, 해초풀의 올바른 시공법을 제시할 필요가 있다.

02 | 미장공사 시공법에 대한 검토[15]

1) 회반죽벽

▌시방서 규정

① 문화재수리표준시방서 0800 미장공사 0850 시공 3. 회반죽벽 바름

"회반죽은 생석회에 소석회를 중량비로 3% 이내로 섞고, 해초풀을 끓인 물과 혼합하여 두께 3mm 내외로 덧바른다."

② 문화재수리표준품셈 제7장 7-8 정벌바르기(회벽바르기, 재사벽바르기, 회사벽바르기)

"풀은 해초풀 등을 사용한다."

▌시공방법 검토

회반죽벽 시공 시 소석회를 중량비 3% 이내로 섞는다고 했을 때, 배합의 이유와 배합비의 근거가 불분명하다. 기본적으로, 석회죽(lime putty)을 만드는 재료와 방법을 구체적으로 제시하고 이와 관련하여 해초풀의 제작시공법이 함께 제시되어야 한다.

2) 회사벽

▐ 시방서 규정

① 문화재수리표준시방서 0800 미장공사 0850 시공 4. 회사벽

"석회죽에 모래, 백토 등을 섞어 초벌바름을 한다."

"초벌바름 후 고름질을 하고 갈램, 틈서리 등을 석회죽으로 덧먹인다."

"재벌바름, 정벌바름은 흙손 자국이 없게 면바르게 바른다."

② 문화재수리표준품셈 제7장 7-8-3 회사벽 바르기(정벌바름)

　　재료 : 생석회, 모래, 여물, 풀

▐ 시공방법 검토

시방서에 따른다면, 회사벽의 경우 초벌, 재벌, 정벌 모두 석회죽을 주재료로 바름을 하는 것으로 이해된다. 전통미장 시공기법에서 초벌, 재벌, 정벌을 모두 석회혼합재(석회, 모래)를 사용하여 시공하는 기법은 존재하지 않는다. 품셈에 있어서는, 초벌과 재벌에 대한 별도의 규정 없이, 정벌에 한해서만 회를 이용한 회사벽 바르기를 규정하고 있다. 초벌, 재벌을 흙벽 바름하고 정벌을 회사벽 바름을 하는 것이 합당하다고 했을 때, 시방서의 회사벽 시공기법은 납득하기 어렵다. 결론적으로, 시방서의 회사벽 규정은 쫄대 바탕에 회바름을 하는 근대 건축물의 미장기법을 전통미장 시공기법에 그대로 적용한 것으로 판단된다.

---

8) 문화재수리표준시방서 0800 미장공사 中 0820 재료 관련 사항

9) 문화재수리표준시방서 0800 미장공사 中 0850 시공 관련 사항

10) 생석회를 수화시킨 것이라는 점에서 소석회에 해당

11) 「조선후기 관영건축의 미장공사 재료와 기법에 관한 연구」 이권영 / 대한건축학회논문집 계획계 제24권 제3호 참조

12) 건축공사표준시방서 2015 2.5.1 나. 종이여물 '종이여물은 한지, 닥나무의 섬유 등을 사용한다'

13) 조영민, '17C 이후 니장 기법의 변천 연구'(명지대 박사논문. p.77) 〈부록1〉 니장 인터뷰 녹취록

14) 양성바름에 석회, 백휴지, 법유의 사용은 현륭원원소도감의궤(1789년)[品목질], 종묘영녕전중수도감의궤(1836)[實入秩] 등 17세기~19세기까지 의궤의 관련 기록에 공통적으로 기재되어 있다. 또한, 종묘개수도감의궤 2책[稟目秩]에서 수회의 재료에 죽미가 언급된 것을 비롯하여 다수의 의궤에 미장의 기본 재료로서 교말, 죽미 등이 반복하여 기록되어 있다.

15) 문화재수리표준시방서 0800 미장공사 中 0850 시공 관련 사항

01 | 개념

① 공포대에서 창·평방과 도리·장여 사이에 설치되는 흙벽
② 다포양식에서 포작 사이에 설치된 흙벽

02 | 설치 구조

창·평방과 도리·장여, 첨차 사이에 중깃을 고정하고 외엮고 흙바름

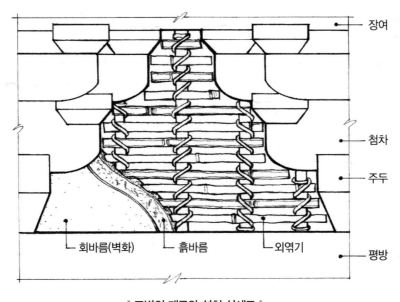

┃ 포벽의 재료와 설치 상세도 ┃

03 | 훼손 유형

벽체의 균열, 박리·박락, 이완, 틈서리 발생

04 | 훼손 원인

① 포벽의 내구성 저하(흙의 점성 저하, 채색층 분리)
② 공포 부재의 건조 수축으로 인한 틈서리 발생
③ 공포부 변형에 따른 포벽 파손(공포 부재의 기울음, 처짐, 뒤틀림 등)
④ 포벽 상부 도리 · 장여의 처짐, 이탈
⑤ 하부 창방 · 평방의 처짐
⑥ 주변 습기의 영향(통풍 곤란)

05 | 조사사항

벽체 수리 시 조사사항 참조

06 | 해체, 조립

① 포벽 처리 계획 수립 : 포벽의 보존 및 재활용, 재설치 방안 마련

② 사전 보강처리 및 표면보양
　㉠ 균열 및 탈락부에 대한 보강 : 메움 및 경화처리, 표면 보강처리
　㉡ 표면보양 : 한지, 레이온지 부착(페이싱)

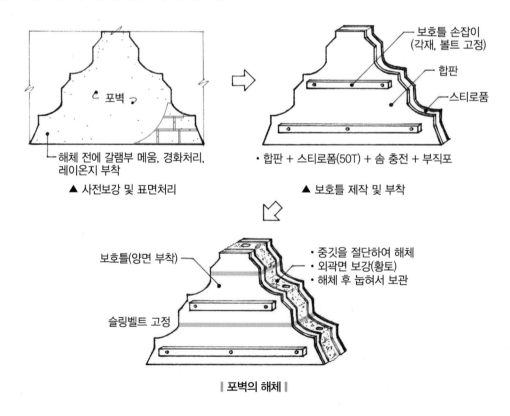

▲ 사전보강 및 표면처리　　　　▲ 보호틀 제작 및 부착

‖ 포벽의 해체 ‖

③ 보호틀 제작 설치

    ㉠ 공포대 해체 전에 보호틀 설치

    ㉡ 현척도를 작성하여 합판, 각목, 볼트 등을 체결하여 설치

④ **포벽해체 및 보관** : 꼬리톱 등을 사용하여 윗가지를 절단하여 해체 / 지붕가구 해체 후 포벽 분리

⑤ **재설치**

    ㉠ 동일한 장소에 재설치 하거나, 기존 포벽은 별도 보관 후 신재로 포벽 재시공

    ㉡ 보호틀의 외곽을 실물보다 약간 작게 다듬어 설치 후 틈새를 메움

07 | 유의사항

① 적외선 촬영, 전문가 자문 등을 통해 문양 및 보존가치에 대한 조사

② 부재 파손 및 벽화 훼손에 유의

01 | 개요

① 개념
   ㉠ 벽면에 널을 붙여 막아 댄 것
   ㉡ 여러 매의 널재와 띠장 등으로 결구하여 구성한 벽체

② **종류** : 가로판벽, 세로판벽

③ 사례
   ㉠ 난방을 하지 않고 통풍이 중요한 행랑채의 헛간, 서원의 장판각, 사찰의 경판고 등
   ㉡ 민가 대청 후벽을 비롯한 배면의 벽체(배면 습기 고려)

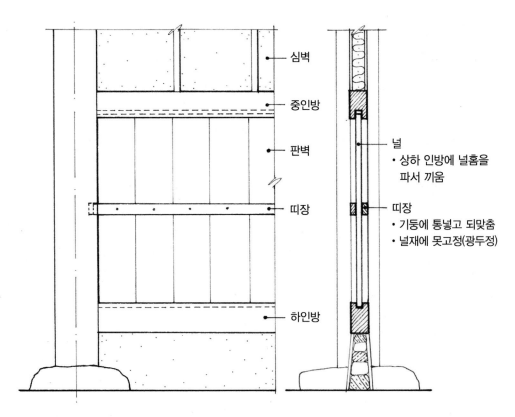

심벽

중인방

판벽

띠장

하인방

널
• 상하 인방에 널홈을
  파서 끼움

띠장
• 기둥에 통넣고 되맞춤
• 널재에 못고정(광두정)

‖ **판벽의 설치 구조** ‖

02 | 판벽의 구조

① 구성부재 : 인방, 판재(널), 띠장

② 가로판벽의 설치구조

    ㉠ 기둥, 주선에 널홈을 파고 널재를 차례대로 끼움

    ㉡ 널의 이음 : 장부 없이 널을 겹쳐 대거나, 반턱이음, 쪽매이음

    ㉢ 널은 기둥 중심에서 이음 / 상하 널은 5푼 정도 겹침(근대 건축물)

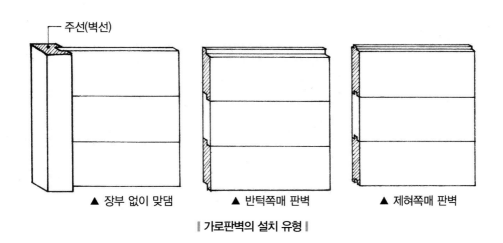

▲ 장부 없이 맞댐   ▲ 반턱쪽매 판벽   ▲ 제혀쪽매 판벽

‖ 가로판벽의 설치 유형 ‖

③ 세로판벽의 설치구조

    ㉠ 널을 상하 인방 사이에 홈파넣고 띠장, 못 등으로 결속

    ㉡ 널의 이음 : 맞댄이음, 오늬이음, 쪽매이음(제혀, 딴혀), 반턱이음, 빗이음 등

    ㉢ 판재 뒷면에 띠장을 2, 3줄 설치하여 판재와 고정(못, 광두정)

    ㉣ 인방에 널홈을 깊게 파서 널을 올려끼웠다가 내리맞춤

    ㉤ 띠장은 양쪽 기둥에 통넣고 되맞춤

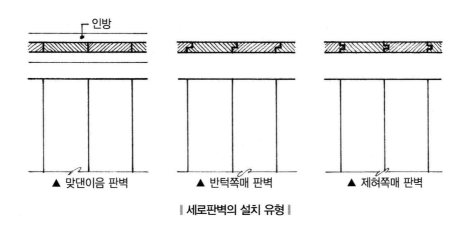

▲ 맞댄이음 판벽   ▲ 반턱쪽매 판벽   ▲ 제혀쪽매 판벽

‖ 세로판벽의 설치 유형 ‖

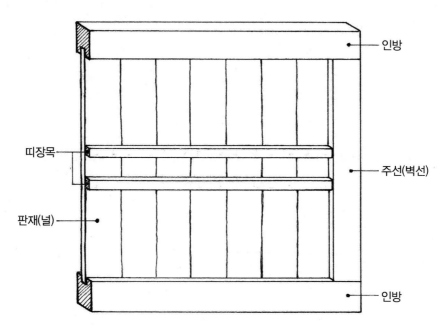

인방

주선(벽선)

띠장목

판재(널)

인방

‖ 세로판벽의 설치 구조 ‖

01 | 개요

① 개념 : 도리 상면에 놓인 서까래 사이에 설치되는 흙벽
② 기능 : 방풍, 단열, 의장

02 | 시공 방법

① 당골벽의 틈새가 넓은 경우 : 싸릿대, 기와조각 등을 힘살로 넣고 바름
② 당골벽의 틈새가 좁은 경우 : 진흙을 뭉쳐 채우고 면바르게 재벌바름하여 마감
③ 당골벽 가새 : 대나무, 쪼갬목 등을 X자로 설치 후 바탕흙을 쌓고 미장

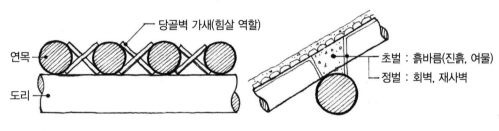

┃ 당골벽의 설치 구조 ┃

④ 당골벽 회반죽 바르기(굴도리)
  ㉠ 건물 외측은 굴도리 상단 바깥쪽에서 수직으로 바름
  ㉡ 건물 내측은 굴도리 외곽선으로부터 도리의 중심에 치우친 지점에서 수직 또는 중심부 쪽으로 기울게 하여 전체 단면을 사다리꼴 형태로 시공
  ㉢ 도리 측면으로 얇게 발라지면 탈락하므로, 도리 측면으로 처지지 않는 부위에 바름
  ㉣ 당골벽이 도리 윗면 2/3 안쪽에 위치하도록 바름

⑤ 당골벽 회반죽 바르기(납도리)
  ㉠ 건물 외측은 납도리 상단 안쪽에서 수직으로 바름
  ㉡ 건물 내측은 납도리 상단에서 수직 또는 중심부 쪽으로 약간 기울게 하여 전체 단면을 사다리꼴 형태로 시공
  ㉢ 안팎 모두 도리의 윗면 안에 들도록 바름

01 | 개요

① 개념

　㉠ 기단 바닥면과 하인방 사이에 설치되는 벽체 부분

　㉡ 마루, 온돌 바닥 : 실의 바닥높이에 맞춰 하인방과 기단 사이에 벽체 구성

　㉢ 방전, 흙다짐 바닥 : 하인방과 기단 사이에 고막이석을 사용하여 마감

② 재료 : 흙, 잡석, 와편, 전벽돌

③ 구조 : 잡석, 와편 등으로 속채움 / 흙바름, 회벽바름 등으로 미장

④ 고막이 통풍구 : 수키와를 맞대어 설치(마루 하부의 통풍 확보)

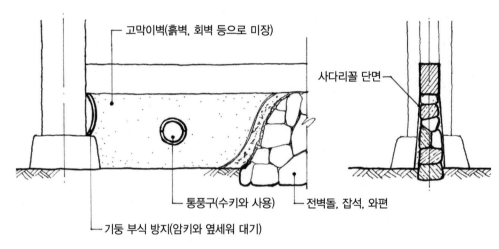

■ **고막이벽 설치 구조** ■

02 | 시공

① 훼손 유형 : 벽체의 이완, 균열, 탈락

② 훼손 원인

　㉠ 벽체의 일반적인 훼손 원인

　㉡ 처마내밀기 부족에 따른 기단 상면 낙수와 습기에 의한 벽체 훼손

　㉢ 하인방의 처짐

③ 시공 시 유의사항

ㄱ 마루 하부 고막이에는 통풍구 설치(적정 규격, 개소)

ㄴ 고막이 하부는 상부보다 넓은 사다리꼴 형태로 안정되게 설치

ㄷ 고막이 설치폭은 하방폭보다 넓게 설치

ㄹ 고막이벽체 하부에 바닥 다짐 후 시공(침하 방지)

ㅁ 시근담을 겸하는 고막이벽은 연기가 새지 않도록 밀실하게 설치 / 고래바닥보다 깊게 설치

SECTION 09 | 앙토바름(치받이흙)

01 | 개요

① 앙토 : 건물 내부에서 서까래 사이에 바르는 흙(치받이흙, 앙벽, 천벽)
② 앙토바르기를 하고 재사벽, 회사벽 등으로 마감

02 | 시공 시 유의사항

① 바름두께는 일정하게 시공
② 서까래 직경의 반 이상이 노출되도록 바름

LESSON 02 화방벽

SECTION 01 | 개요

01 | 화방벽의 개념

① 개념 : 외부에 면한 행랑채 등의 심벽 외벽에 돌로 쌓은 벽체(화방벽, 화방장)
② 기능 : 화재방지, 단열, 의장, 벽체 및 기둥의 보호
③ 사례 : 행랑채, 사당, 대성전, 정자각, 종묘 정전 등

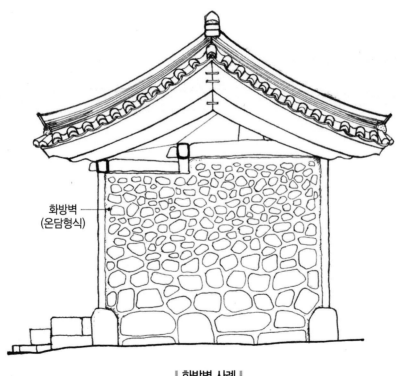

화방벽
(온담형식)

‖ 화방벽 사례 ‖

02 | 종류

① 재료에 따른 분류 : 사고석, 잡석, 전돌, 기와

② 설치범위에 따른 분류
    ㉠ 반화방벽 : 중방 이하(반담)
    ㉡ 장화방벽 : 벽체 전체(온담)

SECTION 02 | 화방벽의 구조

01 | 기초부

① 지대석 하부에 줄기초(생석회잡석다짐)
② 벽체 하부에 지대석 설치(고막이석)

02 | 벽체부

① 사고석, 기와, 전돌을 퇴물림 평축(물매 형성)
② 상하부 사고석의 규격을 달리하여 입면 체감 형성
③ 흙, 강회모르타르 등으로 사춤
④ 내민줄눈 시공(석회모르타르 줄눈)

⑤ 용지판
    ㉠ 기둥과 면하는 부분에 설치한 판재
    ㉡ 화방벽의 흙과 습기로부터 기둥 보호

03 | 상면처리

상면 회마감, 판재 설치(외부로 경사지게 구배)

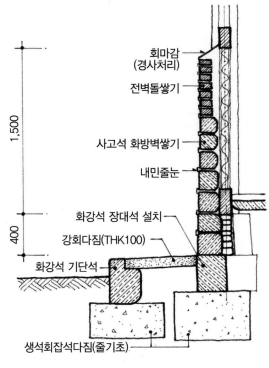

회마감
(경사처리)

전벽돌쌓기

사고석 화방벽쌓기

내민줄눈

화강석 장대석 설치

강회다짐(THK100)

화강석 기단석

생석회잡석다짐(줄기초)

1,500

400

‖ 화방벽의 단면 구조 ‖

SECTION 03 | 화방벽 시공

01 | 기초 및 지대석

① 생석회잡석다짐 등으로 줄기초

② 고막이석(지대석)
 ㉠ 긴 돌이나 장대석 등 규격이 큰 부재로 고막이석 설치
 ㉡ 고막이석의 윗면은 하인방까지의 높이로 하고 하인방 밑으로 설치
 ㉢ 고막이석 외부로 지면 구배 형성

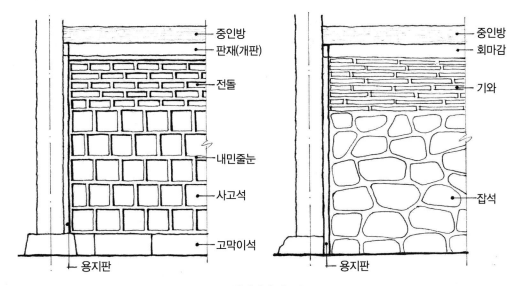

중인방
판재(개판)
전돌
내민줄눈
사고석
고막이석
용지판

중인방
회마감
기와
잡석
용지판

▌화방벽의 재료 ▌

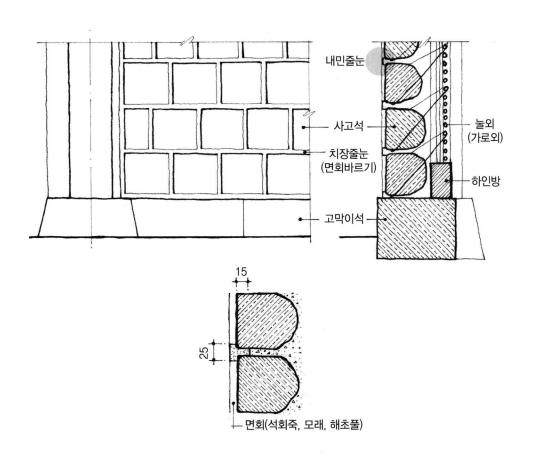

내민줄눈
사고석
치장줄눈
(면회바르기)
고막이석

눌외
(가로외)
하인방

15
25

면회(석회죽, 모래, 해초풀)

▌화방벽의 입면, 단면 구조 ▌

02 | 사고석 쌓기

① 6치~8치의 사고석 사용
② 외를 엮은 다음 초벽치기 전에 지대석 위에서부터 한 켜씩 쌓아 올라감
③ 외새끼로 사고석의 앞쪽 밑을 둘러 감고 옆면에서 뒤의 가로외에 걸어 고정
④ 다음 사고석의 옆으로 내려서 앞쪽 밑을 둘러 감고 옆으로 올려 감는 것을 반복
⑤ 심벽의 중깃, 외에 감아 놓은 새끼줄에 사고석을 고정
⑥ 외새끼 굵기만큼씩 줄눈 너비를 형성
⑦ 사고석의 옆과 뒤쪽의 외까지 진흙을 채움
⑧ 가로줄눈은 수평통줄눈, 세로줄눈은 엇갈림
⑨ 퇴물림 쌓기
⑩ 기둥자리에 놓이는 사고석은 뒷뿌리 길이를 고려하여 사춤흙의 배합비 고려
⑪ 사고석담의 일일 쌓기 높이는 1.2m 이내

03 | 치장줄눈

① **치장줄눈 바르기** : 생석회반죽으로 내민줄눈 시공[면회(面灰) 바르기]
② **면회** : 석회죽, 모래, 해초풀 혼합[16)
③ **바탕면 청소** : 돌면에 묻은 진흙 등을 청소 / 바탕면에 묻은 먼지, 모래알 등을 솔로 씻어 냄
④ **줄눈파기** : 사춤부의 흙이 적당히 마르면 줄눈파기(1.5cm)
⑤ 치장줄눈은 위에서부터 내리바르되 세로줄눈을 한 구간씩 바르고 가로줄눈을 바름
⑥ 세로, 가로 너비 3~3.5cm 정도로 평탄하게 바름
⑦ 규준대를 가로줄눈에 대고 면회바름이 삐져 나온 것을 모두 도려냄
⑧ 세로줄눈을 한 켜씩 너비 2.5cm 정도를 남기고 가장자리를 도려냄
⑨ 면회줄눈의 너비는 2.5cm 정도의 폭으로 마감(상하돌이 0.5cm 정도 덮임)
⑩ 치장줄눈의 너비는 가로, 세로가 일정하게 줄바르고 수평, 수직이 잘 맞도록 바름
⑪ 줄눈흙손으로 회반죽을 줄눈 속에 충분히 다져 넣어 속에 빈틈이 없도록 시공
⑫ 심하게 건조되었거나, 일사직광을 받을 때에는 벽면 전체에 물을 뿌려 축이거나, 줄눈을 물솔 등으로
   축여가며 바름
⑬ 시공 후 벽면에 부착된 회반죽은 주걱, 물솔 등으로 제거하고 걸레닦기 등의 청소 실시
⑭ 한랭기에는 치장줄눈의 시공을 지양

---

16) 조선시대에는 석회, 세사, 백토, 법유, 종이여물, 교말 등을 사용한 것으로 의궤에 기록됨

04 | 용지판

① 용지판 : 화방벽의 퇴물림 경사에 맞춰 경사지게 치목하여 조립
② 졸대 : 용지판의 벌어짐을 방지하기 위해 졸대를 그레질해서 기둥과 용지판 사이에 끼워 넣음

05 | 상면 회마감

중방 아래에 물매를 두어 경사지게 회마감 처리

06 | 시공 시 유의사항

① 치장줄눈은 가로, 세로줄눈이 완전히 굳지 않은 상태에서 시공
② 사고석 및 줄눈의 규격은 설계서와 원형조사 내용에 기초하여 시공하되, 화방벽의 전체높이와 입면비
   례 등을 고려
③ 사고석은 하부에서 상부로 갈수록 체감이 있도록 규격 및 줄눈 설치
④ 진흙은 쌓는 흙에 힘을 가하지 않는 상태에서 모양의 변형이 없는 정도로 된반죽을 사용
⑤ 빗물이 화방벽 하부로 유입되지 않도록 외부로 구배를 형성

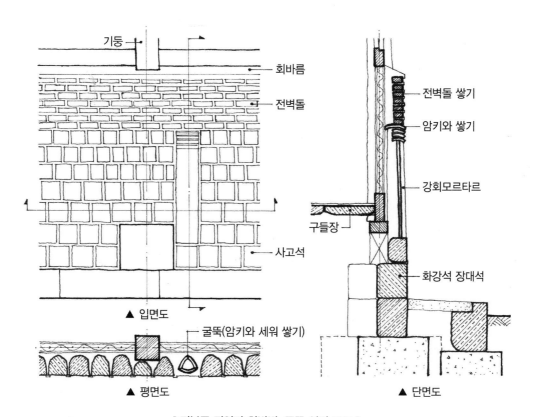

▎ 경복궁 장안당 화방벽, 굴뚝 설치 구조 ▎

LESSON 03 창호의 구조와 시공

SECTION 01 개요

01 | 창호의 개념

채광 및 통풍을 위해 벽체에 설치하는 창과 문의 통칭

02 | 창호의 종류

① 개폐방식 : 미닫이, 미서기, 여닫이, 들어열개, 벼락닫이, 고정창(광창, 교창, 고창)
② 기능 및 설치구조 : 분합문, 영창, 흑창, 사창, 갑창, 불발기창, 독창(외짝 여닫이창)
③ 재료 : 살창과 판문(살대와 창호지로 구성된 살창 / 판재로 구성된 판문)

④ 설치위치
    ㉠ 대청의 창호 : 분합문, 불발기문, 우리판문(대청 후벽)
    ㉡ 외벽의 창호 : 쌍창, 이중창, 삼중창, 분합문, 고창

03 | 홑창

① 한 겹의 창호로 이루어진 창호
② 서민주택의 외벽 창호(여닫이)
③ 반가 및 권위건물의 내부 창호(실과 실, 마루와 실을 연결하는 부분의 창호)

04 | 겹창, 삼중창

① 두 겹, 세 겹의 창호로 이루어진 이중창
② 반가 및 권위건물의 외벽 창호(온돌방의 정면 외벽 창호)

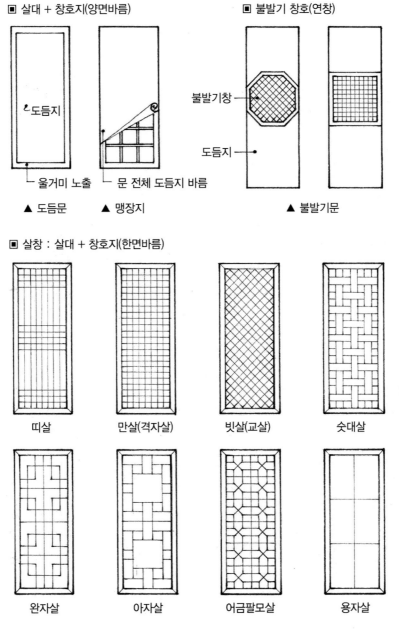

■ 살대 + 창호지(양면바름)

도듬지

울거미 노출

▲ 도듬문

문 전체 도듬지 바름

▲ 맹장지

■ 불발기 창호(연창)

불발기창

도듬지

▲ 불발기문

■ 살창 : 살대 + 창호지(한면바름)

띠살 만살(격자살) 빗살(교살) 숫대살

완자살 아자살 어금팔모살 용자살

┃ 창호의 종류 ┃

05 | 겹창의 설치구조

① 쌍창, 영창, 흑창, 갑창으로 구성 / 하부에 머름 설치
② **쌍창** : 외기에 면하는 바깥 창호 / 여닫이창 / 세살, 숫대살, 만살
③ **영창** : 쌍창 안쪽에 설치하는 미닫이, 미서기창 / 채광창 / 완(完)자살, 용(用)자살, 아(亞)자살
④ **흑창** : 영창 안쪽에 설치하는 창호 / 두꺼운 종이를 앞뒤로 바름 / 채광 조절, 방한
⑤ **사창** : 방충 목적으로 설치하는 비단창 / 영창이나 흑창 대신 설치
⑥ **덧홈대** : 이중, 삼중창을 설치하기 위해 인방 안쪽에 추가로 덧대는 홈대
⑦ **주죽** : 영창, 흑창이 들어가는 갑창 부분의 단부를 마감하는 간이 문선

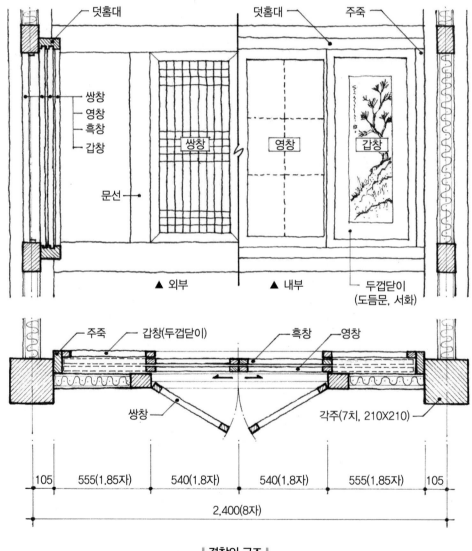

‖ 겹창의 구조 ‖

⑧ 두껍닫이

  ㉠ 미닫이창인 영창, 흑창 개폐 시 미관과 방풍을 고려해 실의 안쪽에 설치하는 고정된 가벽

  ㉡ 울거미 안쪽에 막이대, 선대를 용(用)자로 짜거나 판재를 끼움

  ㉢ 울거미와 덧홈대 전체에 종이를 두껍게 바름

  ㉣ 유형 : 장식이 없는 두껍닫이 구조 / 갑창을 달아 두껍닫이처럼 사용하는 구조

⑨ 갑창

  ㉠ 울거미를 내보이게 하고 면에는 종이를 안팎으로 두껍게 바른 창호

  ㉡ 노출면에 서화 등을 장식하여 겹창, 다락문 등에 쓰임

  ㉢ 겹창에서 홈대에 촉으로 고정하여 두껍닫이로 사용

⑩ 기타 : 문받이턱, 모접기, 풍소란

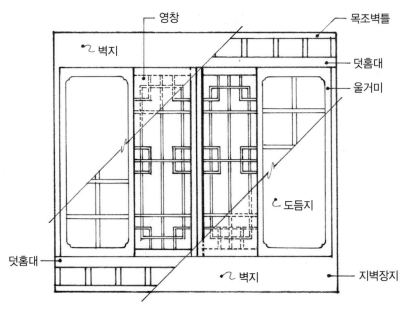

‖ 겹창과 장지 설치 구조 ‖

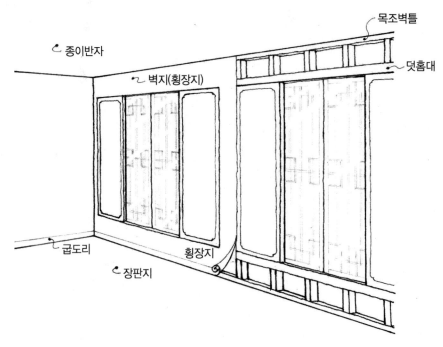

목조벽틀

덧홈대

종이반자

벽지(횡장지)

굽도리

장판지

횡장지

‖ 겹창이 설치된 실의 내부 구조 ‖

06 │ 분합문

① 개념 : 건물의 외벽 또는 대청과 방 사이에 설치되는 접이식 창호

② 설치구조
- ㉠ 평소에는 나뉘어 펼쳐져 있으나, 필요시 합하여 들어 올리는 들어열개문 구조
- ㉡ 여러 짝의 창호를 접어 문울거미 상단과 문상방에 설치된 삼배목과 비녀장을 이용해 들어 올림
- ㉢ 2, 4, 6짝 분합문 / 세살분합문, 만살분합문

③ 분합문 사용의 시대적 배경(불전 예불방식 변화 / 창호 설치범위 증가 / 채광 확보)
- ㉠ 외벽에 설치되는 여닫이 쌍창은 일정 규격을 넘어서면 문의 개폐가 곤란하고 뒤틀림 발생
- ㉡ 분합문은 일정 규격의 창호를 연접한 형태로 창호의 전체 규모를 크게 구성할 수 있음
- ㉢ 분합문은 들어열개문 구조로서 필요시에는 전체 개방이 가능
- ㉣ 예불방식의 변화에 따라 불전의 개방성이 높아지고 내부의 채광이 중요했던 조선후기 사찰 불전
- ㉤ 창호 설치 범위가 증가함에 따라 창호의 변형이 적고, 채광, 개방성이 유리한 분합 창호 발달

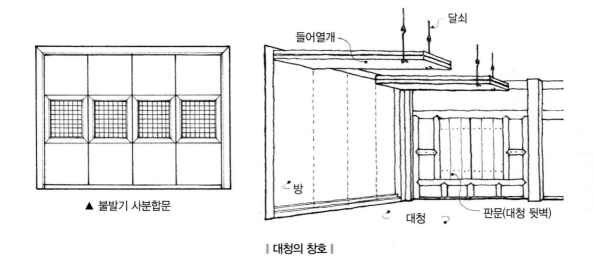

▲ 불발기 사분합문

┃ 대청의 창호 ┃

07 | 불발기문

① 개념 : 창호 안팎을 두꺼운 도듬지로 바르고 중앙 광창 부분에만 살을 노출시킨 창호

② 설치구조
  ㉠ 대청과 방 사이에 설치
  ㉡ 불발기의 형태 : 4각, 8각, 원형, 장방형 등

08 | 판문

① 개념 : 판재로 이루어진 창호
② 우리판문 : 문울거미를 짜고 안쪽에 판재를 끼워 넣은 창호(당판문)
③ 널판문 : 널재를 이음하고 띠장 등으로 결속한 창호(판장문)

09 | 고창(교창, 광창)

① 개념 : 외벽 창호 상부, 대청과 실 사이의 분합문 상부에 설치되는 낮은 창
② 설치구조 : 고정된 붙박이 창호 / 교살, 격자살 창호

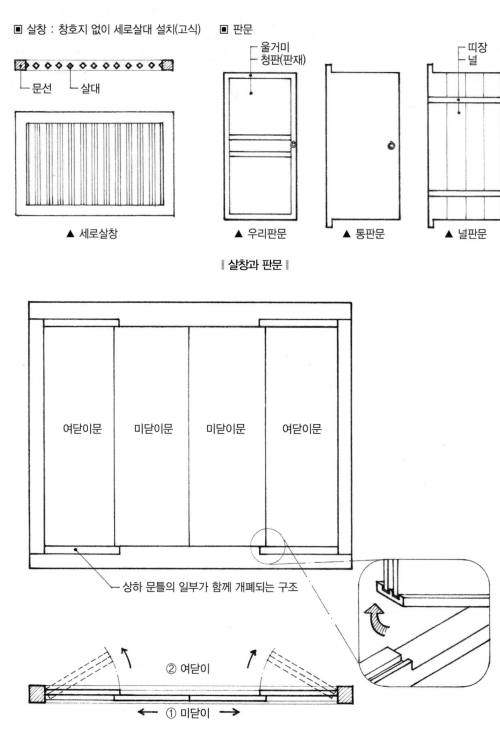

▣ 살창 : 창호지 없이 세로살대 설치(고식)   ▣ 판문

┌ 문선   ┌ 살대

▲ 세로살창

┌ 울거미
└ 청판(판재)

▲ 우리판문

▲ 통판문

┌ 띠장
└ 널

▲ 널판문

‖ 살창과 판문 ‖

여닫이문   미닫이문   미닫이문   여닫이문

상하 문틀의 일부가 함께 개폐되는 구조

② 여닫이

① 미닫이

‖ 안고지기문 설치 구조 ‖

10 | 안고지기문, 바라지창, 중간설주

① 안고지기문

　　㉠ 두 짝 미닫이창을 한쪽으로 모은 상태에서 문틀과 함께 여닫을 수 있도록 만든 창호

　　㉡ 미닫이와 여닫이를 겸하는 창호

　　㉢ 미닫이 창호의 문상방과 문하방 일부가 여닫이 창호와 함께 열리는 구조

② 바라지창

　　㉠ 벽이나 창호의 일부에 설치한 작은 창호에 대한 통칭

　　㉡ 대청 뒷벽의 바라지창, 눈꼽재기창(창호의 내부에 만든 작은 창), 벼락닫이창(들창)

③ 걸창, 들창, 벼락닫이창 : 행랑채 중방 위에 높게 달리는 창(위쪽에 돌쩌귀 설치)

④ 장지(章子)

　　㉠ 방과 방 사이에 다는 두 짝 혹은 네 짝의 미서기문

　　㉡ 칸막이벽, 가벽으로 기능(출입문이 아닌 공간 구분 기능)

⑤ 영쌍창 : 중간설주가 설치된 여닫이 쌍창

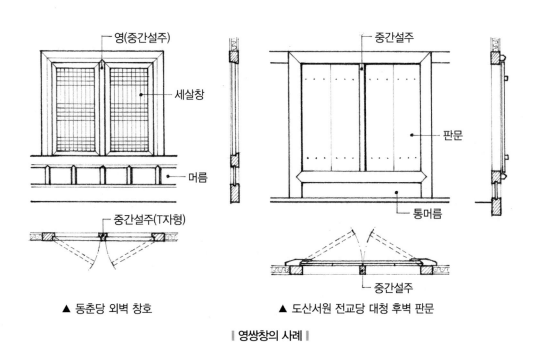

▲ 동춘당 외벽 창호　　▲ 도산서원 전교당 대청 후벽 판문

‖ 영쌍창의 사례 ‖

01 | 개요

① 개념

    ㉠ 울거미 속에 얇은 살대를 짜서 만든 창호(세살창호)

    ㉡ 문울거미와 살대를 짜고 창호지를 바른 창호

    ㉢ 조선 중기 이전에는 반가, 권위건축물에 제한적으로 사용

    ㉣ 조선 후기 이후 보편적으로 사용

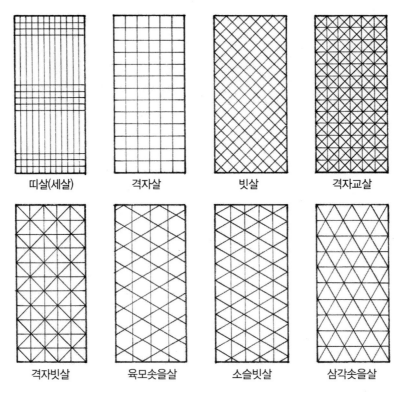

| 띠살(세살) | 격자살 | 빗살 | 격자교살 |

| 격자빗살 | 육모솟을살 | 소슬빗살 | 삼각솟을살 |

❙ 살짜임의 종류 ❙

② 살짜임의 종류

    ㉠ 세살 창호 : 외벽 창호에 보편적으로 사용(띠살창)

    ㉡ 숫대살 창호 : 일반 주택의 외벽창호

    ㉢ 만살 창호 : 궁궐, 사찰 등 권위건축물의 외벽 창호(격자살)

    ㉣ 빗살 창호 : 고창에 주로 사용(교살)

    ㉤ 솟을살 창호 : 궁궐, 사찰 등 권위건축물의 외벽 창호(빗살과 수직살 결합)

    ㉥ 꽃살 창호 : 꽃잎이나 꽃모양을 살에 새기거나, 살대에 부착한 창호

ⓐ 솟을빗꽃살 창호 : 솟을살과 꽃살이 합쳐진 형태

ⓑ 귀갑살 창호 : 거북이 등 모양의 육각형으로 살대를 구성한 창호

02 | 꽃살창

① 개념

　　㉠ 꽃잎이나 꽃모양을 살에 새기거나, 살대에 부착한 창호

　　㉡ 사찰 불전, 궁궐의 정전 등 권위건축물의 외벽 창호

　　㉢ 솟을꽃살창 : 격자살과 빗살이 결합되거나, 빗살에 수직살을 추가한 형태

② 꽃살창의 유형

　　㉠ 꽃문양 장식 없이 살대를 잎사귀 형태나 금강저 형태로 새긴 경우(잎사귀형, 금강저형)

　　㉡ 살대 교차점에 꽃문양을 새기거나, 별도의 꽃장식을 부착한 경우

　　㉢ 널판에 꽃무늬 등을 통째로 새겨 문틀에 끼운 것(통판투조형)

③ **격자꽃살문, 빗꽃살문** : 격자살, 빗살 짜임의 꽃살창

④ **솟을꽃살문**

　　㉠ 격자살과 빗살이 결합되거나, 빗살에 수직살을 추가한 형태

　　㉡ 꽃살문 중 가장 많은 유형

　　㉢ 꽃잎 장식 없이 살을 잎사귀 형태나 금강저 형태로 새긴 것

　　㉣ 솟을살 교차부에 꽃을 새겨 넣은 것

▣ 살대에 잎사귀나 금강저 새김　　　　▣ 살대에 꽃무늬 새김

▲ 솟을빗꽃살(무위사 극락전)　　　　▲ 솟을빗꽃살(내소사 대웅보전)

▮ **꽃살창의 종류 ①** ▮

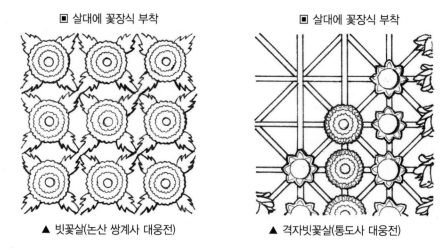

■ 살대에 꽃장식 부착　　　　　■ 살대에 꽃장식 부착

▲ 빗꽃살(논산 쌍계사 대웅전)　　▲ 격자빗꽃살(통도사 대웅전)

▌꽃살창의 종류 ② ▌

⑤ 통판투조 꽃살문

　　㉠ 널판에 꽃무늬나 기타 무늬를 통째로 새겨 문틀에 끼운 것

　　㉡ 성혈사 나한전 : 바탕살 위에 통판투조한 문양판을 덧댄 경우

　　㉢ 정수사법당 : 바탕살 없이 통판투조한 문양판으로만 이루어진 경우

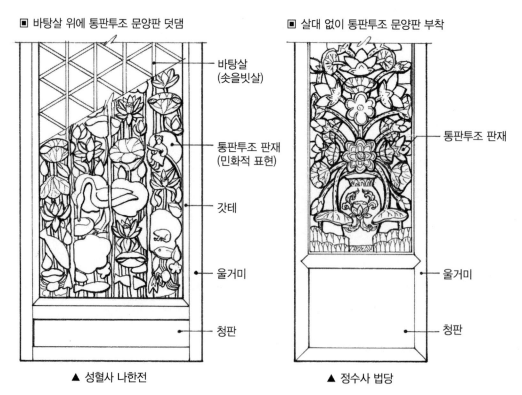

■ 바탕살 위에 통판투조 문양판 덧댐　　　　　■ 살대 없이 통판투조 문양판 부착

바탕살
(솟을빗살)

통판투조 판재
(민화적 표현)

통판투조 판재

갓테

울거미　　　　　울거미

청판　　　　　청판

▲ 성혈사 나한전　　　　　▲ 정수사 법당

▌통판투조 꽃살창 ▌

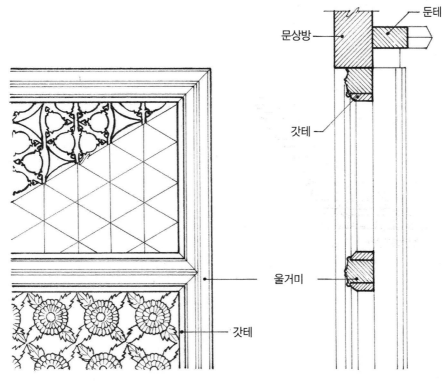

┃ 내소사 대웅보전 꽃살창 구조 ┃

⑥ 고식 꽃살창의 특징과 구조

    ㉠ 일반적인 창호와 달리 울거미 안에 테를 한 번 더 구성하는 경우가 많음(갓테, 이중 울거미)

    ㉡ 문선에 돌쩌귀를 달아 고정하지 않고, 인방에 둔테목을 설치

    ㉢ 실 내부에 둔테를 달아 안으로 여닫는 안여닫이 구조

    ㉣ 분합문 구조를 취하지 않고, 문선을 기준으로 각 칸이 독립적인 여닫이 창으로 구성

03 | 살창의 구조

① **창호의 구성요소** : 울거미, 살대, 청판

② **창호에 사용되는 목재**

    ㉠ 목재의 종류 : 소나무, 잣나무, 밤나무, 오동나무, 참나무(쐐기, 촉)

    ㉡ 울거미 : 목재의 뒤틀림이 적은 곧은결, 나이테가 조밀한 심재 부분을 사용

      • 결이 촘촘하고 옹이가 없는 곧은결 각재 사용

      • 원구가 아래로, 말구가 위로 가게 사용

    ㉢ 살대 : 가급적 곧은결을 사용 / 옹이, 삭정이 등의 결함이 없고 널결이 심하지 않은 목재

    ㉣ 청판 : 무늬가 아름다운 널결 사용

ⓜ 기존의 부재는 최대한 재사용하고 없어지거나 파손되어 재사용이 불가한 경우에는 기존 부재와 동일 수종의 신재로 보충

ⓗ 창호 제작 시의 목재 함수율은 19% 이하

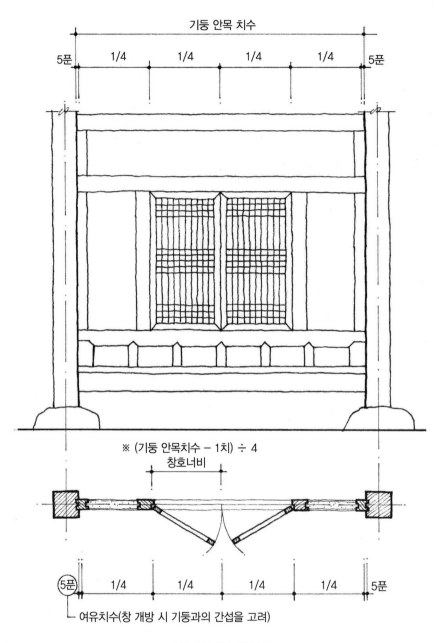

｜ 창호의 치수 계획 ｜

③ 문울거미

    ㉠ 문울거미 : 창호의 갓둘레에 짜댄 뼈대(막이대, 선대)

    ㉡ 막이대 : 웃막이대(윗틀), 밑막이대(밑틀)

    ㉢ 선대 : 문울거미 좌우에 설치

④ 울거미, 살대, 청판의 치수

    ㉠ 울거미 두께 : 40mm~52mm

    ㉡ 울거미 너비 : 66mm(2치 2푼 : 창호 설치 시 문상하방에 맞춰 깎기 위한 시공 여유 2푼)

    ㉢ 울거미 쇠시리 : 면접기(쌍사), 모접기(턱빗모, 둥근모, 턱둥근모)

    ㉣ 살 배치간격 : 1치 5푼 내외(45mm 내외)

    ㉤ 살의 깊이 : 울거미 두께보다 6~7mm 정도 작게 구성(채광, 의장 고려)

    ㉥ 살의 두께 : 3~5푼(9~15mm)

    ㉦ 청판 : 울거미 두께의 1/3(5푼 정도)

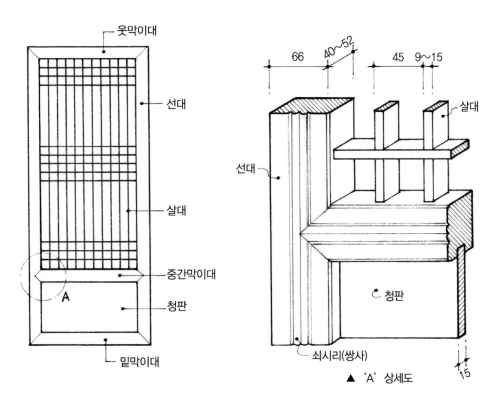

▲ 'A' 상세도

‖ 창호의 구성요소 ‖

04 | 살창의 치목, 조립

① 제작순서 : 울거미 만들기 → 살 나누기(살 간격 조절) → 살 만들기 → 살 조립 → 살과 울거미 조립 →
   울거미와 울거미 조립 → 쐐기치기 → 다듬기

② 문틀 설치(문상방, 문하방)
   ㉠ 문선과 문상방의 맞춤은 연귀 또는 반턱연귀맞춤
   ㉡ 문선과 문지방의 맞춤은 장부맞춤 또는 연귀맞춤
   ㉢ 문틀에 돌쩌귀 등 철물이 설치되는 위치 표시

③ 살 나누기
   ㉠ 울거미 안에 들어갈 살의 개수와 간격, 짜임 형태를 정하는 것
   ㉡ 시각적인 입면비례, 실내에 유입되는 광량을 고려(살의 간격, 두께, 수량)
   ㉢ 견승뜨기 : 문양이 복잡한 경우나 새로운 문양을 만드는 경우 판재에 1/10 크기로 그림

④ 살 만들기
   ㉠ 직각자, 컴퍼스, 칼금, 그므개 사용(칼금을 그어 치목, 재단)
   ㉡ 가로살 업힐장, 세로살 받을장 치목
   ㉢ 살대의 쇠시리 : 등밀이(쌍사, 오목살, 볼록살), 투밀이

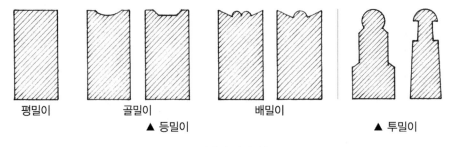

평밀이	골밀이	배밀이	
	▲ 등밀이		▲ 투밀이

‖ 살대의 쇠시리 ‖

⑤ 투밀이
   ㉠ 살대의 등 부분과 배 부분을 모두 가공한 것
   ㉡ 외기에 접하는 외벽 창호에 설치(내구성을 확보하기 위해 가급적 살대를 촘촘히 구성)
   ㉢ 살대의 무게를 줄이고 채광을 높이며 입면상 단조로움과 둔중한 느낌을 줄이는 효과
   ㉣ 평밀이 살에 비해 실내 유입 광량이 증대하고 실내에서 볼 때 살대의 그림자가 덜 생김

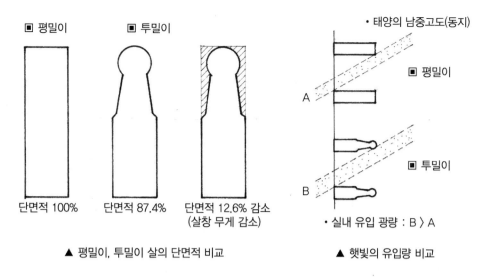

단면적 100%   단면적 87.4%   단면적 12.6% 감소
                              (살창 무게 감소)

▲ 평밀이, 투밀이 살의 단면적 비교   ▲ 햇빛의 유입량 비교

| 평밀이살과 투밀이살 비교 |

⑥ 살대와 살대 조립

　　㉠ 반턱맞춤 : 세로살은 받을장, 가로살은 업힐장으로 조립

　　㉡ 삼분턱맞춤 : 소슬살

　　㉢ 장부맞춤 : T자 모양을 이루는 부분

　　㉣ 귀맞춤 : 연귀장부끼움 또는 맞댐연귀맞춤하고 대나무못 등을 박거나 아교풀칠

　　㉤ 연귀괴불쪽맞춤 : 괴불쪽 쐐기를 사용한 연귀 부분의 맞춤

　　㉥ 어금팔모맞춤

　　　　• 귀갑창호에서 연귀 부분과 대각선 살대의 맞춤

　　　　• 연귀부분에 암장부를 내고, 대각선 살대에는 숫장부를 두어 장부맞춤

　　㉦ 살대의 긴밀한 맞춤을 위해 맞춤부에 아교를 발라 접착

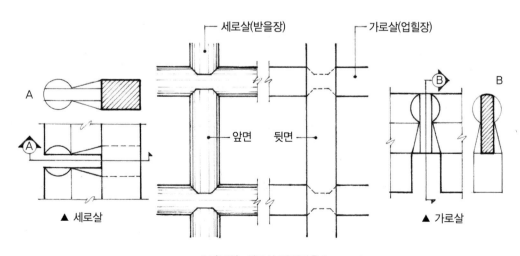

▲ 세로살   앞면   뒷면   ▲ 가로살

| 가로살, 세로살 반턱맞춤 |

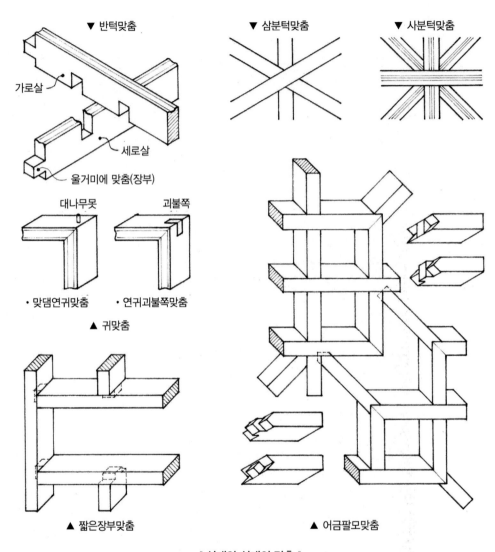

▼ 반턱맞춤

가로살

세로살

울거미에 맞춤(장부)

▼ 삼분턱맞춤

▼ 사분턱맞춤

대나무못   괴불쪽

· 맞댐연귀맞춤   · 연귀괴불쪽맞춤

▲ 귀맞춤

▲ 짧은장부맞춤

▲ 어금팔모맞춤

┃ 살대와 살대의 맞춤 ┃

⑦ 울거미와 살대 조립

    ㉠ 반닫이 장부맞춤 : 살대 끝에 짧은 장부를 내어 울거미와 맞춤(짧은 장부맞춤)

    ㉡ 내닫이 장부맞춤

        • 살대 끝에 긴 장부를 내어 울거미와 맞춤(긴 장부맞춤)

        • 내닫이 장부맞춤한 장살의 마구리면에 벌림쐐기 치기

    ㉢ 모든 살들을 고르게 울거미와 조립(창호 비틀림 방지)

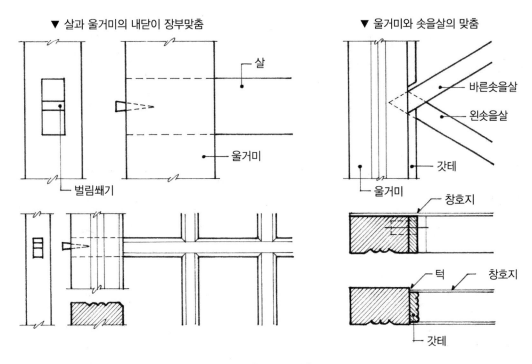

‖ 살과 울거미의 맞춤 ‖

⑧ 울거미와 울거미 조립

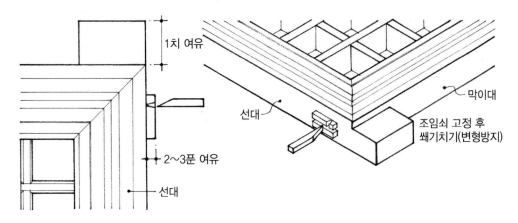

‖ 울거미 벌림쐐기치기 ‖

ㄱ 울거미 치목 : 제작할 창호의 치수보다 위 아래로 약 1치 이상 크게 제작

ㄴ 울거미 장부 : 숫장부가 장부구멍 밖으로 2~3푼 나오도록 치목(쐐기 박은 후 잘라냄)

ㄷ 선대와 상하막이대의 맞춤은 연귀장부맞춤, 장부맞춤

ㄹ 내닫이 장부맞춤

- 막이대에 쌍장부를 내어, 선대 외부로 2푼 정도 남겨서 내닫이 장부맞춤
- 장부구멍 밖으로 빠져나온 숫장부에 나무쐐기를 박아 고정하고 잘라냄
- 맞춤부에 아교 등으로 접착(벌림쐐기맞춤)

ㅁ 울거미의 조립이 헐겁거나 정확하게 직각이 맞지 않으면 창호 전체에 영향을 주므로, 정확하게 직각을 유지하며 물리도록 조립

ㅂ 맞춤부분에는 접착제(아교)를 발라 결구 부분의 물림을 견고하게 조립

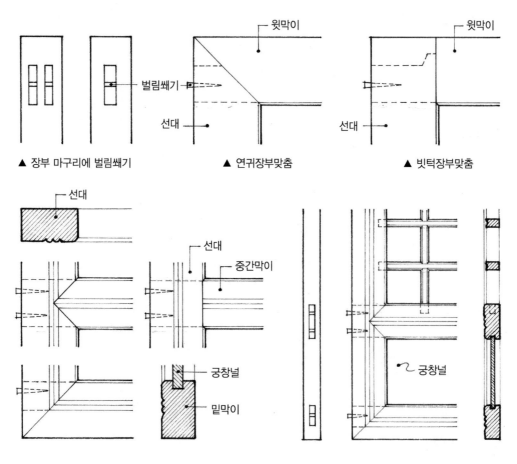

▲ 장부 마구리에 벌림쐐기   ▲ 연귀장부맞춤   ▲ 빗턱장부맞춤

‖ 울거미의 맞춤 ‖

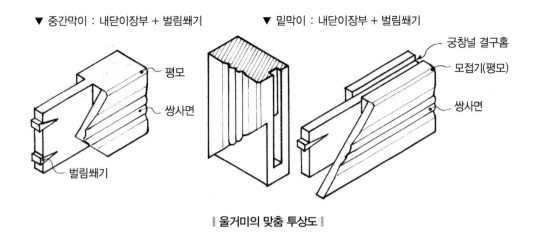

▼ 중간막이 : 내닫이장부 + 벌림쐐기   ▼ 밑막이 : 내닫이장부 + 벌림쐐기

평모
쌍사면
벌림쐐기

궁창널 결구홈
모접기(평모)
쌍사면

‖ 울거미의 맞춤 투상도 ‖

⑨ 울거미 쇠시리

   ㉠ 면접기 : 부재 할렬 시 시각적 거부감을 덜어주는 효과 / 쌍사 쇠시리

   ㉡ 모접기 : 모서리를 보호하고 사용상 촉감을 좋게 함 / 민빗모, 턱빗모, 둥근모, 턱둥근모, 외사모

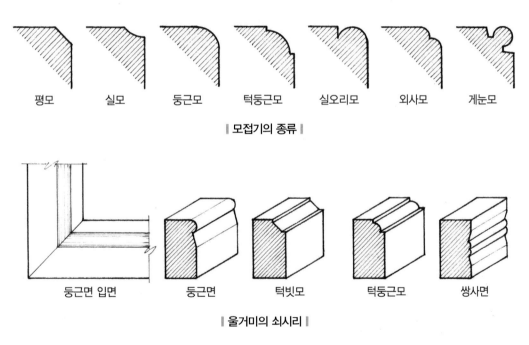

평모   실모   둥근모   턱둥근모   실오리모   외사모   게눈모

‖ 모접기의 종류 ‖

둥근면 입면   둥근면   턱빗모   턱둥근모   쌍사면

‖ 울거미의 쇠시리 ‖

⑩ 궁판 : 널 두께는 울거미 두께의 1/3~1/5 정도인 6~9mm 정도

⑪ 쐐기치기

   ㉠ 살대, 울거미, 청판을 조립 후 조임쇠로 문짝을 죄어서 맞춤 부분이 자리를 잡을 때까지 고정

   ㉡ 울거미의 노출된 숫장부를 끌을 이용해 갈라주고 나무쐐기를 박음

   ㉢ 쐐기에 아교 등 접착제 바름

⑫ 다듬기 : 울거미 맞춤부분, 살 맞춤부분의 모서리나 쌍사 부분을 다듬음

05 | 창호달기(박배)

① 박배 : 창호를 현장에서 다는 작업 / 창문짝을 창문틀에 다는 일

② 시공순서 : 현장조사 → 창호제작 → 박배

③ 조사사항

   ㉠ 건물의 입지, 좌향에 대한 조사 : 입지와 좌향에 따른 실내 유입 광량 차이 고려

   ㉡ 각 실의 창호 종류, 문양, 살의 간격과 살의 깊이 등을 검토(입면의장, 채광 확보)

   ㉢ 문상방, 문설주의 수평 · 수직 조사

   ㉣ 문상하방과 문설주가 틀어진 정도와 각도를 계산하여 창호 울거미의 치수에 여분을 두어 치목

④ 현장치목 및 조립

   ㉠ 문상방, 문하방, 설주에 맞게 창호를 현장에서 치목

   ㉡ 문상방, 문하방이 틀어진 부분, 높이가 다른 곳은 창호를 현장에서 깎아서 맞춤

   ㉢ 기존 문얼굴 부재가 틀어져서 발생하는 오차는 교체부재인 창호를 틀어진 부분에 깎아 맞춰서 조립

   ㉣ 문상방을 기준으로 치목하고 문상방에 밀착시켜 고정

   ㉤ 돌쩌귀 설치 위치를 문얼굴과 창호에 표시(송곳 등으로 길을 내놓음)

   ㉥ 창호 고정 및 철물 설치

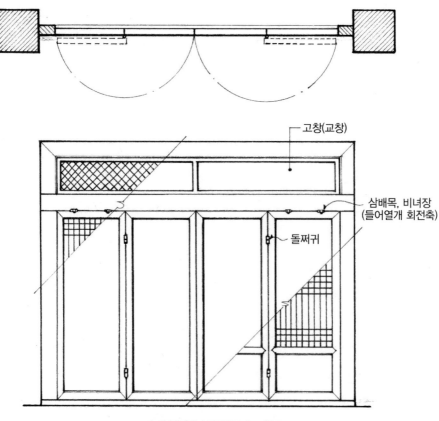

‖ 세살청판 사분합문과 고창 ‖

06 | 창호 철물

① **돌쩌귀** : 암돌쩌귀(문선), 수톨쩌귀(문울거미)

② **배목** : 문고리를 문얼굴에 고정시키는 철물

③ **삼배목** : 들어열개창에서 울거미와 문상방에 배목 3개를 나란히 배열하고 비녀장 지름

④ **비녀장** : 들어열개창에서 문울거미와 문상방에 삼배목을 설치하고 비녀장 지름

⑤ **문고리, 국화정, 국화쇠**

⑥ **ㄱ자쇠, 정자쇠**

⑦ **달쇠, 걸쇠**

⑧ **신쇠, 확쇠, 감잡이쇠, 원산**

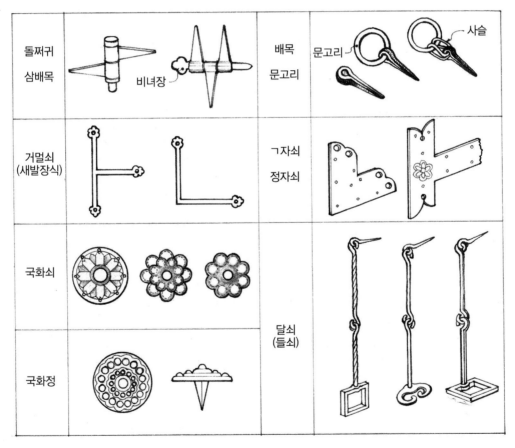

∥ 살창에 사용되는 철물 ∥

07 | 풍소란

① **개념** : 서로 마주치는 창호의 울거미(선대)에 턱을 만든 것 / 창호를 닫았을 때 창호가 밀착되도록 방풍을 위해 울거미에 만든 턱

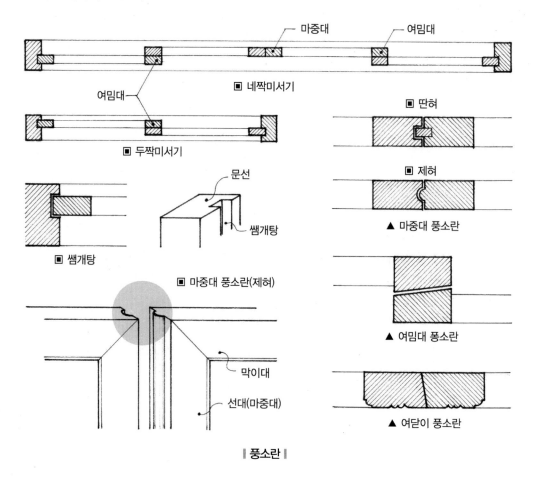

‖ 풍소란 ‖

② **마중대, 여밈대**

　　㉠ 마중대 : 미닫이문의 좌우 짝이 서로 맞닿게 되는 선대

　　㉡ 여밈대 : 미서기문에서 좌우 짝의 선대가 서로 겹치는 것

③ **마중대 풍소란** : 마중대의 한 짝에는 홈을 파고, 다른 짝에는 제혀를 내거나 딴혀를 꽂아 서로 물리게 설치

④ **여밈대 풍소란** : 선대의 단면을 사다리꼴로 만들어 외풍을 방지

⑤ **방한개탕, 쌤개탕** : 방풍을 고려해 문선에 문짝이 끼이도록 홈을 판 것

S E C T I O N 03 │ 우리판문(당판문)

01 │ 개념

문울거미를 짜고 청판을 끼운 판문

02 │ 우리판문의 구조

① 문울거미 : 막이대와 선대
② 청판 : 문울거미에 홈을 파서 끼움

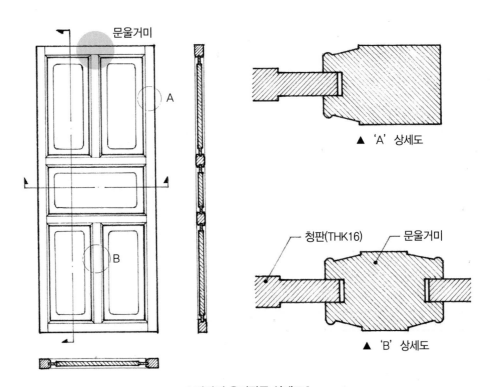

문울거미

▲ 'A' 상세도

청판(THK16)　문울거미

▲ 'B' 상세도

❚ 관가정 우리판문 상세도 ❚

01 | 개요

① 개념 : 판재를 여러장 이음하고 띠장 등으로 결속한 판문
② 구성부재 : 신방석, 신방목, 둔테, 감잡이쇠, 방환, 문선, 띠장, 널, 펠대와 홍살, 원산
③ 문틀의 구성 : 문상방, 문하방, 문선

④ 문짝의 고정
　　㉠ 문상방과 문하방에 각각 둔테를 설치한 경우(소규모)
　　㉡ 문상방에는 둔테를 달고 문하방에 직교하여 신방목, 신방석을 설치한 경우(대규모)

⑤ 설치사례 : 부엌, 헛간, 창고, 대문, 성문 등

02 | 주요부재 및 각부 명칭

① 대문널
　　㉠ 두께는 8푼~1.5치(큰 대문에서는 2~4치 부재 사용)
　　㉡ 너비는 1자 내외
　　㉢ 널은 오늬이음, 맞댄이음, 반턱이음, 제혀쪽매이음, 딴혀쪽매이음
　　㉣ 국화쇠, 광두정으로 고정

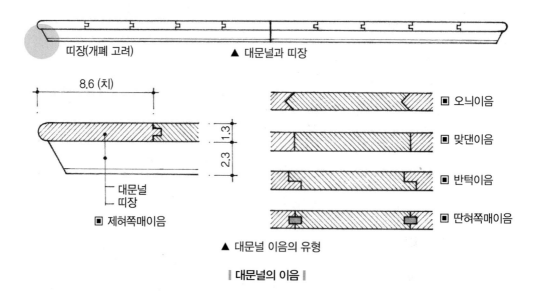

| 대문널의 이음 |

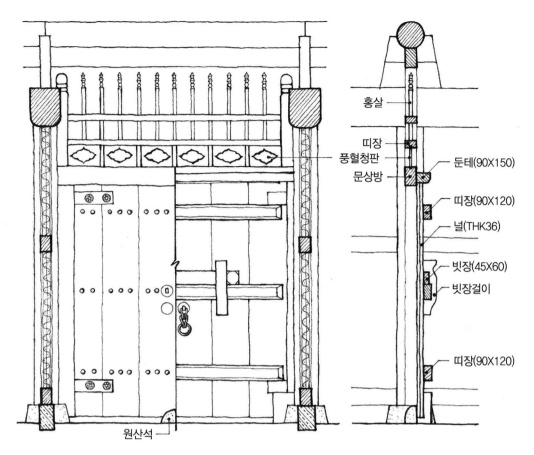

┃ 대문 판문의 설치 구조 ┃

② 띠장
  ㉠ 좌우 판문에 길게 대어 동시에 고정(상하로 2개 이상 설치)
  ㉡ 띠장의 두께는 널의 2~3배, 너비는 두께와 같거나 1.5~3cm 정도 크게 사용
  ㉢ 띠장의 간격은 45~75cm 내외
  ㉣ 도내두정, 광두정을 띠장에 박아 널을 고정
  ㉤ 띠장 마구리는 빗자르고 모를 접음

③ 거멀띠장, 오림목 : 대문널이 뒤틀리는 것을 막기 위해 대문널에 오림목을 꿰뚫어 넣거나 거멀띠장 설치

④ 빗장
  ㉠ 널두께와 같거나 약간 큰 것을 사용(너비는 두께의 2~3배)
  ㉡ 빗장의 마구리는 빗장걸이 속으로 들어가지 않도록 두껍게 하여 사각 또는 팔각으로 치목
  ㉢ 빗장걸이 : 띠장에 못을 박아 대거나 띠장 사이에 장부맞춤, 또는 대문널에 직접 못으로 고정

⑤ 문장부 : 좌우 문짝 끝널의 상하를 6~9cm 정도 길게 하여 장부를 둥글게 깎음

⑥ 둔테목

　　㉠ 문장부를 고정하고 회전하도록 상하 인방에 설치하는 부재

　　㉡ 인방 좌우에 별재를 설치하거나 좌우를 통재로 하여 설치

‖ 도갑사 해탈문 둔테 ‖

⑦ 신방목

　　㉠ 판문 아래쪽 장부를 고정하기 위해 홈을 파고 확쇠 등을 설치한 부재

　　㉡ 신방석 위에 놓여져 문장부를 받음

　　㉢ 문선의 너비보다 1~2치 작고 높이는 너비보다 1~2치 작게 사용

　　㉣ 신방석 위에서 문선과 가름장맞춤, 안장맞춤

　　㉤ 내부로는 둔테목이 되고 외부로는 태극문양 등을 장식하여 꾸미기도 함

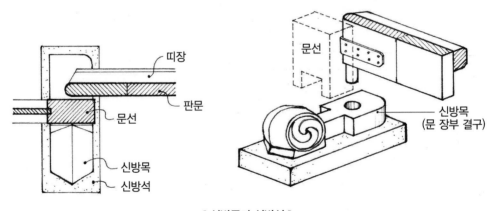

‖ 신방목과 신방석 ‖

⑧ 신방석

　　㉠ 신방목을 받는 초석

　　㉡ 문지방석과 한물에 만들거나 전후면을 별재로 하여 맞대는 경우도 있음

　　㉢ 다듬돌 초석의 경우 초석과 신방석을 한물에 만들기도 함

⑨ 확돌, 문확석 : 장부 구멍을 만들어 대문 장부를 직접 받는 돌

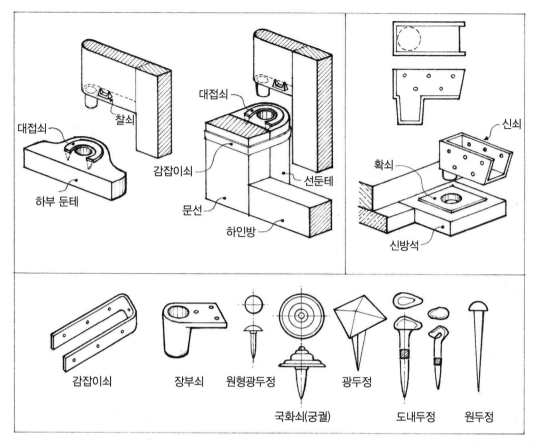

‖ 판문에 사용되는 철물의 종류 ‖

① **감잡이쇠** : 대문 널의 장부 옆에 감잡이쇠를 대어 널의 할렬과 장부의 벌어짐을 방지

② **장부쇠** : 문 윗장부에 끼워 장부를 보강

③ **신쇠** : 문 아랫장부에 끼워 장부를 보강

④ **확쇠** : 신방석, 신방목에 설치하여 문지도리 보강

⑤ **대접쇠, 찰쇠** : 문 둔테목에 대접쇠를 끼우고, 대접쇠와 접하는 문 아랫면에 찰쇠 설치

⑥ **국화쇠**

　　㉠ 널 등을 박아 대는 못의 받침판(사각, 팔각, 원형에 꽃무늬 문양을 돌출시켜 장식)

　　㉡ 중앙에 못구멍을 두어 도내두정, 원두정 등을 박음

　　㉢ 널에 박아 대는 못자리를 감추기 위해 덧박아 대거나, 국화쇠 중심에서 못을 박아 널을 고정

　　㉣ 국화쇠가 등간격 배열이 되도록 널의 너비나 널을 고정하는 못자리를 정함

　　㉤ 궁궐문의 경우 지름 9~12cm, 높이 6~9cm 정도

04 | 안상, 홍살

① 널벽 : 간사이가 큰 경우 대문 좌우에 널벽 설치 / 문상방 위쪽은 흙벽을 치거나 널을 댐
② 소로, 화반 : 문상방과 도리 밑 장여 사이에 소로를 끼우거나 화반을 설치

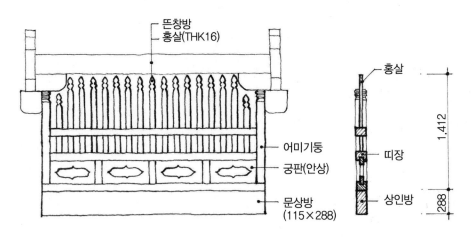

┃ 사직단 정문 판문 상부 구조 ┃

③ 안상
  ㉠ 대문 문상방 위에 머름을 짜고 안상을 새긴 널판을 끼움 / 머름 상부에 홍살 설치
  ㉡ 안상의 설치높이는 12~24cm / 띠장은 인방보다 약간 작게 사용
  ㉢ 좌우 보 옆면에 어미기둥을 세우고 중간에 동자기둥 설치

④ 홍살
  ㉠ 30~40mm인 각재를 대각선 방향으로 돌려서 설치 / 간격은 4~8치
  ㉡ 윗끝을 창모양으로 깎고, 밑은 45도 모를 접어 쇠시리
  ㉢ 마루도리 장여 밑에 거의 닿게 하거나 5치~1자 정도 낮게 설치
  ㉣ 홍살 중간에 삼지창 설치
  ㉤ 궁궐, 상류주택의 대문

05 | 성곽 홍예문의 판문

① 성곽 홍예문의 특징

　　㉠ 외측 홍예는 내부 통로폭보다 좁게 구성

　　㉡ 외측 홍예의 선단석과 홍예석으로 문비의 회전축을 은폐

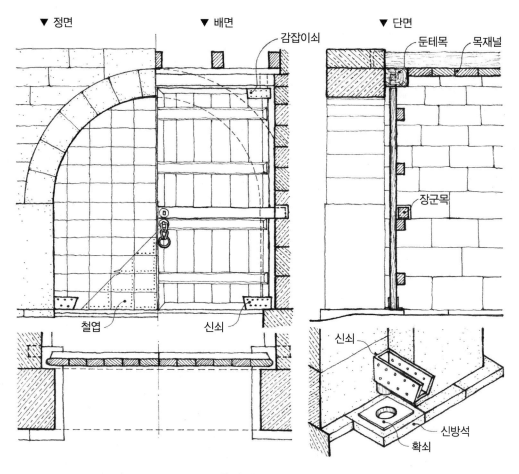

‖ 홍예 성문의 구조 ‖

② 성문 판문의 주요 부재

　　㉠ 대문널 : 3～4치 정도의 두꺼운 널재 사용 / 석간주칠

　　㉡ 띠장 : 4치 이상의 굵은 부재 사용

　　㉢ 장군목 : 빗장 대신 길게 건너지르는 규격이 큰 목재 / 성문 통로 내벽에 장군목 홈 설치

　　㉣ 신방석 : 방형의 문확석을 대칭되게 설치해 문비를 고정(확돌, 문확석)

　　㉤ 철엽 : 판문 바깥면 전체에 철엽을 광두정으로 고정(두께 1.5～3mm, 크기 30～45cm)

　　㉥ 원산 : 문이 반대 방향으로 열리지 않도록 양쪽 문이 만나는 중앙부 하부에 설치(석재)

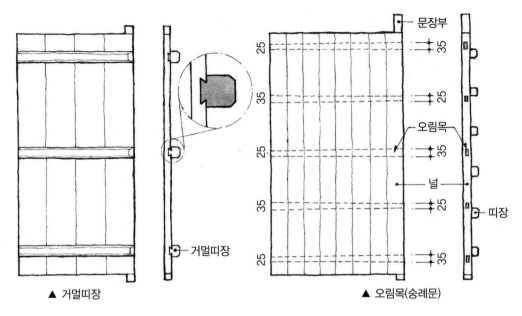

| 거멀띠장 | | 오림목(숭례문) |

▲ 거멀띠장　　　　　　　　　　　▲ 오림목(숭례문)

‖ 성문 판문의 사례 ‖

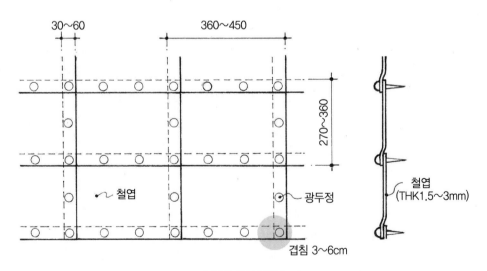

‖ 철엽 설치 구조 ‖

③ 사례(흥인지문)

　　㉠ 내외부 홍예의 크기 : 외부 홍예폭 4.79m, 통로폭 5.49m

　　㉡ 문비의 고정 : 외부 홍예 안쪽에 방형의 문확석을 대칭되게 설치하여 고정

　　㉢ 널 : 두께 140mm 널 7장을 맞대고 내부에서 80cm 내외로 6개의 수평띠장을 대어 고정

　　㉣ 장군목 : 최하부 띠장 위로 장군목이 걸쳐지도록 설치

　　㉤ 띠장 2단~3단 사이에 문고리 설치

　　㉥ 문짝 외부에 철엽 설치

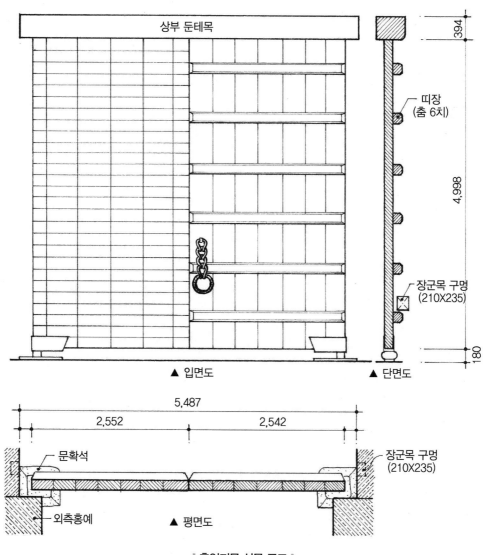

▲ 입면도　　　　　　　▲ 단면도

▲ 평면도

‖ 흥인지문 성문 구조 ‖

④ 사례(팔달문)

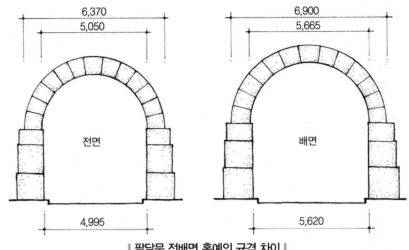

6,370
5,050
전면
4,995

6,900
5,665
배면
5,620

‖ 팔달문 전배면 홍예의 규격 차이 ‖

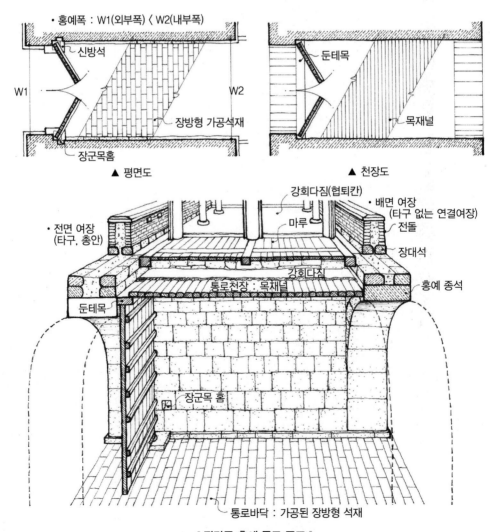

• 홍예폭 : W1(외부폭) 〈 W2(내부폭)

신방석
W1
장군목홈
장방형 가공석재
W2

▲ 평면도

둔테목
목재널

▲ 천장도

• 전면 여장
(타구, 총안)

둔테목

장군목 홈

강회다짐(협퇴칸)
마루

강회다짐
통로천장 : 목재널

• 배면 여장
(타구 없는 연결여장)
전돌
장대석
홍예 종석

통로바닥 : 가공된 장방형 석재

‖ 팔달문 홍예 통로 구조 ‖

⑤ 사례(광화문)
　　㉠ 청판 : 두께 4.5치 청판 7개를 이음(오늬이음)
　　㉡ 철엽 미설치(궁궐 문루)

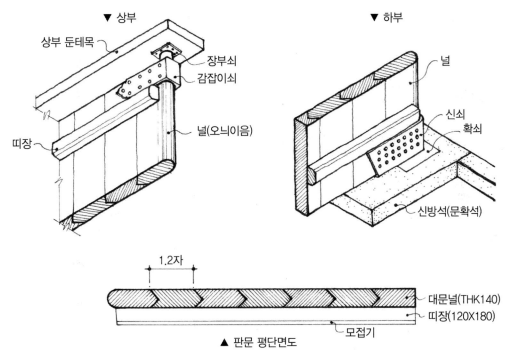

▼ 상부

상부 둔테목
장부쇠
감잡이쇠
널(오늬이음)
띠장

▼ 하부

널
신쇠
확쇠
신방석(문확석)

1.2자

대문널(THK140)
띠장(120X180)
모접기

▲ 판문 평단면도

‖ 광화문 판문 설치 구조 ‖

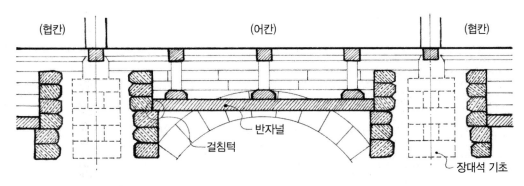

(협칸)　　　(어칸)　　　(협칸)

반자널
걸침턱
장대석 기초

‖ 광화문 어칸 통로의 반자 설치 구조 ‖

01 | 재료

① 함수율 18% 이하인 건조된 목재를 사용
② 옹이, 갈램이 없는 부재를 사용
③ 울거미 부재는 곧은결, 나이테가 조밀한 심재 부분을 사용
④ 청판은 무늬가 좋은 널결을 사용
⑤ 살대는 옹이, 삭정이 등이 없는 부재 사용

02 | 조사사항

① 개구부의 폭과 높이
② 문틀, 홈대의 규격 및 구조
③ 여닫음 방법, 고정 철물의 위치와 개수
④ 살대의 개수, 간격, 문양
⑤ 문울거미, 살대, 문상하방의 맞춤 방법
⑥ 쇠시리 기법, 문턱 가공 및 풍소란 등의 기법
⑦ 창호지의 재질 및 색상
⑧ 달쇠의 위치와 개수

03 | 해체 시 유의사항

① 번호표 부착, 촬영, 도면에 기록
② 해체 시 부재 파손 유의(무리하게 힘을 가하지 말 것)
③ 살에 문양이 있는 부재는 보양하여 해체

04 | 살창 시공 시 주요사항

① 교체 부재
　㉠ 수리 시 기존의 형태, 색감을 그대로 나타낼 수 있는 같은 부재를 사용
　㉡ 목재 수급이 불가한 경우에는 동등 이상의 품질을 가진 목재를 사용
　㉢ 견본품을 실물크기로 제작하여 담당원의 승인을 받아 본 제작

② 보관 및 보양

    ㉠ 습기, 충해에 의한 손상 및 일사에 의한 변색, 퇴색, 변형 등이 발생하지 않도록 보관

    ㉡ 이동, 설치 시에 파손이나 뒤틀림 등 변형이 발생하지 않도록 골판지 등으로 보양

    ㉢ 종류별, 치수별로 구분하여 식별이 용이하도록 보관

    ㉣ 지면으로부터 300mm 이상 이격하여 보관

    ㉤ 바닥은 비닐 등을 깔아 습기가 올라오지 않도록 함

③ 창호지 바름

    ㉠ 창호지 전면에 묽은 풀칠을 하고, 울거미살은 약간 된풀을 칠하여 바로 붙이거나 울거미살에만 풀칠하여 종이를 붙인 후 물을 뿌려 두었다가 말림

    ㉡ 창호지의 이음은 살대 위에 오도록 하여 보이지 않게 함

    ㉢ 창호지가 살 위에서 이어질 때는 겹침을 살 너비보다 작게 이음

    ㉣ 창호지가 살과 살 사이에서 이어질 때는 3mm 내외로 겹침

    ㉤ 창호지에 풀칠을 하고 들어 올릴 경우에는 찢어질 수 있으므로 종이의 양 귀를 창호에 붙인 후에 풀칠

05 | 판문 시공 시 주요사항

① **문지도리, 확쇠** : 처지거나 깨지지 않도록 견고한 것을 사용

② **철물** : 기존의 것을 재사용하되, 재사용이 불가한 경우에 새로 제작하여 설치

③ **대문판** : 휨, 균열이 없는 상등품으로 제작(재질, 건조상태)

④ **문선, 인방의 재조정**

    ㉠ 대문판을 설치하기 전에 기둥 문선, 인방 등의 뒤틀림, 휨, 처짐 등을 확인

    ㉡ 변형이 있는 경우에는 재조정하여 바로잡음

⑤ **가설치 후 본설치** : 대문판을 고정 설치하기 전에 상하좌우를 조정하면서 소정의 위치에 가설치 후 본설치

⑥ **보양**

    ㉠ 문을 닫아 놓을 때는 문의 중앙에 받침돌로 받침

    ㉡ 설치한 후에 휨, 뒤틀림 현상이 발생할 수 있으므로 설치 후 장기간 보양하여 변형 방지

04 마루의 구조와 시공

SECTION 01 개요

01 | 마루의 종류(쓰임과 위치)

① 대청 : 안방과 건넌방 사이에 놓인 넓은 마루

② 누마루 : 지면에서 높이 띄운 원두막 형식의 마루(다락마루)

③ 툇마루 : 고주와 평주 사이 퇴칸에 놓인 마루 / 방의 앞뒤 퇴칸에 설치한 마루

④ 쪽마루 : 퇴칸이 없는 부분에서 평주 밖으로 덧달아낸 마루(바깥툇마루)

⑤ 헌함 : 누각 기둥 밖으로 돌아가며 놓은 난간이 있는 좁은 마루

⑥ 들마루 : 기둥, 인방에 고정되지 않아 이동이 가능한 마루

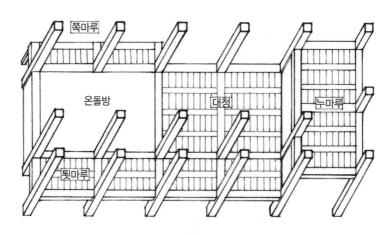

‖ 설치 위치에 따른 마루의 종류 ‖

02 | 마루의 종류(널을 까는 방식)

① 장마루 : 기둥, 동바리에 멍에를 걸고 장선을 건너 댄 뒤 마루널을 깐 것 / 귀틀 상부에 장널을 깐 것

② 우물마루

    ㉠ 전후 기둥에 건너지른 장귀틀에 직각으로 동귀틀을 걸고 사이에 널을 끼워 댄 마루

    ㉡ 귀틀을 우물 정(井)자 형태로 짜고 청판을 끼워 넣은 마루

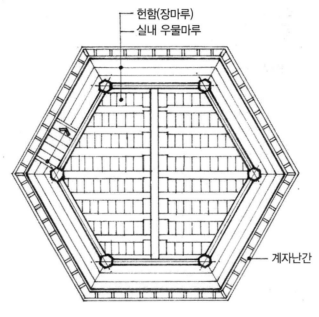

║ 경복궁 향원정 마루 평면도 ║

SECTION 02 | 우물마루의 구조

01 | 구성부재

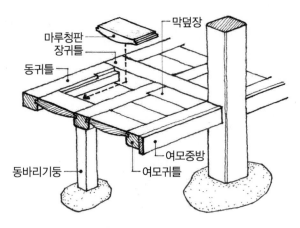

┃ 우물마루의 구성부재와 시공 개념도 ┃

① 장귀틀
   ㉠ 전후면 기둥 사이에 건너지른 귀틀재
   ㉡ 너비 0.8~1.2자, 춤 0.6~0.8자
   ㉢ 동귀틀을 통물리고 2~3치 여유가 있는 부재 사용

② 동귀틀
   ㉠ 장귀틀 사이에 건너지른 귀틀재
   ㉡ 너비는 최소 0.6자 이상, 통상 0.8자 이상으로 장귀틀보다 1~2치 작게 사용

③ 청판(마루널) : 춤은 2치 내외, 길이는 2~4자(주택은 2자 내외, 사찰은 3~4자 이내)

④ 기타
   ㉠ 여모귀틀 : 대청의 우물마루 전면을 마감하는 귀틀 / 춤과 너비를 크게 사용
   ㉡ 변귀틀 : 설치 평면의 외곽, 벽체에 면하는 귀틀 / 하인방과 함께 설치
   ㉢ 꿸중방 : 동귀틀을 받는 하인방

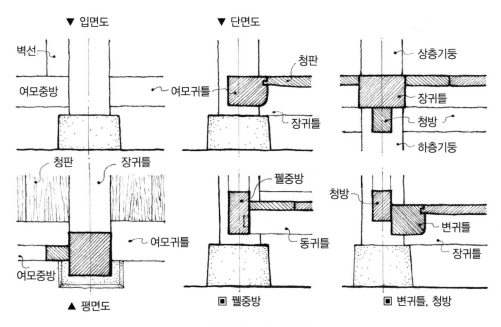

| 우물마루의 각부 명칭 |

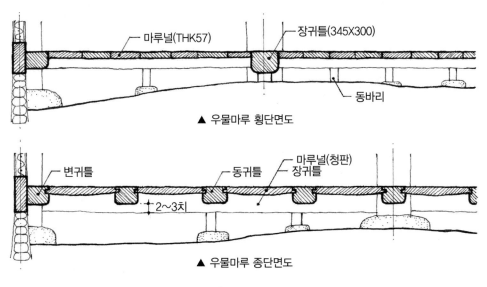

| 우물마루의 단면 구조 |

02 | 우물마루의 결구

① 기둥과 장귀틀

    ㉠ 통맞춤 / 장부맞춤 / 결구없이 맞댐(그레질) / 맞춤자리는 쐐기로 고정

    ㉡ 각기둥은 기둥에 귀틀을 1치 정도 물림

    ㉢ 원기둥은 기둥에 내접하는 정사각형의 외곽 깊이 정도를 물림

    ㉣ 귀틀이 기둥에서 직교할 때는 기둥 중심에서 45°로 연귀를 따서 맞닿게 설치

    ㉤ 귀틀 하부에 동바리, 받침돌 설치

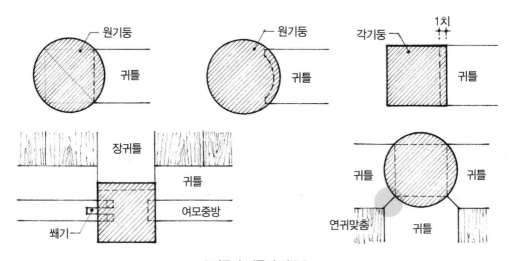

| 기둥과 귀틀의 결구 |

② 장귀틀과 동귀틀

　　㉠ 동귀틀은 장귀틀에 장부맞춤, 쌍갈장부맞춤

　　㉡ 홈턱따기 : 장귀틀 옆면의 밑을 통따서 올려 끼우고 옆으로 밀어 넣음

　　㉢ 옆홈따기 : 장귀틀 옆면에 홈을 내어 동귀틀을 옆에서 밀어 넣음

　　㉣ 되맞춤 : 장귀틀을 가설치한 상태에서 동귀틀을 순차적으로 결구

　　㉤ 메움목, 쐐기 : 홈턱 하부, 옆홈, 장부홈에 메움목과 쐐기로 고정

　　㉥ 장부홈 : 장부 크기보다 크게 치목하여 메움목과 쐐기로 고정

　　㉦ 그므개 : 그므개를 사용하여 동귀틀 홈을 수평치목(귀틀 상면 일치)

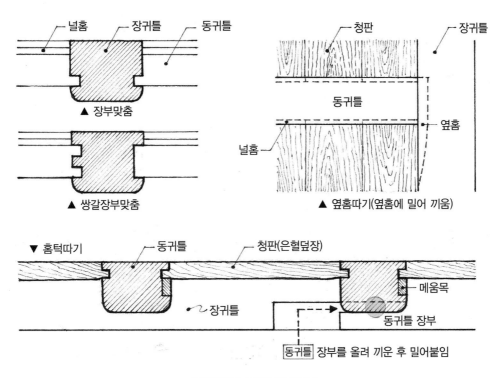

▍장귀틀과 동귀틀의 결구 ▍

④ 청판

    ㉠ 청판에 제혀를 내고 동귀틀의 옆면 홈에 물림

    ㉡ 청판두께의 1/2 물림(5푼)

    ㉢ 청판 막장 설치방법 : 은혈덮장, 막덮장

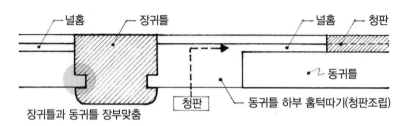

┃ 청판 막장 은혈덮장 설치구조 ┃

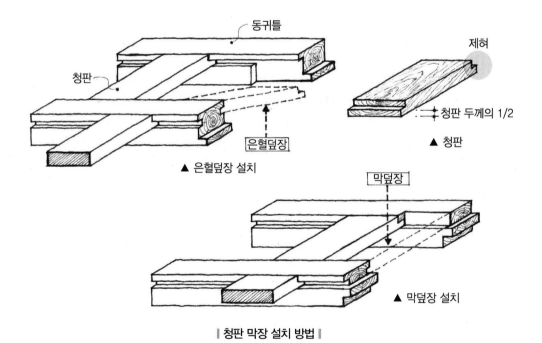

┃ 청판 막장 설치 방법 ┃

03 | 누마루의 귀틀 결구

① **촉맞춤** : 귀틀재와 누상주, 누하주 촉맞춤 / 촉은 중앙에 1개 또는 대각선상으로 두 개 설치

② **하층 기둥** : 장귀틀을 하층 기둥의 장부촉에 내리맞춤 / 장부길이 2~3치

③ **상층 기둥** : 기둥에 짧은 장부를 내어 장귀틀에 끼움 / 장부길이 1치

④ **장귀틀** : 하층 기둥의 지름보다 규격을 크게 사용

⑤ **청방** : 기둥머리에 통맞춤

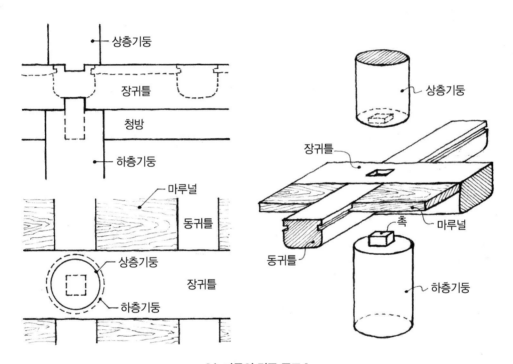

▌ 누마루의 결구 구조 ▌

01 | 훼손 유형

① 귀틀 및 청판의 부식, 이완, 처짐
② 균열, 파손 등

02 | 훼손 원인

① 초석, 기둥의 침하와 기울음
② 동바릿돌, 동바리 기둥의 침하와 기울음, 부식
③ 우물마루 구성부재의 규격, 재질, 결구법 문제
    ㉠ 건조가 덜된 청판 사용 / 청판의 두께 부족 / 널의 심재가 아래로 오게 설치
    ㉡ 귀틀 규격 부족(춤) / 동귀틀 결구부 파손 / 귀틀과 기둥의 결구 부실 / 동바리 설치 부실
    ㉢ 변귀틀 없이 하인방에 동귀틀을 결구한 구조(결구부 파손)
④ **마루 하부의 습기** : 기단 바닥과 마루 사이의 이격 부족, 통풍구 미설치, 마루 하부 적치물
⑤ 보행 충격, 내구성 저하
⑥ 사찰 불단의 하중에 의한 주변부 귀틀재의 변위
⑦ **주변환경** : 배수로 미비, 배면 석축 근접에 따른 습기 / 잡목에 의한 일조 및 통풍 저해

03 | 조사사항

① 사전조사
    ㉠ 부식, 파손이 발생한 위치와 손상 정도
    ㉡ 귀틀 및 청판 사이의 넓은 틈 발생 여부
    ㉢ 보행 시 삐걱거림이나 흔들림 여부
    ㉣ 마루의 기울음, 기울어진 방향
    ㉤ 초석, 기둥 등 상하부 가구 부재의 변위 여부
    ㉥ 귀틀, 청판의 규격, 형태, 재질, 치목 및 조립 기법

② 해체조사
    ㉠ 기둥과 귀틀, 장귀틀과 동귀틀, 귀틀과 청판의 결구법과 설치구조
    ㉡ 동바리, 동바리초석의 상태와 설치 위치
    ㉢ 결구부 및 장부의 파손상태

04 | 해체

해체순서 : 청판 → 동귀틀 → 장귀틀

05 | 치목 및 조립

① 바닥 고르기
　ㄱ 마루 하부 기단 상면의 바닥 고르기
　ㄴ 통기성이 확보되도록 바닥을 고르고 주변정리 / 배면 쪽 마루와 기단 바닥의 이격 확보
　ㄷ 바닥 방습처리(소금, 숯가루)

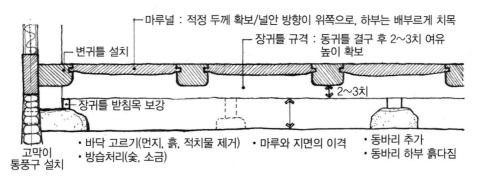

┃ 우물마루 보수 방안 ┃

② 장귀틀 설치
　ㄱ 전후면 기둥 사이에 장귀틀 설치
　ㄴ 장귀틀은 동귀틀을 통물려도 밑에 60mm 이상의 여유가 있도록 부재를 사용
　ㄷ 기둥 옆에 턱을 따고 밀어 넣어 맞추고 쐐기를 박아서 고정
　ㄹ 기둥의 턱은 각기둥에서는 15~30mm 정도, 원기둥에서는 원에 내접하는 정사각형의 깊이로 따냄
　ㅁ 귀틀이 기둥에서 직교할 때는 기둥 중심에서 45°로 연귀를 따서 서로 맞닿게 하고 기둥에 '一'자 턱을 파서 밀어 넣음
　ㅂ 초석 상면에 장귀틀 받침목 설치
　ㅅ 귀틀 하부를 동바릿돌, 동바리기둥으로 받침

③ 변귀틀 설치 : 인방에 그레질해서 밀착

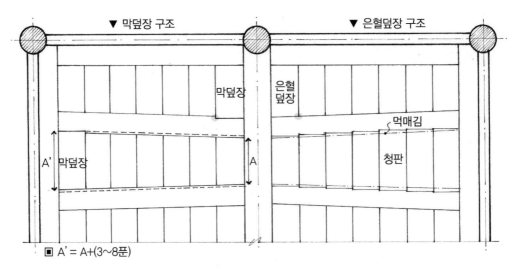

∥ 우물마루의 평면구조 ∥

④ 동귀틀 설치

　ㄱ 장귀틀 옆면에 홈파서 장부맞춤

　ㄴ 장귀틀 하부를 통따내고, 동귀틀을 끼우고 밀어 올린 후 옆홈에 밀어 끼움

　ㄷ 맞춤자리는 메움목과 쐐기로 고정

　ㄹ 전후면 동귀틀을 사다리꼴로 설치(3~8푼 정도의 설치 간격 차이)

　ㅁ 동귀틀 좌우의 너비를 다르게 치목하여 청판 결구부를 사다리꼴로 형성

⑤ 청판 치목

　ㄱ 귀틀재의 폭과 동귀틀의 설치 간격 등을 고려하여 청판의 규격을 정함

　ㄴ 청판이 설치될 동귀틀 상부에 청판을 배열하여 고정

　ㄷ 동귀틀 설치 간격에 맞춰 결구홈을 고려해 먹놓기(혀의 턱과 끝에 먹놓기)

　ㄹ 부재에 번호를 매기고 치목

⑥ 청판 조립

　ㄱ 순서대로 동귀틀에 밀착시켜 조립(사다리꼴의 넓은 쪽에서 좁은 쪽을 향해 조립)

　ㄴ 청판 하부에 쐐기 등으로 결구 보강

　ㄷ 막덮장 : 동귀틀 한 옆의 홈 턱을 위에서 따고 내려 끼움

　ㄹ 은혈덮장 : 밑에서 막장 턱을 통으로 파서 올려 끼우고, 막장 밑을 솔대로 박음

06 | 수리 시 유의사항

① 해체 시 부재별 위치를 표시(번호표 부착, 도면 기록)

② 해체 시 무리하게 힘을 가하여 부재 파손이 발생하지 않도록 유의

③ 청판 등을 조립 시 부목을 사용하여 메질(부재 파손 방지)

④ 마루 하부에 쌓인 흙, 이물질 등을 제거하여 통기성 확보

⑤ 귀틀을 받치는 동바릿돌, 동바리초석은 지면을 다지고 설치

⑥ 동바리 기둥은 초석과 그레질 밀착

⑦ 뒤틀림이 있으나 재사용이 가능한 청판은 대패질 등으로 면을 정리하여 재사용

⑧ 청판은 가급적 충분히 건조된 부재를 하부면이 배가 부른 형태로 사용

⑨ 귀틀재와 청판은 상면이 수평지도록 설치

⑩ 설치 위치를 변경하여 귀틀재를 재사용하는 경우, 결구홈 치목에 따른 단면 손실에 유의

⑪ 동귀틀에 청판 조립 시 귀틀이 밀려나지 않고 밀착되도록 시공

⑫ 조립후 상면의 마감은 원형부재의 마감상태를 고려해 가공(인력 대패질 마감)

07 | 보수사례(하동 쌍계사 대웅전)

① 좌측, 우측 후면에 변귀틀 설치

② 청판의 길이를 줄이고, 동귀틀을 1열 추가(보행충격을 고려해 청판 길이를 줄임)

③ 동귀틀에 결구되는 청판 단부를 직절하지 않고 빗깎아서 결구(건조수축 시의 틈 발생을 고려)

④ 장귀틀을 가조립 후 동귀틀을 결구하여 밀착시키면서 한쪽 방향으로 조립해 나감

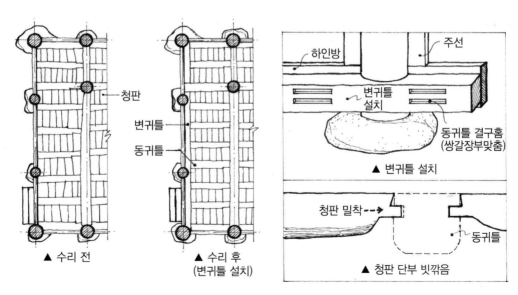

▲ 수리 전 ▲ 수리 후 (변귀틀 설치)

▲ 변귀틀 설치

▲ 청판 단부 빗깎음

‖ 우물마루 보수 사례 ‖

LESSON 05 온돌의 구조와 시공

SECTION 01 | 개요

01 | 온돌의 역사

① 11~13세기 고려중기 이후에 한반도 남부까지 전파
② 전면온돌이 한반도 남부까지 일반화되는 것은 영조 · 정조시대로 추정

02 | 온돌의 개요

① 온돌의 개념 : 방바닥에 구들장을 깔고 그 밑에 불을 지펴 바닥을 덥히는 구조체(바닥 난방 방식, 구들)
② 온돌의 구성 요소 : 구들, 아궁이, 굴뚝, 연도

③ 온돌의 유형
  ㉠ 취사시설 여부 : 부뚜막아궁이, 함실아궁이
  ㉡ 고래 형태 : 나란히고래, 선자고래, 허튼고래, 되돈고래

03 | 고래의 종류

① 고래 : 고래둑과 고래둑 사이의 공간(화기와 연기가 지나는 곳)

② 나란히고래(줄고래)
  ㉠ 아궁이에서 고래개자리까지 고래가 직선으로 놓인 고래
  ㉡ 보통 5~6개의 골을 만들어 열기를 굴뚝 방향으로 유도하면서 확산시키는 형식

③ 선자고래 : 아궁이에서 고래개자리까지 고래가 부채살 모양으로 퍼져 나간 고래

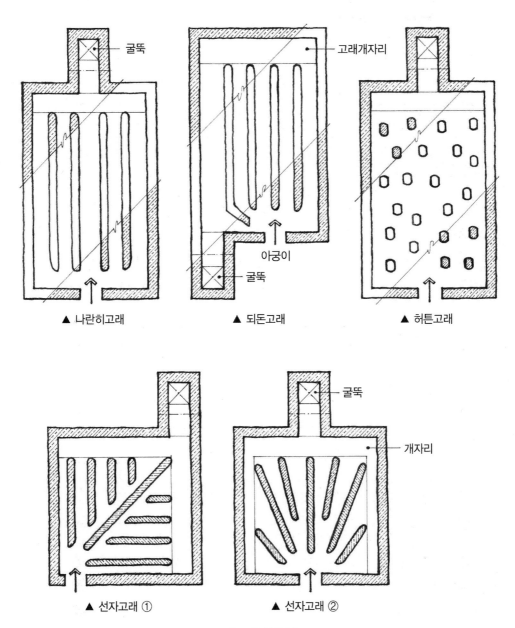

▲ 나란히고래

▲ 되돈고래

▲ 허튼고래

▲ 선자고래 ①

▲ 선자고래 ②

‖ 고래의 종류 ‖

④ 허튼고래

    ㉠ 골을 켜지 않고 불길이 이리저리 통하여 들어가도록 굇돌을 흩어서 놓은 고래

    ㉡ 열기가 자연스럽게 흐르게 하는 구조

    ㉢ 민가의 규모가 작은 방은 줄고래 설치 시 열기가 쉽게 빠져나가므로 허튼고래를 설치

    ㉣ 구들장은 너무 두껍지 않게 설치(남부지방에서 발달한 형식)

⑤ 되돈고래

    ㉠ 아궁이와 굴뚝이 같은 쪽에 있는 고래

    ㉡ 고래를 타고 들어간 불길이 한 바퀴 돌아 나오도록 놓은 고래

04 | 고래와 개자리

① 열기의 흐름

    ㉠ 더운 열기는 상승하여 구들장에 축열되면서 냉각된 공기는 아래로 처져 고온의 열기를 받쳐줌

    ㉡ 냉각된 공기의 일부는 개자리로 모이고, 이 과정에서 고래 속 열기는 자연스럽게 속도가 조절됨

② 개자리의 기능

    ㉠ 고래 안의 열기의 흐름과 속도를 조절하는 기능

    ㉡ 굴뚝으로부터 유입되는 역풍을 완화하는 작용

    ㉢ 고래 안의 열기를 최대한 구들 속에 머물게 하는 기능

    ㉣ 그을음, 재가 모이는 곳

③ **기후와 온돌의 구조** : 추운 지방은 고래둑의 높이를 높게, 고래개자리를 얕게, 부넘기를 크게 설치

온돌의 구조(부뚜막아궁이)

01 | 개념

① 부뚜막아궁이 : 난방과 취사를 겸하는 온돌 방식
② 부뚜막, 아궁이, 아궁이 후렁이, 불목, 불고개 등으로 구성된 온돌

02 | 부뚜막아궁이의 구성요소

① **부뚜막** : 아궁이 후렁이 위에 솥을 걸 수 있도록 흙과 돌 등으로 만든 것
② **아궁이** : 온돌에 불을 넣는 구멍 / 부뚜막아궁이에서 부뚜막 전면에 위치
③ **아궁이 후렁이** : 장작 등의 땔감이 연소되는 곳
④ **봇돌** : 이맛돌이나 불목돌을 받치기 위해 아궁이 양옆에 세우는 돌
⑤ **이맛돌** : 아궁이 입구에서 봇돌 위에 걸치는 돌

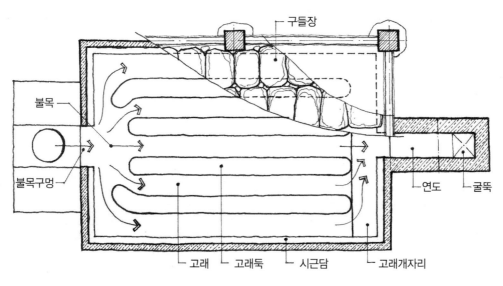

┃ 부뚜막아궁이 평면도 ┃

⑥ 불목
  ㉠ 아궁이 후렁이와 고래의 중간 부분
  ㉡ 아궁이 후렁이에서 장작 등의 땔감이 연소된 화기와 연기가 고래로 넘어가는 곳

⑦ 불목구멍 : 불목으로 화기와 연기가 지나갈 수 있도록 고막이 부분에 뚫은 구멍
⑧ 불목돌 : 아궁이 후렁이와 불목 사이의 불목구멍 위를 덮는 돌
⑨ 고래 : 고래둑과 고래둑 사이의 공간 / 화기와 연기가 지나는 곳
⑩ 고래바닥 : 고래둑을 쌓아 올리거나 굇돌을 놓기 위해 다져 놓은 바닥
⑪ 고래둑 : 구들장을 올려 놓기 위해 진흙, 돌, 와편, 벽돌 등의 재료를 사용하여 만든 두둑

⑫ 고래개자리
  ㉠ 일정한 폭과 깊이로 방구들 윗목에 파낸 고랑
  ㉡ 고래를 통해 흐르는 화기와 연기를 모아 굴뚝으로 보냄

⑬ 구들개자리
  ㉠ 일정한 폭과 깊이로 방구들 아랫목에 만드는 개자리
  ㉡ 아궁이를 통해 유입된 화기와 연기를 모아 고래로 보냄

⑭ 중간개자리 : 방이 큰 경우에 화기의 흐름을 좋게 하기 위하여 중간에 만드는 개자리

⑮ 굴뚝개자리
  ㉠ 굴뚝 하부를 연도 바닥보다 10cm 정도 낮게 파내어 만든 개자리
  ㉡ 연기의 역류를 막으며, 그을음과 재 등이 모이게 하는 곳

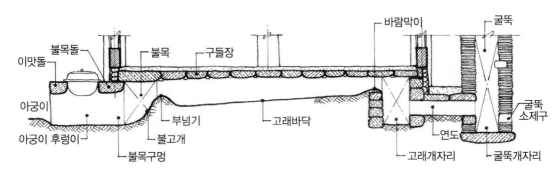

‖ 부뚜막아궁이 횡단면도 ‖

⑯ **굇돌** : 아랫목의 넓고 두꺼운 구들장을 받치거나 허튼고래에서 구들장을 받치는 돌

⑰ **시근담** : 구들장을 걸치기 위해 고막이벽 안쪽에 붙여 쌓은 두둑

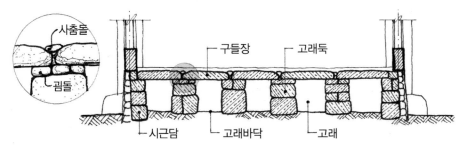

‖ 부뚜막아궁이 종단면도 ‖

⑱ **부넘기**

　㉠ 불고개 끝에서 고래로 연결되는 어귀에 조금 높게 만든 언덕

　㉡ 고래의 더운 열기가 구들장 아랫면을 타고 갈 수 있도록 불길을 올려줌

　㉢ 굴뚝으로부터 아궁이로의 역풍을 막아줌

⑲ **바람막이**

　㉠ 고래와 고래개자리가 만나는 어귀에 조금 높게 만든 언덕

　㉡ 외부 역풍에 의해 역류하는 연기를 막으며, 고래에서 흘러나가는 화기를 분배하고 더 잡아두는 기능

⑳ **구들장**

　㉠ 고래둑, 굇돌 위에 걸쳐 놓아 방바닥을 형성하는 넓고 얇은 돌

　㉡ 45cm × 55cm 규격의 장방형 판석 / 두께는 2~3치 정도(60~100mm)

　㉢ 화강석, 편마암, 점판암, 안산암, 흑운모석 등

㉑ **굄돌** : 구들장을 평평하게 놓기 위해 고래둑이나 굇돌 위에서 구들장을 고이는 돌

㉒ **사춤돌** : 구들장을 놓은 다음 그 사이에 끼워 메우는 작은 돌

㉓ **연도** : 고래개자리에서 굴뚝개자리 사이의 연기가 지나가는 길

01 | 사전조사

① 온돌의 크기 / 아궁이 및 아궁이후렁이의 크기, 형태 / 부뚜막의 크기, 형태
② 굴뚝의 위치, 형태, 크기
③ 구들장의 침하 위치와 침하 정도
④ 바닥 마감에 대한 조사(명석, 장판지)
⑤ 부엌, 아궁이 주변의 배수로 상태, 물이 넘은 흔적 등 조사
⑥ 고막이 훼손 여부 / 장판지의 종류

02 | 해체조사

① 바닥 장판지 제거 후에 방바닥과 하인방의 높이차이 조사
② 사춤돌, 부토, 진흙 등 흙바름의 두께와 바름 횟수, 재료
③ 구들장의 재질, 각각의 규격, 설치 간격, 설치 위치, 형태
④ 구들장 부재번호표 부착, 재사용 여부 검토 및 분류
⑤ 고래둑의 재료, 높이, 쌓기법
⑥ 시근담의 상태, 시근담 기초의 높이
⑦ 고래의 폭, 바닥의 전후좌우 구배, 고래바닥 경사도, 고래 설치 방법(줄고래, 허튼고래 등)
⑧ 개자리의 위치와 규격, 사용 재료
⑨ 아궁이후렁이, 불목, 부뚜막, 아궁이의 크기와 위치, 형태
⑩ 굴뚝, 연도의 형태, 크기, 설치 구조
⑪ 건립 당시와 근래 수리 시의 변형 여부 확인

03 | 해체 및 해체 시 유의사항

① 해체 공정별로 실측 자료 및 사진 자료 작성
② 해체 순서 : 부토, 미장바름 제거 → 구들장, 사춤돌 해체 → 고래둑 해체
③ 구들장 위 부토와 방바닥 미장 제거 후 구들장 해체
④ 구들장은 윗목에서 아랫목 방향으로 해체
⑤ 구들장 해체 시 고래둑이나 굇돌, 개자리 등의 훼손 유의 / 구들장 해체 후 고래둑 및 굇돌의 위치, 고래둑의 높이와 고래간격 등을 확인
⑥ 고래둑이나 굇돌은 한 고래씩 해체(조사와 해체 병행)

⑦ 고래둑이나 굇돌을 해체하기 전에 굄돌을 해체하여 따로 보관

⑧ 부뚜막, 불목, 개자리, 연도는 부분별로 해체

⑨ 해체 부재의 보관 : 재사용재, 불용재로 구분하여 보관

⑩ 고래바닥 : 특별한 사유가 있는 경우 이외에는 해체하지 않음

⑪ 구들장 보관

　　㉠ 바닥을 깨끗이 청소하고 받침대를 설치하여 세워서 보관(오염방지)

　　㉡ 비를 맞지 않는 곳에 보관

　　㉢ 습기, 오염, 파손 등이 없도록 보양

⑫ 부뚜막 · 아궁이 해체 / 내 · 외벽의 이맛돌과 받침돌 해체

⑬ 연도 해체

⑭ 해체 시 비산 먼지가 발생하지 않도록 하고, 해체와 동시에 용기에 담아 운반

⑮ 해체 부재의 보관(재사용재, 불용재)

　　㉠ 재사용재와 불용재로 구분하여 표시하고 구분하여 지정장소에 보관

　　㉡ 재사용재는 이물질을 제거한 후 정리하여 보관

　　㉢ 해체재료는 상태별, 재료별, 위치별 등으로 구분하여 보관

04 | 조립 및 조립 시 유의사항

① 원형유지

　　㉠ 해체조사 결과를 바탕으로 원형을 고증하여 시공

　　㉡ 고래형태는 기존의 구들 형태대로 설치(나란히고래, 선자고래, 허튼고래 등)

② **고래켜기** : 온돌방에 구들을 놓을 때 바닥을 파내거나 돋우어 다짐하고 고래둑을 쌓아 고래를 만드는 일

③ **고래바닥**

　　㉠ 바닥다짐 : 부뚜막, 고래바닥, 개자리, 연도 등의 밑바닥은 파내거나 돋우어 손달고 등으로 다짐

　　㉡ 가급적 고래바닥은 해체하지 않음

　　㉢ 아궁이 쪽은 낮게, 고래개자리 쪽은 높게 경사 형성

　　㉣ 고래바닥은 마당보다 높게 설치

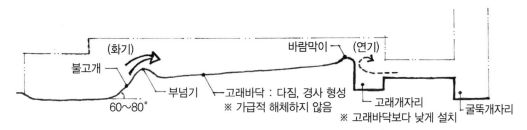

‖ 고래바닥, 개자리 설치 구조 ‖

④ 불고개

　　㉠ 경사도 60~80° 정도로 경사지게 설치

　　㉡ 화기가 잘 넘어갈 수 있도록 진흙 또는 생석회를 섞은 진흙으로 면바르기

⑤ 부넘기, 바람막이

　　㉠ 아궁이 쪽에 부넘기, 고래개자리 쪽에 바람막이 설치

　　㉡ 부넘기는 고래바닥이 시작되는 어귀에 잔돌과 반죽한 진흙으로 턱이 지도록 설치

　　㉢ 부넘기는 고래둑의 높이, 고래바닥의 폭에 따라 적정한 폭과 높이로 설치

⑥ 시근담 쌓기

　　㉠ 고막이벽과 일체가 되도록 붙여서 쌓음(돌, 와편, 전돌 등을 사용)

　　㉡ 시근담의 기초부는 고래바닥보다 깊게 설치

　　㉢ 시근담은 고래둑과 같은 높이로 설치

　　㉣ 시근담 폭은 90mm 내외

　　㉤ 화기, 연기가 외부로 새지 않도록 진흙으로 면바르기

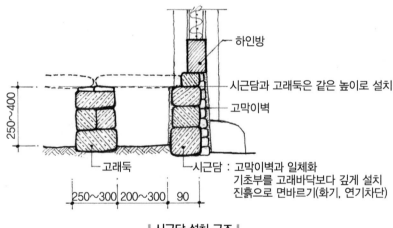

| 시근담 설치 구조 |

⑦ 하인방, 문지방 보호 : 불목 부분에 있는 하방, 문지방 등의 목부재는 최소 200mm 이상 진흙 등의 불연
　　재료로 감쌈

⑧ 고래개자리 설치

　　㉠ 방과 고래의 형태에 따라 1~3번에 설치

　　㉡ 고래바닥보다 100~500mm 낮게 설치 / 폭 150~450mm / 바닥은 수평으로 잘 다짐

　　㉢ 고래개자리 벽은 막돌, 와편, 화강석, 전벽돌 등을 사용하여 쌓고 진흙 바르기

　　㉣ 구들개자리 : 방이 큰 경우, 화기 균등 배분을 위해 아랫목에 구들개자리 설치

　　㉤ 중간개자리 : 방이 큰 경우, 화기의 원활한 흐름을 위해 중간에 중간개자리 설치

⑨ 고래둑 쌓기

　　㉠ 형태와 개수는 원형에 기초하여 설계도서에 따라 시공

　　㉡ 막돌, 전벽돌, 흙벽돌, 와편, 진흙, 화강석 등 사용

　　㉢ 고래둑의 폭 250~300mm / 높이 250~400mm / 고래 간격 200~300mm

　　㉣ 구들장 설치 시 하인방 하부보다 높지 않도록 설치

　　㉤ 고래둑의 폭은 일정하게 유지

　　㉥ 허튼고래 : 고래둑을 쌓지 않고 굇돌로 구들장을 받침

⑩ 구들장 놓기

　　㉠ 기존의 것을 최대한 재사용

　　㉡ 습기를 먹은 구들장은 충분히 건조된 상태에서 재설치

　　㉢ 교체 부재는 기존 구들장과 재질이 유사한 구들장으로 보충

　　㉣ 두께 60~100mm인 얇고 넓게 쪼갠 점판암 또는 화강암 등을 사용

　　㉤ 구들장 신재 교체 시에는 두께와 입자 등을 고려

　　㉥ 구들장은 일반적으로 방형인 것을 사용

　　㉦ 화기의 흐름이나 출입 빈도에 따라 두꺼운 구들장 사용

　　㉧ 아랫목과 출입이 많은 곳에 시공하는 구들장은 두껍고 큰 것을 사용

　　㉨ 구들장은 수평이 되거나 아랫목에서 윗목 방향으로 약간 높고 경사지게 설치

　　㉩ 구들장은 맞대어 설치

　　㉪ 고래둑이나 굇돌 위에서 구들장 사이의 이격거리는 30mm 내외

　　㉫ 구들장의 길이방향을 고래방향과 수직으로 고래둑에 설치

　　㉬ 고래둑 위에는 굄돌을 고여 구들장이 흔들리지 않도록 함

⑪ 거미줄치기

　　㉠ 구들장이 맞닿는 부분에 생기는 틈을 사춤돌로 채우고 진흙으로 메워 바르는 것

　　㉡ 화기나 연기가 새어 나오지 않도록 함

　　㉢ 구들장 사이 틈새를 메울 때는 힘을 가해 내리치면서 메움

⑫ **부토** : 건조된 부드러운 흙 또는 마른 모래를 사용 / 두께 30mm 내외로 깔고 수평지게 고름

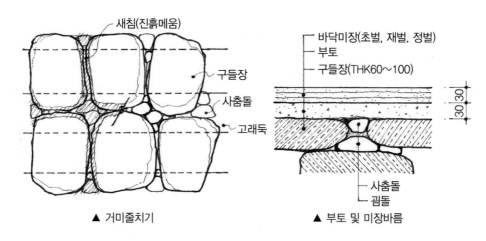

▲ 거미줄치기   ▲ 부토 및 미장바름

| 거미줄치기, 부토, 미장바름 |

⑬ 바닥미장

   ㉠ 초벌바르기 : 부토 위에 중간 정도 묽기의 진흙 반죽을 수평되게 초벌바르기 후 아궁이에 불을 넣어
                바닥을 충분히 건조함

   ㉡ 재벌바르기 : 초벌바르기를 한 바닥이 건조된 후, 진흙 반죽으로 수평되게 재벌바르기

   ㉢ 정벌바르기 : 재벌바르기 후 불을 넣어 충분히 건조된 후 바름(진흙, 마사토, 생석회)

   ㉣ 초벌, 재벌, 정벌한 방바닥 미장의 두께는 30mm 내외

⑭ 연도 설치

   ㉠ 경사 : 고래개자리와 굴뚝개자리 사이를 수평지게 또는 굴뚝개자리 쪽으로 경사지게 연결

   ㉡ 바닥 높이 : 고래바닥보다 낮게 설치

   ㉢ 윗면 : 판석 등을 얹고, 돌과 돌 사이의 틈은 잔돌로 메우고 진흙 등으로 마감

   ㉣ 옆면 : 화강석, 전벽돌 또는 막돌 쌓기

⑮ 굴뚝 설치

   ㉠ 돌과 반죽한 진흙을 켜로 쌓거나 토관, 전벽돌 등을 이용하여 시공

   ㉡ 굴뚝은 충분히 두껍게 시공(10cm 이상)

   ㉢ 굴뚝개자리의 크기는 굴뚝의 크기에 따르며, 깊이는 연도보다 낮게 설치

   ㉣ 연기의 흐름에 지장이 없는 경우 굴뚝개자리를 설치하지 않을 수 있음

   ㉤ 굴뚝배기구 : 처마 밖으로 300mm 이상 이격하여 설치

   ㉥ 굴뚝 상부 : 판석, 연가, 기와 등으로 덮어 빗물 등의 침투를 방지

   ㉦ 재거름구멍 : 굴뚝청소를 위해 재거름구멍을 설치

   ㉧ 전축굴뚝

      • 전벽돌쌓기는 가로쌓기를 기준으로 하고 규준틀에 맞춰 쌓음

      • 내부에는 토관 등을 설치하고 뒤채움을 채워 다짐 / 굴뚝 상부에 기와를 잇고, 연가 설치

ⓩ 오지굴뚝 : 오지관 설치 시 연기가 새지 않도록 설치

ⓒ 와편굴뚝

- 와편은 암키와를 세로방향으로 이등분하고 규준틀에 맞춰 쌓음
- 내부에는 토관 등을 설치하고 속채움을 채워 다짐
- 와편을 쌓은 후 와편 사이를 고르게 마감
- 굴뚝 상부는 연가 설치 또는 옆면에 배기구 설치(우수가 침투되지 않도록 상면을 덮어 줌)

⑯ 부뚜막 설치

ⓐ 재료 : 막돌 등을 사용하여 진흙으로 쌓고, 외부는 생석회반죽 등으로 마감

ⓑ 불목구멍 : 아궁이와 불목이 연결되는 고막이벽에 불목구멍 설치

ⓒ 불목구멍에 설치된 불목돌의 하단은 하인방 등 목부재에서 200mm 이상 이격

ⓓ 속채움 : 부뚜막 내부에는 진흙 또는 잡석 섞은 흙으로 채워 넣음

ⓔ 상면 : 부뚜막 상면에는 잡석을 깔고 진흙 또는 생석회반죽으로 마감

⑰ 불때기

ⓐ 구들을 말리고 구들 불길의 확인을 위하여 불때기

ⓑ 불때기 시작부터 완전히 꺼질 때까지 불을 감시하는 사람, 소화기 등을 준비

ⓒ 방의 내외부 고막이, 연도, 굴뚝 등을 점검하여 화기, 연기가 새어나오는 것을 확인

ⓓ 불은 열이 서서히 올라가도록 조절

ⓔ 불길이 구들 사이 갈라진 틈, 고막이 등으로 새어 나올 경우, 틈을 메운 후 다시 불때기

ⓕ 불때기 완료 후 아궁이 내의 불을 완전히 끄고, 불씨와 가연물질 제거

ⓖ 시공 후 보름 정도는 군불을 매일 때서 말려줌

⑱ 갈기 : 건조 후 표면마감

⑲ 장판지 설치 : 초배지 → 장판지 → 콩댐

SECTION 04 | 온돌의 구조(함실아궁이)

01 | 개념

① 부뚜막이 없는 온돌 / 난방 전용의 온돌방식
② 아궁이, 아궁이 후령이, 아궁이 후령이벽 등으로 구성된 온돌

02 | 함실아궁이의 유형

① 민가의 함실아궁이
② 궁궐의 함실아궁이

03 | 궁궐 온돌의 특징

① 부뚜막이 없는 함실아궁이 구조
② 허튼고래를 제외한 나란히고래, 선자고래 등
③ 고래둑, 시근담, 개자리 벽체에 전벽돌, 장대석 사용
④ 민가에서는 연료 사용에 따른 고래의 막힘 등을 우려하여 고래둑을 높게 쌓는 반면, 궁궐 온돌의 고래 둑은 1자 정도의 높이
⑤ 구들장은 다듬은 화강석, 흑운모석 등을 사용(민가 : 편마암, 점판암, 현무암)
⑥ 숯을 연료로 사용(연기와 그을음, 화재 예방)
⑦ 궁궐, 사찰 등 대부분의 줄고래 구조에서는 고래바닥의 구배가 크지 않음
⑧ 궁궐 건축물에서는 구들개자리 미설치
⑨ 높은 기단 한쪽에 출입구를 두고 내부로 통로와 함실 설치
⑩ 아랫목돌인 함실장 설치
⑪ 민가에 비해 아궁이후령이의 규격, 고래개자리의 폭을 크게 설치

04 | 함실아궁이의 구성요소

① 굄돌 : 함실장을 받치거나 허튼고래에서 구들장을 받치는 돌
② 함실장 : 아궁이후령이 위를 덮는 넓고 두꺼운 구들장(아랫목돌)
③ 함실 : 장작 등의 땔감이 연소되는 곳(아궁이 후령이)
④ 아궁이 후령이벽 : 함실아궁이에서 아궁이 후령이를 구성하기 위해 수직으로 쌓은 벽

05 | 함실아궁이의 구조

① 민가 함실아궁이의 구조

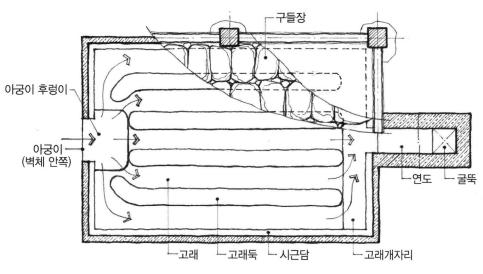

‖ 민가 함실아궁이 평면구조 ‖

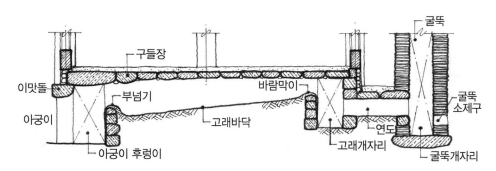

‖ 민가 함실아궁이 횡단면구조 ‖

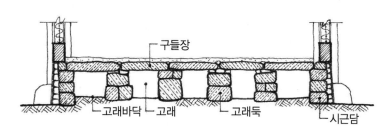

‖ 민가 함실아궁이 종단면구조 ‖

② 궁궐 함실아궁이의 구조

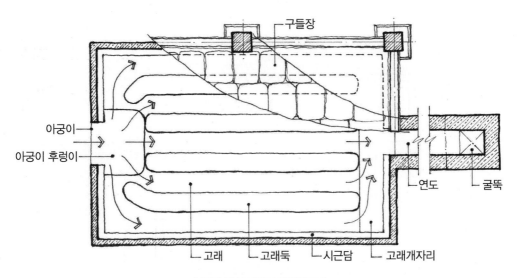

‖ 궁궐 함실아궁이 평면구조 ‖

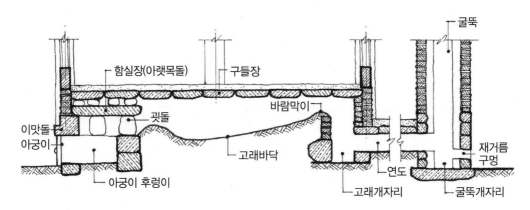

‖ 궁궐 함실아궁이 횡단면구조 ‖

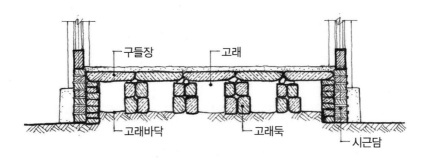

‖ 궁궐 함실아궁이 종단면구조 ‖

01 | 조사사항

부뚜막아궁이의 시공 참조

02 | 해체 및 해체 시 유의사항

부뚜막아궁이의 시공 참조

03 | 조립 및 조립 시 유의사항

① 시근담 쌓기
 ㉠ 시근담의 높이 : 고래둑과 같은 높이(구들장 설치 시 하인방 하부보다 높지 않도록 설치)
 ㉡ 시근담의 폭 : 민가는 120∼200mm 내외, 궁궐은 120∼220mm

② 함실 설치 : 반원형, 방형, 오각형, 반육각형, 일자형 등(아궁이후렁이)

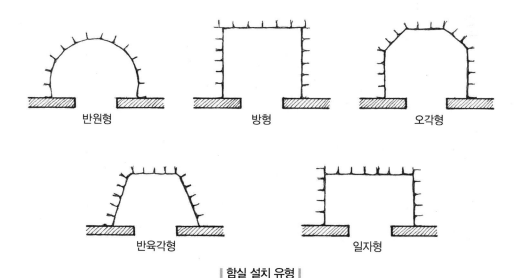

‖ 함실 설치 유형 ‖

③ 아궁이후렁이 규격

    ㉠ 민가 : 고래 방향 300~600mm, 고래 방향의 수직 방향 200~1,000mm

    ㉡ 궁궐 : 고래 방향 600~800mm, 고래 방향의 수직 방향 400~900mm

④ 아궁이후렁이벽

    ㉠ 막돌, 와편, 전벽돌, 가공석 등으로 수직으로 축조

    ㉡ 조밀하게 쌓아서 무너지지 않도록 설치

⑤ 불고개 : 민가는 60~80° 정도의 경사 / 궁궐은 70~80° 정도의 경사

⑥ 봇돌, 이맛돌

    ㉠ 함실아궁이 양옆에 봇돌 설치

    ㉡ 봇돌 상단에 화기방지턱이 있는 이맛돌을 걸침

    ㉢ 이맛돌의 하단은 하인방 등 목부재에서 최소 200mm 이상 이격되도록 설치

⑦ 함실아궁이 문 : 주철재 또는 철판을 사용

⑧ 개자리 설치

    ㉠ 방과 고래의 형태에 따라 1~3변에 설치

    ㉡ 고래개자리 폭 : 민가(240~450mm), 궁궐(300~500mm)

    ㉢ 고래개자리 깊이 : 고래바닥을 기준으로 100~500mm를 낮게 설치

    ㉣ 고래개자리벽 : 막돌, 와편, 화강석, 전벽돌 등을 사용하여 쌓고 진흙바르기 등으로 마감

⑨ 고래둑 쌓기

    ㉠ 재료 : 막돌, 전벽돌, 흙벽돌, 와편, 화강석 등

    ㉡ 고래둑 : 민가(폭 200~350mm, 높이 250~400mm, 간격 200~350mm)

                궁궐(폭 250~350mm, 높이 200~450mm, 간격 200~450mm)

⑩ 구들장 놓기 / 거미줄치기 / 부토 / 바닥미장

⑪ 연도 설치

    ㉠ 상면 : 판석 등으로 얹고, 돌과 돌 사이의 틈은 잔돌로 메움

    ㉡ 민가는 진흙 등으로 마감

    ㉢ 궁궐은 생석회반죽 등으로 마감

⑫ 굴뚝 설치

⑬ 불때기

01 | 개요

① 온돌의 배기는 자연 통기력에 의존
② 바람에 의한 통기력과 굴뚝 속의 온도와 외부의 온도차에 따라 발생하는 통기력을 이용

02 | 구조

① 구성요소 : 연도, 굴뚝개자리, 소제구멍, 굴뚝
② 재료에 따른 종류 : 전축, 토축, 와편, 오지, 통나무, 자연석 등
③ 굴뚝의 높이
　　㉠ 함경도 등 북부지방(4~6m), 중부지방(2~4m), 남부지방(4m 이내)
　　㉡ 통상 민가의 굴뚝은 처마의 키를 넘지 않는 1m 내외에 분포함
　　㉢ 남부지방은 굴뚝 없는 집이 50%, 제주도는 굴뚝 없는 집이 60%

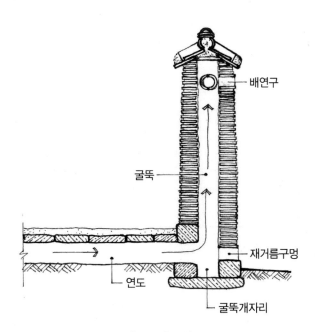

| 굴뚝의 구조와 구성요소 |

03 | 유형

① 일반형

    ㉠ 온돌 고래 하나에 하나의 굴뚝

    ㉡ 진흙으로 몸체를 만들고 상부에 기왓장, 이엉 등을 덮음(기타 통나무, 옹기 등)

    ㉢ 외벽에 붙이지 않고 연도를 내어 민가의 측면이나 뒤쪽에 세우거나 추녀를 비켜서 경사지게 설치

② 남부도서형

    ㉠ 진흙으로 몸체를 만든 굴뚝을 부엌 부뚜막 끝의 벽 모서리에 세움(높이 150cm 정도)

    ㉡ 연기가 굴뚝 상단 위쪽의 부엌 외벽에 뚫은 1자각 정도의 배연구를 통해 외부로 배출

    ㉢ 강풍에 의한 역류 방지 목적(남해 도서지역)

③ 제주도형

    ㉠ 부뚜막이 없는 함실아궁이 난방 / 개자리 없음 / 허튼고래

    ㉡ 말똥, 보리와 조의 이삭을 연료로 사용

    ㉢ 별도의 배연구가 노출되지 않음

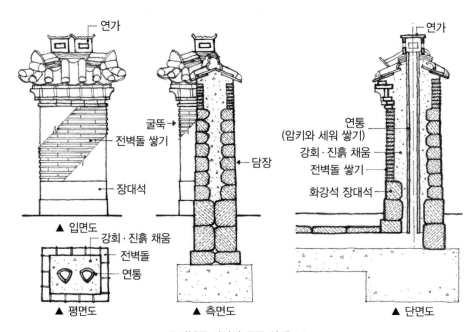

▌경복궁 장안당 굴뚝 상세도▐

LESSON 06 천장의 구조와 시공

SECTION 01 │ 반자

01 │ 개요

① 개념 : 단열, 방풍, 소음 차단, 심리적 안정감을 위해 천장을 가리어 꾸며 놓은 것

② 재료에 따른 분류 : 연등반자, 고미반자, 장반자, 우물반자, 종이반자 등

③ 형태에 따른 분류 : 평반자, 빗반자, 층단반자, 우물반자 등

④ 구조에 따른 분류 : 외기반자(눈썹반자), 이중반자(궁궐 침전), 순각반자, 보개천장 등

02 │ 권위건물에서의 반자 설치

① 고려말 조선초 건물

　ⓐ 지붕가구부에 공포부재 사용

　ⓑ 초공, 초방, 우미량, 소슬합장 등 휨과 초각이 있는 부재를 다양하게 사용

　ⓒ 지붕가구가 구조재이면서 의장적인 요소로 작용

　ⓓ 반자가 없는 연등천장 구조 / 지붕가구부재 노출

② 조선 중·후기 건물

　ⓐ 보 중심의 하중전달체계로 변화함에 따라 지붕가구부가 단순해지고 의장적 요소 소멸

　ⓑ 사찰 경제난에 따라 지붕가구부에 조악한 부재 사용

　ⓒ 불전 내부가 대중예불공간으로 이용되면서 단열, 방풍의 필요성 증가

　ⓓ 내부 불전 장엄의 증가 등으로 반자 설치가 일반화

　ⓔ 반자가 상부 지붕가구를 은폐하고 내부의 장엄 요소로 기능

　ⓕ 단청, 조각물 장식

　ⓖ 층단반자, 빗반자, 보개천장 등

SECTION 02 | 연등천장

01 | 개념

반자를 설치하지 않아 연목의 등이 외부로 드러나는 천장

02 | 사례

① 고려시대 주심포계 사찰 불전 건물의 연등천장
② 온돌방과 마루로 이루어진 건물에서 실에는 반자 설치, 대청에는 연등천장 구성

SECTION 03 | 고미반자

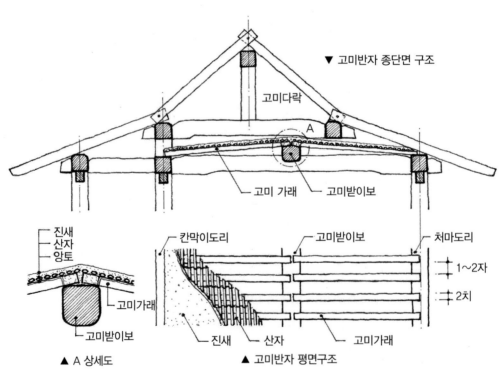

▼ 고미반자 종단면 구조

고미다락

고미 가래   고미받이보

진새
산자
앙토

고미가래

고미받이보

▲ A 상세도

칸막이도리   고미받이보   처마도리

1~2자

2치

진새   산자   고미가래

▲ 고미반자 평면구조

| 고미반자 설치구조 |

01 | 개요

① 개념
  ㉠ 민가에서 천장 아래 보, 도리 사이에 서까래 형태의 부재를 걸고 흙을 발라 마감한 반자
  ㉡ 난방효율을 높이고 수납공간 등으로 활용

② 구성부재
  ㉠ 고미받이보 : 간 사이가 한 칸 반 이상인 경우 4~6자 간격으로 2개 설치
  ㉡ 고미가래 : 고미반자에 설치하는 서까래 / 2치 정도 규격의 각재 사용

02 | 구조

① 설치구조
  ㉠ 보 사이를 건너지르는 고미받이보 설치
  ㉡ 고미받이보와 칸막이도리, 처마도리 등에 의지해 연목 설치
  ㉢ 고미가래는 1~2자 간격으로 고미받이보 위에서 맞대고, 사이사이를 당골벽으로 시공
  ㉣ 고미가래 상부에 산자를 엮고 진새를 치고 앙토하여 천장 구성
  ㉤ 고미받이보 없이 고미가래만을 수평으로 걸어 수납공간 등으로 활용(부엌, 헛간)

② 사례
  ㉠ 부엌, 헛간
  ㉡ 경북 산간 및 영동 지방에 나타나는 겹집 구조 건물 실내의 반자 형식

SECTION 04 │ 소경반자

① 반자 없이, 노출된 서까래와 천장에 벽지를 발라 마감한 천장
② 천장이 낮은 소규모 민가

01 | 개요

① 개념 : 우물 정(井)자로 반자틀을 짜고 청판을 설치한 반자
② 사례 : 권위건물, 반가의 천장 반자

02 | 우물반자의 구조

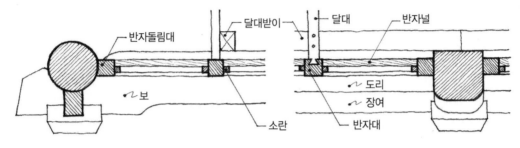

‖ 우물반자 설치구조 ‖

① 달대 : 반자대를 고정하기 위해 달대받이보, 도리, 연목 등에 의지해 설치(각목, 철선 등)

② 달대받이보
　　㉠ 달대를 설치하기 위해 보와 보 사이에 건너지른 부재
　　㉡ 보에 꺾쇠, 빗못 등으로 고정

③ 반자대(반자틀)
　　㉠ 반자돌림대 내부에 우물 정(井)자 형태로 종횡으로 반자대 설치
　　㉡ 청판 결구턱 가공

④ 반자돌림대 : 보, 도리, 장여에 의지해 반자틀의 외곽에 설치

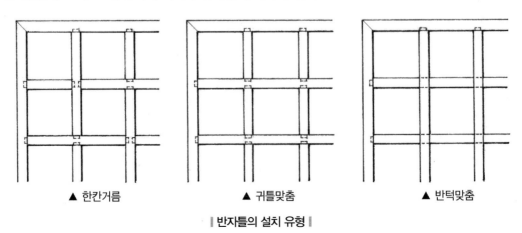

▲ 한칸거름　　　　　　▲ 귀틀맞춤　　　　　　▲ 반턱맞춤

‖ 반자틀의 설치 유형 ‖

⑤ 소란

　⑴ 청판이 놓이는 반자대 안쪽에 둘러댄 각재

　⑵ 반자대에 청판 결구턱을 설치하지 않은 경우 청판을 놓기 위해 설치하는 졸대

　⑶ 초각부재 등을 설치하여 장식 요소로 기능

⑥ 청판

　⑴ 반자대에 놓이는 판재

　⑵ 한 칸에 놓이는 청판은 1~3자각

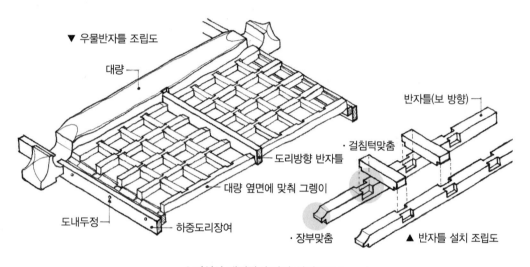

| 귀신사 대적광전 반자 설치구조 |

⑦ 소란반자

　⑴ 반자틀을 넓게 짜고, 반자틀 안에 각재 형태의 소란을 촘촘하게 설치

　⑵ 상부를 넓은 널을 사용해서 덮음

　⑶ 청판은 띠장, 은장, 거멀못, 촉 등으로 이음하여 설치

03 | 훼손 유형과 원인

① 훼손 유형 : 부식, 처짐, 기울음 등

② 훼손 원인
　　㉠ 상부의 누수, 결로 현상
　　㉡ 달대 결구부의 파손, 철물의 부식
　　㉢ 달대, 반자틀, 청판의 규격 부족
　　㉣ 자중에 의한 처짐 / 달대 등의 결구 부실
　　㉤ 반자대가 설치된 보, 도리, 장여의 변위와 변형

04 | 조사사항

① 사전조사
　　㉠ 훼손 현황, 정도에 대한 조사
　　㉡ 기준실을 띄어 처짐의 방향, 정도 파악
　　㉢ 누수 흔적, 청판의 부식 범위와 상태
　　㉣ 보, 도리, 장여 등 가구부재의 변위 여부
　　㉤ 반자대, 청판의 문양 및 불화 조사(촬영 및 도면 기록, 적외선 촬영 조사)
　　㉥ 문양모사도 작성

② 해체조사
　　㉠ 반자 상부의 누수 여부(산자, 개판, 치받이흙의 상태 등)
　　㉡ 반자대와 청판의 규격, 결구법 조사
　　㉢ 달대의 설치 위치와 간격
　　㉣ 고정 철물의 종류와 사용 위치 조사

05 | 해체 및 해체 시 유의사항

① 해체순서 : 반자청판 → 달대, 반자대 → 반자돌림대

② 가설 및 보양
　　㉠ 해체 시 내부에 가설 비계 등을 안전하게 설치
　　㉡ 비계 하부에는 실내 바닥 보호를 위한 보양(합판, 부직포)
　　㉢ 불상에 대한 보호 시설 설치(보호각)
　　㉣ 해체 과정 중 부재 파손 방지 및 안전을 위해 반자대 하부에 일정 간격으로 버팀목 설치

③ 해체 전에 위치 표시를 하여 수리 시 기존 위치에 놓음 / 손상되지 않도록 해체

④ 부재 파손 유의

    ㉠ 장비가 부재에 직접 닿지 않도록 쐐기목으로 이완시킨 후 반자대 해체

    ㉡ 소란 등 초각 부재 해체 시 부재 파손 유의

    ㉢ 단청이 있는 반자는 그 문양이 손상되지 않도록 해체

06 | 치목 및 조립

① 부재의 규격 및 설치 간격

    ㉠ 원형 및 설계도서에 근거하여 재설치

    ㉡ 청판이 놓이는 반자틀은 1~3자각 정방형으로 구성

    ㉢ 반자대 2×3치, 반자돌림대 3×4치 정도의 각재 사용

② 반자틀 설치

    ㉠ 보, 도리, 장여에 반자돌림대 설치를 위한 먹선을 놓고 돌림대 설치

    ㉡ 반자대 조립 : 엇걸음, 귀틀맞춤, 반턱맞춤

③ 달대, 달대받이 설치 : 달대는 반자대에 장부맞춤(주먹장, 반쪽주먹장)

④ 소란, 반자청판 설치

    ㉠ 소란 또는 반자대의 턱에 의지해 청판 설치

    ㉡ 청판, 소란 등의 틈새가 생기지 않도록 설치

    ㉢ 청판은 노출면을 대패질로 면바르게 마감

    ㉣ 청판의 상부는 배가 부른 형태로 치목

01 | 개요

① 팔작지붕, 우진각지붕 건물의 퇴칸 상부에 추녀와 연목의 뒤초리를 감추기 위해 설치하는 반자
② 우물반자 구조
③ 중도리 왕지부 하부에 달동자 설치

02 | 눈썹반자의 구조

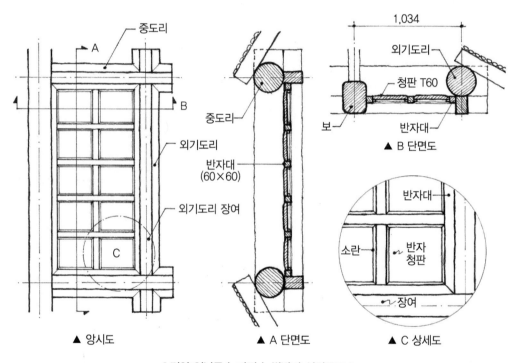

▲ 앙시도　　　　　　▲ A 단면도　　　　　▲ C 상세도

‖ 밀양 영남루 능파각 눈썹반자 설치구조 ‖

SECTION 07 빗반자

01 | 개요

① 중도리~내목도리 사이에 서까래 설치 방향으로 경사지게 설치한 반자
② 실내 천장을 높이기 위해 종보에 평반자를 설치하고, 외곽에 빗반자 설치

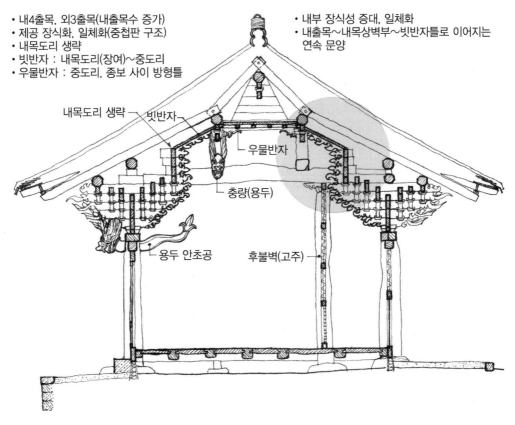

- 내4출목, 외3출목(내출목수 증가)
- 제공 장식화, 일체화(중첩판 구조)
- 내목도리 생략
- 빗반자 : 내목도리(장여)~중도리
- 우물반자 : 중도리, 종보 사이 방형틀

- 내부 장식성 증대, 일체화
- 내출목~내목상벽부~빗반자틀로 이어지는 연속 문양

내목도리 생략 — 빗반자
우물반자
충량(용두)
용두 안초공
후불벽(고주)

‖ 조선후기 사찰 불전의 반자 설치구조 ‖

02 | 빗반자의 구조

① 반자대
  ㉠ 중도리 장여 · 뜬장여~내목도리 장여 · 뜬장여에 경사지게 설치
  ㉡ 수직, X자 등

② 반자청판
  ㉠ 반자대에 의지해 긴 널을 이음(장반자)
  ㉡ 장여와 반자널의 틈새는 졸대 등으로 막음

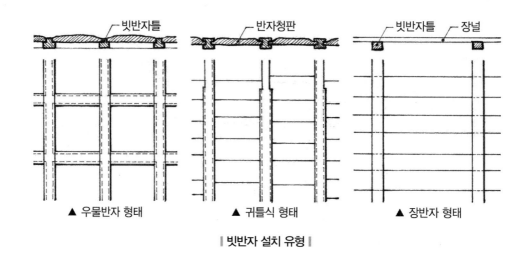

▲ 우물반자 형태   ▲ 귀틀식 형태   ▲ 장반자 형태

‖ 빗반자 설치 유형 ‖

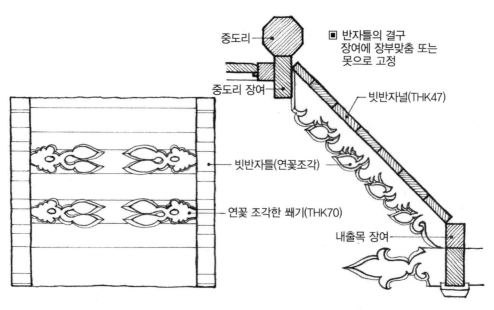

‖ 논산 쌍계사 대웅전 빗반자 설치구조 ‖

01 | 개요

① 개념

  ㉠ 출목이 있는 포집에서 출목과 출목 사이에 설치하는 반자

  ㉡ 출목 장여와 장여 사이, 출목 장여와 주심도리 장여 사이를 첨차 위쪽에서 막아댐

  ㉢ 단청 등으로 마감

② 기능 : 공포 상부 은폐, 날짐승의 출입차단

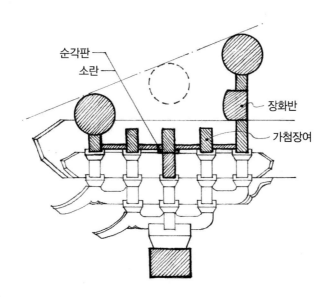

❚ 숭례문 하층 주상포 순각반자 설치 사례 ❚

02 | 구조

① 소로 위에 소란을 대고 그 위에 순각판을 얹거나 소로 위에 순각판을 그대로 얹음

② 소란은 30~45mm 정도의 각재를 사용

③ 순각판은 두께를 45mm 정도로 하여 사용

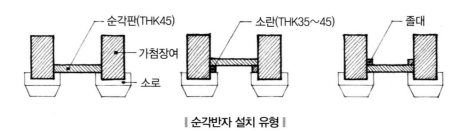

❚ 순각반자 설치 유형 ❚

SECTION 09 | 종이반자

01 | 개념

반자대에 천장지를 발라 마감한 반자

02 | 구성부재

① 달대 : 연목, 보, 도리 등에 의지해 달대 설치
② 반자틀 : 보, 도리, 장여 등에 반자돌림대를 설치하고 반자대를 조립
③ 천장지 : 민무늬 한지(민가), 색과 무늬가 있는 능화지(궁궐)

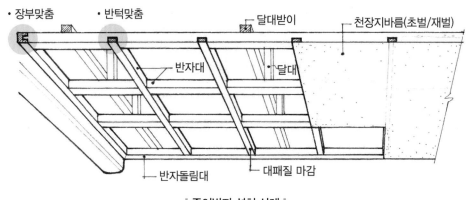

┃ 종이반자 설치 사례 ┃

03 | 설치구조

① 달대, 반자대 설치
　　㉠ 반자대는 설치될 천장지의 규격을 고려하여 배치
　　㉡ 가는 목재 사용

② 천장지 바름
　　㉠ 초벌, 재벌
　　㉡ 초벌지가 완전히 건조되어 팽팽해진 뒤에 재벌지 바름

③ 이중반자 : 궁궐의 침전은 이중반자 구성(단열, 방음, 치받이흙 탈락 고려)

01 | 층급반자

① 개요

　　㉠ 천장 반자를 층급을 두어 설치한 반자

　　㉡ 내목도리, 중도리 높이에서 각각 반자를 구성

　　㉢ 우물반자 설치 시 불상, 어좌 상부 등 일부 구간을 함입하여 반자 구성

　　㉣ 층단반자, 감입천장

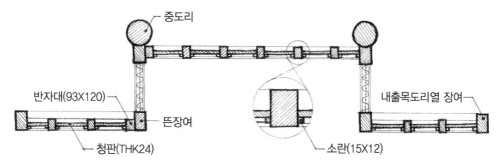

‖ 층단반자 설치 사례 ‖

② 사례 : 법주사 원통보전

　　㉠ 우물반자를 층단을 두어 설치한 층급반자

　　㉡ 하단은 고주 뜬창방과 내출목도리 장여 사이에 설치

　　㉢ 상단은 중도리 장여 사이에 형성

　　㉣ 하단은 간결한 소란반자

　　㉤ 상단은 천화(天花) 모양의 화려한 소란으로 구성

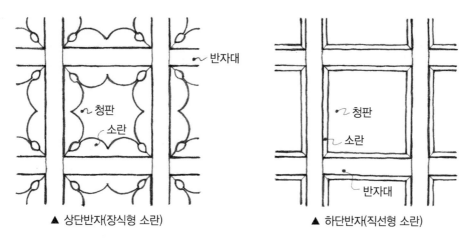

▲ 상단반자(장식형 소란)　　　　▲ 하단반자(직선형 소란)

‖ 법주사 원통보전 층급반자 소란 설치구조 ‖

02 | 닫집과 보개천장

① 닫집

    ㉠ 개념 : 불전이나 궁궐 정전에서 불단이나 어좌 상부에 설치하는 집 모형 구조물

    ㉡ 유형 : 보궁형, 운궁형, 보개형

② 닫집의 유형

    ㉠ 보궁형 : 독립된 집 모양 / 목조건축의 공포와 처마, 지붕을 표현

    ㉡ 보개형 : 지붕을 천장 속으로 밀어 넣은 형태 / 감입한 천장의 사면에 포작 설치

    ㉢ 운궁형 : 포작을 사용하지 않은 간결한 구조 / 불상 위 천장에 판재만으로 틀을 구성 / 운문, 용, 봉황 등의 상징물을 장식하여 장엄

③ 보개천장의 개념

    ㉠ 사찰 불전의 불상 상부, 궁궐 정전의 어좌 상부에 층단을 두어 설치한 감실형 반자

    ㉡ 구조적으로는 층급반자, 의장적으로는 닫집으로 기능

④ 보개천장의 구조

    ㉠ 우물반자 일부에 일정 구간을 감입하여 층급천장 형태로 구성

    ㉡ 용, 봉황 등의 장식물, 공포 부재 등으로 화려하게 장식

    ㉢ 공포 상단에 천판을 덮어 마감

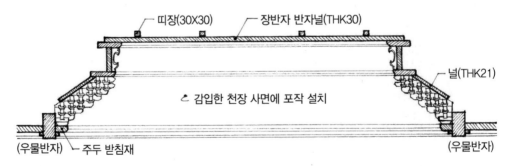

┃ 봉정사 대웅전 보개천장 설치구조 ┃

난간, 계단의 구조와 시공

SECTION 01 | 난간(목조)

01 | 개요

① 개념 : 누마루, 툇마루 등의 외곽에 목재로 울타리를 돌려 떨어지는 것을 방지하는 시설
② 구조별 종류 : 계자난간, 평난간(평란), 교란

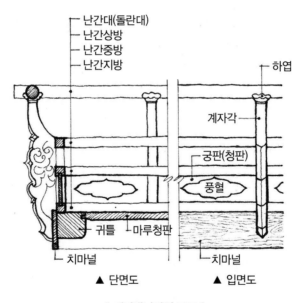

| 계자각난간의 구조 |

02 | 계자난간

① 개요
  ㉠ 계자각이 설치된 목조 난간 / 계자다리가 난간대를 지지하도록 만든 난간
  ㉡ 돌란대가 바깥으로 돌출되어 보행공간이 확장되는 효과
  ㉢ 누각 건물, 누마루 등에 설치

② 구성부재

    ㉠ 계자각 : 넓고 두꺼운 판재를 이용하여 휘어지게 깎아 모양을 낸 난간 동자주 / 두께 2~3치, 너비
        8~12치

    ㉡ 난간하방 : 마루귀틀 상면에 놓이는 난간을 구성하는 받침재(난간지방)

    ㉢ 난간중방, 난간상방 : 계자각을 수평으로 연결하는 띠장 / 난간청판을 홈파서 끼움

    ㉣ 난간청판 : 안상 등을 새긴 판재(궁판)

    ㉤ 난간대 : 난간 최상부에 놓이는 둥근 막대(돌란대)

    ㉥ 하엽 : 난간대를 받치는 연꽃 모양의 받침부재 / 계자각 상단에 고정

    ㉦ 치마널 : 귀틀재 앞면과 계자각 사이에 부착되어 계자각 하부를 아무리는 판재

③ 설치구조

    ㉠ 마루 귀틀에 지방을 대고 계자각을 세운 후 띠장을 건너질러 설치

    ㉡ 난간지방과 띠장 하단에 청판을 끼워 난간머름 형성

    ㉢ 난간의 중간 중간에 초새김한 계자각을 대고 상부에 하엽을 끼워 난간두겁대와 결구

    ㉣ 계자각 상단은 장부가 뚫고 나와 난간두겁대까지 장부맞춤

    ㉤ 난간두겁대는 1/3 정도가 하엽 위에 물려서 하엽이 난간두겁대 하부를 감쌈

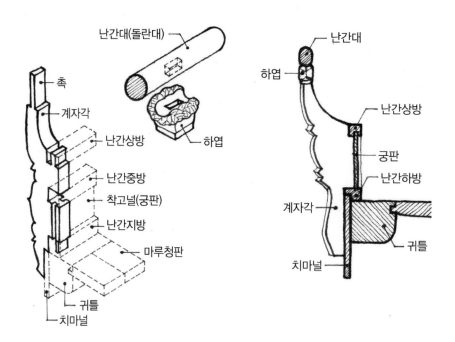

| 관가정 계자각난간 설치 사례 |

03 | 평란

① 개념

    ㉠ 계자다리 없이 구성된 난간(난간동자주 설치)

    ㉡ 계자난간처럼 난간대가 외부로 돌출하지 않고 평평하게 설치된 난간

② 설치 구조

    ㉠ 난간상방 위에 바로 하엽을 올리고 하엽 위에 난간대 설치

    ㉡ 바닥면 위로 머름처럼 청판을 끼우거나 살대를 사용하여 창호처럼 꾸며 하부를 구성

    ㉢ 이층평란, 삼층평란

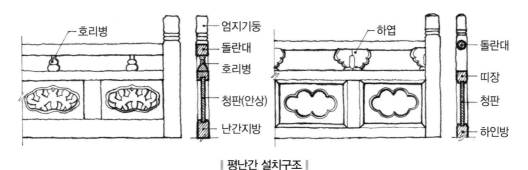

‖ 평난간 설치구조 ‖

04 | 교란

① 개념 : 난간의 청판 부분에 창호의 살대를 엮어 장식한 평난간

② 설치 구조

    ㉠ 구성부재 : 난간하방, 난간동자, 난간상방, 난간대, 하엽, 엄지기둥

    ㉡ 난간살대 : 청판 대신 설치한 살대 짜임(아자, 완자, 빗살, 파만자 교란 등)

    ㉢ 이층평란, 삼층평란 : 난간띠장을 2~3중으로 설치 / 하부에는 궁판, 상부에는 살대를 짜넣음

    ㉣ 난간받침대는 하엽 외에 호리병, 동물상, 소로 등을 사용

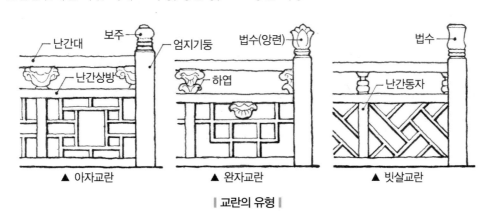

‖ 교란의 유형 ‖

01 | 개요

① 개념 : 높이 차이가 있는 곳에 오르내리기 위해 여러단의 디딤단을 짜맞추어 설치한 구조물

② 종류
  ㉠ 층제(層梯) : 누각, 누마루 등에 설치된 계단
  ㉡ 중층 건물의 상층 진입 계단

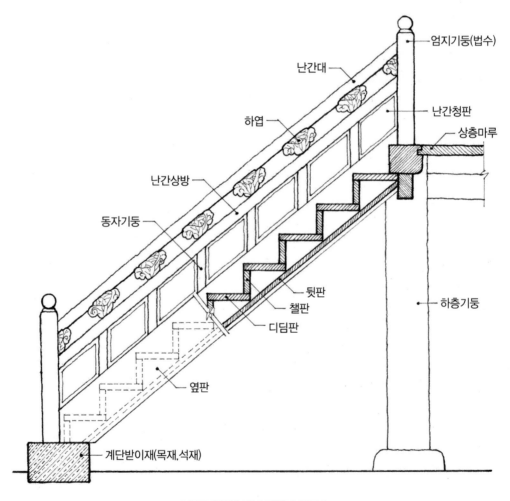

∥ **목조계단의 각부 명칭과 구조** ∥

02 | 목조계단의 구성부재

① 계단받이재 : 계단틀을 받는 부재 / 목재 또는 석재 / 디딤돌, 계단받이보, 멍에, 귀틀 등
② 계단틀 : 계단옆판, 뒷판, 디딤판, 챌판
③ 난간 : 동자기둥, 엄지기둥, 난간상방, 하엽, 난간대, 난간청판

03 | 목조계단의 조립

① 디딤판 설치방법
　　㉠ 디딤판 : 계단 옆판에 홈파 끼우거나 관통하고 뒷판에 밀착
　　㉡ 뒷판 : 옆판, 디딤판에 못으로 고정

② 옆판 고정방법
　　㉠ 막힌옆판 : 디딤판을 옆판에 홈파 끼움
　　㉡ 따낸옆판 : 디딤판에 맞춰 옆판의 상부를 따낸 것
　　㉢ 일정 간격으로 디딤판을 옆판에 관통시키고 측면에서 벌림쐐기맞춤하거나 산지를 쳐서 좌우의 옆
　　　판을 서로 고정(비녀장, 메뚜기장)

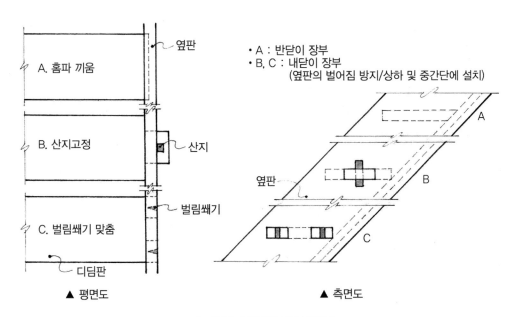

| 디딤판과 옆판의 조립 유형 |

SECTION 03 | 난간, 계단의 시공

01 | 조사사항

① 사전조사
- ㉠ 부재의 부식 및 파손 상태
- ㉡ 부재 결구부 상태
- ㉢ 보행 시 삐걱거리거나 흔들림
- ㉣ 각부 높이, 부재 규격, 설치 간격, 문양 등에 대한 조사
- ㉤ 고정 철물의 종류와 설치 위치

② 해체조사
- ㉠ 부재 사이의 결구법 및 설치 구조에 대한 조사
- ㉡ 훼손 원인에 대한 조사

02 | 해체 시 주요사항

① 해체 시 부재 파손에 유의
② 귀틀재 등 계단 및 난간과 연결되어 있는 부재의 훼손 유의
③ 부재의 위치를 표시한 표찰을 부착하여 해체

03 | 조립 시 주요사항

① 계단설치
- ㉠ 계단틀은 귀틀재에 걸쳐서 고정
- ㉡ 동자기둥은 수직으로 세움
- ㉢ 동자기둥, 띠장, 난간두겁대 등은 장부맞춤
- ㉣ 난간두겁대는 심이음으로 하여 주먹장으로 잇고 철물로 보강
- ㉤ 치마널은 귀틀재가 감춰지게 하고 귀틀재에 고정
- ㉥ 하엽, 호리병 등의 장식은 상하에 촉을 꽂아 고정하고 동자기둥 위에서는 장부맞춤
- ㉦ 착고판은 안상을 뚫고 4면을 널홈에 끼움
- ㉧ 각 부재에 사용하는 보강용 철물은 기존 기법으로 제작한 것을 사용

② 난간설치 [동자기둥 난간]

    ㉠ 엄지기둥은 귀틀재 또는 인방 등에 장부맞춤

    ㉡ 동자기둥은 일정한 간격을 유지하며 수직으로 세움

    ㉢ 동자기둥과 띠장, 난간두겁대 등을 장부맞춤

    ㉣ 인방, 띠장, 난간두겁대는 심이음(주먹장 또는 맞댄이음 하고 철물로 보강)

    ㉤ 하엽, 호리병 등의 장식은 상하에 촉 꽂아 고정, 동자기둥 위에서는 장부맞춤

③ 난간설치 [계자각 난간]

    ㉠ 귀틀 위에 지방을 대고 계자각을 세운 다음 띠장을 건너 댐

    ㉡ 지방은 귀틀에 견고하게 못을 박아 대고, 띠장은 계자각에 통물린 후 못으로 고정

    ㉢ 안상을 새긴 궁창널도 함께 끼워 넣음(착고판은 4면을 널홈에 끼움)

    ㉣ 계자각은 지방에 내닫이장부로 견고하게 설치하고 필요시 옆에서 산지치기

    ㉤ 계자각 위에는 하엽무늬를 새긴 받침을 놓고 그 위에 난간두겁대를 설치

    ㉥ 계자각은 하엽 밑에서 장부맞춤하고, 두겁대는 하엽 위에 물리고 감잡이쇠를 감거나 못으로 고정

    ㉦ 난간두겁대는 1/3 정도가 하엽 위에 물려서 하엽이 난간두겁대 하부를 감쌈

    ㉧ 하엽의 밑은 계자각의 목에 낸 장부가 꿰고 나와서 하엽 위의 난간두겁대까지 장부맞춤

    ㉨ 필요에 따라 철물로 보강

LESSON 08 반침, 벽장

SECTION 01 | 반침

01 | 개요

① 개념 : 실의 후면에 반 칸 정도의 크기로 벽장 형태로 꾸민 공간
② 기능 : 중간에 단을 설치하여 이불 및 기물 등을 보관(수장 공간)
③ 평면 확장 효과 : 평면계획 시 함께 고려하여 초석, 기둥을 세워 설치

02 | 구성요소와 설치구조

① 초석, 기둥, 인방, 널(바닥, 중간), 흙벽, 벽지, 미서기문
② 초석, 기둥 : 반침을 설치하기 위한 별도의 초석과 기둥을 설치
③ 인방 : 인방을 설치하여 중간부에 단을 구성
④ 띠장 : 반침의 인방과 후벽의 인방에 의지하여 상하부에 띠장 설치
⑤ 널, 바닥널 : 하인방에 고정된 띠장 위, 중인방에 고정된 띠장 위에 널 설치
⑥ 흙벽 : 외기에 면하는 배면과 측면에 흙벽 구성
⑦ 벽지 : 반침 내부에 벽지 바름
⑧ 미서기문 : 실내 쪽으로 미서기문 설치

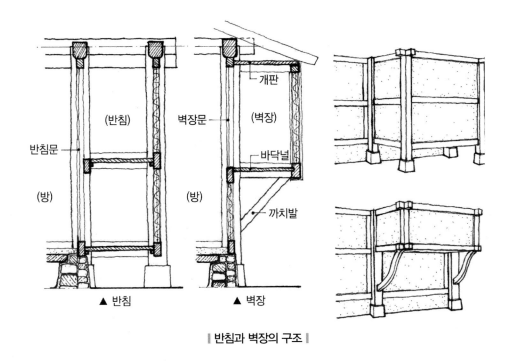

| 반침과 벽장의 구조 |

SECTION 02 | 벽장

01 | 개요

① 개념 : 방 벽 상부에 처마 밑 공간을 이용해 건물 외부로 덧달아낸 붙임장

② 기능 : 벽체 상부에 덧달아낸 수장공간

③ 별도의 기둥, 초석 없이 벽체의 기둥 및 인방과 처마 서까래 등에 의지해 설치

02 | 구성요소와 설치구조

① 구성요소 : 인방(상방, 하방), 동자주, 널(바닥널, 개판), 까치발, 흙벽, 벽지, 미서기문

② 인방 : 인방을 벽체의 기둥에 내림주먹장맞춤하여 고정 / 하부에 까치발 설치하여 보강

③ 동자주 : 상하 인방재 사이에 동자주 설치

④ 띠장 : 벽장의 인방과 후벽의 인방에 의지하여 상하부에 널 설치를 위한 띠장 고정

⑤ 개판, 바닥널 : 인방에 턱물리거나 졸대를 대고 널을 설치 / 개판으로 천장 마감

⑥ 흙벽 : 외기에 면하는 배면과 측면에 흙벽 구성

⑦ 벽지 : 벽장 내부에 벽지 바름

⑧ 미서기문 : 실내 쪽으로 미서기문 설치

SECTION 03 | 가퇴

① 개념 : 궁궐 침전 건물 등에서 별도의 초석과 기둥을 세워 건물 외곽에 덧달아낸 공간

② 특징

　㉠ 통행공간, 전이공간(사생활보호 / 신변안전 / 단열)

　㉡ 외부는 흙벽 없이 세살창 설치

　㉢ 바닥 장마루 / 천장은 개판 설치

　㉣ 사례 : 창덕궁 대조전, 경운궁 함녕전, 준명당, 경복궁 협길당, 집옥재 등

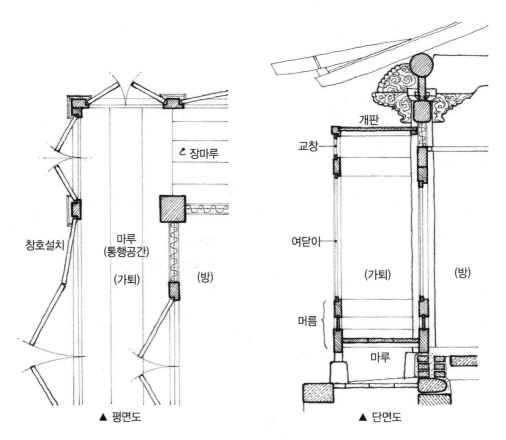

▲ 평면도 　　　　　▲ 단면도

‖ 경복궁 협길당 가퇴의 구조 ‖

LESSON 09 담장의 구조와 시공

SECTION 01 | 개요

01 | 담장

① 개념 : 건축물의 외곽에 돌, 흙, 기와, 목재 등을 사용해서 일정 높이로 쌓아 올린 울타리
② 기능 : 건축물과 외부의 경계 / 건축군 내에서의 구역 구분 / 사생활 보호 / 방어

02 | 종류

토담, 토석담, 거친돌담, 돌각담, 사고석담, 와편담, 전돌담, 꽃담, 판장, 생울, 바자울

SECTION 02 | 담장의 설치구조

01 | 토담, 판축담

① 기초부 : 지대석 외곽에 일정폭으로 온통기초 / 잡석, 흙으로 판축다짐

② 몸체
    ㉠ 토사판축 또는 흙벽돌 사용
    ㉡ 흙만으로 쌓거나 잔돌이나 기와편을 섞어 쌓음
    ㉢ 버팀대, 담틀널, 정간 등으로 틀을 짜고 흙을 한 층 한 층 다져 올림
    ㉣ 토담은 정교하지 않고 투박하게 쌓음

③ 토사판축담
    ㉠ 정간을 담이 설치될 전후면 지면에 박고 담틀널을 설치하여 흙다짐
    ㉡ 흙을 300mm 정도의 두께로 거푸집에 채워 넣고 달고 등으로 다짐
    ㉢ 겉흙의 물기가 마르면 널을 빼서 위로 올리고 다음 층을 다짐(널은 폭 1자, 두께 1치)

② 흙은 마사토 성분으로 물을 섞지 않고 마른 것을 사용

　　⑩ 흙의 접착력이나 판축담의 내구성을 고려하여 담당원의 승인을 받아 생석회 등을 섞어 사용

　　⑭ 담 밑에는 지대석을 놓아 습기를 방지

　　ⓢ 다짐 후 거푸집 존치기간 1~2일 정도 경과 후 기와 또는 이엉을 덮어 마무리

④ 토담집

　　㉠ 벽체로 기능하는 토담의 경우 담의 두께는 통상 8치 정도로 구성

　　㉡ 빗물에 취약하므로 기단을 높이고 처마내밀기를 길게 설치

　　㉢ 수숫대, 갈대 등으로 바자울을 담에 설치하여 벽체 보호

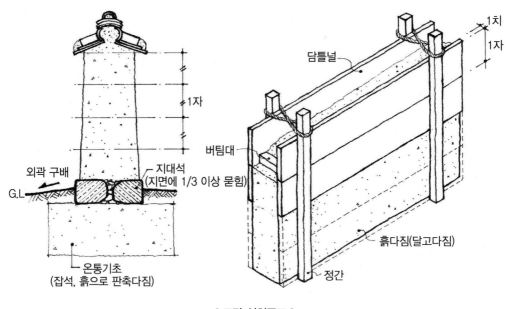

‖ 토담 설치구조 ‖

02 | 토석담

① 면을 가공하지 않은 자연석을 사용하여 흙으로 사춤하며 쌓은 담

② 길이 200mm 내외의 자연석을 면을 가공하지 않고 사용(두께는 길이보다 얇은 것을 사용)

③ 쌓기용 흙은 진흙에 짚여물을 혼합하여 흙의 점도를 보강

④ 석축 위에 담을 쌓는 경우 담장하부를 석축 안쪽으로 들여 쌓음

⑤ 지대석을 놓고 50mm 정도 들여 흙 한 커를 놓아 윗돌이 흙과 물리도록 쌓음

⑥ 뒤채움은 양면을 쌓은 후 잡석, 와편, 흙을 밀실하게 채워 다짐

⑦ 담장면의 경사는 기존 원형대로 시공

⑧ 1일 쌓기 높이는 3단 정도로 하여 상부하중으로 인한 배부름현상이 일어나지 않도록 유의

⑨ 외부요인에 의한 진동 등 시공여건의 변화로 인하여 기존 구조가 취약한 경우에는 담당원의 승인을 받아 진흙에 생석회를 배합하여 사용

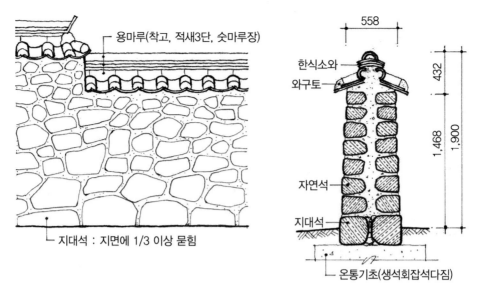

‖ 토석담장 설치구조 ‖

03 | 와편담

① 진흙과 기와편을 이용하여 토석담의 구조와 유사하게 쌓음
② 와편만으로 쌓거나 꽃무늬, 완자무늬, 길상무늬 등을 조합하여 쌓음
③ 암키와편을 옆으로 길게 펼쳐 기와층을 만든 후 그 위에 진흙을 놓고 윗기와편으로 눌러 다짐
④ 문양이 있는 와편담은 쌓기 전 문양 부분의 현촌도를 작성 / 규격과 문양에 맞게 와편 가공
⑤ 줄눈은 평균 2~3cm 내외 / 담장면을 정리하여 마감

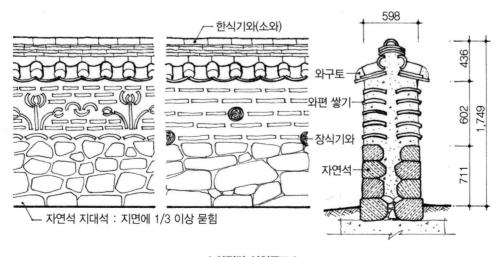

‖ 와편담 설치구조 ‖

04 | 거친돌담

① 전후면에 돌을 쌓아 올리고 내부에 잡석과 흙으로 속채움
② 중간 중간에 전후면을 연결하는 물림돌 설치
③ 하부에는 큰돌을 쓰고, 상부로 올라가면서 점차 작은 돌을 사용
④ 면석의 뒤뿌리는 긴 것과 짧은 것이 교차되도록 시공
⑤ 담의 경사는 기존대로 시공
⑥ 이엉 등으로 상면마감

05 | 돌각담

① 뒤뿌리가 긴 돌을 종단면으로 하여 속채움 없이 쌓은 돌담
② 기초 위에 지대석을 설치하고 담장을 쌓음
③ 전후면 면석이 서로 맞닿게 쌓아 올림
④ 뒤채움은 하지 않고 돌을 얼기설기 쌓아 자연스럽게 쌓음
⑤ 중간 중간 심석 설치
⑥ 모서리 돌은 면석보다 크고 뒤뿌리가 큰 것을 사용
⑦ 상면은 기와, 이엉, 판석 등으로 마감하거나 상부를 잘 마무리하여 빗물유입 방지
⑧ 담 밑에 인접한 배수로를 정비하여 습기가 담장에 침투되지 않도록 시공

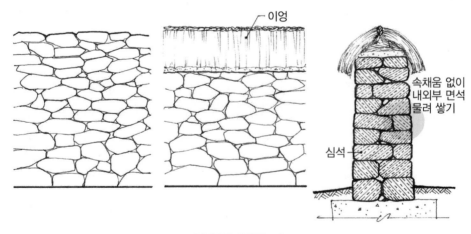

| 돌각담 설치구조 |

06 | 사고석담

① **기초** : 지대석 외곽에 일정폭으로 온통기초(강회잡석다짐)

② **지대석** : 장대석을 소정의 높이로 쌓아 올려 맨 윗단이 지대석이 되도록 설치(외부로 구배)

③ **면석**

    ㉠ 사고석의 면을 가공을 하지 않고 깬 상태의 면을 그대로 사용

    ㉡ 지대석보다 50mm 정도 안으로 들여 쌓음

    ㉢ 전후면에 사고석 면석 쌓기

    ㉣ 모서리돌은 면석보다 크고 뒤뿌리가 긴 것을 사용

    ㉤ 2~3켜 마다 뒤뿌리를 길게 하여 중간 중간 심석 쌓기

④ **속채움** : 진흙, 강회, 잡석 등으로 속채움

⑤ **일일 쌓기 높이** : 상부하중에 대한 하부의 안정된 상태를 고려하여 1.2m 이하로 쌓음

⑥ **상부마감**

    ㉠ 기와 설치(암키와, 수키와, 적새, 숫마루장)

    ㉡ 와구토 마감

    ㉢ 권위건물에서 담장상부에 수평연목 설치

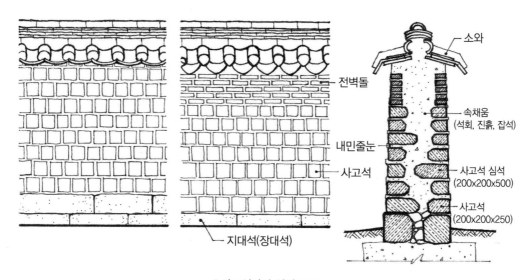

┃ 사고석담장 설치구조 ┃

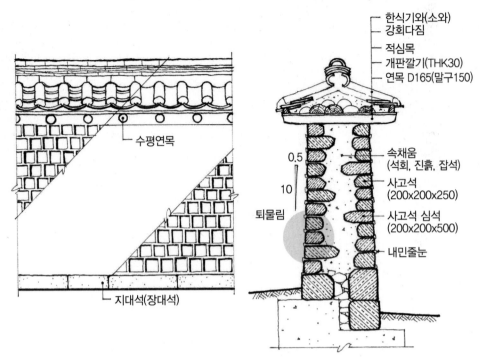

한식기와(소와)
강회다짐
적심목
개판깔기(THK30)
연목 D165(말구150)
수평연목
속채움
(석회, 진흙, 잡석)
사고석
(200x200x250)
0.5
10
퇴물림
사고석 심석
(200x200x500)
내민줄눈
지대석(장대석)

┃ **연목이 설치된 사고석담장의 구조** ┃

07 │ 꽃담

① 꽃담 : 담장, 합각벽, 굴뚝, 벽체 등에 사고석, 전돌, 문양전, 와편 등을 사용하여 장식한 것
② 사례 : 궁궐 및 반가의 담, 굴뚝, 합각(경복궁 교태전, 자경전)

③ 꽃담의 문양
  ㉠ 태극, 궁(弓), 만(卍), 수(壽) 등의 문자와 철학적 상징
  ㉡ 해태, 귀면, 불가사리 등 벽사적 상징
  ㉢ 십장생 등의 기복적 상징
  ㉣ 서수, 용, 봉황, 기린, 거북 등 길상무늬

④ 장대석 위에 사고석을 3~6단 설치
⑤ 사고석 상부에 문양전과 기와 등으로 치장(궁궐의 경우 붉은색 반반전 사용)
⑥ 회반죽, 삼화토 등으로 치장줄눈

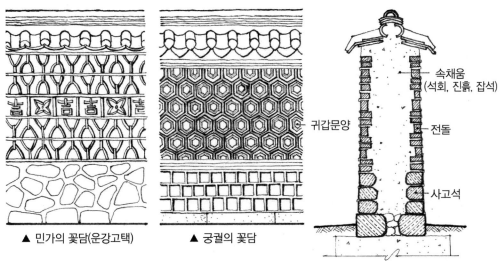

▲ 민가의 꽃담(운강고택)　　▲ 궁궐의 꽃담

┃ 꽃담의 구조 ┃

08 │ 전돌담

① 전체를 전돌로 쌓거나 돌담, 토석담, 사괴석담 등에서 상부 일부를 전돌로 쌓음
② 전돌은 면바르게 쌓고 줄눈은 볼록줄눈으로 시공

09 │ 기타(곡장, 여장)

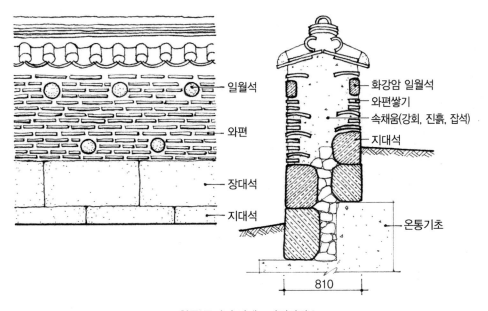

┃ 왕릉 곡장의 사례 – 와편담장 ┃

01 | 사전조사

① 담장 기울기, 균열, 붕괴위험, 풍화상태 등 조사
② 담장의 높이, 폭 등을 조사하여 기록(기준점 및 규준틀 설치)
③ 담장의 장식 문양
④ 담장 하부 및 주변의 배수상태

02 | 해체조사

① 담장의 재료, 쌓기법, 뒤채움 재료 등 설치구조 조사
② 현황조사를 통해 설계도서의 수리범위와 방법에 대한 적정성 검토

03 | 해체 시 유의사항

① 해체, 조립 시 기준점 및 규준틀 설치
② 매 층마다 높이와 부재 규격을 기록하며 해체
③ 주요부재는 번호표를 부착하여 해체
④ 해체 전, 해체 및 조사과정에 대한 전경 촬영 및 주요 부분에 대한 상세 촬영
⑤ 해체 시 부재의 손상이 우려되는 경우에는 보양한 후 해체
⑥ 해체 시 무리하게 힘을 가하여 부재가 손상되지 않도록 시공
⑦ 해체 시 비산 먼지가 발생하지 않도록 하고, 해체와 동시에 용기에 담아 내림
⑧ 담장기와 해체
    ㉠ 숫마루장, 적새, 착고 순으로 해체
    ㉡ 수키와와 홍두깨흙을 해체하고, 암키와와 알매흙을 해체
    ㉢ 홍두깨흙과 알매흙 해체 시 비산 먼지가 발생하지 않도록 유의

04 | 시공 시 유의사항

① 토담, 토석담 : 매 층을 충분히 양생하며 축조하고 급속한 건조로 균열이 발생하지 않도록 함
② 돌담, 돌각담 : 면석 및 속채움 잡석은 일정 규격 이상의 것을 사용
③ 심석, 물린돌 설치
④ 모서리돌은 면석보다 규격이 크고 뒤뿌리가 긴 것을 사용
⑤ 담장의 배부름이 발생하지 않도록 속채움은 양질의 재료로 밀실하게 채움

⑥ 담장하부로 우수 유입이 되지 않도록 지대석 외부로 구배 형성

⑦ 줄눈은 선과 면이 고르게 바르고 바른 후에는 돌 표면을 깨끗이 청소

⑧ 담장 상부로 우수 유입이 되지 않도록 마감재 시공(기와, 이엉 등)

⑨ 구간별로 담장의 재료와 설치구조가 상이한 경우 획일적인 시공이 되지 않도록 구간별 시공

05 | 담장기와이기

① 알매흙을 채우고 암키와를 올린 후 홍두깨흙을 채워 수키와를 올림

② 착고, 적새, 숫마루장 순으로 기와이기

③ 기와이기 작업 후 즉시 기와에 묻은 이물질 등을 청소

06 | 주변정비사항

① 담장 주변에 배수시설 설치 및 정비

② 담장으로 수목의 뿌리 등이 침범하지 않도록 잡목 제거 및 이식

SECTION **04** | **담장 시공사례**

---

01 | 광릉 곡장

① 현황

  ㉠ 지대석이 일부 구간에서 토사에 묻히거나 유실

  ㉡ 담장면의 배부름, 줄눈 탈락

② 수리 : 담장 해체 후 재설치(폭 780mm, 높이 1,200~1,800mm)

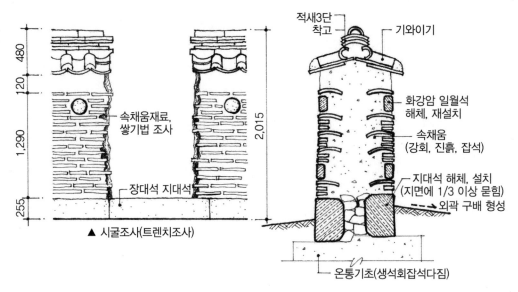

▲ 시굴조사(트렌치조사)

적새3단
착고
기와이기
화강암 일월석
해체, 재설치
속채움
(강회, 진흙, 잡석)
지대석 해체, 설치
(지면에 1/3 이상 묻힘)
외곽 구배 형성
온통기초(생석회잡석다짐)

480
120
1,290
255
2,015

속채움재료,
쌓기법 조사

장대석 지대석

▌ 광릉 곡장 수리 사례 ▌

02 | 창덕궁 노후 담장 보수공사

① 현황 : 사고석 담장의 줄눈 유실, 토사유출, 상부기와 이완, 벽체균열

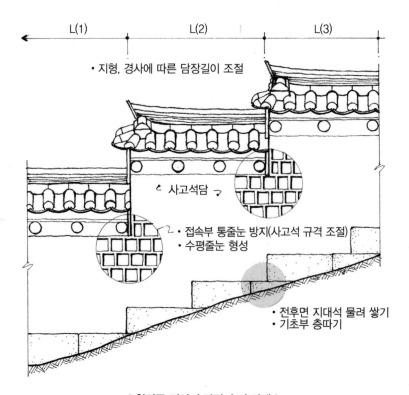

L(1)   L(2)   L(3)

• 지형, 경사에 따른 담장길이 조절

사고석담

• 접속부 통줄눈 방지(사고석 규격 조절)
• 수평줄눈 형성

• 전후면 지대석 물려 쌓기
• 기초부 층따기

▌ 창덕궁 경사지 담장 수리 사례 ▌

② 지대석은 해체하지 않고 가급적 드잡이

③ 변형 및 붕괴 우려가 있는 구간만 해체 후 재설치(양호한 구간은 줄눈 및 지붕부 보수)

④ 하부는 비교적 규격이 큰 면석을 설치하고 상부로 갈수록 규격이 작은 면석 설치

⑤ 보충 석재의 색상은 기존 석재와 같은 색상의 석재 사용

⑥ 사고석의 줄눈은 최소 6cm 이상 벽체 안쪽으로 박히도록 하여 향후 줄눈 탈락을 방지

⑦ 줄눈의 폭은 일정한 폭으로 하지 말고, 면석의 크기에 따라 적정하게 조정하여 시공

⑧ 담장 주변의 잡목 제거

⑨ 해체되는 담장의 면석은 선별하여 가급적 재활용

⑩ 5m 정도 표준시공 후 면석 및 줄눈 색상, 벽체 형태 등에 대한 검토 및 자문 후 본시공

PART **8** 중층 구조와 시공

LESSON 01 중층 건축의 유형

SECTION 01 | 중층 건축의 개요

01 | 개념

① 체감이 없는 중층 건축물

　　㉠ 상층과 하층의 수평체감이 없는 중층 건축물

　　㉡ 상층과 하층의 평면규모가 동일

　　㉢ 각층이 별개의 옥개부를 갖지는 않으나 상·하층이 구분되는 중층 건축물

　　㉣ 중층 형식의 누각(경복궁 경회루, 영남루 등), 서원·향교의 누각, 장대, 고방 등

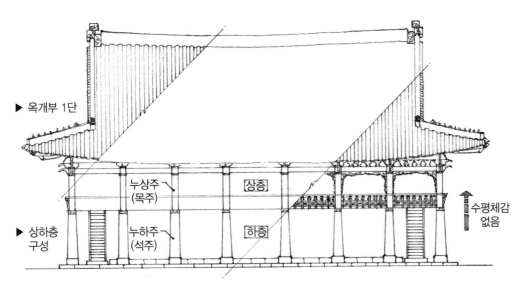

▶ 옥개부 1단

누상주 (목주)

상층

하층

수평체감 없음

▶ 상하층 구성

누하주 (석주)

┃ 체감 없는 중층 건물의 사례 – 경회루 ┃

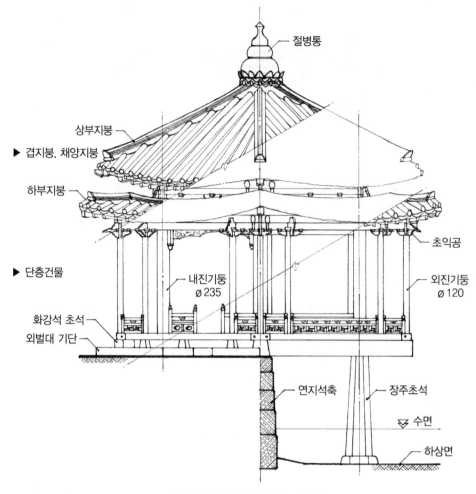

절병통

상부지붕

▶ 겹지붕, 채양지붕

하부지붕

초익공

▶ 단층건물

내진기둥
ø 235

외진기둥
ø 120

화강석 초석

외벌대 기단

연지석축

장주초석

수면

하상면

| 겹지붕 단층건물의 사례 – 존덕정 |

② 체감이 있는 중층 건축물

    ㉠ 상층과 하층의 수평체감이 있는 중층 건축물

    ㉡ 하층에 비해 상층의 평면규모를 축소(온칸물림 / 반칸물림)

    ㉢ 일정한 층고와 옥개부를 갖는 층이 중첩된 중층 건축물

    ㉣ 중층 전각, 중층 문루, 중층 목탑

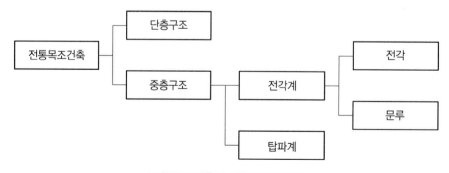

| 전통목조건축의 건축 형식 분류 |

③ 중층 건물의 조영 목적
　　㉠ 사찰 : 대규모 불상의 봉안
　　㉡ 궁궐 : 권위의 상징
　　㉢ 문루 : 조망과 의장

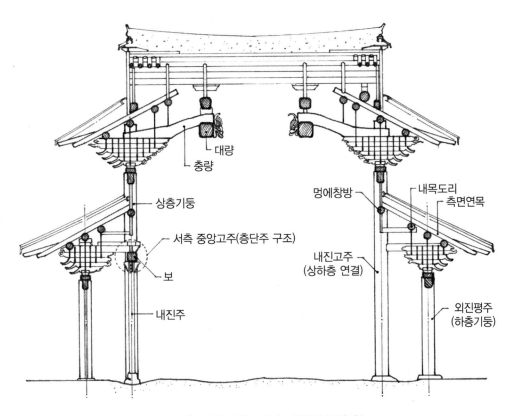

대량
충량
상층기둥
서측 중앙고주(층단주 구조)
보
내진주
멍에창방
내목도리
측면연목
내진고주
(상하층 연결)
외진평주
(하층기둥)

‖ 체감 있는 중층 건물의 사례 – 무량사 극락전 ‖

02 | 중층 구조형식의 분류

① 상·하층의 중첩방식 : 적층형과 통층형 ← 상·하층을 연결하는 통주 유무
② 상·하층의 입면 체감방식 : 온칸물림과 반칸물림 ← 상·하층 수평체감 크기

03 | 적층식

① 개념

    ㉠ 평좌 기둥, 또는 받침보를 이용해 만든 평좌 상부에 짧은 기둥을 중첩하여 상층을 구성

    ㉡ 각층 기둥이 독립된 구조

② 평좌

    ㉠ 상층 기둥을 받는 기단부 역할을 하는 암층(평좌층)

    ㉡ 평좌 상부에 상층 기둥 설치

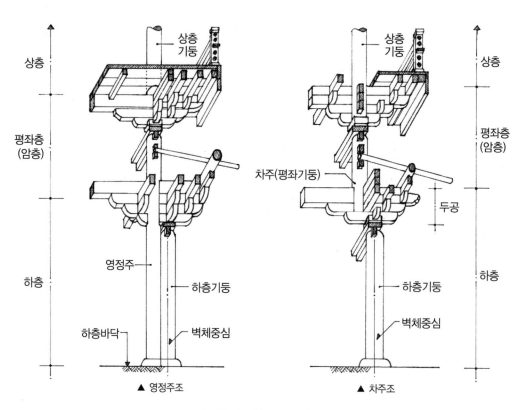

‖ 적층식 중층 구조방식 ‖

③ 평좌기둥

  ㉠ 하층 기둥의 공포 부재인 두공 위에 짧은 평좌기둥 설치(차주조 방식)

  ㉡ 하층 기둥에 근접하여 평좌기둥을 직접 하층 바닥 위에 설치(영정주조 방식)

  ㉢ 평좌 기둥 상부에 창방, 평방, 공포대를 놓아 인위적인 기단을 형성

④ 적층식 구조의 특징

  ㉠ 각층 기둥이 독립된 구조

  ㉡ 상·하층을 연결하는 내진주가 형성되지 않음

  ㉢ 상·하층 사이에 암층이 존재(평좌층)

  ㉣ 평좌의 짧은 기둥 위에 공포를 구성하고 외출목부에 난간 설치

  ㉤ 수평력에 취약한 구조

  ㉥ 기둥 사이를 연결하는 인방재를 중첩하여 횡력보강

  ㉦ 장재를 사용하지 않고 건물의 수직적 확대가 가능

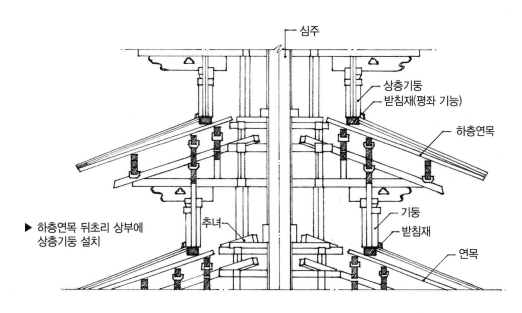

‖ 일본 법륭사 오중탑 단면구조 ‖

⑤ 사례

    ㉠ 중국 : 불궁사 석가탑, 독락사 관음각 등

    ㉡ 일본 : 법륭사 금당 등

    ㉢ 우리나라

       • 고려시대 불화에 평좌층을 이용한 중층 건물이 표현됨

       • 화순 쌍봉사 대웅전(화재로 소실되어 복원)

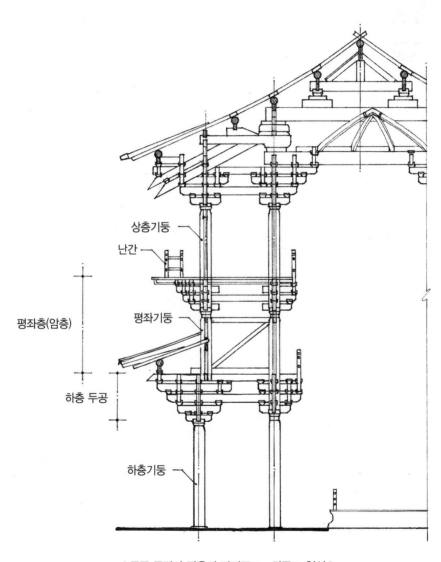

┃ 중국 독락사 관음각 단면구조 – 차주조 형식 ┃

04 | 통층식

① 개념
- ㉠ 하층의 내진고주가 상층으로 연장되어 상층의 평주나 내진고주로 기능
- ㉡ 하층의 내진고주를 상층까지 연장하여 상층 기둥으로 사용하는 가구방식
- ㉢ 상·하층을 연결하는 내진고주를 통해 상·하층 가구가 수직적으로 연결되는 구조
- ㉣ 내부고주와 외진평주를 퇴보, 맞보 등으로 연결
- ㉤ 전체 가구의 일체성 증대

② 통층식 구조의 특징
- ㉠ 내진칸이 수평력에 대응하여 가구의 견고성이 증대(상층과 하층의 가구 일체화)
- ㉡ 상층높이에 비례하여 큰 직경의 장재가 필요
- ㉢ 건물 높이의 한계 및 이음 부재 사용
- ㉣ 암층, 난간 등이 존재하지 않음

③ 통층식의 상층 평주 구성방식
- ㉠ 반칸물림 : 하층 퇴보, 맞보 위에 상층 평주를 설치하는 구조
- ㉡ 온칸물림 : 하층의 내진고주가 연장되어 상층 평주가 되는 구조

05 | 적층식과 통층식의 입면 비교

① 암층, 난간층의 유무

② 수직·수평 체감의 크기
- ㉠ 적층식은 하층 기둥과 근접하여 상층 기둥이 위치
- ㉡ 적층식은 통층식에 비해 수직·수평 체감이 작음

06 | 통층식의 입면 체감 방식

① 온칸물림 : 하층 퇴칸 전체를 줄여서 상층을 구성
② 반칸물림 : 하층 퇴칸 일부를 줄여서 상층을 구성

07 | 통층식의 상층 기둥 구성 방식

① 온칸물림 : 하층 내진주가 연장되어 상층 평주가 되는 구조

② 반칸물림

    ㉠ 하층 내진주가 상층에서도 내진을 구성

    ㉡ 하층의 퇴보, 맞보 위에 별도의 상층 평주를 설치

08 | 통층식의 상층 우주 구성 방식

① 온칸물림 : 하층의 내진 귓기둥이 상층의 귓기둥이 되는 구조(상층에서는 내진이 형성되지 않음)

② 반칸물림

    ㉠ 귓보형, 귀잡이보형 : 하층의 귓보, 귀잡이보 상부에 상층 귓기둥 설치

    ㉡ 귀고주형 : 상층 귓기둥 위치에 맞추어 상·하층을 연결하는 별도의 고주 설치(귀고주)

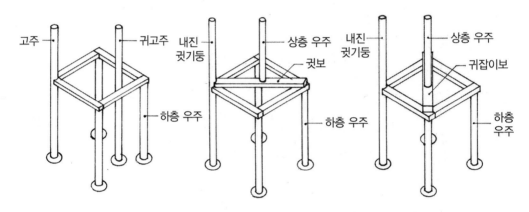

∥ 반칸물림 중층건물의 상층 귓기둥 구성방식 ∥

09 | 하층 퇴칸의 형태

① 정방형 퇴칸

    ㉠ 내진칸을 갖는 중층 건물의 경우 모서리칸을 정방형으로 구성

    ㉡ 내진에서 외진에 이르는 거리를 동일하게 설정하여 횡력에 대응

    ㉢ 전후면과 측면의 퇴보 길이가 동일 / 우주에서 인접한 기둥에 이르는 거리가 동일

    ㉣ 하층 추녀는 45° 각도로 상층 귓기둥, 귀고주, 내진 귓기둥 몸통에 결구

    ㉤ 중층 전각, 중층 목탑, 도성 중층 문루

② 장방형 퇴칸

    ㉠ 궁궐 중층문루 : 궁궐 삼문 형식 / 입면비례, 통행성을 고려한 장방형 퇴칸 구조(근정문 등)

    ㉡ 기타 : 장방형 퇴칸을 갖는 중층 전각(마곡사 대웅보전)

LESSON 02 중층 건물의 입면 구성

SECTION 01 개요

01 | 상·하층 체감 비교

① 반칸물림은 온칸물림에 비해 상·하층 수평체감이 적고 상층 평면과 지붕면이 크게 구성됨

② 반칸물림은 온칸물림에 비해 입면상 외관이 장중함

SECTION 02 상·하층 수평 체감

01 | 온칸물림

① 체감크기 : 하층 퇴칸의 크기만큼 체감하여 상층을 구성(하층 퇴칸의 크기 = 체감크기)

② 수평 체감비 : 0.65~0.72(마곡사 대웅보전, 무량사 극락전 정면)

③ 주칸 설정
  ㉠ 상·하층의 주칸 개수가 달라짐
  ㉡ 상·하층의 모든 기둥렬이 일치
  ㉢ 칸물림을 위해 측면 3칸 이상으로 구성
  ㉣ 퇴칸의 규모가 작음(하층 퇴칸의 크기 5~8자)

④ 온칸물림의 사례 : 무량사 극락전, 마곡사 대웅보전, 전주 풍남문 등

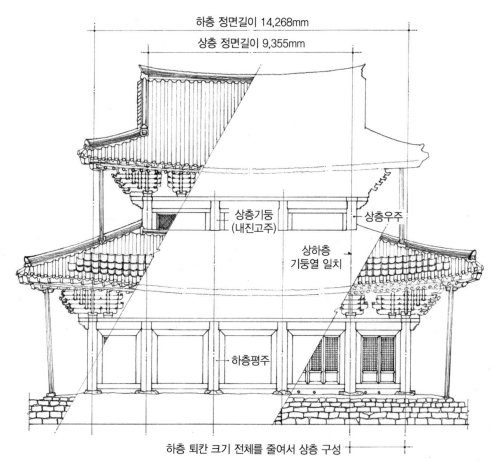

하층 정면길이 14,268mm

상층 정면길이 9,355mm

상층기둥
(내진고주)

상층우주

상하층
기둥열 일치

하층평주

하층 퇴칸 크기 전체를 줄여서 상층 구성

▌마곡사 대웅보전 입면구조 ▌

02 | 반칸물림

① 체감크기
　ⓐ 하층 퇴칸 크기의 일부를 체감하여 상층을 구성
　ⓑ 하층 퇴칸의 범위 내에서 상층 퇴칸을 구성

② 수평 체감비
　ⓐ 0.83~0.94(홍화문, 숭례문 정면)
　ⓑ 온칸물림에 비해 상층의 평면이 크게 구성됨

③ 주칸 설정
　ⓐ 상·하층의 주칸 개수가 동일
　ⓑ 상층에서도 내진을 형성
　ⓒ 상층 우주의 기둥렬이 하층 기둥렬과 불일치
　ⓓ 하층 퇴칸의 크기 10자~17자

④ 반칸물림의 사례
　ⓐ 중층전각 : 근정전, 인정전, 법주사 대웅보전 등
　ⓑ 중층문루 : 숭례문, 흥인지문, 근정문 등

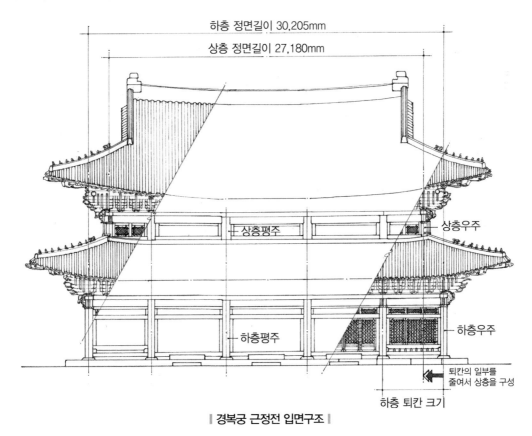

‖ 경복궁 근정전 입면구조 ‖

03 | 3층 이상 중층 건축물의 칸물림

① 체감기법의 특징 : 층에 따라 온칸물림, 반칸물림 구조법이 교대로 나타남
② 사례 : 3층 이상으로 구성된 금산사 미륵전(3층), 법주사 팔상전(5층)

❚ 주요 중층 전각 건물의 주칸 계획 비교 ❚

건물	주칸 설정	정면 주칸길이($尺$)	측면 주칸길이($尺$)
마곡사 대웅보전	5 × 4	8 − 10 − 10 − 10 − 8	5 − 9 − 9 − 5
무량사 극락전	5 × 4	8 − 12 − 16 − 12 − 8	8 − 12 − 12 − 8
금산사 미륵전	5 × 4	10.5 − 11 − 15 − 11 − 10.5	10.5 − 13 − 13 − 10.5
인정전	5 × 4	15 − 15 − 20 − 15 − 15	15 − 15 − 15 − 15
근정전	5 × 5	17 − 21 − 22 − 21 − 17	17 − 11 − 11 − 11 − 17
법주사 대웅보전	7 × 4	13 − 10 − 10 − 15 − 10 − 10 − 13	13 − 13 − 13 − 13
화엄사 각황전	7 × 5	10 − 13 − 14 − 14 − 14 − 13 − 10	10 − 13 − 14 − 13 − 10

SECTION **03** │ **상 · 하층 수직 체감**

01 | 온칸물림 중층 전각

① 0.8~0.9 : 1(상층 층고 : 하층 층고)
② 상층 층고 < 하층 층고

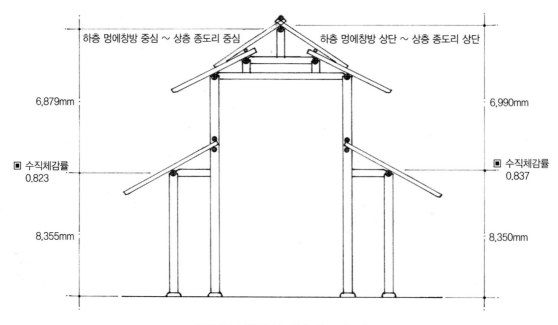

❚ 무량사 극락전 상 · 하층 층고 비교 ❚

02 | 반칸물림 중층 전각

① 1.08~1.36 : 1(상층 층고 : 하층 층고)

② 상층 층고 > 하층 층고

③ 사례

    ㉠ 법주사 대웅보전(상층 1.08 : 하층 1)

    ㉡ 화엄사 각황전(상층 1.36 : 하층 1)

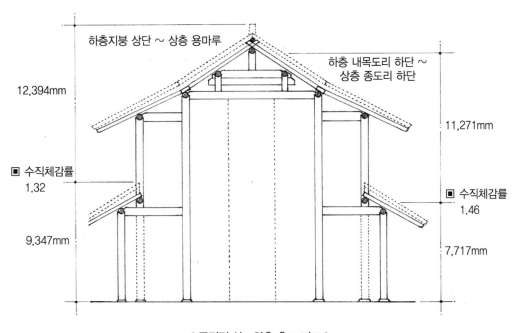

∥ 근정전 상 · 하층 층고 비교 ∥

03 | 반칸물림 중층 성곽 문루

① 1.45~1.54 : 1(상층 층고 : 하층 층고)

② 상층 층고 > 하층 층고

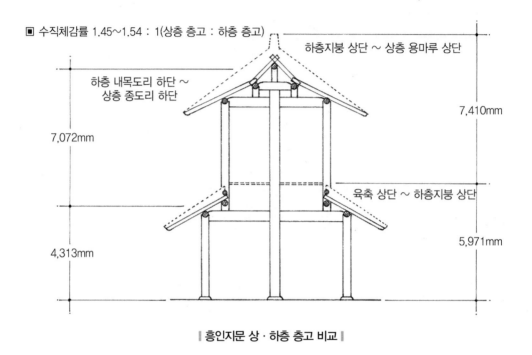

▌흥인지문 상·하층 층고 비교 ▌

③ 입지와 특징

　　㉠ 성곽 육축 상부에 위치한 군사시설(초루식 문루)

　　㉡ 외부 조망과 신변 보호를 함께 고려하여 하층의 기둥 높이가 낮음(창방과 여장 사이의 시야각)

　　㉢ 하부 성곽의 육축 부분이 시각적으로 하층과 함께 인식되는 특성

④ 사례 : 숭례문, 흥인지문, 팔달문

04 | 반칸물림 중층 궁궐 문루

① 0.7~0.8 : 1(상층 층고 : 하층 층고)
② 상층 층고 < 하층 층고

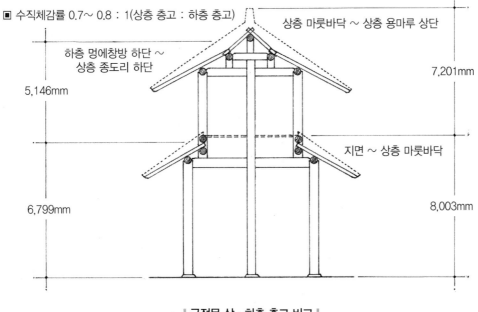

∎ 수직체감률 0.7~0.8 : 1(상층 층고 : 하층 층고)

상층 마룻바닥 ~ 상층 용마루 상단

하층 멍에창방 하단 ~
상층 종도리 하단

5,146mm

7,201mm

지면 ~ 상층 마룻바닥

6,799mm

8,003mm

❙ 근정문 상 · 하층 층고 비교 ❙

③ 입지와 특징
   ㉠ 평지에 놓여진 삼문 구조(궁궐 삼문, 누무식 문루)
   ㉡ 출입을 위한 하층 층고 확보, 기둥높이 설정(통행시설)

④ 사례 : 근정문, 홍화문

SECTION 04 | 공포 출목 구성

01 | 내외 출목수 일치

① 내출목수 = 외출목수
② 조선 중기 중층 전각
③ 사례
   ㉠ 마곡사 대웅보전(내3출목, 외3출목 / 상 · 하층 출목수 동일)
   ㉡ 금산사 미륵전(내2출목, 외2출목 / 상 · 하층 출목수 동일)

ⓒ 화엄사 각황전(내2출목, 외2출목 / 상·하층 출목수 동일)

ⓛ 법주사 대웅보전(하층 내2출목, 외2출목 / 상층 내3출목, 외3출목)

ⓜ 무량사 극락전(하층 내3출목, 외3출목 / 상층 내4출목, 외4출목)

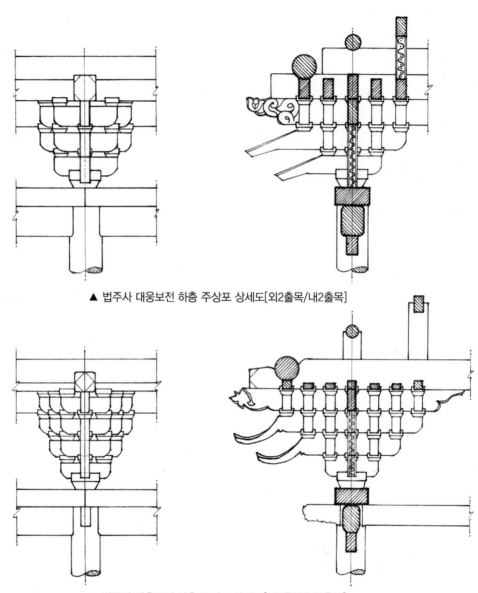

▲ 법주사 대웅보전 하층 주상포 상세도[외2출목/내2출목]

▲ 법주사 대웅보전 상층 주상포 상세도[외3출목/내3출목]

‖ 법주사 대웅보전 공포 상세도 ‖

02 | 내외 출목수 불일치

① 내출목수 > 외출목수

② 조선 후기 중층 전각

③ 궁궐 중층 문루

④ 사례
    ㉠ 근정전(내4출목, 외3출목), 인정전(내4출목, 외3출목)
    ㉡ 돈화문(내3출목, 외2출목), 홍화문(내3출목, 외2출목)

SECTION 05 | 상 · 하층 공포 비례

01 | 상 · 하층 외출목수 일치

① 상층의 외출목수 = 하층의 외출목수

② 중층 전각, 궁궐 중층 문루

③ 사례
    ㉠ 마곡사 대웅보전(상 · 하층 외3출목), 금산사 미륵전(상 · 하층 외2출목)
    ㉡ 화엄사 각황전(상 · 하층 외2출목), 근정전(상 · 하층 외3출목)
    ㉢ 근정문(상 · 하층 외2출목)

02 | 상 · 하층 외출목수 불일치

① 상층의 외출목수 > 하층의 외출목수

② 사례(조선 중기 중층 불전)
    ㉠ 무량사 극락전(하층 내3출목, <u>외3출목</u> / 상층 내4출목, <u>외4출목</u>)
    ㉡ 법주사 대웅보전(하층 내2출목, <u>외2출목</u> / 상층 내3출목, <u>외3출목</u>)

③ 사례(성곽 중층 문루)
    ㉠ 숭례문(하층 내2출목, <u>외2출목</u> / 상층 내2출목, <u>외3출목</u>)
    ㉡ 홍인지문(하층 내3출목, <u>외2출목</u> / 상층 내3출목, <u>외3출목</u>)
    ㉢ 팔달문(하층 내3출목, <u>외2출목</u> / 상층 내3출목, <u>외3출목</u>)

④ 사례(중층 탑파)

　팔상전 : 1층(외1출목), 2~4층(외2출목), 5층(외3출목)

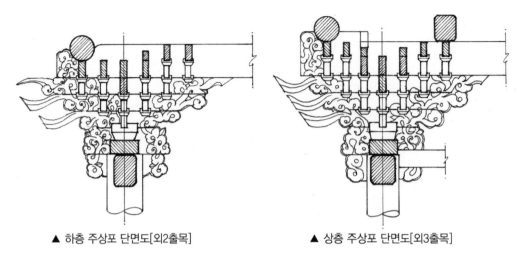

▲ 하층 주상포 단면도[외2출목]　　　▲ 상층 주상포 단면도[외3출목]

‖ 팔달문 공포 단면도 ‖

03 | 상·하층 퇴칸의 공포 배열(반칸물림)

① 하층 퇴칸의 간포 개수를 한 개 줄여서 상층 퇴칸의 간포 구성

② 사례(인정전)

　　㉠ 포간거리 5자를 기준으로 모든 주칸을 설정

　　㉡ 하층 퇴칸 주칸길이 15자, 상층 퇴칸 주칸길이 10자

　　㉢ 포간거리 5자 / 간포 1개를 줄여서 상층 퇴칸 구성

　　㉣ 상·하층 퇴칸의 체감크기＝포간거리

③ 사례(근정전)

　　㉠ 포간거리와 무관한 주칸 설정

　　㉡ 주칸을 먼저 설정하고, 각 주칸 내에서 간포를 균분하여 배치

　　㉢ 상·하층 퇴칸 체감 크기와 포간거리 불일치

LESSON 03 가구 및 처마부 구조

SECTION 01 개요

01 | 가구 구성 비교

① 온칸물림은 하층의 내진기둥이 그대로 상층 평기둥이 되는 방식

② 반칸물림은 상층에서도 내진을 구성하고 별도의 평기둥을 설치

③ 반칸물림은 가구의 구성이 복잡하고, 가구의 강성을 보강하기 위한 부재들을 다양하게 설치

SECTION 02 온칸물림 중층 건물의 가구 및 처마부 구조

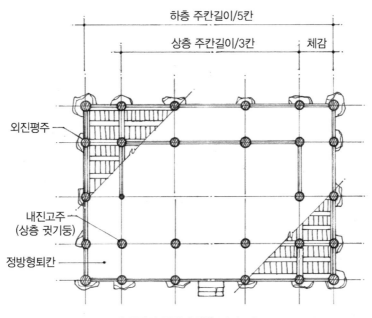

‖ 무량사 극락전 하층 평면도 ‖

01 | 하층 가구 및 처마부

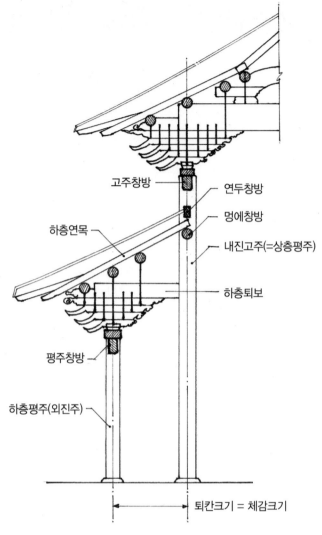

고주창방

연두창방

멍에창방

내진고주(=상층평주)

하층연목

하층퇴보

평주창방

하층평주(외진주)

퇴칸크기 = 체감크기

▎무량사 극락전 상 · 하층 가구구조 ▎

① 하층 연목 및 추녀 구성

　　㉠ 하층 연목 : 내진고주 사이에 설치된 멍에창방에 고정

　　㉡ 하층 추녀 : 내진 귓기둥에 추녀 뒤초리 결구

　　㉢ 하층 연목의 뒷길이＝하층 퇴칸의 크기

② 하층 퇴보

　　㉠ 퇴보 : 내외진 가구를 연결하는 횡력 보강 기능(상층기둥을 지지하지 않음)

　　㉡ 규격 : 반칸물림 건물의 퇴보에 비해 작은 규격

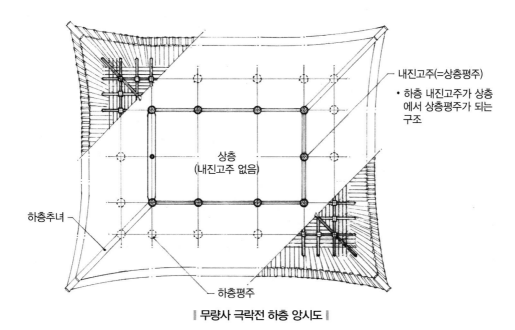

내진고주(=상층평주)
· 하층 내진고주가 상층
에서 상층평주가 되는
구조

하층추녀

상층
(내진고주 없음)

하층평주

‖ 무량사 극락전 하층 앙시도 ‖

02 | 상층 가구 및 처마부

① 상층 기둥 구성 방법
　　㉠ 하층 내진고주가 상층에서 상층 평주가 되는 구조
　　㉡ 상층에서는 내진칸이 형성되지 않음

② 상층 연목 및 추녀 구성 : 팔작지붕 구성을 위한 외기도리, 충량 설치

03 | 상층가구

2평주 5량가 구성

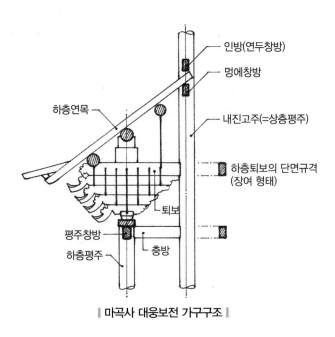

인방(연두창방)

멍에창방

하층연목

내진고주(=상층평주)

하층퇴보의 단면규격
(장여 형태)

퇴보

평주창방

충방

하층평주

| 마곡사 대웅보전 가구구조 |

▣ 참고

① **충방** : 중층건물의 평주 기둥머리에서 창방과 직교하여 내진고주 몸통에 결구된 방형 부재로서, 내외진 가구를 연결하여 횡력을 보강하는 기능[17]. 금산사 미륵전(연결보), 화엄사 각황전(변주퇴보), 법주사 대웅보전(충방), 팔상전(퇴량형 부재) 등에 설치되어 있으나 조사 보고서마다 지칭하는 명칭이 상이함

② **멍에창방** : 중층건물에서 연두창방 밑의 하층연목 하단에 도리통으로 들어가는 부재. 하층연목의 뒤초리를 고정하는 기능[18]

③ **연두창방** : 중층건물의 하층연목 뒤초리 상단에 위치하여 연목이 들리는 것을 방지하는 부재[19]. 중화전영건도감의궤에서 처음으로 용어 사용

---

17) 이 부재와 관련하여 금산사 미륵전에 대해서는 '연결보'라는 명칭을 썼으며(「금산사 미륵전 수리보고서」 2000. p. 105), 화엄사 각황전에서는 '변주퇴보'(「화엄사 각황전 실측조사보고서」 2009. p. 200), 법주사 대웅보전에서는 '충방'으로 기재(「법주사 대웅전 실측수리보고서」 2005. p. 126)하는 등으로 조사보고서마다 지칭하는 명칭이 상이하다.(「법주사 대웅전 실측수리보고서」 2005. p. 171 참고)

18) 「법주사 대웅전 실측수리보고서」 2005. p. 171 참고)

19) 「경복궁 근정전 실측 해체 수리보고서」 2003. p. 216 참고)

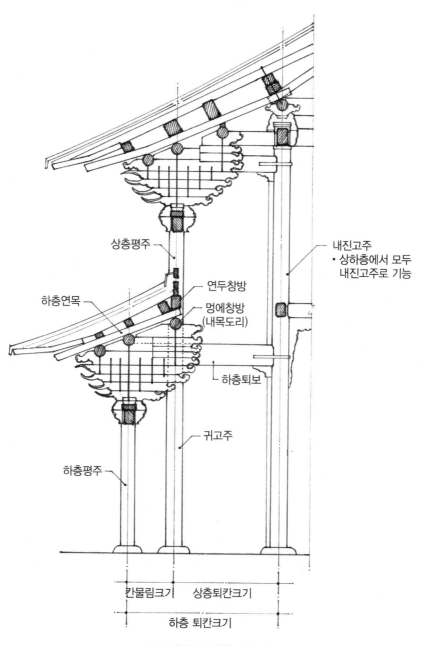

내진고주
• 상하층에서 모두
  내진고주로 기능

상층평주

연두창방

하층연목

멍에창방
(내목도리)

하층퇴보

귀고주

하층평주

칸물림크기   상층퇴칸크기

하층 퇴칸크기

❙ 근정전 상 · 하층 퇴칸 가구도 ❙

01 | 하층 가구 및 처마부

① 하층 연목 및 추녀 구성

    ㉠ 하층 연목의 고정 : 상층 평주 사이에 설치된 멍에창방에 고정

    ㉡ 하층 추녀의 고정 : 상층 귓기둥 또는 귀고주에 하층 추녀의 뒤초리 결구

    ㉢ 하층 연목의 뒷길이＝칸물림 크기

    ㉣ 하층 퇴칸의 크기＝하층 연목의 뒷길이＋상층 퇴칸의 크기

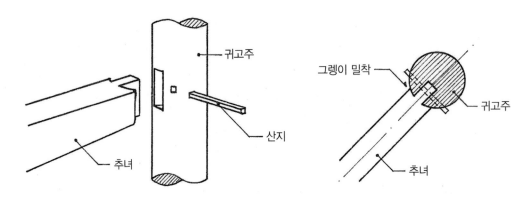

‖ 중층건물 하층 추녀 뒤초리 결구 구조 ‖

② 하층 퇴보

    ㉠ 퇴보의 기능 : 내외진 가구를 연결하고 상층 기둥을 지지

    ㉡ 퇴보의 규격 : 일정 규격 이상의 부재 사용 / 합성보 구조로 보강

③ 귓보, 귀잡이보 : 상층 귓기둥을 설치하기 위해 모서리칸에 귓보, 귀잡이보 설치

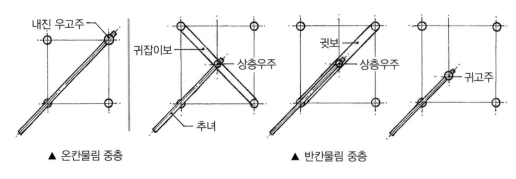

    ▲ 온칸물림 중층   ▲ 반칸물림 중층

‖ 중층건물 상층 귓기둥과 추녀의 설치유형 ‖

02 | 상층 기둥 설치 구조

① 하층 퇴보 위에 상층 기둥 설치
② 하층의 내진주가 상층에서도 내진을 형성

03 | 상층 기둥 설치 위치

중층 유형	상층 기둥 설치 위치	사례
중층 전각	하층 내목도리열과 내진고주열 사이	인정전, 법주사 대웅보전, 화엄사 각황전, 금산사 미륵전
중층 전각(근정전)	하층 내목도리열	근정전
중층 문루	하층 내목도리열	숭례문, 흥인지문, 팔달문, 근정문

※ 근정전은 일반적인 전각계 중층건물과 달리 하층 내목도리열과 상층 기둥렬이 일치

04 | 상층 우주 구성방법 [귀고주형]

① 개념 : 상층 귓기둥이 놓여질 위치에 상·하층을 연결하는 귀고주를 하층에 설치하여 상층 귓기둥을 구성

② 특징
　㉠ 퇴칸 형태에 제한을 받지 않음
　㉡ 상층 귀처마의 하중을 직접 기초부로 전달
　㉢ 장재인 귀고주 몸통에 멍에창방, 내목도리, 연두창방, 인방, 하층 추녀 등 많은 부재가 결구
　㉣ 장주인 귀고주의 단면 파손 및 좌굴 위험
　㉤ 궁궐의 정전, 도성의 문루 등 일정한 격식과 규모가 갖춘 주요 건물에 설치

③ 사례
　㉠ 궁궐의 정전, 도성의 문루 건물
　㉡ 중층 전각 : 근정전, 인정전
　㉢ 중층 문루 : 숭례문, 흥인지문, 광화문

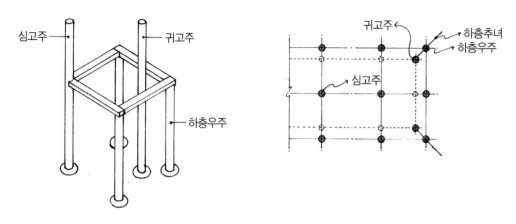

‖ 귀고주 방식 개념도 – 중층문루 ‖

05 | 상층 우주 구성방법 [귓보형]

① 개념

　ㄱ 하층 귓기둥과 내진 귓기둥을 연결하는 귓보 상부에 상층 우주 설치

　ㄴ 귓보의 한쪽은 주심도리와 결구하고 반대쪽은 내진 귓기둥에 장부맞춤하고 산지로 고정

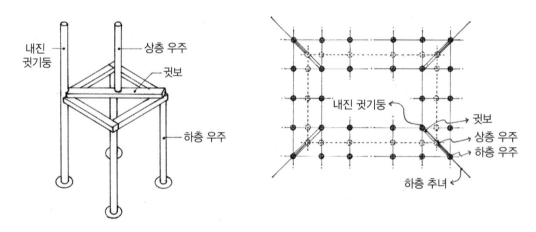

‖ 귓보 방식 개념도 ‖

② 특징 : 퇴칸의 규모와 형태에 제한을 크게 받음

③ 사례

　ㄱ 조선 중기 중층 불전

　ㄴ 화엄사 각황전, 금산사 미륵전

06 | 상층 우주 구성방법 [귀잡이보형]

① 개념

　㉠ 전·측면 퇴칸 사이를 연결하는 귀잡이보 상부에 상층 우주 설치

　㉡ 하층 퇴칸의 공포대 상부, 퇴칸 기둥 상부를 연결하여 귀잡이보 설치

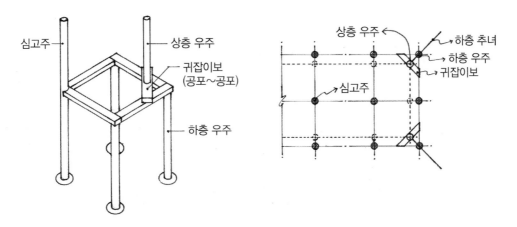

‖ 귀잡이보 방식 개념도 ① ‖

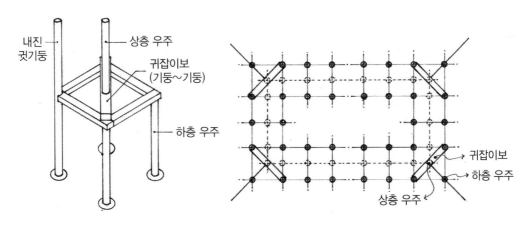

‖ 귀잡이보 방식 개념도 ② ‖

② 특징

　　㉠ 퇴칸 형태에 제약을 덜 받음 / 장방형 퇴칸 구조에서도 설치 가능

　　㉡ 귀고주형에 비해 퇴칸에서의 통행성 확보에 유리

　　㉢ 귓보형에 비해 보의 경간적인 한계를 받지 않음

　　㉣ 공포대가 발달한 조선 중 · 후기 궁궐 문루 건물에서 다수 사용

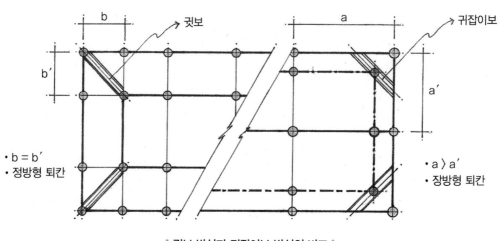

| 귓보 방식과 귀잡이보 방식의 비교 |

③ 사례

　　㉠ 중층 전각 : 퇴칸의 전 · 측면 기둥 사이에 귀잡이보 설치(법주사 대웅보전)

　　㉡ 중층 문루 : 퇴칸의 전 · 측면 공포대 상부에 귀잡이보 설치(팔달문, 근정문, 돈화문, 홍화문)

　　㉢ 중층 목탑 : 상층 기둥을 받는 귀잡이보 하부에 귓보를 설치하여 보강(팔상전)

07 | 상층 연목 및 추녀 구성

① 중층 전각

　　㉠ 측면 연목 설치 : 내진고주열 상부의 보와 도리를 이용하여 측면 연목 지지

　　㉡ 상층 추녀 설치 : 내진 귓기둥 상부의 보와 도리, 도리와 도리 교차점에서 추녀 뒤초리 지지

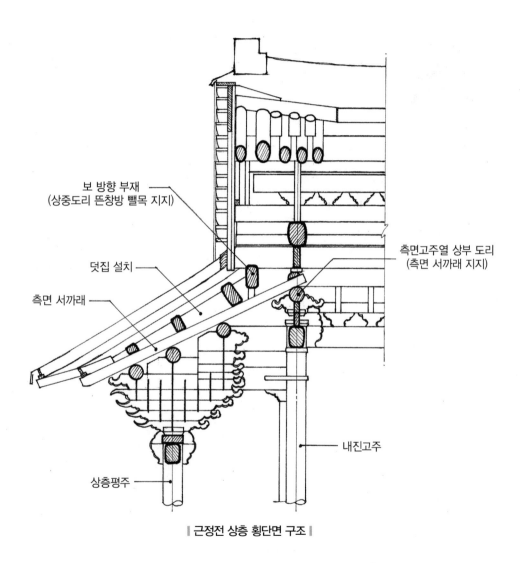

보 방향 부재
(상중도리 뜬창방 빼목 지지)

덧집 설치

측면 서까래

측면고주열 상부 도리
(측면 서까래 지지)

내진고주

상층평주

‖ 근정전 상층 횡단면 구조 ‖

② 중층 문루

    ㉠ 측면 연목 설치 : 외기도리 설치 / 측면 맞보로 중도리, 뜬창방 하부를 지지

    ㉡ 상층 추녀 설치 : 중도리 왕지에서 추녀 뒤초리 결구 / 덧추녀, 안추녀 설치

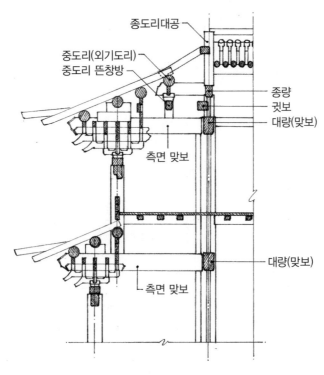

▍숭례문 상층 횡단면 구조▍

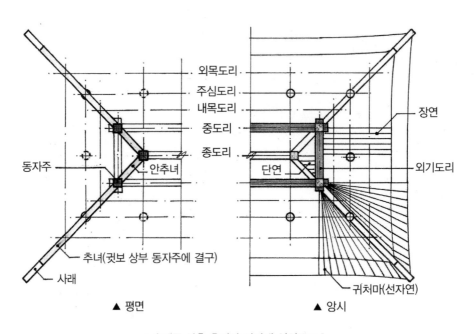

▍숭례문 상층 추녀와 서까래 설치구조▍

08 | 상층 가구법

① 전각 : 2고주 7량가(내진 구성)
② 문루 : 심고주 5량가(내진이 구성되지 않는 측면 2칸 구조)

09 | 가구 보강요소

① 횡력 보강 부재 : 별창방, 뜬창방, 뜬장혀, 귓보, 충방 설치
② 하층 퇴보 보강 : 합성보, 받침기둥

③ 기둥 규격 차이
　㉠ 내진고주와 하층 기둥의 규격을 크게 설정(1~2치 규격 차이)
　㉡ 숭례문의 사례 : 하층평주(1.85자), 상층평주(1.68자), 귀고주(1.8자), 심고주(1.94자)

④ 기타 : 주선, 장화반, 주장첨차, 보아지, 계량 등

SECTION **04** | **멍에창방, 연두창방**

01 | 멍에창방

중층 건물에서 하층 연목의 뒤뿌리를 받기 위해 상층 기둥 사이에 건너지른 창방 부재

02 | 온칸물림 중층 건물의 멍에창방 설치구조

온칸물림 구조상 내진고주열에 별도의 멍에창방 설치

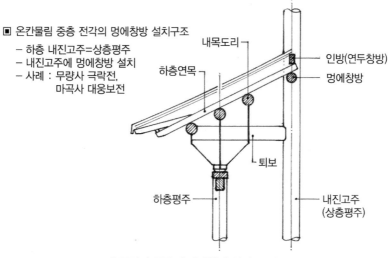

▣ 온칸물림 중층 전각의 멍에창방 설치구조
　– 하층 내진고주=상층평주
　– 내진고주에 멍에창방 설치
　– 사례 : 무량사 극락전,
　　　　　마곡사 대웅보전

내목도리
하층연목
인방(연두창방)
멍에창방
퇴보
하층평주
내진고주
(상층평주)

| 무량사 극락전 멍에창방 설치구조 |

03 | 반칸물림 중층 전각 건물의 멍에창방 설치구조

① 멍에창방 별도 설치

    ㉠ 상층 기둥렬이 하층 내목도리열과 내진고주 사이에 위치

    ㉡ 사례 : 인정전, 법주사 대웅보전 등

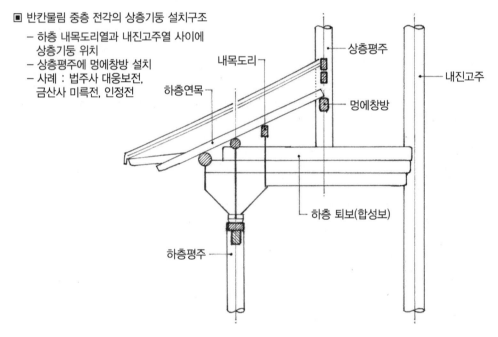

■ 반칸물림 중층 전각의 상층기둥 설치구조
    − 하층 내목도리열과 내진고주열 사이에 상층기둥 위치
    − 상층평주에 멍에창방 설치
    − 사례 : 법주사 대웅보전, 금산사 미륵전, 인정전

내목도리
하층연목
상층평주
내진고주
멍에창방
하층 퇴보(합성보)
하층평주

∥ 법주사 대웅보전 멍에창방 설치구조 ∥

② 내목도리가 멍에창방으로 기능
　㉠ 상층 기둥렬이 하층 내목도리열과 일치
　㉡ 사례 : 근정전

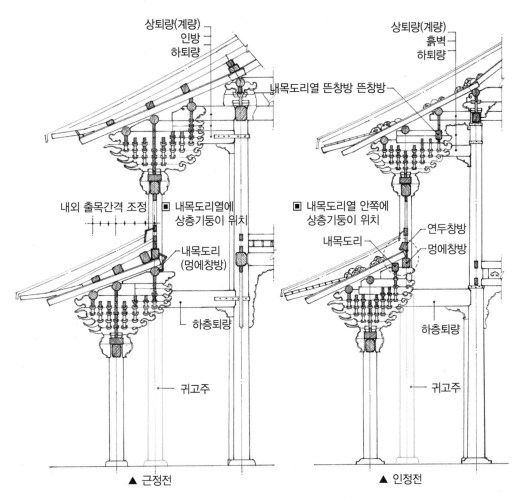

▲ 근정전　　　　　▲ 인정전

▌근정전과 인정전의 상·하층 퇴칸 가구 비교▐

04 | 반칸물림 중층 문루 건물의 멍에창방 설치구조

① 하층 내목도리 위치에 상층 기둥 설치

② 내목도리가 멍에창방으로 기능

③ 사례 : 숭례문, 팔달문 등

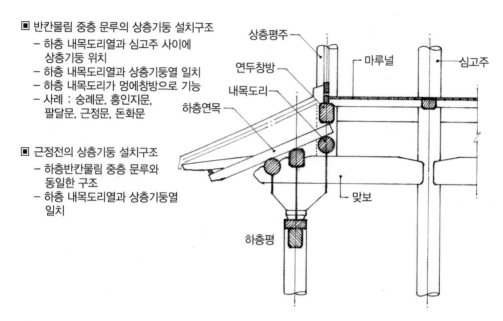

- ▣ 반칸물림 중층 문루의 상층기둥 설치구조
  - 하층 내목도리열과 심고주 사이에 상층기둥 위치
  - 하층 내목도리열과 상층기둥열 일치
  - 하층 내목도리가 멍에창방으로 기능
  - 사례 : 숭례문, 흥인지문, 팔달문, 근정문, 돈화문

- ▣ 근정전의 상층기둥 설치구조
  - 하층반칸물림 중층 문루와 동일한 구조
  - 하층 내목도리열과 상층기둥열 일치

상층평주 / 마루널 / 심고주 / 연두창방 / 내목도리 / 하층연목 / 맞보 / 하층평

｜ 반칸물림 중층문루의 멍에창방 설치구조 ｜

05 | 연두창방, 연두청판

① 연두창방

　㉠ 하층 연목 상부에 연목의 뒤누름을 위해 설치된 부재

　㉡ 형태 : 창방 형태 규격(근정전), 수장재 및 귀틀재 규격(인정전, 숭례문 등)

② 연두청판

　㉠ 멍에창방과 연두창방 사이에 설치된 판재

　㉡ 하층 연목 뒤뿌리를 감추는 마감재

06 | 하층연목과 멍에창방의 결구

① 연목과 멍에창방을 연정으로 고정(일반적)
② 연목과 연두창방을 연정으로 고정(인정전)

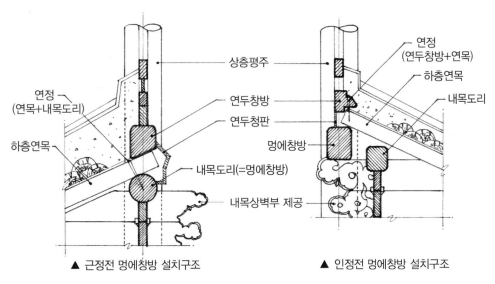

| ▲ 근정전 멍에창방 설치구조 | ▲ 인정전 멍에창방 설치구조 |

‖ 근정전과 인정전의 멍에창방 설치구조 비교 ‖

07 | 멍에창방, 연두창방과 기둥의 결구

장부맞춤 후 산지 및 철물보강

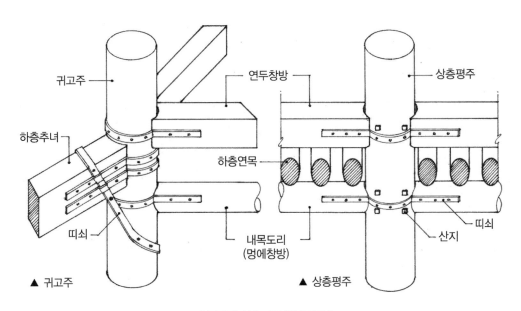

| ▲ 귀고주 | ▲ 상층평주 |

‖ 근정전 상층기둥 결구구조 ‖

LESSON 04 중층 전각 건물의 구조와 사례

SECTION 01 | 무량사 극락전

01 | 평면 및 주칸

① 정면 5칸 × 측면 4칸

② 주칸 설정
   ㉠ 정면 : 8자－12자－16자－12자－8자
   ㉡ 측면 : 8자－12자－12자－8자
   ㉢ 포간거리 4자의 정수배로 주칸 설정

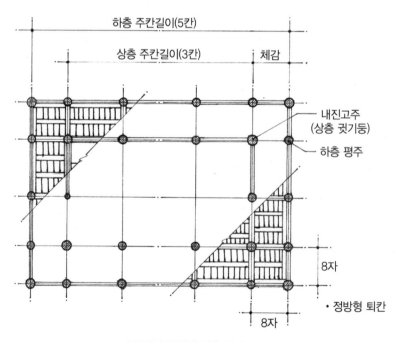

| 무량사 극락전 하층 평면도 |

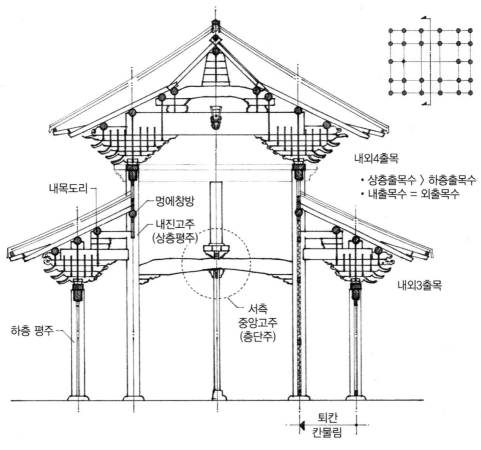

내목도리

멍에창방

내진고주
(상층평주)

내외4출목

• 상층출목수 〉 하층출목수
• 내출목수 = 외출목수

서측
중앙고주
(층단주)

하층 평주

내외3출목

퇴칸
칸물림

‖ 무량사 극락전 종단면도 ‖

02 | 중층구성방법

온칸물림 통층형

03 | 가구부의 특징

① 서측면 전후면 고주를 연결하는 보 설치
② 서측면 내진 중앙고주를 층단주로 구성
③ 서측면 외진 중앙기둥에서, 내진고주 사이에 설치된 보 상부에 충량 결구

04 | 중층 가구 보강요소

① 기둥 규격 차이 : 외진평주 1.9자, 내진고주 2.5자
② 하층 평방 규격 > 상층 평방 규격(1치 차이)
③ 종도리열에 3중 장여 구성(받침장여, 뜬장여, 뜬장여)

05 | 처마 및 지붕가구부

① 하층
  ㉠ 내진 귓기둥 몸통에 하층 추녀 결구
  ㉡ 내진고주 사이의 멍에창방에 하층 연목의 뒤초리 고정

② 상층
  ㉠ 충량과 외기도리로 측면 연목 및 추녀 지지
  ㉡ 상층 지붕가구 무고주 5량가

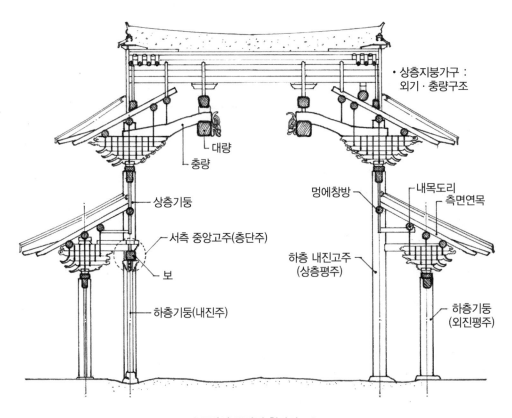

‖ 무량사 극락전 횡단면도 ‖

01 | 평면 및 주칸 설정

① 정면 5칸 × 측면 4칸

② 주칸 설정

　　㉠ 정면 : 8자 − 10자 − 10자 − 10자 − 8자

　　㉡ 측면 : 5자 − 9자 − 9자 − 5자

　　㉢ 장방형 퇴칸 구조 : 정면 8자, 측면 5자

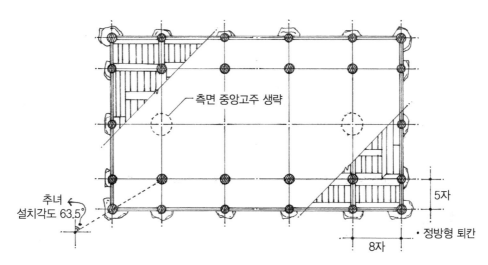

| 마곡사 대웅보전 하층 평면도 |

02 | 중층 구성 방법

온칸물림 통층형

03 | 가구부의 특징

① 내진칸의 측면 중앙 기둥 생략

② 내진칸 측면의 전후면 고주를 연결하는 보 설치

③ 보 상부에 상층 기둥 2개 설치(하층의 측면 기둥렬과 불일치)

④ 하층 측면칸 중앙 기둥에서 내진칸 측면의 보 위로 충량 설치

⑤ 상층 지붕가구 무고주 5량가

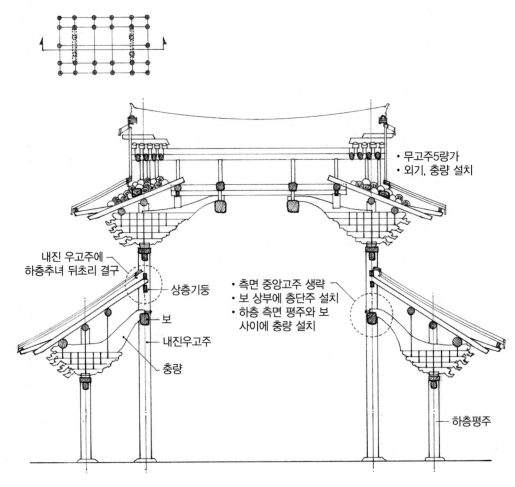

무고주5량가
외기, 충량 설치

내진 우고주에
하층추녀 뒤초리 결구

상층기둥

보

내진우고주

충량

측면 중앙고주 생략
보 상부에 층단주 설치
하층 측면 평주와 보
사이에 충량 설치

하층평주

‖ 마곡사 대웅보전 횡단면도 ‖

04 | 중층 가구 보강 요소

① 기둥 규격 차이 : 하층 외진평주 1.6자, 내진고주 1.9자

② 하층 평주 기둥머리에서 내진고주 몸통에 연결되는 창방 설치(충방)

05 | 처마 및 공포부

① 하층 추녀의 설치 각도

　⑴ 내진 귓기둥과 외진 귓기둥이 45도 각도를 이루지 못함(장방형 퇴칸 구조)

　⑵ 하층 추녀가 45도 각도로 설치 되지 못함(63.5도)

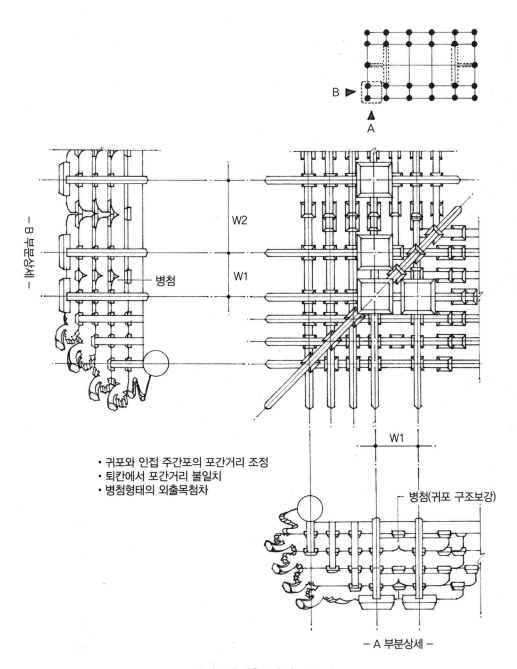

- 귀포와 인접 주간포의 포간거리 조정
- 퇴칸에서 포간거리 불일치
- 병첨형태의 외출목첨차

‖ 마곡사 대웅보전 귀포 구조 ‖

② 하층 귀포

    ㉠ 하층의 귀한대와 추녀의 설치 각도 불일치(귀처마 불안정)

    ㉡ 귀포에 인접 주간포를 가깝게 설치

    ㉢ 인접 주간포의 외출목 첨차와 귀포의 좌우대를 병첨 형태로 구성

③ 연목 및 추녀 설치

    ㉠ 상 · 하층의 추녀마루선 불일치(상층 활주가 하층 추녀마루 중심에 놓이지 못함)

    ㉡ 하층 전 · 측면 장연의 물매 차이 발생

SECTION 03 | 화엄사 각황전

01 | 평면 및 주칸 설정

① 정면 7칸 × 측면 5칸

② 주칸 설정

    ㉠ 전면 : 10자 – 13자 – 13자 – 14자 – 13자 – 13자 – 10자

    ㉡ 측면 : 10자 – 13자 – 14자 – 13자 – 10자

    ㉢ 전체 건물의 규모에 비해 퇴칸의 크기가 작음(10자 × 10자)

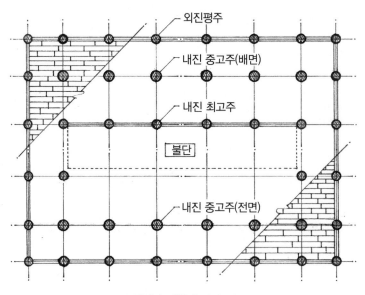

‖ 화엄사 각황전 평면도 ‖

02 | 중층 구성 방법

반칸물림 통층형 / 귓보형

03 | 가구부의 특징

① 내진고주 구성의 특징

　ⓐ 내진 이중 구조 : 내진 중고주와 내진 최고주로 내진을 이중으로 구성

　ⓑ 내진 중고주 : 내진 중고주를 짧게 구성(내진 중고주와 상층 평주가 동일 높이)

　ⓒ 상층 퇴보가 내진 중고주 위에서 내부 대량과 맞보로 이음

② 하중도리 설치구조

　ⓐ 내진 중고주와 내진 최고주를 잇는 충량, 맞보, 대량 상부에 동자주를 놓고 하중도리 설치

　ⓑ 하중도리로 전배면 장연과 측면 서까래 지지

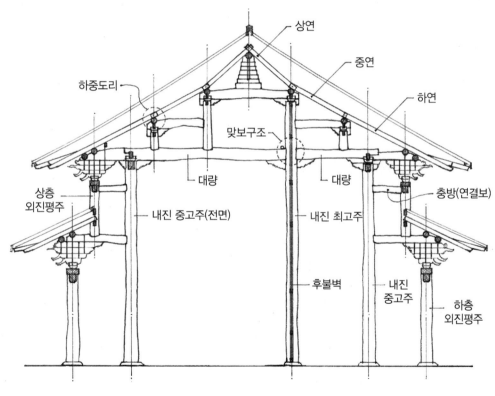

∥ 화엄사 각황전 종단면도 ∥

04 | 중층 가구 보강요소

① 종도리 대공에 3중 장여 설치
② 종도리 대공부에 X자 가새 설치

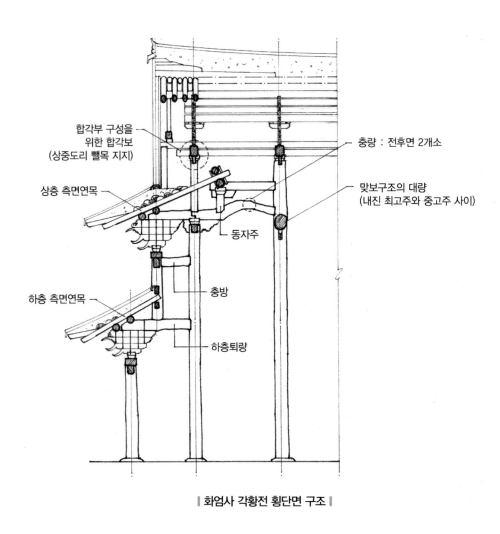

합각부 구성을
위한 합각보
(상중도리 뺄목 지지)

상층 측면연목

하층 측면연목

충량 : 전후면 2개소

맞보구조의 대량
(내진 최고주와 중고주 사이)

동자주

충방

하층퇴량

┃ 화엄사 각황전 횡단면 구조 ┃

01 | 평면 및 주칸 설정

① 정면 5칸 × 측면 4칸

② 주칸 설정

　ㄱ 정면 : 10.5자 − 11자 − 15자 − 11자 − 10.5자

　ㄴ 측면 : 10.5자 − 13자 − 13자 − 10.5자

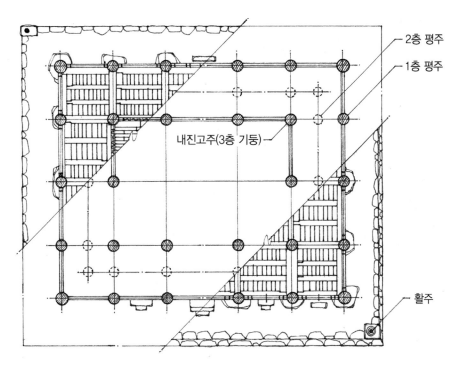

2층 평주

1층 평주

내진고주(3층 기둥)

활주

‖ 금산사 미륵전 평면도 ‖

02 | 중층 구성방법

① 1층~2층 : 반칸물림 / 귓보형
② 2층~3층 : 온칸물림 / 내진고주가 3층의 평주가 되는 구조

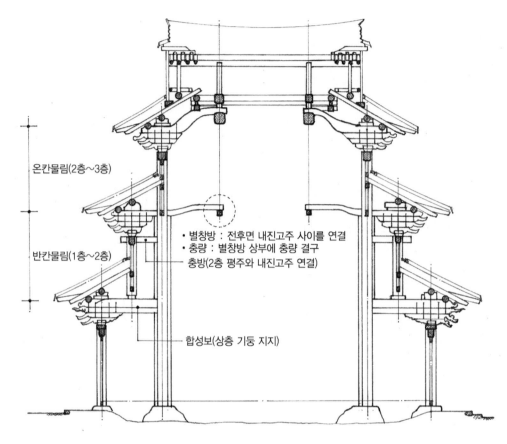

온칸물림(2층~3층)

반칸물림(1층~2층)

• 별창방 : 전후면 내진고주 사이를 연결
• 충량 : 별창방 상부에 충량 결구
충방(2층 평주와 내진고주 연결)

합성보(상층 기둥 지지)

‖ 금산사 미륵전 횡단면 구조 ‖

03 | 가구부의 특징

① 3층 지붕가구
  ㉠ 측면 내진고주에서 내부 대량에 충량 결구
  ㉡ 지붕가구 무고주 5량가
  ㉢ 외기, 충량을 설치하여 팔작지붕 구성

② 창 · 평방 : 2, 3층에는 평방 미설치

04 | 중층 가구 보강요소

① 합성보 : 퇴보 하부에 제공의 내단이 고주에 결구되어 합성보로 기능
② 별창방 : 2층 정칸에서 전후면 고주를 보 방향으로 연결하는 뜬창방 부재 2개 설치
③ 충방 : 2층 평주 기둥머리에서 창방과 직교하여 내부 고주에 창방 부재 결구

④ 충량
    ㉠ 내진 측면 중앙기둥의 몸통에서 정칸의 별창방에 충량 설치(2층 높이)
    ㉡ 내진 측면 중앙기둥의 머리에서 내부 대량에 충량 설치(3층 높이)

▣ 참고 : 별창방

마곡사 대웅보전, 무량사 극락전, 금산사 미륵전, 법주사 대웅보전 등에서 전후면 내진고주의 몸통에 설치되어 내진고주를 보 방향으로 연결하는 부재가 사용되었다. 이 부재에 대해서는 정확한 명칭이 정해지지 않았으며 개별 건물에 따라 기능에 있어서도 차이가 있는바, 개별 건물의 조사보고서나 논문에 따라 보, 내진뜬창방[20], 별창방[21] 등으로 기재되어 있다. 본 책에서는, 상층기둥을 받치고 있는 마곡사 대웅보전과 무량사 극락전의 경우에는 '보'로 기재하였으며, 내진고주를 연결하여 기둥을 결속하고 있는 금산사 미륵전, 법주사 대웅보전의 경우에는 뜬창방과 같은 의미로 사용되는 용어인 별창방으로 구분하여 기재하였다.[22]

---

20) 「법주사 대웅전 실측수리보고서」 2005. 문화재청, p. 174 참고
21) 김봉건은 「전통 중층목조건축에 관한 연구」(서울대학교 박사논문, 1994)에서 가구의 보강과 관련하여 "마곡사 대웅보전은 상층뿐만 아니라 하층에서도 충량으로 평주와 별창방을 연결"(82p)하였다고 보았으며, "금산사 미륵전에서는…2층 퇴보 위치에서 충량과 별창방으로 내진고주를 보강하는 방법을 사용"(97p)하였다고 분석하였다. 또한, 내진고주는 직경에 비해 길이가 긴 관계로 적절한 보강방법이 없을 경우 장재의 기둥은 좌굴을 일으키고 한편으로는 수평력에 약하게 되는 바, 이를 방지하기 위한 보강방법과 관련하여 "경복궁 근정전과 같이 내진고주의 중앙에 별창방을 두어 내진가구를 보강", "법주사 대웅보전에서는 내진고주에 두 개의 별창방을 건너질러 내진주를 보강"(110p)하는 것으로 보았다.
22) 별창방 용어와 관련하여서는 「알기쉬운 한국건축용어사전」 동녘, 김왕직. p. 154 참고

01 | 평면 및 주칸 설정

① 정면 7칸 × 측면 4칸

② 주칸 설정

　㉠ 정면 : 13자－10자－10자－15자－10자－10자－13자

　㉡ 측면 : 13자－13자－13자－13자

　㉢ 퇴칸 > 협칸

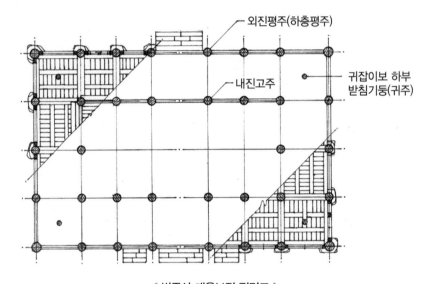

외진평주(하층평주)

내진고주

귀잡이보 하부
받침기둥(귀주)

‖ 법주사 대웅보전 평면도 ‖

02 | 중층 구성방법

반칸물림 통층형 / 귀잡이보형

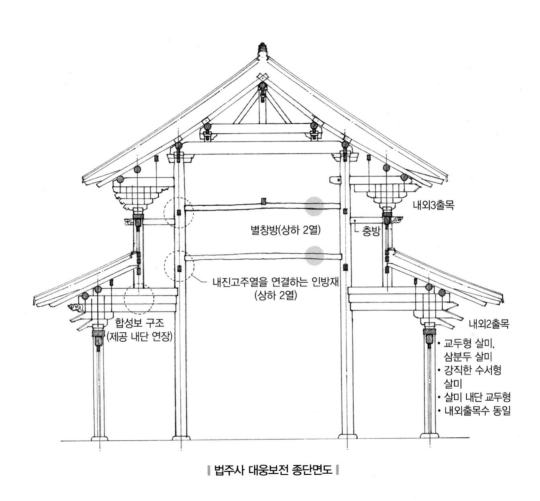

별창방(상하 2열)

내외3출목

└ 층방

내진고주열을 연결하는 인방재 (상하 2열)

합성보 구조 (제공 내단 연장)

내외2출목

- 교두형 살미, 삼분두 살미
- 강직한 수서형 살미
- 살미 내단 교두형
- 내외출목수 동일

‖ 법주사 대웅보전 종단면도 ‖

03 | 가구부의 특징

① 충량이 없는 팔작지붕 가구

    ㉠ 측면서까래가 내진고주 상부 대량에 이르지 못하고 내목도리 위치에서 끝남

    ㉡ 대량에 근접하여 도리 형태의 별재를 놓아 측면 연목 뒤초리 지지(2005년도 수리)

② 합각부 : 측면 내1출목선에서 합각부 대공, 합각보 구성

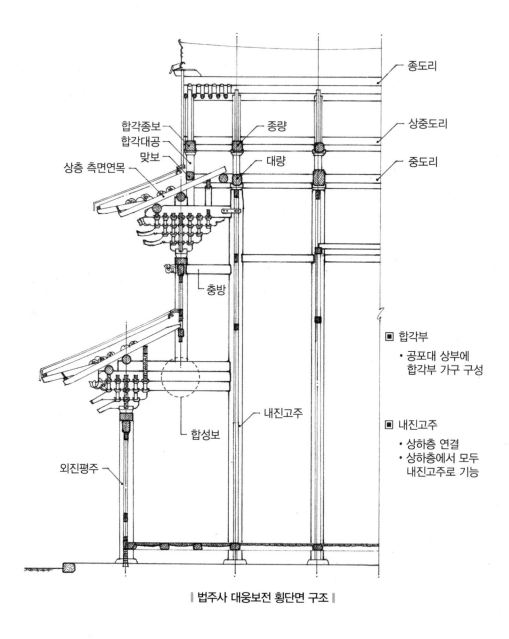

‖ 법주사 대웅보전 횡단면 구조 ‖

04 | 중층 가구 보강요소

① 받침기둥 : 귀잡이보 하부에 짧은 기둥 설치(귀주)

② 충방 : 상층평주 기둥머리에서 창방과 직교하여 내부고주 몸통에 결구

③ 합성보 : 상하 이중퇴보 설치(은촉 연결) / 공포 3제공 내단을 연장하여 내진고주에 결구

④ 창 · 평방 규격 차이 : 하층 창 · 평방 > 상층 창 · 평방(1~2치 차이)

⑤ 주선 : 내진고주에 주선 보강

⑥ 귓보 : 상층 귀포 상부에 내진 귓기둥을 연결하는 귓보 설치

⑦ 가새 : 공포대 상부에 외목도리와 내진 귓기둥을 연결하는 가새 설치(횡력보강)

⑧ 별창방

　　㉠ 전후면 내진고주를 연결하는 별창방 설치(상하 2열)

　　㉡ 내진칸의 외곽을 둘러서 고주를 연결하는 인방재 설치(상하 2열)

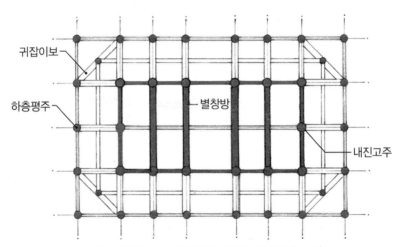

■ 별창방 : 보 방향으로 4개씩 상하 2열 구성

‖ 법주사 대웅보전 별창방 설치 구조 ‖

01 | 평면 및 주칸 설정

① 정면 5칸 × 측면 5칸

② 주칸 설정

    ㉠ 정면 : 17자 − 21자 − 22자 − 21자 − 17자

    ㉡ 측면 : 17자 − 11자 − 11자 − 11자 − 17자

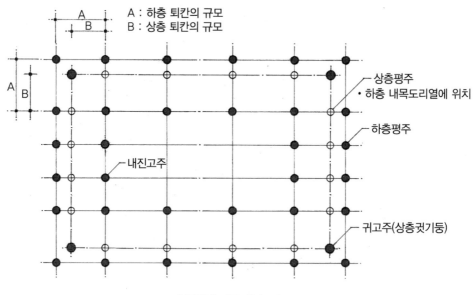

A : 하층 퇴칸의 규모
B : 상층 퇴칸의 규모

상층평주
• 하층 내목도리열에 위치

하층평주

내진고주

귀고주(상층귓기둥)

‖ 근정전 기둥 배치도 ‖

02 | 중층 구성 방법

반칸물림 통층형 / 귀고주형

03 | 가구의 특징

① 상층 지붕가구 2고주 7량가
② 측면 내진고주열 상부에 도리를 배치하여 측면 연목 및 추녀 지지

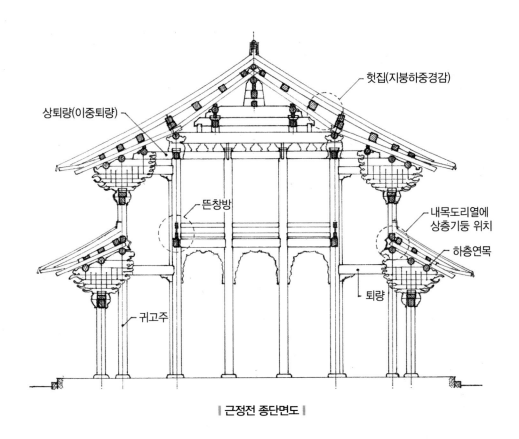

헛집(지붕하중경감)

상퇴량(이중퇴량)

뜬창방

내목도리열에 상층기둥 위치

하층연목

퇴량

귀고주

▮ 근정전 종단면도 ▮

04 | 중층 가구 보강 요소

① **주선** : 내진고주, 귀고주에 주선 설치
② **귓보** : 하층에서 귀고주와 내진우고주 사이에 귓보 설치(귀창방)
③ **뜬창방** : 종도리 뜬창방(2개), 중도리 뜬창방 설치
④ **내진뜬창방** : 내진기둥을 연결하는 뜬창방 설치
⑤ **상퇴량** : 내목도리열과 내진고주 머리를 연결하는 상퇴량 설치
⑥ 주장첨차, 장화반 설치

성곽 중층 문루 건물의 구조

SECTION 01 | **도성 중층 문루의 구조**

---

01 | 도성 중층 문루 건물의 특징

① 입지 : 성곽 육축 상부에 놓여진 초루식 문루

② 평면 : 세장한 장방형 평면(협소한 육축 상부의 대지조건)

③ 측면 2칸 구조 : 내진이 형성되지 못하는 구조 / 심고주와 맞보 설치

④ 어칸 규모 : 하부 홍예 통로를 피하여 기둥 설치 → 어칸의 규모를 크게 설정

⑤ 층고 비례 : 상층의 층고>하층의 층고

⑥ 공포 비례 : 상층 외출목수>하층 외출목수

⑦ 중층 가구법 : 반칸물림 통층형 / 맞보 구조

▌ 주요 문루 건물의 주칸 계획 비교 ▌

건물	주칸 설정	정면 주칸길이(尺)	측면 주칸길이(尺)
숭례문	5×2	12.5−12.5−23−12.5−12.5	12.5−12.5
흥인지문	5×2	12−12.5−23.5−12.5−12	12−12
팔달문	5×2	12−12−22.5−12−12	12−12
풍남문	3×3	12−18−12	5−14.1−5
광화문	3×2	25−28−25	12−12
홍화문	3×2	14−15−14	10.5−10.5
근정문	3×2	16−18−16	12−12
돈화문	5×2	12.5−15−17−15−12.5	12.5−12.5

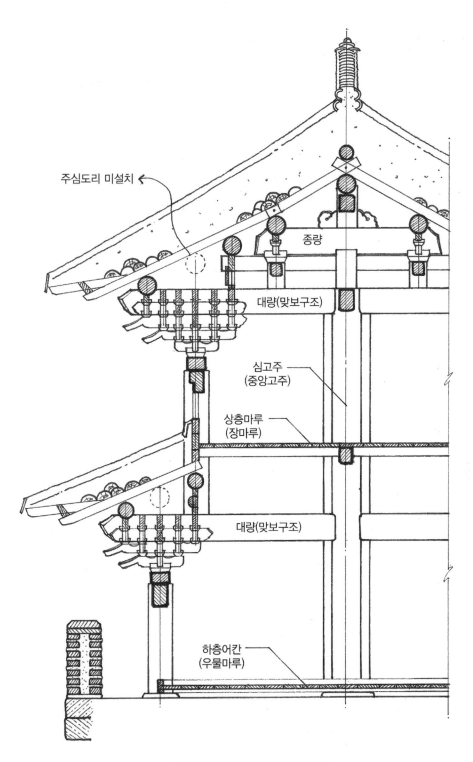

주심도리 미설치

종량

대량(맞보구조)

심고주
(중앙고주)

상층마루
(장마루)

대량(맞보구조)

하층어칸
(우물마루)

‖ 복구공사 이전 숭례문 종단면도 ‖

02 | 맞보 구조

① 맞보 설치구조
  ㉠ 측면 2칸 구조에서는 내부에 내진을 형성하지 못함
  ㉡ 중앙 심고주에 전후면 맞보를 결구
  ㉢ 맞보 상부에 상층 기둥 설치

② 맞보 구조에 따른 건물 변형 흐름
  ㉠ 중앙 심고주와 맞보의 결구부 이완
  ㉡ 맞보의 처짐 : 수직 부재인 고주의 수축률과 수평 부재인 맞보, 공포재의 수축률 차이
  ㉢ 상층 연목 및 추녀의 처짐

03 | 도성 중층 문루의 맞보 구조

① 측면 2칸 구조(육축 상부의 협소한 대지 조건)

② 심고주, 맞보
  ㉠ 중앙에 심고주
  ㉡ 심고주의 전면, 배면, 측면에서 맞보 결구
  ㉢ 맞보 상부에 상층 평주 설치(반칸물림)

③ 상층 기둥의 위치
  ㉠ 하층 내목도리열에 상층 기둥 설치
  ㉡ 하층 내목도리가 멍에창방의 기능을 겸함

04 | 도성 중층 문루의 전각부 구성(상층 우주 설치)

① 귀고주 사용 : 숭례문, 흥인지문
② 참고 : 팔달문(읍성 중층 문루 / 귀잡이보 사용)

05 | 도성 중층 문루의 지붕가구 및 처마부 구성

① 하층 연목 및 추녀
  ㉠ 하층 연목 : 상층 평주를 연결하는 내목도리 위에 하층 연목 고정
  ㉡ 하층 추녀 : 귀고주에 장부맞춤하여 고정

② 상층 지붕가구 : 심고주 5량가 구조

③ 상층 연목 및 추녀

　ⓐ 측면 연목 설치 : 심고주에 결구된 측면 맞보로 측면 중도리, 뜬창방 하부를 지지

　ⓑ 상층 추녀 설치

　　• 상층 우주 상부에서 고주에 대각선 방향으로 귓보 설치

　　• 귓보 상부에 동자주 설치

　　• 동자주 몸통에 하층 추녀를 장부맞춤 하여 결구

　　• 추녀 뒤초리에 강다리를 설치하고 귓보에 내림주먹장으로 고정

　ⓒ 안추녀, 단연 설치

　　• 추녀 동자주에서 종도리 대공 사이에 안추녀 설치(연결추녀, 덧추녀)

　　• 중도리와 종도리 사이에 단연 설치

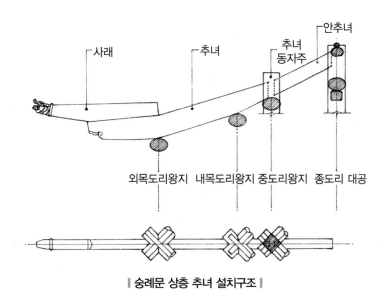

∥ 숭례문 상층 추녀 설치구조 ∥

06 | 지붕부

① 우진각지붕
② 양성바름, 취두, 용두, 잡상 설치

01 | 읍성 중층 문루의 구조

① 평면 : 정면 3칸 × 측면 3칸

② 지붕부 : 팔작지붕

③ 중층 구성 방법 : 온칸물림(풍남문) / 반칸물림(팔달문, 대동문, 보통문)

④ 가구법 : 대량식(일반적) / 맞보식(팔달문)

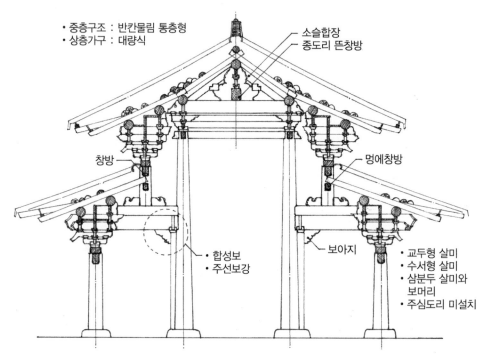

- 중층구조 : 반칸물림 통층형
- 상층가구 : 대량식

소슬합장
종도리 뜬창방

창방

멍에창방

- 합성보
- 주선보강

보아지

- 교두형 살미
- 수서형 살미
- 삼분두 살미와
  보머리
- 주심도리 미설치

‖ 평양 보통문 종단면도 ‖

02 | 도성 중층 문루와 읍성 중층 문루의 비교

① 도성의 정문 ⇔ 읍성의 정문

② 정면 5칸×측면 2칸 ⇔ 정면 3칸×측면 3칸(측면 2칸)

③ 반칸물림 ⇔ 온칸물림, 반칸물림

④ 귀고주형 ⇔ 귀잡이보형

⑤ 맞보형 ⇔ 대량형, 맞보형

⑥ 우진각 지붕 ⇔ 팔작지붕

⑦ 잡상 설치 ⇔ 잡상 없음

⑧ 팔달문의 특징

    ㉠ 행정적으로는 읍성의 문루 건물이나, 도성의 문루 건물에 준하여 건축

    ㉡ 정면 5칸×측면 2칸

    ㉢ 반칸물림 맞보구조

    ㉣ 우진각지붕

LESSON 06 성곽 중층 문루 건물의 사례

SECTION 01 숭례문

01 | 성곽 구조

① 석축
  ㉠ 장방형 다듬돌을 수직에 가깝게 퇴물림 평축
  ㉡ 매 층마다 1, 2개씩 면석을 턱물림 가공(ㄱ자, ㄴ자)

② 홍예문
  ㉠ 성문 내외부에 홍예 구성 / 외측 홍예의 폭과 높이를 내측보다 작게 하여 문의 회전축 은폐
  ㉡ 홍예 주변을 무사석으로 축조
  ㉢ 홍예 통로 상부는 널재를 깔아 마감

③ 옹성 : 옹성이 없으나 성문 양편을 날개 형태로 축조

④ 여장
  ㉠ 미석 없는 전돌여장(총안, 타구 없음)
  ㉡ 상단에 2단의 옥개전 설치

02 | 평면 및 주칸 설정

① 평면 : 정면 5칸 × 측면 2칸

② 주칸 설정
  ㉠ 정면 : 12.5자 − 12.5자 − 23자 − 12.5자 − 12.5자
  ㉡ 측면 : 12.5자 − 12.5자

③ 정방형 퇴칸(12.5자×12.5자)

④ 홍예 통로폭을 고려한 어칸 규모(23자)

⑤ 상층 퇴칸 : 10자(하층 퇴칸 12.5자에서 2.5자 체감)

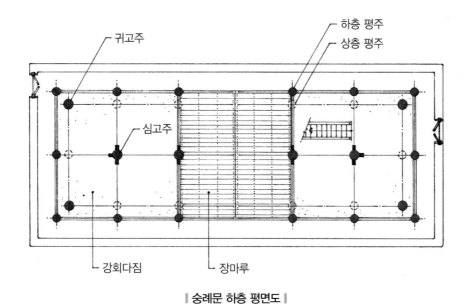

┃ 숭례문 하층 평면도 ┃

03 | 중층 구성방법

반칸물림 통층형 / 귀고주형 / 심고주 맞보 구조

04 | 중층 가구 보강요소

① 상층 내목도리와 중도리열을 잇는 단퇴량(계량)

② 중도리, 종도리열에 뜬창방 설치

③ 상층 귀고주에서 심고주에 귓보 설치

④ **기둥 규격** : 하층 평주와 상층 평주, 심고주 사이에 1~2치 규격 차이

⑤ **주선** : 내부 고주에 주선 설치(맞보 설치 방향)

⑥ 상·하층 내목도리열에 장화반 설치

⑦ **창방 형태 및 규격**

　　㉠ 협퇴칸에 비해 어칸 창방의 규격을 크게 사용

　　㉡ 상층에 비해 하층 창방의 규격을 크게 사용

　　㉢ 상층 창방 형태 : 인방재를 한물에 가공한 T자 형태

05 | 가구부

① 상층 지붕가구 : 심고주 5량가
② 상층 기둥의 위치 : 하층 내목도리열에 상층 기둥 설치

③ 주심도리 생략 구조
  ㉠ 상·하층 모두 주심도리 없는 구조(1963년 수리 이전)
  ㉡ 상층에 주심도리 추가(1961~1963년 수리공사)
  ㉢ 하층에 주심도리 추가(2013년 숭례문 복구공사)

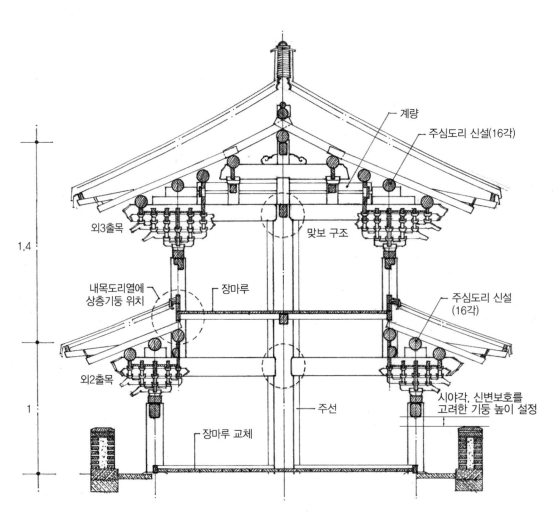

▎복구공사 이후 숭례문 종단면도 ▎

06 | 처마부

① 하층추녀 : 귀고주에 장부맞춤

② 상층 추녀

ㄱ 귓보 상부, 중도리 왕지부에 설치된 동자주에 추녀 뒤초리 결구

ㄴ 중도리 왕지부 동자주에서 종도리 대공 사이에 안추녀 설치(연결 추녀)

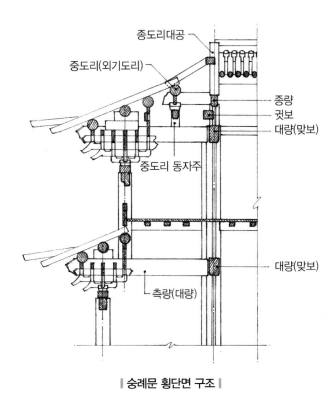

종도리대공
중도리(외기도리)
종량
귓보
대량(맞보)
중도리 동자주
대량(맞보)
측량(대량)

‖ 숭례문 횡단면 구조 ‖

07 | 공포부

① 하층 외2출목, 상층 외3출목
② 상층 외출목수 > 하층 외출목수

08 | 수장 및 지붕부

① 바닥

ㄱ 하층 : 어칸 장마루(2013년 복구공사 시 우물마루에서 장마루로 복원)

ㄴ 상층 : 장마루

② 벽체 : 하층은 벽체 없는 개방 구조 / 상층은 판문 설치

③ 계단 : 하층 내부에 상층 진입계단 설치

01 │ 성곽 구조

편문식 반원형 옹성

02 │ 평면 및 주칸 설정

① 정면 5칸 × 측면 2칸

② 주칸 설정

  ㉠ 정면 : 12자 – 12.5자 – 23.5자 – 12.5자 – 12자
  ㉡ 측면 : 12자 – 12자

03 │ 중층 구성방법

반칸물림 통층형 / 귀고주형 / 심고주 · 맞보 구조

04 │ 중층 가구 보강요소

① 주선 : 어칸 기둥에 주선 설치(고주에는 주선 미설치)
② 양봉 : 맞보 하부에 양봉 설치
③ 주장첨차, 장화반 설치

05 │ 처마 및 가구부의 특징

① 상층 지붕가구 : 심고주 5량가
② 하층 내목도리열에 상층 평주 설치
③ 보와 도리 숭어턱 결구
④ 상 · 하층에 주심도리 설치
⑤ 하층 추녀 : 귀고주에 결구 / 띠철 보강

06 | 공포부

① 하층 외2출목, 상층 외3출목
② 상층 외출목수 > 하층 외출목수

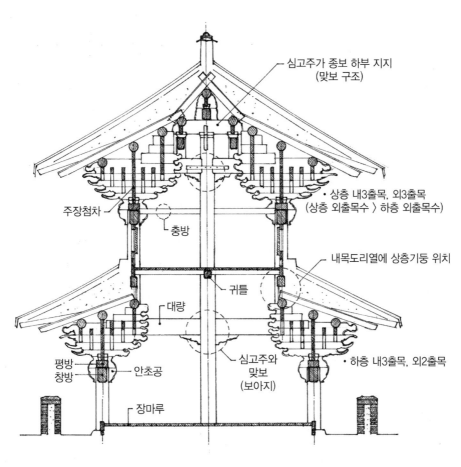

심고주가 종보 하부 지지
(맞보 구조)

상층 내3출목, 외3출목
(상층 외출목수 > 하층 외출목수)

주장첨차

충방

내목도리열에 상층기둥 위치

귀틀

대량

심고주와
맞보
(보아지)

평방
창방

안초공

하층 내3출목, 외2출목

장마루

▌흥인지문 종단면도 ▌

01 | 성곽 구조

중앙문식 반원형 옹성

02 | 평면 및 주칸 설정

① 정면 5칸 × 측면 2칸

② 주칸 설정

　　㉠ 정면 : 12자 – 12자 – 22.5자 – 12자 – 12자

　　㉡ 측면 : 12자 – 12자

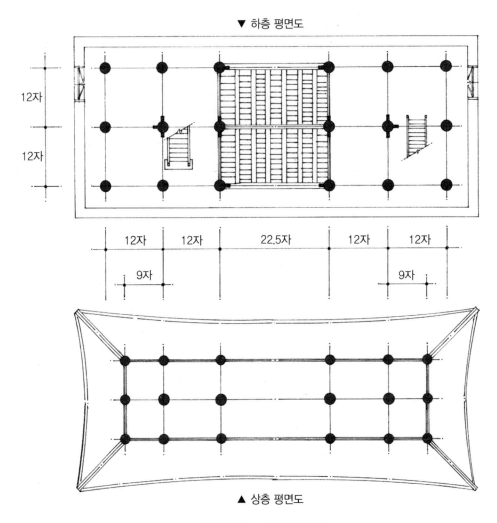

▼ 하층 평면도

▲ 상층 평면도

‖ 팔달문 상 · 하층 평면도 ‖

③ 정방형 퇴칸(12자 × 12자)

④ 홍예폭을 고려한 정칸의 규모(22.5자)

⑤ 일반적인 읍성의 문루와 달리 도성의 문루와 유사한 평면 규모

03 | 중층 구성 방법

반칸물림 통층형 / 귀잡이보형 / 심고주 · 맞보 구조

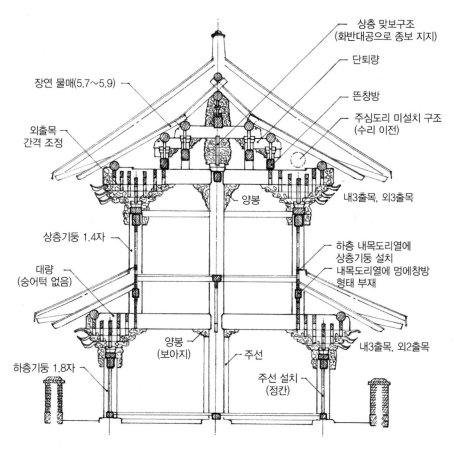

장연 물매(5.7~5.9)

외출목
간격 조정

상층기둥 1.4자

대량
(숭어턱 없음)

하층기둥 1.8자

상층 맞보구조
(화반대공으로 종보 지지)

단퇴량

뜬창방

주심도리 미설치 구조
(수리 이전)

양봉

내3출목, 외3출목

하층 내목도리열에
상층기둥 설치
내목도리열에 멍에창방
형태 부재

양봉
(보아지)

주선

내3출목, 외2출목

주선 설치
(정칸)

∥ 팔달문 수리전 종단면도 ∥

04 | 중층 가구 보강 요소

① **주선** : 고주에 주선 설치 / 어칸 평주에 주선 설치

② **양봉** : 고주와 맞보 결구부 하부에 양봉 설치

③ **뜬창방** : 고주, 종도리, 중도리, 상층 내목도리열에 뜬창방 설치

④ **계량** : 상층 내출목 도리열에서 중도리열을 연결하는 계량 설치(단퇴량)

⑤ **창방 규격** : 어칸 창방의 규격 > 협퇴칸 창방의 규격

⑥ **기둥 규격** : 하층(1.8자), 상층(1.4자)

05 | 처마 및 가구부의 특징

① 하층 내목도리열에 상층 기둥 설치

② 내목도리 위치에 멍에창방 형태의 부재 설치

③ 상·하층 주심도리 생략 구조(2013년 수리 시 방형 주심도리 설치)

④ 보와 도리 통맞춤(숭어턱 없음)

⑤ 상층 지붕가구 : 심고주 5량가 / 측면 맞보로 외기도리 하부를 지지

06 | 공포부

① 하층 외2출목, 상층 외3출목

② 상층 외출목수 > 하층 외출목수

③ 주장첨차, 장화반 미사용

07 | 수장부

① **바닥** : 우물마루(하층 정칸, 상층 전체)

② **벽체** : 하층은 벽체없는 개방구조 / 상층은 판문 설치

③ **계단** : 하층 내부에 상층 진입계단 설치

01 | 성곽 구조

모접은 방형 평면의 편문식 옹성

02 | 평면 및 주칸 설정

① 평면 : 정면 3칸 × 측면 3칸

② 주칸 설정
　　㉠ 정면 : 12자 − 18자 − 12자
　　㉡ 측면 : 5자 − 14.1자 − 5자

③ 장방형 퇴칸(12자 × 5자)

④ 내진고주 설치 위치
　　㉠ 하층 퇴칸 귓기둥에서 45° 위치에 내부 고주 설치
　　㉡ 전 · 측면에서 5자 거리

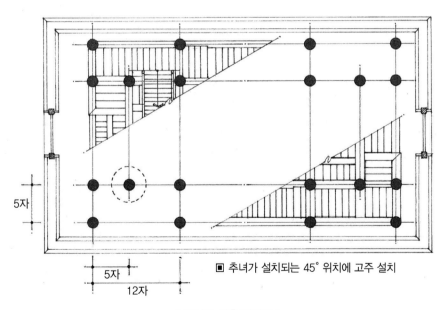

■ 추녀가 설치되는 45° 위치에 고주 설치

‖ 풍남문 하층 평면도 ‖

03 | 중층 구성방법

① 입면 체감 구조 : 전면은 반칸물림 / 측면은 온칸물림
② 종단면 구조 : 온칸물림

04 | 처마 및 가구부의 특징 [상층]

① 2평주 5량가
② 중도리 뺄목을 짧게 내밀어 충량 없이
   외기도리 설치

05 | 공포부

① 간포 없이 주심포와 화반으로 구성
② 외2출목 다포계 익공 혼용양식

06 | 지붕부

① 팔작지붕
② 양성바름(잡상 미설치)

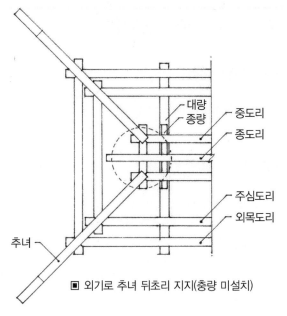

대량
종량
중도리
종도리
주심도리
외목도리
추녀

■ 외기로 추녀 뒤초리 지지(충량 미설치)

‖ 풍남문 상층 가구도 ‖

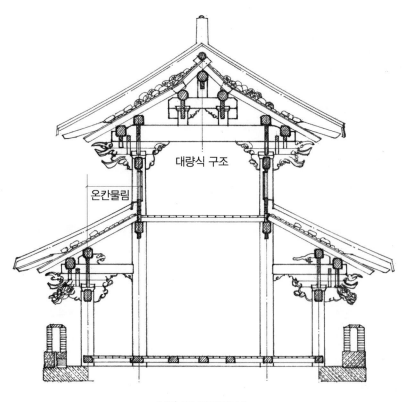

대량식 구조
온칸물림

‖ 풍남문 종단면도 ‖

01 | 육축 상부 문루 건물의 어칸 규모

주칸 길이 : 어칸의 주칸 길이를 성곽 통로폭보다 크게 설정

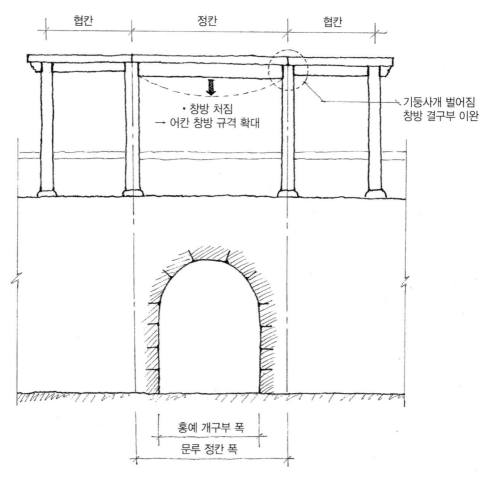

협칸　　　　　정칸　　　　　협칸

• 창방 처짐
→ 어칸 창방 규격 확대

기둥사개 벌어짐
창방 결구부 이완

홍예 개구부 폭
문루 정칸 폭

‖ 육축 상부 중층 문루의 창방 구조 ‖

02 | 정칸과 협퇴칸의 창방 비교

① 하부 홍예 통로폭에 비례하여 정칸의 주간길이 증가
② 어칸 창방의 처짐 등을 고려해 협퇴칸에 비해 규격이 큰 부재 사용
③ 사례 : 숭례문, 흥인지문, 팔달문

구 분		창방규격		상·하층 비교	어칸, 협칸 비교
		하층	상층		
숭례문	어칸 평균	380×493	360×437	하층>상층	어칸>협칸
	협칸 평균	344×475	342×433		
흥인지문	어칸	345×502	346×451	하층>상층 (어칸)	어칸>협칸
	협칸	305×440			

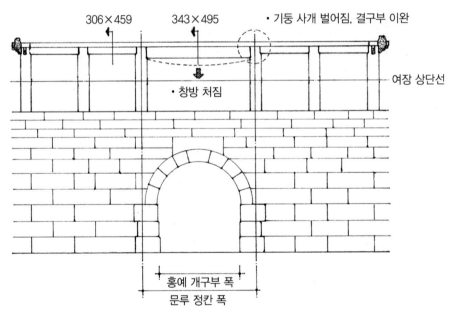

| 흥인지문 창방 설치구조 |

궁궐 중층 문루 건물의 구조

SECTION 01 │ 궁궐 중층 문루의 특징

01 │ 궁궐 삼문 구조 · 누문식 문루 구조

① 입지 : 평지에 위치한 누문식 문루(예외 : 광화문)

② 평면
    ㉠ 정면 3칸 × 측면 2칸 구조
    ㉡ 장방형 퇴칸 구성
    ㉢ 하층의 정칸, 협퇴칸이 통행로로 사용되는 삼문 구조(통행시설)
    ㉣ 돈화문 : 5칸 × 2칸 평면에 정방형 퇴칸 구조(퇴칸에 벽체가 설치되어 실질적으로는 삼문 구조)

③ 통행시설 : 판문, 바닥 박석, 삼중계, 삼도(어도)

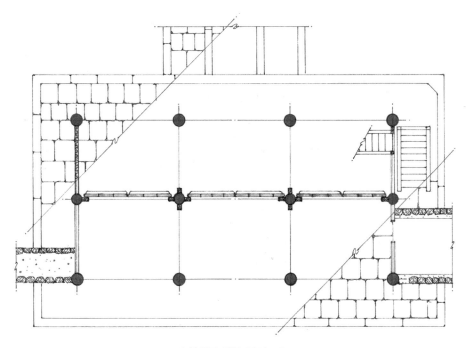

‖ 홍화문 하층 평면도 ‖

02 | 반칸물림 중층 문루

반칸물림 통층형 / 귀잡이보형 / 대량식 구조와 심고주 · 맞보 구조 혼용

❘ 중층 문루 가구법 비교 ❘

구분		상층우주 구성법	고주	상층가구
도성	숭례문	귀고주	1고주	맞보
	흥인지문	귀고주	1고주	맞보
궁성	근정문	귀잡이보	1고주	맞보
	돈화문	귀잡이보	1고주	대량
	홍화문	귀잡이보	1고주	대량
읍성	팔달문	귀잡이보	1고주	맞보
	풍남문	내진고주	2고주	대량

01 | 맞보 구조

① 상·하층 모두 내부 심고주에 맞보 설치
② 맞보 상부에 상층 평주 설치
③ 사례 : 근정문

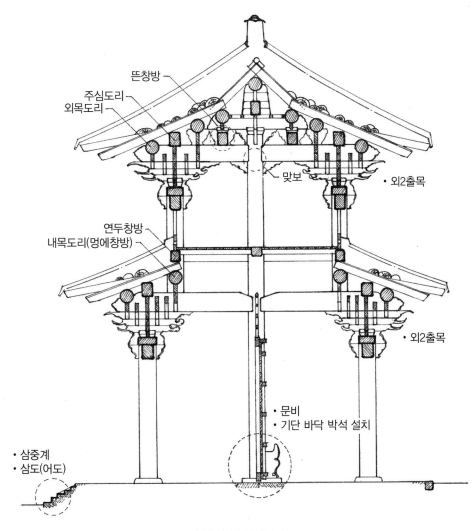

뜬창방

주심도리
외목도리

맞보

• 외2출목

연두창방
내목도리(멍에창방)

• 외2출목

• 문비
• 기단 바닥 박석 설치

• 삼중계
• 삼도(어도)

‖ 근정문 종단면도 ‖

02 | 맞보 구조와 대량식 구조 혼용

① **하층** : 내부 심고주에 맞보 설치 / 맞보 상부에 상층 평주 설치

② **상층** : 전후면 평주를 연결하는 대량 설치 / 대량 하부에 고주 위치

③ **사례** : 돈화문, 홍화문

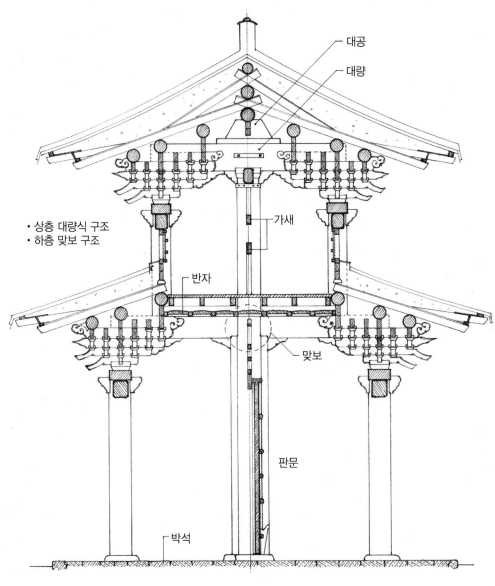

‖ 홍화문 종단면도 ‖

03 | 전각부 구성 방법

① 전 · 측면 퇴칸의 공포대 상부에 귀잡이보 설치
② 귀잡이보 상부에 상층 우주 설치

SECTION 03 | 도성 중층 문루와 궁궐 중층 문루 비교

01 | 입지 및 건축 유형

① 도성 중층 문루 : 성곽의 문루 / 육축 위에 설치된 초루식 문루 구조 / 군사시설
② 궁궐 중층 문루 : 평지에 설치된 궁궐 삼문 / 누문식 문루 구조 / 통행시설

02 | 평면

① 도성 문루 : 정면 5칸×측면 2칸
② 궁궐 문루 : 정면 3칸×측면 2칸(돈화문 5칸×2칸)
③ 퇴칸 구조 : 정방형(도성 중층 문루) / 장방형(궁궐 중층 문루)
④ 주칸 설정
　㉠ 도성 문루 : 성문 통로폭에 영향 → 어칸과 협퇴칸의 주칸 차이가 큼(1.8 : 1의 비례)
　㉡ 궁궐 문루 : 삼문 구조 → 어칸과 협퇴칸의 주칸 차이가 크지 않음(2자 내외 차이)

03 | 중층 구성법

① 도성 문루 : 상 · 하층 모두 맞보 구조
② 궁궐 문루 : 하층은 맞보 구조 / 상층은 대량식과 맞보식 혼용
③ 상층 우주 구성법 : 도성 문루(귀고주 방식) / 궁궐 문루(귀잡이보 방식)

04 | 상 · 하층 체감

① 도성 문루 : 상층 충고(1.5) / 하층 충고(1)
② 궁궐 문루 : 상층 충고(0.8~0.9) / 하층 충고(1)
③ 군사시설과 통행시설의 차이 / 입지의 차이(성곽 상부 ↔ 평지)

05 | 상 · 하층 공포부 비례

① 도성 문루 : 상층 외출목수 > 하층 외출목수
② 궁궐 문루 : 상 · 하층 외출목수 동일

06 | 하층 바닥 구조

① 도성 문루 : 마루와 강회 다짐(군사 지휘 시설)
② 궁궐 문루 : 기단, 박석, 계단, 어도, 판문(통행 시설)

07 | 상층 진입 계단 설치 구조

① 도성 문루 : 하층 내부에 상층 진입 계단 설치(내부 진입형)
② 궁궐 문루 : 하층 외부에 상층 진입 계단 설치(외부 진입형)

SECTION 04 | 궁궐 중층 문루의 평면 구조

01 | 삼문식 누문 구조

① 정면 3칸 × 측면 2칸 구조
② 어칸과 협칸의 차이가 크지 않음(2자 내외 차이)
③ 하층 통행을 위한 주칸 설정
④ 장방형 퇴칸(통행성, 입면비례 고려)

02 | 하층 평면 구조

① 기단 : 장대석 기단
② 박석 : 바닥에 박석 설치
③ 계단 : 전면에 삼중계 계단 설치(근정문, 돈화문)
④ 어도 : 후면에 어도 설치(홍화문, 근정문)

03 | 상층 평면 구조

장마루

SECTION 05 | 궁궐 중층 문루의 중층 구성법

01 | 상층 기둥 구성법

① 하층 맞보 상부에 상층기둥 설치
② 하층 내목도리열에 상층기둥 설치(내목도리가 멍에창방 기능)

02 | 상층 귓기둥 설치 방법

하층 퇴칸에 귀잡이보 설치 / 귀잡이보 상부에 상층 귓기둥 설치

03 | 상·하층 체감

① 수평 체감 : 하층 간포 1개를 줄여서 상층 구성
② 수직 체감 : 상층 층고(0.8~0.9) < 하층 층고(1)
③ 공포 비례 : 상·하층 외출목수 동일

04 | 중층 가구 보강요소

① 하층 기둥 규격 > 상층 기둥 규격
② 하층 창·평방 규격 > 상층 창·평방 규격
③ 기타 : 뜬창방(근정문, 돈화문), 주선(돈화문, 홍화문)

SECTION 06 | 상층 지붕가구

① 상층 맞보 구조 : 측면에서 심고주에 연결된 맞보로 외기 하부 지지(근정문)
② 상층 대량 구조 : 측면에서 내부 대량에 연결된 충량으로 외기 하부 지지(돈화문, 홍화문)

SECTION 07 | 기타

① 하층 중앙렬에 판문 설치
② 하층 측벽에 판벽, 흙벽 구성
③ 행각, 담장 연결

LESSON 08 궁궐 중층 문루 건물의 사례

SECTION 01 근정문

01 | 평면 및 주칸 설정

① 정면 3칸 × 측면 2칸

② 주칸 설정
　　㉠ 정면 : 16자 − 18자 − 16자
　　㉡ 측면 : 12자 − 12자

③ 장방형 퇴칸(16자 × 12자)

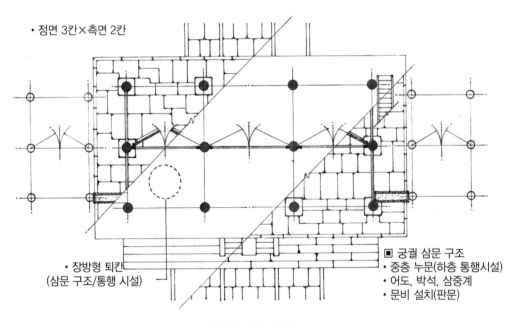

• 정면 3칸×측면 2칸

• 장방형 퇴칸
(삼문 구조/통행 시설)

■ 궁궐 삼문 구조
• 중층 누문(하층 통행시설)
• 어도, 박석, 삼중계
• 문비 설치(판문)

‖ 근정문 하층 평면도 ‖

02 | 기단부

① 평지 삼문 구조
② 박석 설치(기단, 삼도)
③ 전면 삼중계, 배면 삼도(어도)

03 | 중층 구성 방법

① 반칸물림 통층형
② 심고주 맞보 구조 : 하층 맞보 상부에 상층 평주 설치(하층 내목도리열＝상층 기둥렬)
③ 귀잡이보형
    ㉠ 전 · 측면 퇴칸의 간포와 간포 사이에 귀잡이보 설치
    ㉡ 귀잡이보 상부에 상층 우주 설치
④ 입면체감 : 하층 간포 1개를 줄여서 상층 퇴칸 구성

04 | 중층 가구 보강 요소

① 뜬창방 : 중도리, 종도리열에 뜬창방 설치
② 기둥 규격 : 하층(1.8자), 상층(1.6자)

05 | 처마 및 가구부의 특징

① 하층 : 상층 우주에 하층 추녀의 뒤뿌리 결구
② 상층
    ㉠ 심고주 5량가
    ㉡ 중도리 뜬창방틀을 형성하여 중도리 하부를 지지
    ㉢ 측면 맞보로 외기도리의 하부를 지지

06 | 공포부

출목 : 하층 외2출목, 상층 외2출목(상 · 하층 외출목수 동일)

07 | 기타

① 상층 진입 계단 : 건물 외부에 설치(외부형)
② 하층 중앙렬에 판문 설치

01 | 평면 및 주칸 설정

① 정면 5칸 × 측면 2칸

② 주칸 설정

    ㉠ 정면 : 12.5자 – 15자 – 17자 – 15자 – 12.5자

    ㉡ 측면 : 12.5자 – 12.5자

③ 정방형 퇴칸(퇴칸에 벽체 설치)

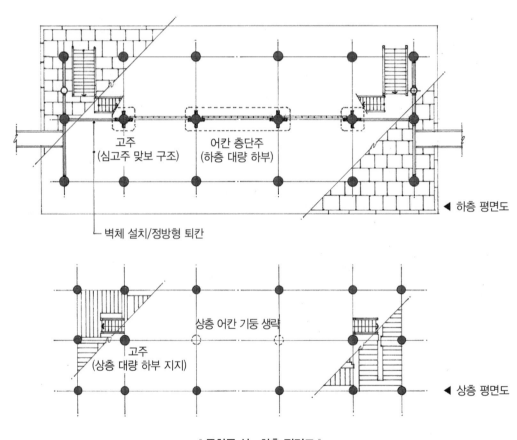

| 돈화문 상 · 하층 평면도 |

02 | 기단부

① 평지 삼문 구조

② 박석 설치(기단, 삼도)

③ 전면 삼중계, 배면 삼도(어도)

03 | 중층 구성방법

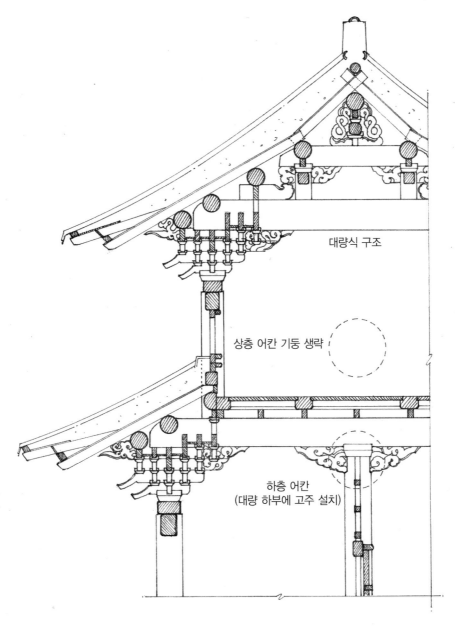

대량식 구조

상층 어칸 기둥 생략

하층 어칸
(대량 하부에 고주 설치)

‖ 돈화문 어칸 종단면도 ‖

① 반칸물림 통층형

② 하층(심고주 맞보 구조)

   ⊙ 협칸, 퇴칸 : 심고주에 맞보 결구 / 하층 맞보 상부에 상층 평주 설치

   ⓛ 어칸 : 대량 설치(심고주 미설치)

   ⓒ 하층 내목도리열=상층 기둥렬

③ 상층(대량형 구조)
　　㉠ 협칸, 퇴칸 : 심고주가 상층 대량 하부를 지지
　　㉡ 어칸 : 상층 어칸에 고주 미설치

④ 귀잡이보형
　　㉠ 전 · 측면 퇴칸의 간포와 간포 사이에 귀잡이보 설치
　　㉡ 귀잡이보 상부에 상층 우주 설치

⑤ 입면체감 : 하층 간포 1개를 줄여서 상층 퇴칸 구성
⑥ 멍에창방 : 하층 내목도리열에 상층 마루 귀틀재를 받는 멍에창방 형태 부재 설치

04 | 중층 가구 보강 요소

① 주선 : 중앙 기둥열에 보 방향 주선 설치 / 판문이 설치된 중앙 기둥에 도리 방향으로 문선 설치
② 뜬창방 : 중도리, 종도리열에 뜬창방 설치
③ 기둥규격 : 하층(1.8자), 상층(1.5자)
④ 창 · 평방 : 하층 창 · 평방 규격 > 상층 창 · 평방 규격

05 | 처마 및 가구부의 특징

① 하층 : 상층 우주에 하층 추녀의 뒤뿌리 결구

② 상층
　　㉠ 무고주 5량가
　　㉡ 상층 측면 중앙기둥에서 내부 대량에 충량 설치
　　㉢ 충량, 외기구조로 상층 지붕가구 구성

06 | 공포부

출목 : 하층 외2출목, 상층 외2출목(상 · 하층 외출목수 동일)

07 | 기타

① 상층 진입계단 : 하층 퇴칸에 상층 진입계단 설치(내부형)
② 하층 중앙렬에 판문 설치

01 | 평면 및 주칸 설정

① 정면 3칸 × 측면 2칸

② 주칸 설정
   ㉠ 정면 : 14자 − 15자 − 14자
   ㉡ 측면 : 10.5자 − 10.5자(포간거리 3.5자의 정수배로 주칸 설정)

③ 장방형 퇴칸(14자 × 10.5자)

02 | 기초 및 기단

① 평지 삼문 구조
② 박석 설치(기단, 삼도)
③ 삼중계 미설치

03 | 중층 구성방법

① 반칸물림 통층형

② 귀잡이보형
   ㉠ 전 · 측면 퇴칸의 간포와 간포 사이에 귀잡이보 설치
   ㉡ 귀잡이보 상부에 상층 우주 설치

③ 입면체감 : 하층 간포 1개를 줄여서 상층 퇴칸 구성(포간거리 3.5자)
④ 하층 : 심고주 맞보 구조 / 맞보 상부에 상층 평주 설치 / 하층 내목도리열＝상층 기둥렬
⑤ 상층 : 대량형 구조 / 중앙 심고주가 상층 대량 하부를 지지

04 | 중층 가구 보강 요소

① 가새 : 상층 어칸 기둥 사이에 가새 설치
② 기둥 규격 : 하층(1.8자), 상층(1.4자)
③ 창 · 평방 : 하층 창 · 평방 규격 ＞ 상층 창 · 평방 규격

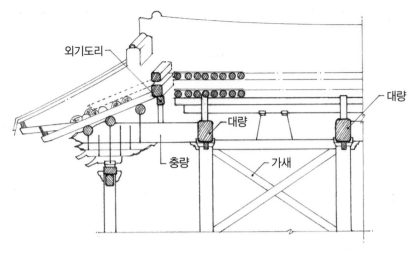

┃ 홍화문 횡단면 구조 ┃

05 | 처마 및 가구부의 특징

① 하층 : 상층 우주에 하층 추녀의 뒤뿌리 결구

② 상층

  ㉠ 상층 측면 중앙 기둥에서 내부 대량에 충량 설치 / 충량, 외기구조로 상층 지붕가구 구성

  ㉡ 내목도리틀이 측면 연목 및 추녀 지지

  ㉢ 상층 추녀 : 종도리까지 연장되어 종도리에서 추녀끼리 반턱맞춤

③ 덧서까래, 덧추녀 : 종도리까지 통연을 설치하고 상부에 덧서까래, 덧추녀 설치

06 | 공포부

하층 외2출목, 상층 외2출목(상 · 하층 외출목수 동일)

07 | 기타

상층 진입 계단(외부진입형) / 하층 중앙렬에 판문 설치

LESSON 09 중층 목탑의 구조와 사례

SECTION 01 | 중층 목탑 개요

① **평면** : 정방형(3칸×3칸 / 5칸×5칸), 팔각형
② **기초** : 온통기초(판축기초)
③ **기단** : 가구식기단
④ **탑신** : 3, 5, 7층(홀수)
⑤ **지붕** : 모임지붕
⑥ **심주** : 심주가 지면에 닿거나 떠 있는 구조 / 심주로 상층 지붕하중 지지 / 심주에 추녀 결구
⑦ **사천주** : 심주 외곽에 사천주 설치
⑧ **상륜부** : 노반, 복발, 앙화, 보륜, 보개, 수연, 용차, 보주

SECTION 02 | 중층 목탑의 가구법

01 | 적층형 가구법

① **중국** : 하층 내출목 위치에 놓인 평좌기둥 상부에 상층 기둥 설치 / 심주 없음 / 불궁사 5층탑
② **일본** : 하층 연목 위에 받침목을 놓고 그 위에 상층 기둥 설치 / 심주 설치 / 법륭사 5중탑
③ **주칸 설정** : 최하층에서 최상층까지 상·하층 주칸의 개수가 동일
④ **입면 체감** : 상·하층 체감이 크지 않음(최상층과 최하층의 주칸비례 0.5 내외)
⑤ **처마내밀기** : 상층으로 갈수록 처마내밀기와 출목 수 감소
⑥ 평좌층, 난간 설치

02 | 통층형 가구법

① 상·하층을 연결하는 내진고주열 형성
② 층별로 온칸물림, 반칸물림 교차
③ **입면 체감** : 상·하층 체감을 크게 형성(법주사 팔상전 최상층과 최하층의 주칸비례 0.27)
④ **처마내밀기** : 상층으로 갈수록 처마내밀기와 출목수 증가
⑤ 평좌층, 난간 없음

SECTION 03 | 법주사 팔상전의 구조

01 | 평면 및 주칸 설정

① 5칸×5칸 / 정방형 평면
② 주칸 설정 : 7자−7.5자−8자−7.5자−7자
③ 내진을 이중으로 구성(외진주 > 내진주 > 사천주 > 심주)

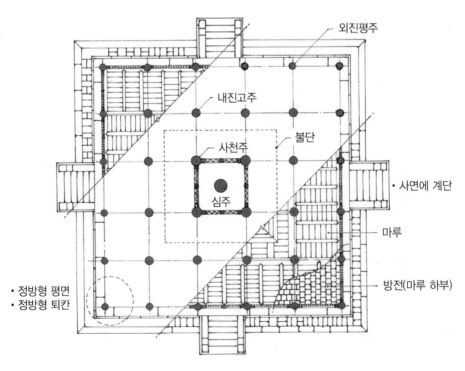

‖ 법주사 팔상전 1층 평면도 ‖

02 | 중층 가구법

① 통층식 구조법 : 1층~4층(온칸물림, 반칸물림)
② 적층식 구조법 : 5층(귀틀구조 / 심주 / 사천주)
③ 내진 구조 : 외진 > 내진 > 사천주 > 심주
④ 내진기둥 설치구조 : 내진 고주가 3층의 평주가 되는 통층식 구성

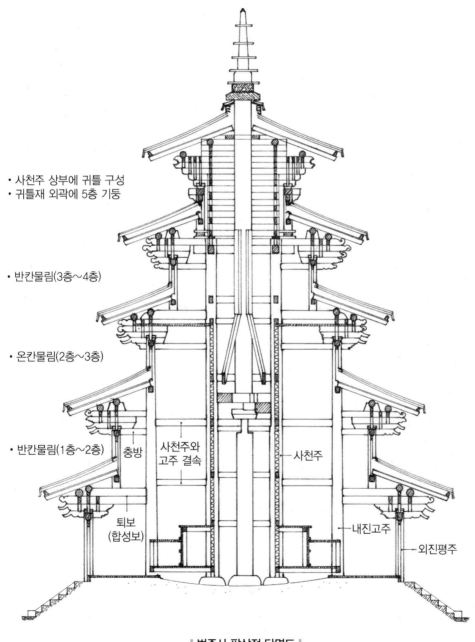

• 사천주 상부에 귀틀 구성
• 귀틀재 외곽에 5층 기둥

• 반칸물림(3층~4층)

• 온칸물림(2층~3층)

• 반칸물림(1층~2층)   층방   사천주와   사천주
                        고주 결속

퇴보
(합성보)   내진고주

외진평주

▌ 법주사 팔상전 단면도 ▌

⑤ 사천주 설치구조

    ㉠ 중층 목탑의 코어부를 형성

    ㉡ 4층 평주 높이까지 설치

    ㉢ 5층의 귀틀구조를 지지

⑥ 심주 설치구조

    ㉠ 심초석 상부에서 시작되어 찰주 하부에 이름(3개의 이음부재 사용)

    ㉡ 1번 심주 위에 십자목 결구(사천주에 결구)

    ㉢ 십자목 상부에 받침목을 놓고 2번 심주를 이음

    ㉣ 2번 심주와 3번 심주 긴촉이음 / 접합부에 덧댐목 설치 / 경사방향으로 가새 설치

    ㉤ 3번 심주는 찰주와 십자쌍촉이음

⑦ 귀틀 구조 : 사천주 상부에 귀틀을 구성하여 상부에 중도리 설치

⑧ 기둥 이음 : 긴촉이음, 판촉이음, 십자쌍촉이음(산지 보강)

03 | 층별 중층 구조

① 1층~2층 : 반칸물림 / 귀잡이보형(귀잡이보 하부에 귓보 설치하여 보강)

② 2층~3층 : 온칸물림(내진 고주가 3층 평주가 되는 구조)

③ 3층~4층 : 반칸물림 / 귀잡이보형(하부에 귓보 보강)

④ 4층~5층 : 사천주 상부에 귀틀 구성 / 귀틀 외곽에 5층 기둥 설치

⑤ 5층 : 귀틀 구조 상부에 중도리 설치 / 5층 연목과 추녀를 지지 / 추녀 뒤뿌리는 심주에 결구

04 | 5층 기둥 설치구조

① 4층 공포 최상부 제공의 내단을 연장하여 사천주의 기둥 상부에 결구(퇴량형 부재)

② 하부에는 사천주 창방끼리 결구하고 창방 뺄목이 퇴량형 부재 하부를 지지

③ 전 · 측면 퇴량형 부재 상부에 이방 형태의 삼각형 부재를 설치

④ 상부에 평방형 부재로 2단의 틀을 구성 후 기둥 설치

05 | 중층가구 보강요소

① **내진주 보강** : 내진주와 사천주를 연결하는 별창방 상하 2열 설치

② **사천주 심벽** : 사천주 사이를 연결하는 인방재 설치(한면 6개소) / 흙벽 구성

③ **합성보** : 최상부 제공의 내단이 내부 기둥에 연결되어 퇴보 보강(퇴량형 부재)

④ **심주 보강** : 2번, 3번 심주의 연결부에 가새 설치

⑤ **벽선, 인방재** : 1층 벽선과 인방의 규격을 크게 사용

⑥ **충방** : 외진주 기둥머리에서 창방과 직교하여 내부 기둥에 설치(2, 4층)

06 | 처마 및 공포부

① **1층~4층** : 간포 없음 / 내출목 없음(1층은 내1출목) / 살미내단은 중첩판 형태로 사절

② **5층** : 간포 설치 / 대첨, 중첨, 소첨으로 구성

③ **외출목 구성** : 1층(외1출목) / 2층~4층(외2출목) / 5층(외3출목)

④ **처마내밀기** : 상층으로 갈수록 처마내밀기 증가

SECTION 04 | 쌍봉사 대웅전의 구조

01 | 평면 및 주칸 설정

① 1칸×1칸(정방형 평면)
② 사천주 없이 심주와 외진주로 구성

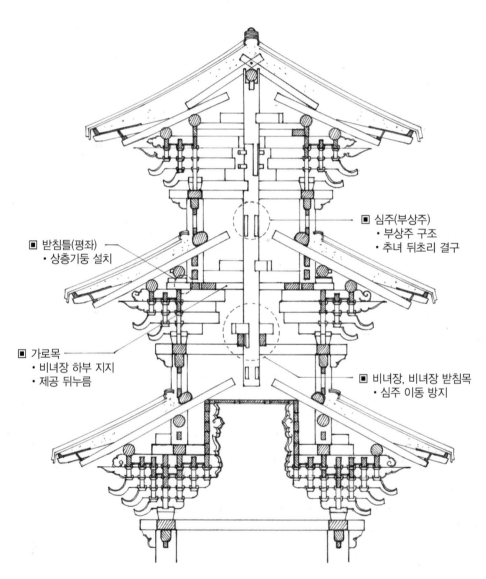

■ 심주(부상주)
 • 부상주 구조
 • 추녀 뒤초리 결구

■ 받침틀(평좌)
 • 상층기둥 설치

■ 가로목
 • 비녀장 하부 지지
 • 제공 뒤누름

■ 비녀장, 비녀장 받침목
 • 심주 이동 방지

‖ 쌍봉사 대웅전 종단면 구조 ‖

02 | 중층 가구법

① **적층식 구조** : 주반을 통해 상층의 짧은 기둥을 중첩하는 방식
② 내출목 위치에 귀틀을 짜고 상층 기둥 설치 / 평좌 기능의 주반 설치

③ **주반**
    ㉠ 상층기둥의 받침재로 작용하는 얇고 넓은 방형부재
    ㉡ 주심에 근접하여 공포대 내1출목 위치에 설치

④ **심주**
    ㉠ 지면에 닿지 않는 부상주 형태(2층 높이에 위치)
    ㉡ 두 개의 기둥을 장부이음(산지 보강)
    ㉢ 각 층의 추녀, 비녀장과 결구(비녀장 받침목, 가로목 등으로 보강)
    ㉣ 심주가 지렛대 구조로 작용

⑤ **비녀장** : 심주를 관통하여 받침목 위에 놓임(상부 하중을 받침목에 전달)
⑥ **비녀장 받침목** : 심주 양쪽에 2열로 배치 / 심주의 이동 방지 / 상부 하중을 주심으로 전달
⑦ **가로목** : 비녀장 받침목 하부에 직교하여 井자형 귀틀 구조 형성 / 살미 내단에 하중 전달
⑧ **추녀** : 우주를 관통하여 추녀 뒤뿌리가 심주에 장부 맞춤
⑨ **입면** : 평좌층, 난간층 없음
⑩ **공포** : 1층(내외 3출목) / 2~3층(외2출목)
⑪ **지붕** : 사모지붕

SECTION 01 | 중층 건물의 훼손 유형과 원인

01 | 중층 건물의 훼손 유형

① 맞보, 퇴보의 처짐
② 고주 결구부 파손 및 부재 이탈
③ 연목, 추녀의 뒤들림과 밀림
④ 어칸 창·평방의 처짐
⑤ 건물의 기울음, 회전

02 | 중층 건물의 훼손 원인

① 기초 침하
② 고주의 좌굴 현상, 고주 결구부 단면 훼손
③ 상층 하중에 의한 하층 부재의 휨, 처짐, 균열
④ 수직 부재와 수평 부재의 수축률 차이(고주와 보, 공포부재)
⑤ 주심도리 미설치 구조에 따른 처마부 처짐
⑥ 도심지 주변 환경(차량 진동과 대기 오염의 영향)
⑦ 지붕부 하중 증가(KS기와 사용)

SECTION 02 | 중층 건물 수리 시 주요사항

01 | 수리 시 보강방안

① 주심도리 설치 검토
② 어칸 창 · 평방 설치구조 보강(부재 규격 확보, 철물 보강)
③ 연목 뒤초리 결구부 보강(연침, 연정)
④ 연두창방과 기둥 결구부 보강(산지, 띠쇠)
⑤ 추녀 뒤뿌리 결구 보강(꺾쇠, 띠쇠)
⑥ 고주 결구부 보강(고주의 유효 단면 확보, 결구부 철물 보강)
⑦ 보와 도리 결구부 보강(숭어턱 시공, 띠쇠 보강)
⑧ 퇴보 상면 보강(덧댐목, 철물)
⑨ **지붕하중 경감** : 기와 제작 시 두께 조절 / 적심 사용량 증대 / 덧집, 덧서까래 설치 검토
⑩ **주변 환경 정비** : 문화재 권역 확대 / 진동 차단 시설 설치 / 과적 및 속도제한, 중량차 우회

02 | 지붕 시공 시 유의사항

① 해체 시에는 하층지붕을 먼저 해체하고, 조립 시에는 상층지붕을 먼저 조립
② 가구의 들림 현상에 따른 결구부 파손 유의
③ 시공 시 기와 파손 유의

SECTION 03 | 중층 건물 수리 사례(근정전)

01 | 훼손 현황

① 귀고주의 좌굴 및 파손
  ㉠ 내목도리, 연두창방, 하층 추녀, 귓보, 인방 등 다수 부재의 결구에 따른 단면 손실
  ㉡ 귀고주에 직경이 작은 전나무를 사용한 부분의 구조적인 문제
  ㉢ 하층 추녀의 뒤들림 및 이탈에 따른 외력 작용

② 추녀 균열

02 | 수리 내용

① 해체 및 조립 순서
　　㉠ 하층 지붕 해체 후 상층 지붕 해체
　　㉡ 상층 지붕 조립 후 하층 지붕 조립

② **창방, 평방** : 처짐이 발생한 높이 만큼 덧댐목 시공 / 창방과 평방 사이에 은촉 보강
③ **퇴보 상면** : 동자주 하부의 눌린 자리를 높이 차이만큼 박달나무로 덧댐
④ **귀고주** : 4본 신재 교체 / 조립 후 목재 수축을 고려하여 기둥 높이를 계획
⑤ **하층 추녀** : 뒤초리 장부길이를 짧게 하고 띠철 보강 / 띠철은 추녀등에 직각 방향에 가깝도록 설치
⑥ **상층 추녀** : 외목도리에서 8푼 이격 / 철판을 대고 상하부 볼트 조임 / 균열부 수지 처리
⑦ **하층 연목** : 연두창방과 상층 평주 결구부에 산지 및 띠쇠 보강
⑧ **헛집 시공** : 멍에목, 덧서까래로 헛집 구성

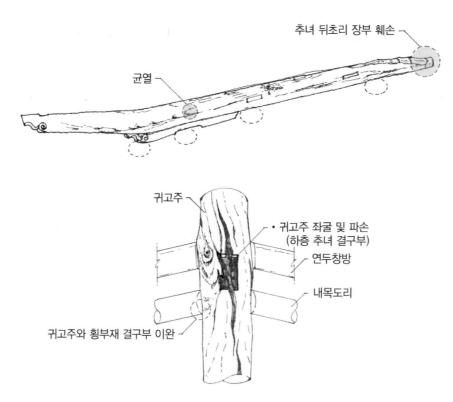

┃ 근정전 하층 추녀와 귀고주 훼손 현황 ┃

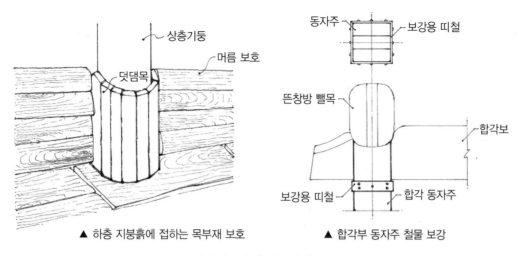

상층기둥

머름 보호

덧댐목

동자주

보강용 띠철

뜬창방 뺄목

합각보

보강용 띠철

합각 동자주

▲ 하층 지붕흙에 접하는 목부재 보호

▲ 합각부 동자주 철물 보강

‖ 근정전 수리 시 보강 ① ‖

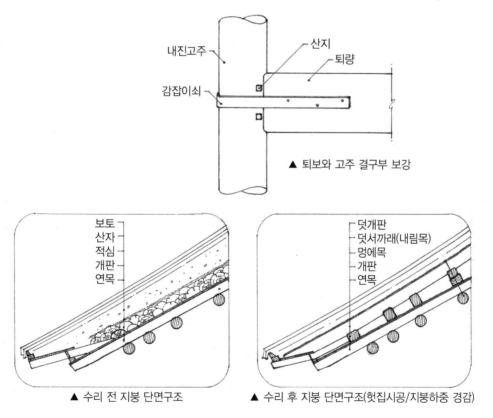

내진고주

산지

퇴량

감잡이쇠

▲ 퇴보와 고주 결구부 보강

보토
산자
적심
개판
연목

▲ 수리 전 지붕 단면구조

덧개판
덧서까래(내림목)
멍에목
개판
연목

▲ 수리 후 지붕 단면구조(헛집시공/지붕하중 경감)

‖ 근정전 수리 시 보강 ② ‖

SECTION 04 | 중층 건물 수리 사례(팔달문)

01 | 훼손 현황

① 상층 측면 서까래의 이탈, 밀림 현상

② 도리 왕지부의 파손, 전단

③ 고주를 중심으로 대량이 외부로 처짐

④ 공포 제공의 휨, 균열, 전단

⑤ 초석 부동침하

⑥ 창 · 평방의 처짐과 뒤틀림

⑦ 맞보가 외측으로 처짐

⑧ 맞보와 고주 결구부 이완 및 부재 파손

⑨ 기둥 침하 및 건물 내측으로 기울음

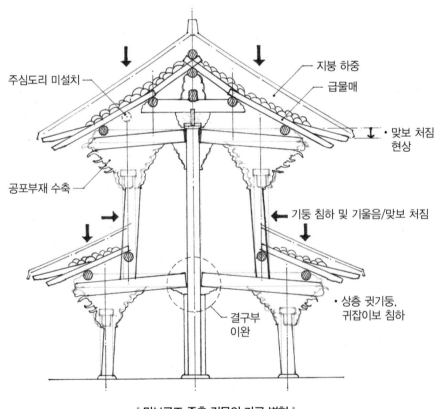

| 맞보구조 중층 건물의 가구 변형 |

02 | 수리 내용

① 하층 맞보 상면에 T자형 강판 설치(전후면 맞보 연결)
② 창방, 평방 하부에 탄소섬유시트 부착(인장력 보강)
③ 초석드잡이 및 귓기둥 재설치(귀솟음 설정)
④ 상층 맞보 결구부에 연결 철물 보강(부재 상면에 강판 삽입, 볼트 체결)
⑤ 맞보 균열부에 볼트 체결 / 균열부 수지처리
⑥ 주심도리 설치(방형 납도리)

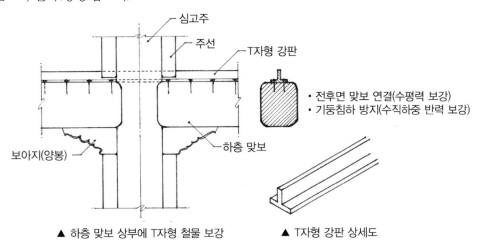

▲ 하층 맞보 상부에 T자형 철물 보강   ▲ T자형 강판 상세도

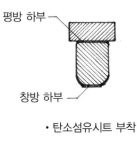

• 탄소섬유시트 부착

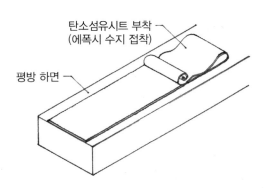

▲ 창방, 평방 하부에 탄소섬유시트 부착(인장력 보강)

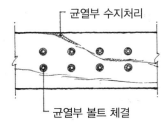

▲ 대량 균열부 수지처리 및 볼트 체결

‖ 팔달문 수리 시 보강 ① ‖

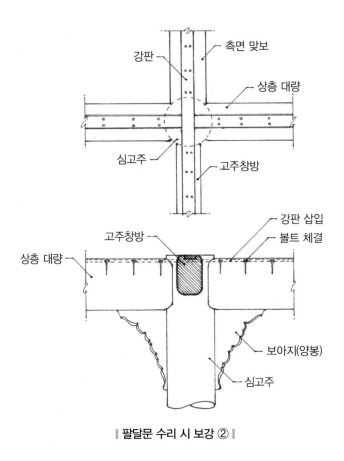

∥ 팔달문 수리 시 보강 ② ∥

SECTION **05** **중층 건물 수리 사례(숭례문 복구공사)**

01 | 해체공사

① 하층 지붕 해체 후 상층에서 하층으로 목구조 해체
② 위에서 아래 방향으로 결구를 따라 해체

02 | 목부재 치목 · 조립

① 목재 수축 고려 : 5치당 1푼의 수축 고려 / 1.3자 도리 → 1.32자로 치목 조립
② 연목 치목 : 너비보다 춤이 큰 타원형으로 치목(너비 6.5치, 춤 7치)
③ 문루 조립 순서 : 하층 기둥, 창 · 평방 → 하층 공포 → 하층 보 → 상층 기둥 → 하층 내목도리 → 상층 공포 → 상층 보 → 상층 도리 → 상층 추녀 → 상층 장 · 단연 → 상층 지붕 → 하층 도리 → 하층 추녀 → 하층 장연 → 하층 지붕

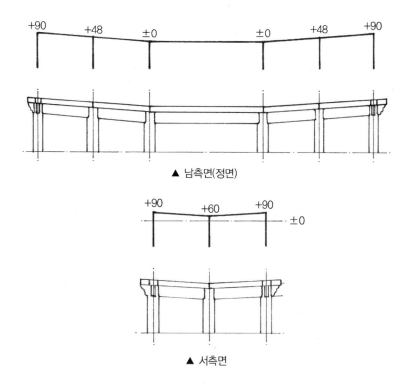

▲ 남측면(정면)

▲ 서측면

┃ 숭례문 하층 귀솟음 상세도 ┃

④ 하층 기둥 조립(솟음) : 어칸을 기준으로 협칸 +48mm, 측면 중앙기둥 +60mm, 퇴칸 +90mm

⑤ 하층 보 조립 : 고주의 장부 홈 높이를 1.5치 내려서 치목 → 하층 보 보머리가 뒤뿌리보다 처지는 문제 보완

⑥ 상층 기둥 조립

　　㉠ 기둥 가설치 → 상층 우주인 귀고주의 높이와 어칸 기둥 상부를 확인

　　㉡ 귀솟음값에 따라 기둥 밑에 부판을 덧대어 높이 조정

⑦ 귓보 조립

　　㉠ 건조 수축에 대비해 2푼 여유를 두고 치목

　　㉡ 귓보 상부에 추녀 동자주 설치 / 동자주를 중심으로 중도리 뜬창방 등이 결구

⑧ 상층 추녀 조립

　　㉠ 추녀 뒤뿌리는 장부로 치목하여 중도리와 외기도리 왕지 부분에 위치한 추녀동자주에 고정

　　㉡ 외목도리에서는 1치 정도 띄어서 설치

　　㉢ 추녀를 관통한 강다리를 귓보에 내림주먹장맞춤하고 추녀 옆면에서 산지 고정

　　㉣ 중도리와 종도리 사이에 안추녀 설치 / 양끝을 모두 장부로 해서 동자주에 고정

⑨ 장 · 단연 설치

　　㉠ 외목도리에 1치 졸대를 박아 그 위에 걸쳐지도록 장연 설치(외목도리와 이격 확보)

　　㉡ 주심도리, 중도리에 각각 연정 고정

⑩ 고주 상부 동바리이음

    ㉠ 상부가 탄화된 고주 상부 동바리 이음

    ㉡ 티타늄봉 삽입 / 옆면에 나비장(촉 보강)

⑪ 상 · 하층 주심도리 설치(16각 치목)

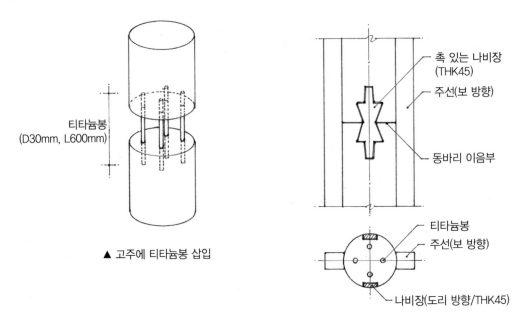

▲ 고주에 티타늄봉 삽입

| 숭례문 고주 상부 동바리이음 상세도 |

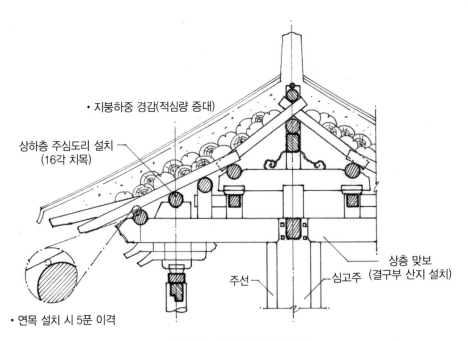

| 숭례문 상 · 하층 주심도리 설치 |

03 | 지붕공사

① 강회다짐층 적정성 검토

    ㉠ 강회다짐층 대신 건토를 사용한 보토로 기와 밑의 물매 잡기

    ㉡ 새우흙, 홍두깨흙은 생석회 혼합비율을 높여서 사용

② 지붕 보토

    ㉠ 배합비 : 진흙 0.9m³, 마사 0.3m³, 생석회 78kg

    ㉡ 1차 보토 : 가수 비빔 / 건보토가 지붕 하부로 떨어지는 것을 방지 / 두께 70mm

    ㉢ 2차 보토 : 가수 비빔한 1차 보토 위로 건비빔하여 깔기 / 두께 100mm

    ㉣ 남측면은 서쪽부터, 북측면은 동쪽부터 동시에 반대방향으로 깔아 나감

③ 상층 기와이기

    ㉠ 암키와이기 : 정, 배면 먼저 깔고 측면 깔기 / 남동, 북서에서 서로 마주보며 동시에 깔아 나감

    ㉡ 암막새, 초장에 동선을 묶어 와정으로 내부 적심에 고정

    ㉢ 용마루 쪽의 암키와 3장도 동선으로 적심도리에 고정

    ㉣ 처마쪽 2.7겹 잇기 / 용마루 쪽 3겹 잇기 / 추녀마루 양측면 암키와는 집중하중을 고려해 2.5겹 잇기

    ㉤ 수키와이기 : 암키와이기 시 미리 설치해 놓은 동선에 수막새 고정 / 수막새에 와정 박아 고정

    ㉥ 용마루 : 착고 상부에 동망 설치 후 부고 설치

    ㉦ 마루기와이기 : 기와이기 흙은 강회다짐 배합비로 사용(양성바름으로 진흙물 배어나옴 방지)

    ㉧ 취두 : 3단 구조 / 매 단 내부에 와편과 강회를 채워 취두와 일체화

    ㉨ 용두 : 적새 끝에서 10mm 정도를 띄어 그 사이에 강회 채움 / 동선으로 감아서 적새에 고정

    ㉩ 잡상 : 동선을 사용하여 추녀마루 적새 사이에 감아 고정

④ 하층 기와이기

    ㉠ 하층은 지붕면이 짧으므로 3겹 잇기 시 암키와가 수평에 가깝게 설치되어 역물매 위험

    ㉡ 암키와 기와이기 2.5겹 잇기

    ㉢ 겹수를 작게 하고 알매흙을 얇게 깔아 물매 형성

    ㉣ 처마 쪽은 상층 지붕의 낙수를 고려해 최대한 얇은 기와로 2.8겹 잇기

⑤ 용마루, 양성바름

    ㉠ 1960년대 수리 이전으로 복구

    ㉡ 추녀와 추녀마루가 평면상 불일치(추녀마루와 추녀의 설치각도 차이)

    ㉢ 용마루 길이 증가(900mm)

⑥ 추녀마루

    ㉠ 용마루 접속부와 추녀마루 단부의 높이 차이

    ㉡ 최상부 적새 16단 → 중간부 10단 → 단부 6단

PART **9** 건축유형과 건축물

LESSON 01 민가

SECTION 01 민가의 개요

01 | 개념

① 민가 : 전통사회를 구성하는 대다수 기층 민중의 살림집

② 민가건축의 특징
   ㉠ 환경과 기후에 민감(지역성)
   ㉡ 생활문화의 표현(실용성, 생활성)
   ㉢ 농민기술자, 비전문가에 의한 건축

③ 상류주택의 특징
   ㉠ 동일한 유교적 덕목이 반영된 규범을 형성
   ㉡ 주택양식과 공법이 일반화 / 중앙과 지방의 차이가 적음
   ㉢ 채 분화 발달 : 행랑채, 사랑채, 안채, 별당, 정자, 사당, 중문, 담장과 마당
   ㉣ 건축주체 : 전문가 / 관장의 활동(중앙과 지방의 교류)

02 | 기단

낮은 자연석기단, 토단

03 | 평면, 가구

① 전퇴 구조(툇마루 형성)
② 전후퇴 구조(호남, 해안가 지방)
③ 3량가, 반오량가(일반적) / 평사량가(중부지방)
④ 오량가, 칠량가(해안가, 도서지역)

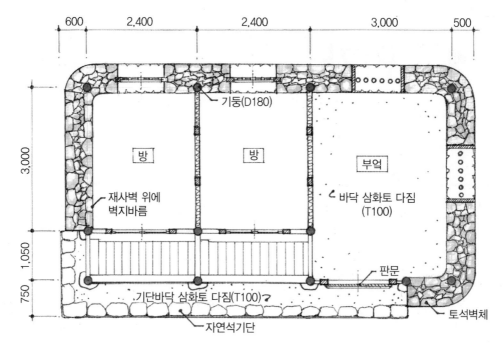

600 | 2,400 | 2,400 | 3,000 | 500

3,000

1,050

750

기둥(D180)

방

방

부엌

재사벽 위에
벽지바름

바닥 삼화토 다짐
(T100)

판문

기단바닥 삼화토 다짐(T100)

토석벽체

자연석기단

‖ 초가의 평면구조 사례 ‖

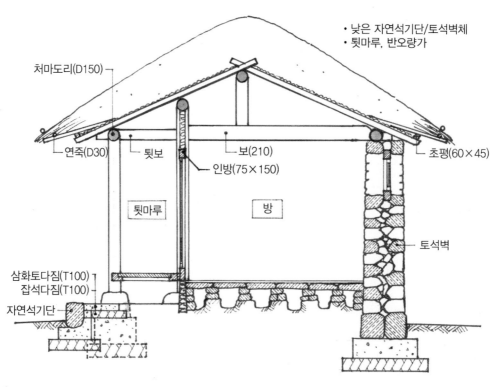

• 낮은 자연석기단/토석벽체
• 툇마루, 반오량가

처마도리(D150)

연죽(D30)

툇보

보(210)

인방(75×150)

초평(60×45)

툇마루

방

토석벽

삼화토다짐(T100)
잡석다짐(T100)

자연석기단

‖ 초가의 단면구조 사례 ‖

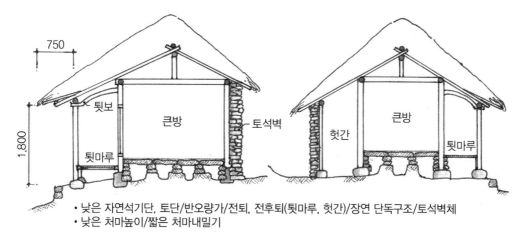

- 낮은 자연석기단, 토단/반오량가/전퇴, 전후퇴(툇마루, 헛간)/장연 단독구조/토석벽체
- 낮은 처마높이/짧은 처마내밀기

‖ 초가의 각부 구조 ‖

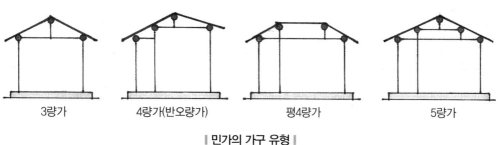

‖ 민가의 가구 유형 ‖

04 | 벽체

① 토벽, 토석벽 구조

　ㄱ 반쪽 통나무나 판재로 거푸집을 놓고 진흙다짐한 흙벽

　ㄴ 잡석과 흙을 섞어 다져 올린 토석벽

　ㄷ 일체식, 내력벽 구조

② 심벽 : 목조가구를 구성하고 기둥 사이에 흙벽 설치

③ 혼합형 : 전·측면은 목조가구식 심벽으로 구성하고 측배면은 토벽, 토석벽으로 구성

05 | 담장

① 자연석으로 쌓은 돌담, 돌각담

② 토담, 토석담

06 | 처마 및 지붕가구

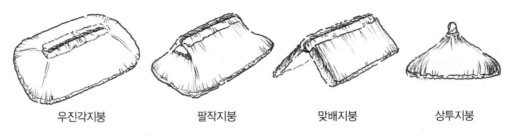

우진각지붕   팔작지붕   맞배지붕   상투지붕

‖ 민가의 지붕 유형 ‖

① 우진각지붕
    ㉠ 초가의 일반적인 지붕가구
    ㉡ 종도리뺄목 · 십자도리에 추녀 및 귀서까래 결구
    ㉢ 연목 : 오량가일 경우에도 연목은 통연 구조

② 팔작지붕 : 강원도, 경북산간의 겹집(까치구멍집, 너와집, 굴피집)
③ 맞배지붕, 상투지붕(헛간, 화장실)

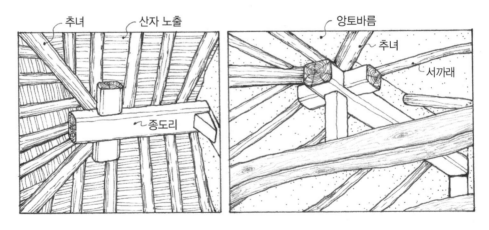

‖ 우진각지붕의 추녀, 서까래 설치구조 ‖

07 | 지붕

① 초가(볏짚, 새풀, 억새풀, 띠풀, 갈대)
② 굴피집, 너와집, 돌너와집

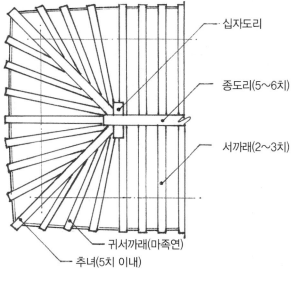

십자도리

종도리(5~6치)

서까래(2~3치)

귀서까래(마족연)

추녀(5치 이내)

▌ 초가의 처마부 구조 ▌

SECTION 02 | 민가의 배치와 공간구성

01 | 채의 배치

① 채와 분화가 발달
② 채의 배치 : 一자형, 二자형, ㄷ자형, ㄱ자형, 튼ㅁ자형, ㅁ자형

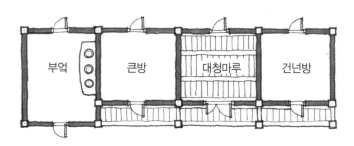

부엌   큰방   대청마루   건넌방

▌ 호남지방 일(一)자형 민가의 평면 구조 ▌

02 | 마당

① **기능** : 민가의 구심점, 공동체 의식 형성, 경계의 설정, 시계의 확보
② **종류** : 안마당, 사랑마당, 바깥마당

03 | 곡물의 관리

① 행랑채, 창고와 같은 부속시설 설치
② 안채에 위치한 곡물 관리 공간 : 마리, 안청, 도장, 고팡

04 | 내외부 공간의 구성

① 안채와 마당, 안채와 부속채, 안방과 마루, 툇마루
② **사잇공간** : 반내부, 반외부의 중간적 공간(처마 밑, 툇마루, 대청)

SECTION **03** | **민가의 지역별 특징**

01 | 경북, 영동 산간지역의 까치구멍집(여칸집, 겹집)

① 안동, 영주, 봉화 등 경북산간지역 / 강원도 영동지역(고성, 삼척 등)
② **환경조건** : 일조시간이 짧고 강설량이 많음 / 폭설로 인한 고립 / 외부로부터의 보호 필요성
③ **겹집** : 3칸 × 2칸(6칸집) / 3칸 × 3칸(9칸집)

④ **봉당**
    ㉠ 툇간 등에 마루나 온돌을 놓지 않고 흙바닥 그대로 다진 바닥(토방)
    ㉡ 봉당을 중심으로 전면의 흙바닥 공간과 바닥을 높인 후면의 거주공간으로 구성
    ㉢ 일몰 후나 겨울철 작업공간

⑤ 채 내부에 외양간, 헛간 등 부속시설을 배치
⑥ **까치구멍** : 용마루 좌우 끝의 합각부에 설치한 연기구멍 / 환기, 배연 기능
⑦ **고콜(코클)** : 벽난로, 난방, 조명 기능
⑧ 폐쇄적 입면구성(판벽, 판문)
⑨ 초가, 억새집, 너와집, 굴피집

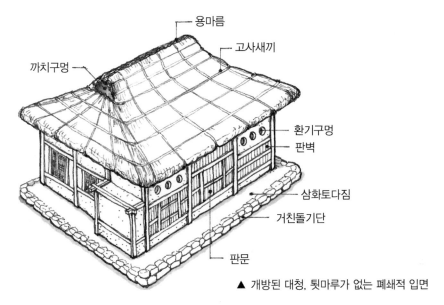

▲ 개방된 대청, 툇마루가 없는 폐쇄적 입면

‖ 까치구멍집의 입면 ‖

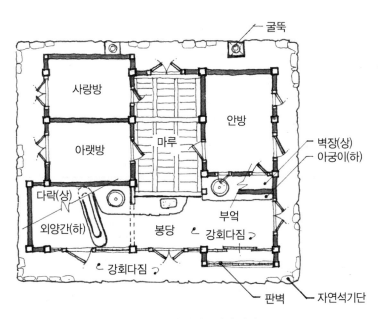

‖ 경북 봉화 설매리 3겹 까치구멍집 평면도 ‖

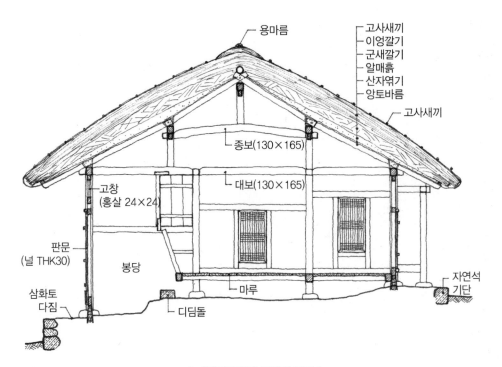

용마름

고사새끼
이엉깔기
군새깔기
알매흙
산자엮기
앙토바름

고사새끼

종보(130×165)

대보(130×165)

고창
(홍살 24×24)

판문
(널 THK30)

봉당

삼화토
다짐

디딤돌

마루

자연석
기단

‖ 까치구멍집의 종단면 구조 ‖

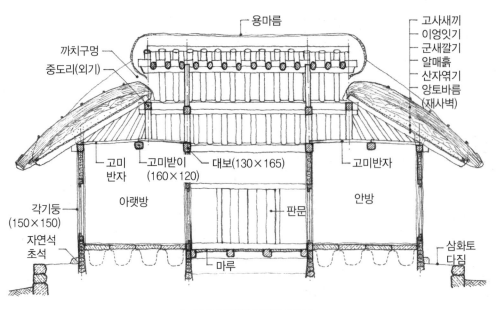

용마름

까치구멍
중도리(외기)

고사새끼
이엉잇기
군새깔기
알매흙
산자엮기
앙토바름
(재사벽)

고미
반자

고미받이
(160×120)

대보(130×165)

고미반자

각기둥
(150×150)

아랫방

안방

판문

자연석
초석

마루

삼화토
다짐

‖ 까치구멍집의 횡단면 구조 ‖

02 | 남서해 도서지역의 민가

① 남서해 도서 및 연안 지역

② **환경조건** : 잦은 외침에 따른 피해 / 폭풍, 태풍 등 풍수해의 영향

③ **모방** : 부엌에 달린 모방 설치

④ **마리(마래)**

    ㉠ 남서해 도서 및 연안 지역에서 채의 끝에 설치된 폐쇄적인 마루방

    ㉡ 남서해 도서 지방 민가의 안채에 위치한 고상식 수장 공간

    ㉢ 광으로서의 기능(곡식, 제사 도구 보관)

    ㉣ 제사 공간으로서의 기능(위패 봉안과 제례 수행)

    ㉤ 마리의 입면 특징 : 폐쇄적 수장공간(판문 설치)

    ㉥ 마리의 평면 특징 : 평면의 단부에 설치 / 큰방에 연접

    ㉦ 1칸~2칸 / 주칸길이 2.5~2.7m로 실의 규모가 큼

    ㉧ 외부로는 좁고 낮은 쌍여닫이 판장문 설치

    ㉨ 내부 큰방 쪽으로는 외여닫이 띠살창 설치 / 후면에는 창호 미설치

    ㉩ 연등천장

    ㉪ 우물마루 마루방 또는 흙바닥

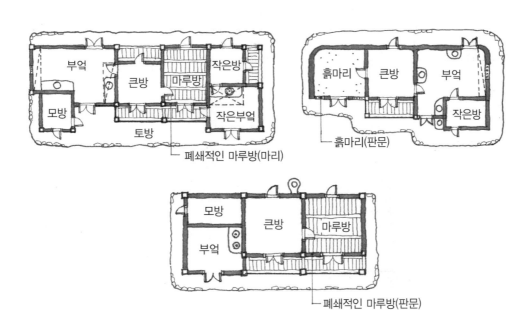

|| 남서해 도서지역 민가의 평면구조 ||

⑤ 가구
　　㉠ 2고주 5량가(풍하중, 횡력 고려)
　　㉡ 뒤퇴의 활용 : 실 확대 / 툇마루, 벽장설치 / 벽체 없이 옥외 수장공간으로 활용
　　㉢ 실의 높이 : 강풍 등을 고려해 기단 및 기둥의 높이를 조정하여 실의 높이를 낮춤
　　㉣ 기단 높이 : 40cm 이하

03 | 서울, 중부지방의 민가

① **곱은자 평면** : ㄱ자형 가옥 / 부엌 · 안방 배열축과 대청 · 건넌방 배열축이 직교
② **채의 평면 및 배치** : ㄱ자형 안채를 중심으로 부속채를 더함
③ **마당** : 안마당, 뒷마당, 바깥마당 등의 외부공간 구성

④ **평4량 구조(사량가)**
　　㉠ 중부지방 민가에서 나타나는 특징적인 요소
　　㉡ 종도리를 생략하고 중도리 사이에 수평연목 설치
　　㉢ 1.5m 이상의 지붕속 공간은 솔가지, 짚, 억새 등으로 채움(지붕층 단열효과)
　　㉣ 지붕물매와 별개로 서까래 물매가 완만

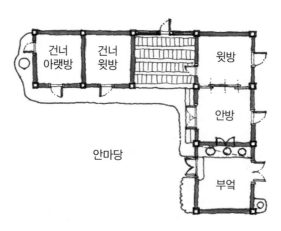

‖ **ㄱ자형 가옥의 평면 구조** ‖

04 | 함경도형 민가

① 겹집(양통집)

    ㉠ 용마루 밑에 각 방들이 두 겹으로 배열된 구조(집중형 평면)

    ㉡ 툇마루, 마루 없이 방과 방을 직접 연결 / 외부 창호 설치는 제한적(폐쇄적 입면)

② 정주간

    ㉠ 온돌구조

    ㉡ 부엌과 벽체 없이 연결되고, 정주간에 이어서 田자형 온돌방 배열

    ㉢ 부엌과 50~70cm 높이 차이(2, 3단의 계단)

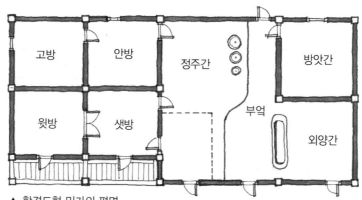

▲ 함경도형 민가의 평면

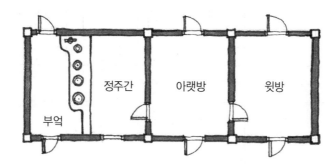

▲ 평안도형 민가의 평면

┃ 북부지방 민가의 평면 구조 ┃

05 | 평안도, 황해도형 민가

① 정주간이 있는 일자형 평면
② 홑집

06 | 제주도형 민가

① 기후 및 환경 : 강풍과 폭우(태풍)
② 채의 배치 : 二자형 배치(안거리와 밖거리)
③ 실의 배치 : 겹집(田자형), 홑집(一자형)

④ 상방
   ㉠ 정지에 인접한 마루방(상방, 삼방)
   ㉡ 거주의 중심공간 : 가족활동, 접객, 식사, 제사 등 다용도 공간
   ㉢ 마루나 흙바닥(멍석 설치)

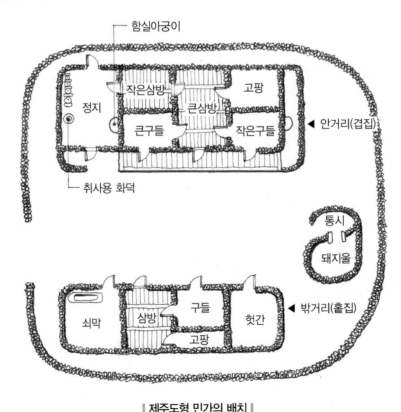

‖ 제주도형 민가의 배치 ‖

⑤ 취사용 화덕 : 부엌의 아궁이에 부뚜막이 설치되지 않고 취사용 화덕을 별도 설치(취사와 난방의 분리)
⑥ 고팡 : 온돌방 뒤쪽에 위치한 수장공간

⑦ 가옥의 높이

　ⓐ 방풍을 고려해 가옥의 높이를 낮추고 담을 높임

　ⓑ 일반 민가에 비해 기단, 마루, 기둥의 높이가 낮음

　ⓒ 지면에서 처마도리까지의 총높이는 평균 2.29m(일반 민가보다 2~3자 낮음)

⑧ 2고주 7량가 : 평면의 규모가 크지 않아도 내부 기둥렬을 구성(횡력 보강)

⑨ 벽체

　ⓐ 풍우에 대비한 외벽 및 담장 구조

　ⓑ 이중벽구조 : 심벽 외부에 현무암 돌벽을 덧댄 이중벽 구조

　ⓒ 벽체 및 담장의 모서리부를 둥글게 처리(모접기)

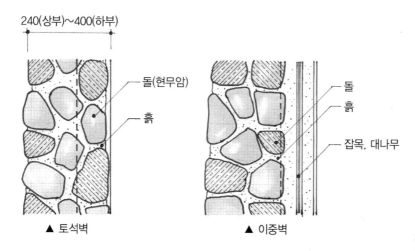

240(상부)~400(하부)

돌(현무암)

흙

돌

흙

잡목, 대나무

▲ 토석벽　　　▲ 이중벽

‖ 제주도 민가의 벽체 구조 ‖

⑩ 담장

　ⓐ 외곽에 느슨한 돌각담(통풍 고려)

　ⓑ 평균 높이 1.65m(일반 해안도서지역 1.58m, 내륙지역 1.39m)

　ⓒ 가옥은 낮고 담은 높은 폐쇄적인 구조(풍하중에 대한 고려)

⑪ **풍채** : 각목으로 뼈대를 짠 위에 새를 얹어 만듦(방풍시설 / 풍우에 대비)

⑫ **지붕**

　ⓐ 띠풀, 억새 등을 사용한 샛집

　ⓑ 지붕물매가 낮음(방풍에 대한 고려) / 용마름 없음

　ⓒ 지붕면에 동아줄 규격의 고사새끼를 1자 간격으로 촘촘히 엮음

초가

SECTION **01** | 초가집과 샛집

01 | 초가집(볏짚지붕)

① 볏짚으로 이엉을 엮어 지붕면을 마감한 집
② 이엉의 밑동이 위로 가도록 설치(사슬이엉)

02 | 샛집(새풀지붕)

① 억새풀의 일종인 새풀을 이용한 초가(왕골, 왕새, 세골, 골풀, 띠풀, 갈대)
② 이엉의 밑동이 모두 밖으로 오도록 설치(비늘이엉)
③ 볏짚지붕에 비해 배수가 용이하지 못해 지붕의 물매를 매우 급하게 구성(설하중 고려)
④ 물매를 위해 지붕면의 부름이 크고 이엉을 10겹 이상 두껍게 설치
⑤ 볏짚을 구하기 어려운 산간지대나 일부 부농에서 사용

SECTION **02** | 초가의 특징

01 | 개요

① 초가의 개념
　　㉠ 연목 위에 산자를 엮고 알매흙을 얹은 후 볏짚, 새풀, 억새풀 등으로 지붕을 덮은 집
　　㉡ 기와집에 비해 집의 구조가 단순하고 시공이 용이
　　㉢ 농사의 부산물을 이용해 경제적 부담이 적음

② 지붕재료
　　㉠ 볏짚, 새풀 등을 사용
　　㉡ 볏짚은 갈대 등 새풀에 비해 내구성은 낮으나 매끄러워 배수가 용이

02 | 초가의 가구

① 전퇴, 전후퇴 구성
② 규격이 작은 부재 사용(기둥, 보, 도리 5치~6치 / 연목 2~3치 / 추녀 5치 이내로 사용)
③ 연목은 통연으로 설치

03 | 초가의 벽체

① 심벽 : 기둥 사이에 중깃, 외엮고 흙벽 구성
② 토담 : 측면과 뒷면에 토담, 토석담으로 벽체 구성

SECTION 03 | 지붕모양 및 이엉매기

01 | 지붕형태

① 우진각지붕(일반)
② 맞배지붕, 상투지붕 : 헛간채, 뒷간, 잿간 등 지붕구조가 단순한 건축물에 사용
③ 방구매기(추녀 끝을 짧게 잘라서 추녀 끝보다 처마의 중간이 조금 배부르게 만듦)

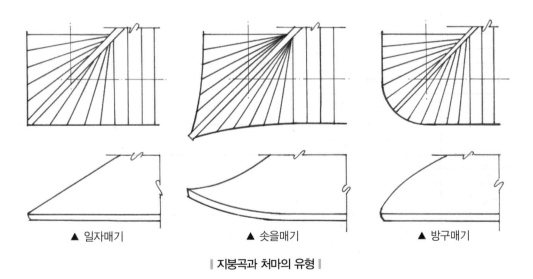

▲ 일자매기   ▲ 솟을매기   ▲ 방구매기

| 지붕곡과 처마의 유형 |

02 | 쓰임말 및 재료

① 이엉

    ㉠ 볏짚, 억새 등으로 이은 지붕재료

    ㉡ 볏짚 : 길이 90~120cm(유효길이 평균 90cm)

    ㉢ 새풀 : 갈대(1.5~2m), 억새(1~2m), 띠풀 등

② 이엉엮기

    ㉠ 한줄엮기 : 한줄엮기한 이엉을 올리고 고사새끼로 동이기(중남부 지방)

    ㉡ 떼적엮기 : 지붕면을 몇 개의 구간으로 나눠서 통으로 엮은 이엉 설치 / 온통엮기(북부 지방)

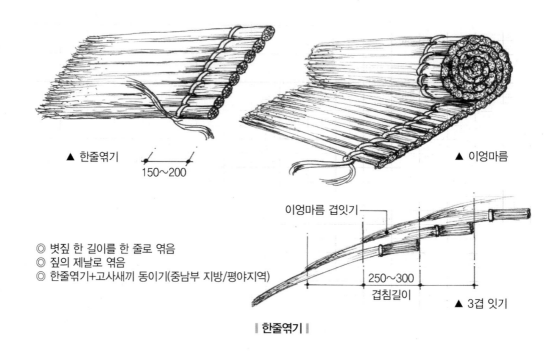

▲ 한줄엮기   150~200   ▲ 이엉마름

◎ 볏짚 한 길이를 한 줄로 엮음
◎ 짚의 제날로 엮음
◎ 한줄엮기+고사새끼 동이기(중남부 지방/평야지역)

이엉마름 겹잇기

250~300
겹침길이

▲ 3겹 잇기

‖ 한줄엮기 ‖

③ **마름** : 이엉을 엮어서 말아 놓은 단(볏짚을 한 줄로 엮은 것)

④ **처마마름** : 처마끝에 이은 마름

⑤ **용마름** : 용고새, 곱새

⑥ **고사새끼** : 이엉을 이은 후 지붕면에 세로, 가로, 대각선 등으로 치는 새끼(이엉 고정)

⑦ **군새** : 물매를 잡기 위해 쓰이는 탈곡하고 남은 짚, 청솔가지, 낡은 이엉의 지푸라기

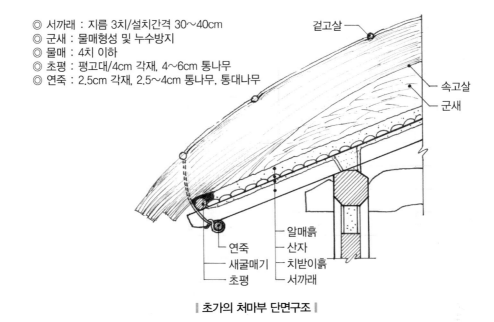

◎ 서까래 : 지름 3치/설치간격 30~40cm
◎ 군새 : 물매형성 및 누수방지
◎ 물매 : 4치 이하
◎ 초평 : 평고대/4cm 각재, 4~6cm 통나무
◎ 연죽 : 2.5cm 각재, 2.5~4cm 통나무, 통대나무

겉고살
속고살
군새
알매흙
산자
치받이흙
서까래
연죽
새굴매기
초평

‖ 초가의 처마부 단면구조 ‖

⑧ **연죽**

　　㉠ 서까래 밑에 건너질러서 고사새끼를 걸어 매는 가는 나무

　　㉡ 지름 30~50mm 정도의 긴 통나무 또는 통대나무

　　㉢ 처마서까래 끝 부분 밑이나 지붕 위의 처마기슭 근처에 돌려 댐

　　㉣ 이엉이 바람에 날리거나 흘러내리지 않도록 견고하게 고정

⑨ **기스락 자르기**

　　㉠ 기스락 : 초가의 처마기슭

　　㉡ 기스락 자르기 : 기스락 이엉을 이고 완성된 다음 처마 끝을 단정하게 자르는 일

⑩ **겉고살** : 이엉 위에 걸쳐 대는 새끼줄

⑪ **속고살** : 이엉을 이을 때 먼저 지붕 위에 건너질러서 매는 새끼줄

⑫ **새굴매기**

　　㉠ 서까래의 초평과 이엉 사이로 새가 들어가지 못하게 흙으로 발라 막은 것

　　㉡ 찰흙에 모래나 매흙을 섞어 건조 시 갈램이 없도록 시공(갖추매기)

⑬ **알매흙** : 진흙 등 점성이 있는 흙에 짚여물을 짓이겨 사용

⑭ **짚여물** : 짚의 길이를 약 60~90mm로 잘라 알매흙 등에 섞어 짓이겨 사용

⑮ 기스락 보강

　　㉠ 서까래에 걸칠 재료는 통대나무, 나뭇가지를 길이 600~900mm로 잘라서 사용. 그 위에 엮어 얹을 재료는 대나무쪽, 갈대, 겨릅대, 싸리나무, 나뭇가지 등을 길이 1~1.5m 정도로 잘라서 새끼로 엮어 사용

　　㉡ 처마마름이 처져 내리는 것을 방지

⑯ 기스락 이엉잇기 : 이엉잇기에 앞서 처마 기스락에 밑동이 아래로 가도록 이엉을 2~3겹 이음

03 | 이엉엮기

한줄엮기 / 떼적엮기 / 용마름엮기

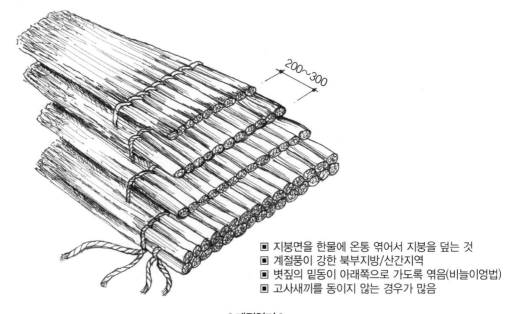

200~300

■ 지붕면을 한물에 온통 엮어서 지붕을 덮는 것
■ 계절풍이 강한 북부지방/산간지역
■ 볏짚의 밑동이 아래쪽으로 가도록 엮음(비늘이엉법)
■ 고사새끼를 동이지 않는 경우가 많음

‖ 떼적엮기 ‖

제날

날새끼

▲ 한줄엮기 용마름(밑동이 위로 오도록 엮음)　　▲ 떼적엮기 용마름(밑동이 아래로 오도록 엮음)

‖ 용마름 엮기 ‖

04 | 이엉잇기

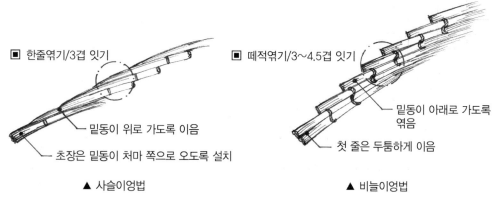

| ■ 한줄엮기/3겹 잇기 | ■ 떼적엮기/3~4.5겹 잇기 |

▲ 사슬이엉법   ▲ 비늘이엉법

‖ 이엉잇기법 비교 ‖

① 사슬이엉법

　㉠ 이엉을 엮은 마름을 멍석을 펴듯이 펴나가면서 지붕을 덮는 방법(한줄엮기)

　㉡ 처마 끝 부분에만 뿌리 쪽이 밑으로 오도록 놓고 그 위로는 이와 반대로 하여 덮어 나감

　㉢ 지붕표면이 매끄럽고 배수에 용이 / 지붕면 물매 45~50°

　㉣ 중남부지방

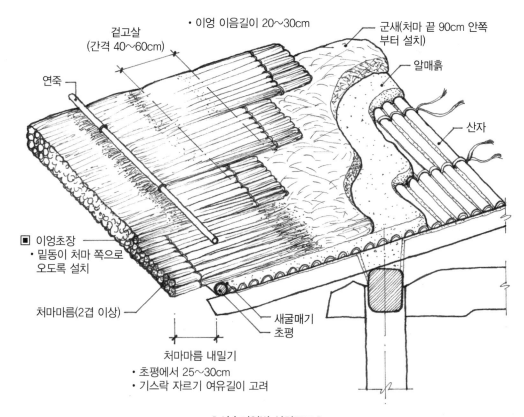

‖ 사슬이엉법 설치구조 ‖

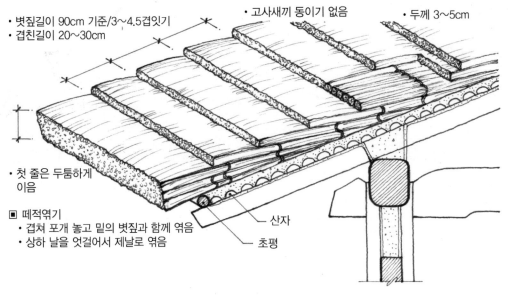

・볏짚길이 90cm 기준/3~4.5겹잇기
・겹친길이 20~30cm

・고사새끼 동이기 없음

・두께 3~5cm

・첫 줄은 두툼하게 이음

■ 떼적엮기
  ・겹쳐 포개 놓고 밑의 볏짚과 함께 엮음
  ・상하 날을 엇걸어서 제날로 엮음

산자
초평

‖ 비늘이엉법 설치구조 ‖

② 비늘이엉법

　㉠ 짚의 뿌리 쪽을 한 뼘 정도 밖으로 내어서 엮음(떼적엮기 / 떼적이엉잇기)

　㉡ 지붕면이 물고기의 비늘모양

　㉢ 노출되는 마구리쪽이 두껍고 튼튼하므로 수명이 사슬이엉보다 길고 오래감

　㉣ 물매를 급하게 하지 않으면 배수가 잘 안 되는 구조 / 지붕면 물매 $60 \sim 65°$

　㉤ 사슬이엉보다 2배 정도의 두께로 지붕을 덮게 되므로 단열과 내구성이 좋음

　㉥ 억새집 이엉잇기, 초가의 떼적이엉잇기

　㉦ 추운 북부지방, 산간지역에서 사용

05 | 고사새끼 동이기

① 가로엮기

　㉠ 지붕의 가로로 여러 가닥의 새끼줄을 치는 것(장매)

　㉡ 첫 줄은 처마 끝에서 300mm 정도 위에 두고, 중간에는 간격 450~600mm 정도로 설치

② 세로엮기

　㉠ 세로로 3~5가닥의 새끼를 쳐서 가로줄이 움직이지 않도록 고정(누른매)

　㉡ 새끼의 끝은 연목, 연죽에 단단히 잡아당겨 고정

③ 연죽

　㉠ 처마서까래 끝 부분 밑이나 지붕 위의 처마기슭 근처에 돌려 댐

　㉡ 지붕을 뚫어 새끼를 끼워 넣어 고사새끼를 연목에 고정

06 | 고사새끼 동이기 유형

▲ 일자매기(가로형 동이기)

▲ 마름모매기(마름모형 동이기)

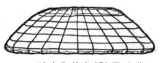
▲ 격자매기(격자형 동이기)

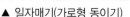
┃ 고사새끼 동이기 비교 ┃

① 가로형 동이기
- ㉠ 가로로 고사새끼를 배열하고, 가로방향 배열 간격보다 넓게 세로로 몇 줄을 설치
- ㉡ 중남부 지방 중심(일반적인 고사새끼 동이기 방법)

② 마름모형 동이기
- ㉠ 고사새끼를 45도 각도로 교차하여 매기
- ㉡ 서부지방, 해안 연안 및 배후지역(강풍 고려)

③ 격자형 동이기
- ㉠ 고사새끼를 가로 세로 격자형으로 촘촘하게 엮음(간격 40cm)
- ㉡ 제주도, 동해안 일부 지역(강풍 고려)

07 | 용마름 동이기

① 용마름 날새끼를 길게 하여 처마 밑 연죽 또는 밑의 가로줄에 고정
② 날개 밑 부분에는 용마름이 들리지 않도록 고사새끼 가로줄을 동여맴

SECTION **04** ┃ **초가의 시공**

---

01 | 훼손 유형

① 지붕면 이엉의 처짐
② 이엉 부식과 변색, 흘러내림

02 | 훼손 원인

① 지붕면 누수현상
② 이엉, 군새의 내구성 저하
③ 이엉 겹잇기 단수 부족 / 잇기 시 이음길이 부적절 / 고사새끼 동이기 부실

03 | 사전조사

① 지붕물매 / 용마름의 최고점 높이 / 용마름 곡선 등
② 고사새끼 위치와 굵기, 묶기법, 간격
③ 처마마름 내밀기 정도
④ 기스락 자른 각도와 내민길이 / 기스락 보강 방법
⑤ 연죽의 재료와 설치법
⑥ 이엉 재료에 대한 조사 / 수급방안 마련

04 | 해체조사

① 용마름 엮기 및 설치구조
② 이엉 재료와 규격 / 이엉엮기와 잇기법 / 이음길이, 잇기 단수
③ 처마마름엮기 및 이기기법
④ 겉고살, 속고살 설치구조(새끼줄의 굵기 및 매듭법)
⑤ 마름 및 이엉의 재사용 가능 여부
⑥ 군새 재료, 두께, 설치범위
⑦ 까치구멍의 형태, 크기, 이엉잇기 기법

05 | 해체 시 주요사항

① 해체순서 : 연죽, 고사새끼 → 용마름, 처마마름 → 이엉, 군새 → 알매흙 → 산자
② 연죽 · 고사새끼
    ㉠ 해체 시 지붕구조에 손상을 주지 않도록 유의
    ㉡ 고사새끼는 지붕처마의 중앙부에서 측면방향으로 풀어나감
    ㉢ 눌림대, 연죽을 해체할 때 바닥에 떨어지지 않도록 양 끝에서 붙잡아 내림
    ㉣ 해체한 고사새끼, 눌림대, 연죽은 재사용하지 않음

③ 용마름 · 처마마름
    ㉠ 용마름을 먼저 해체하여 내리고 이엉을 한 겹씩 내린 후 처마마름을 해체
    ㉡ 마름 해체 시 마름을 묶은 새끼가 풀리지 않도록 유의

④ 이엉 · 군새
    ㉠ 이엉 해체는 이은 순서의 역순으로 한 켜씩 굴려가며 말아서 내림
    ㉡ 군새는 지붕 위쪽부터 해체 / 해체부재는 지정된 장소로 운반

⑤ 알매흙 : 해체 시 비산 먼지가 발생하지 않도록 하고, 해체와 동시에 용기에 담아 내림

⑥ 산자 : 해체 시 서까래가 상하지 않도록 주의

⑦ 해체 부재의 운반 및 보관

  ㉠ 용마름, 이엉, 군새, 처마마름, 연죽 등은 위치별로 부재를 따로 보관

  ㉡ 이엉은 이어진 순서와 켜대로 구분하여 보관

  ㉢ 재사용재와 불용재를 표시한 후 구분하여 지정장소에 보관

  ㉣ 재사용재는 이물질을 제거한 후 정리하여 보관

  ㉤ 해체재료는 상태별, 재료별, 위치별 등으로 구분하여 보관

  ㉥ 해체재료는 공사기간 중에 외부로 반출 금지

06 | 이엉잇기 순서

이엉엮기 · 용마름엮기 → 초평설치 → 산자엮기 · 알매흙치기 → 군새깔기 →
기스락보강 · 새굴매기 → 처마마름이기 → 속고살설치 · 이엉이기 → 용마름이기 →
연죽설치 → 겉고살동이기 → 기스락자르기

07 | 바탕차리기

① 초평 설치

② 산자엮기

③ 알매흙 펴 깔기

  ㉠ 알매흙은 진흙기가 있는 밭흙에 짚여물 등을 섞어 점성 확보

  ㉡ 처마 쪽 알매흙을 바른 곳에는 찰흙을 틈새 없이 평탄하게 바름

  ㉢ 초가알매흙치기의 윗면은 지붕물매 곡선으로 하고 평탄하게 설치

  ㉣ 초가알매흙치기는 충분히 양생한 후 다음 공정에 착수

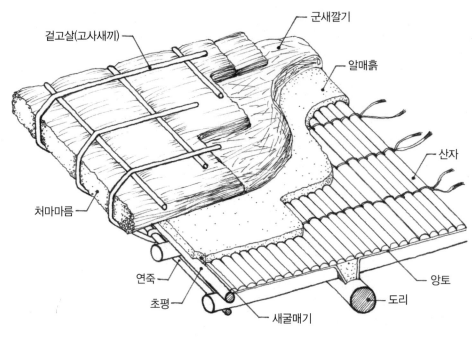

내고살(고사새끼)

군새깔기

알매흙

처마마름

산자

연죽

앙토

초평

도리

새굴매기

┃ 초가지붕의 재료와 설치구조 ┃

08 │ 군새깔기

① 알매흙의 물기가 마른 후에 설치
② 처마 끝에서 900mm 정도 안쪽부터 펴 깔음
③ 두께 300mm를 기본으로 물매에 따라 설치
④ 지붕면의 중간부는 이엉이 처져서 비가 새지 않도록 상하부보다 두툼하게 설치

09 │ 기스락 보강, 처마마름이기

① 기스락 보강

　㉠ 싸리나무, 겨릅대, 수숫대, 대나무, 연죽 등을 이용

　㉡ 통대나무를 약 300~450mm 간격으로 서까래 방향으로 걸치고 끝 부분은 직각으로 걸쳐 고정

　㉢ 알매흙을 깐 위에 1~1.5m 길이의 대나무쪽이나 겨릅대를 발로 엮어 처마부분에 돌려댐

　㉣ 서까래 끝에서 약 150mm 정도 내밀어 돌려 깔고 지붕면에 접하는 부분을 알매흙으로 고정

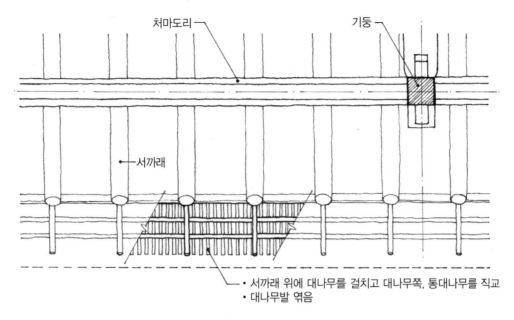

처마도리

기둥

서까래

• 서까래 위에 대나무를 걸치고 대나무쪽, 통대나무를 직교
• 대나무발 엮음

▌ 기스락 보강 사례 ▌

② **처마마름이기** : 밑동 부분이 처마 쪽을 향하도록 100~150mm 정도 내밈 / 두 겹 이상으로 겹쳐 이음

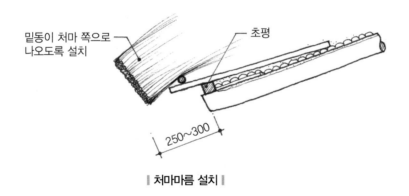

밑동이 처마 쪽으로
나오도록 설치

초평

250~300

▌ 처마마름 설치 ▌

10 │ 새굴매기(갖추매기)

① 초평과 이엉 사이를 진흙으로 마감
② 찰흙에 모래, 메흙, 짚여물 혼합

11 | 속고살매기

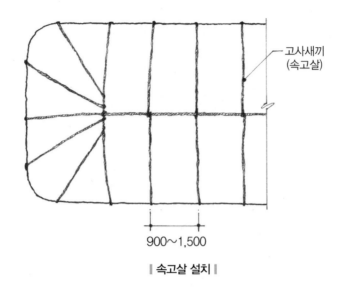

900~1,500

고사새끼
(속고살)

‖ 속고살 설치 ‖

① 이엉을 잇기 전에 안쪽 면에 미리 설치하는 고사새끼(이엉 고정 기능)
② 약 0.9~1.5m의 등간격으로 지붕면의 전후 서까래에 고정

12 | 이엉이기

① 초장 : 이엉의 밑동이 처마 쪽으로 나오도록 설치 / 처마마름보다 50mm 정도 내밈
② 잇기 : 초장 다음 장의 이엉부터는 밑동 부분을 지붕 위로 향하도록 돌려 이고, 각 이엉마다 속고살과
　　　　고정시켜 흘러내리지 않도록 하여 용마루까지 이어 올림
③ 겹잇기 : 3겹 잇기를 기본으로 원형 및 설계상의 이음길이, 단수대로 시공
④ 귀처마 : 귀마루 부분이나 회첨 부분은 가지런한 짚을 깔아 놓은 후 이엉을 올림
⑤ 용마루 : 전후, 좌우 이엉을 맞대어 잇고 일정 간격으로 얽어서 고정
⑥ 기존 초가지붕 위에 이는 경우
　　㉠ 용마름을 걷어 내고 이엉의 상태 확인
　　㉡ 썩은 이엉과 군새를 걷어 내기 / 군새 보강 / 속고살 설치 / 이엉이기

13 | 용마름이기

용마루 위에 용마름을 덮고, 용마름 하부의 좌우이엉으로 용마름 위를 얽어맴

14 | 연죽 설치

① 서까래 하부, 처마의 이엉 상부에 대나무 등으로 설치

② 서까래 및 기스락 보강재에 새끼로 고정 / 서까래 하부에서 못을 박아 고정

③ 연죽 이음은 겹침길이를 600mm 정도로 하여 가는 새끼로 고정

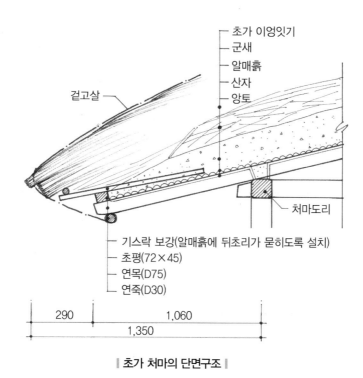

┃ 초가 처마의 단면구조 ┃

15 | 겉고살동이기(겉고살매기)

① 사전조사, 해체조사 내용을 기초로 지역적 특성 등을 고려하여 원형대로 재설치

② 가로엮기

　㉠ 가로줄의 첫 줄은 처마 끝에서 300mm 정도 위에 설치 / 450~600mm 간격

　㉡ 세로줄은 가로줄이 늘어지지 않을 정도로만 3~4줄로 고정

　㉢ 처마 끝의 가로줄은 동아줄과 같은 굵은 새끼를 사용할 수 있음

③ 용마름엮기

　㉠ 용마름의 날새끼를 길게 하여 측면부의 연죽, 연목에 고정

　㉡ 용마름 날개가 뒤집히지 않도록 하부의 이엉을 가로줄로 고정

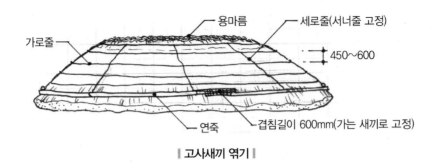

‖ 고사새끼 엮기 ‖

16 | 기스락 자르기

① 처마마름에서 60mm(2치) 정도를 내밀어 지붕면에 직각으로 자름
② 방구매기로 처리한 추녀 부분의 지붕귀는 둥그스름하게 돌려 자름
③ 회첨에 고삽판을 댈 경우에도 둥그스름하게 자름

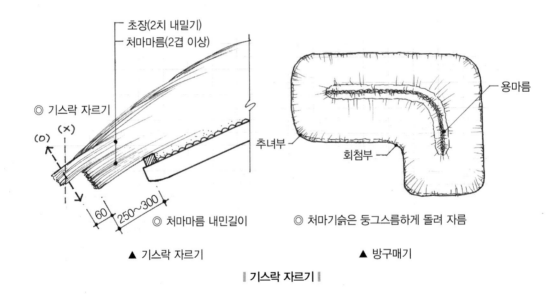

▲ 기스락 자르기   ▲ 방구매기

‖ 기스락 자르기 ‖

17 | 초가지붕 시공 시 원형유지의 중요성

① 초가는 반가에 비해 지역적 특수성이 강하게 반영되어 있는 건축물
② 조사 및 시공과정에서 원형 조사를 충실히 진행
③ 보수과정에서 원형이 훼손되지 않도록 유의
④ 기존의 것과 같은 재료를 사용

LESSON 03 너와지붕

SECTION 01 너와지붕의 구조

01 | 개요

① 너와집 : 질 좋은 소나무, 전나무를 도끼로 쪼개어 만든 널빤지로 지붕을 이은 집
② 사례 : 강원도 산간지역, 울릉도(너와 투막집)

02 | 평면

① 마루중심형 겹집
    ㉠ 측면 2~3칸의 겹집 구조
    ㉡ 북부지방 겹집에 나타나는 정주간이 없는 반면, 내부에 마루와 봉당을 구성

② 봉당 : 작업 및 생활의 중심 공간(흙바닥)
③ 채 내부에 온돌방, 마루, 봉당, 부엌, 곳간, 외양간 등 필요시설 배치

03 | 가구 및 벽체

① 가구 : 5량가 / 팔작지붕과 우진각지붕의 중간 형태 / 까치구멍집

② 벽체
    ㉠ 토담, 토석담, 통나무 귀틀로 벽체 구성(통나무 사이의 틈은 진흙으로 메움)
    ㉡ 봉당, 외양간 등의 외벽은 판벽으로 구성하고, 방의 외벽은 심벽이나 흙벽으로 구성

③ 천장 : 연등천장, 고미반자(온돌방)
④ 까치구멍 : 환기, 배연, 채광 기능

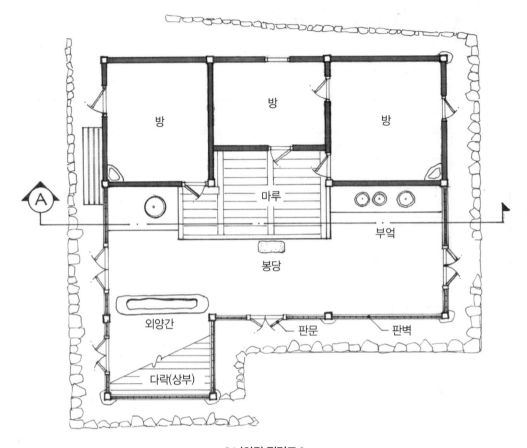

┃ 너와집 평면도 ┃

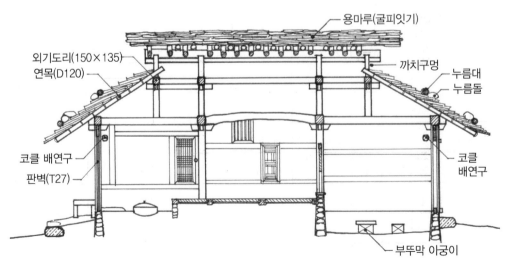

┃ 너와집 횡단면도 ┃

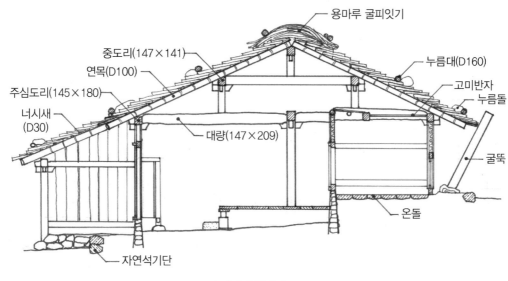

용마루 굴피잇기

누름대(D160)

중도리(147×141)

연목(D100)

고미반자

누름돌

주심도리(145×180)

너시새
(D30)

대량(147×209)

굴뚝

온돌

자연석기단

‖ 너와집 종단면도 ‖

04 | 처마 및 지붕구조

① **서까래** : 4치 내외(너와, 누름목, 누름돌의 하중을 고려해 일반 초가에 비해 굵게 사용)

② **너시새** : 서까래 위에 설치하는 얇은 각재 / 잡목(산자 기능)

③ **너와**

　　㉠ 소나무, 전나무를 길이 1자~2자, 두께 1~2치로 치목

　　㉡ 수축, 팽창하는 목재의 성질을 이용(통풍 및 누수방지)

④ **누름목** : 누름목으로 지붕면 고정 / 물푸레나무 줄기, 칡넝쿨 등으로 연목에 고정(누름대, 너시래)

⑤ **누름돌** : 너와 위에 모난 돌을 얹어서 누름목, 너와를 고정

⑥ **용마루** : 너와, 굴피, 누름목을 사용하여 마감

⑦ **물매** : 설하중, 적설량을 고려해 4.5치 이상(비교 : 초가의 물매 3~4치)

05 | 고콜(코클)

① 실의 모퉁이에 설치되는 원통형 벽난로
② 난방과 조명기능
③ 바닥에서 1자 높이에 흙으로 설치
④ 천장을 통해 부엌 쪽으로 연기구멍 설치

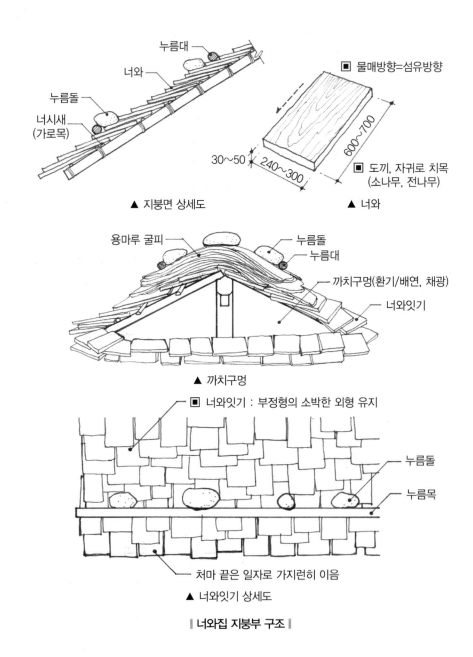

▲ 지붕면 상세도

▲ 너와

▲ 까치구멍

▲ 너와잇기 상세도

‖ 너와집 지붕부 구조 ‖

06 | 돌너와집(너에집)

① 평평하고 납작한 돌을 이용해 지붕을 이은 집
② 돌기와, 청석
③ 돌의 자중을 고려해 기초를 튼튼히 하고 토담으로 벽체를 낮게 쌓음
④ 지붕 무게를 지탱하기 위해 보, 도리, 서까래를 굵은 나무를 사용하고 서까래를 촘촘히 배열

SECTION 02 | 너와지붕 시공

01 | 너와이기

① 너와
   ㉠ 소나무나 전나무의 원목을 도끼로 쪼개고 자귀 등으로 다듬어서 사용
   ㉡ 섬유 방향을 물매 방향으로 사용
   ㉢ 길이 600~700mm, 폭 240~300mm

② 너와이기
   ㉠ 서까래 위에 가로목을 걸쳐 대고 그 위에 너와를 설치
   ㉡ 처마 끝 초장은 일자로 가지런하게 이음
   ㉢ 너와 초장의 길이는 750mm 내외, 내밀기는 평고대에서 240mm
   ㉣ 중간부터는 너와를 여러 겹으로 겹쳐 포개어 놓되 부정형으로 이음
   ㉤ 너와의 옆면은 맞대고, 가로 줄눈이 생기지 않도록 세로는 엇갈리게 덮음

02 | 용마루이기

① 너와, 굴피를 5장 정도 쌓고 3~4치 통나무로 누름대 설치
② 용마루와 맞닿는 너와는 누수방지를 위하여 너와 2장을 긴밀하게 겹쳐 설치
③ 시공 시 환기구, 까치구멍이 없어지지 않도록 유의

03 | 누름대 설치

① 용마루와 처마 끝 부분은 통나무재의 누름대로 고정
② 누름대는 칡넝쿨, 느릅나무 껍질 등으로 서까래에 고정(직경 3~4치 정도의 통나무)
③ 처마 끝 부분의 누름대는 자연석을 1.5~2m 간격으로 설치하여 누름대를 눌러 고정

04 | 마감

지붕너와는 부정형의 소박한 외형이 되도록 정교하게 마무리하지 않음

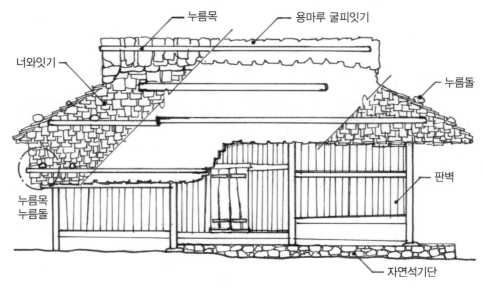

│ 너와집 입면도 │

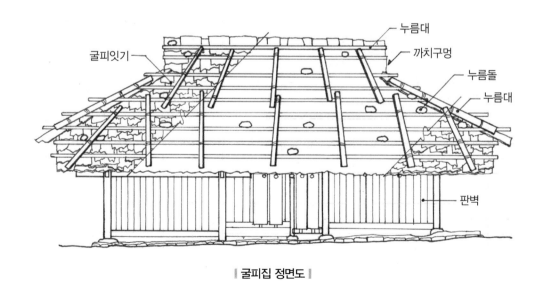

LESSON 04 굴피지붕

SECTION 01 | 굴피지붕의 구조와 시공

01 | 개요

① 굴피집 : 참나무 껍질을 벗겨서 지붕을 이은 집

② 굴피

    ㉠ 참나무 껍질을 넓게 떼 내어 차곡차곡 쌓은 후 무거운 돌로 눌러 평평하게 만들어 사용

    ㉡ 고무처럼 탄력이 있고 잘 썩지 않음

    ㉢ 물을 먹지 않고 가볍고 질김

③ 사례 : 태백산맥 등 산간지대 화전민 촌의 민가

02 | 평면 및 가구(너와지붕 참조)

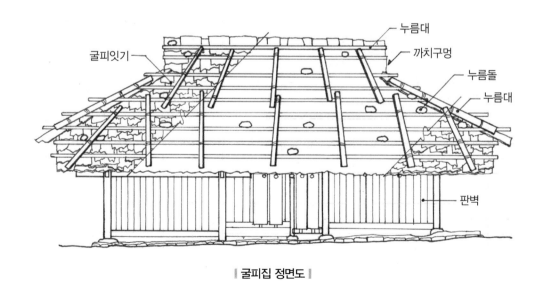

‖ 굴피집 정면도 ‖

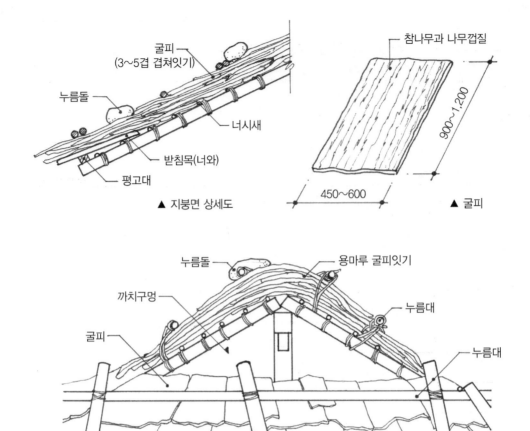

▲ 지붕면 상세도

굴피
(3~5겹 겹쳐잇기)

누름돌

너시새

받침목(너와)

평고대

참나무과 나무껍질

900~1,200

450~600

▲ 굴피

누름돌

용마루 굴피잇기

까치구멍

굴피

누름대

누름대

▲ 용마루와 까치구멍

| 굴피집 지붕부 구조 |

03 | 처마 및 지붕구조

① 너시새 : 서까래 위에 놓는 얇은 1치 각재 / 잡목을 30~40cm 간격으로 설치(산자목)

② 굴피 : 참나무 껍질을 폭 1.5~2자, 길이 3~4자로 잘라서 사용

③ 겹잇기 : 3~5겹잇기 / 안쪽의 1~2겹은 구부재를 사용하고 외부의 3겹은 신재 사용

④ 누름목(누름대)

    ㉠ 누름목으로 지붕면 고정(너시래)

    ㉡ 누름목 가로재는 직경 1~2치, 세로재는 5~6치 규격의 참나무 등을 사용

    ㉢ 칡넝쿨 등으로 누름목 고정 / 자연석 누름돌로 눌러서 보강

⑤ 기스락 보강 : 처마 끝에는 너와를 설치해 기스락 처짐을 보강

⑥ 까치구멍 설치

SECTION 02 굴피지붕 · 너와지붕 시공 시 유의사항

① 너와는 기존 너와를 최대한 재사용

② 너와는 톱을 사용하지 않고 도끼, 자귀로 치목

③ 널재의 섬유 방향이 배수 방향이 되도록 설치

④ 굴피는 채취하여 서늘한 곳에서 충분히 건조하여 사용

⑤ 착공 전 굴피 등 사용재료의 수급 등을 검토하여 사전에 담당원과 협의

⑥ 기존 부재 중 누름대, 누름돌 중 양호한 것은 재사용

⑦ 기존에 사용된 재료는 썩어서 사용이 불가한 것을 제외하고 가능하면 재사용

⑧ 가로 및 세로 누름대는 기존의 개수에 따라 설치하고 자연석으로 눌러 보강

⑨ 까치구멍이 막히거나 없어지지 않도록 주의

⑩ 지붕면이 전체적으로 부정형의 소박한 외형이 유지되도록 시공

⑪ 내부 바닥은 삼화토다짐하고, 전면 외벽 쪽으로 자연스런 구배형성

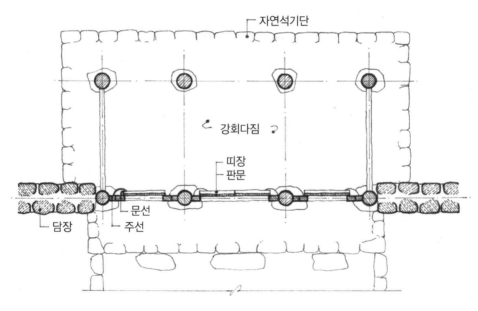

LESSON 05 삼문 · 일주문 · 홍살문

SECTION 01 | 삼문의 구조

01 | 삼문

① 개념 : 정면 3칸으로 구성된 대문
② 사례 : 사묘, 궁궐의 출입문(위계에 따른 출입 동선 / 의례, 제례 진행)

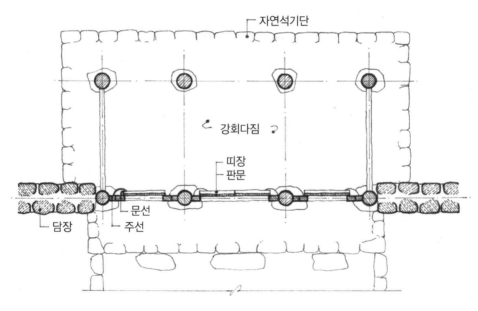

‖ 삼문의 평면 구조 사례 ‖

02 | 삼문의 각부 구조

① **평면** : 정면 3칸 × 측면 2칸, 정면 3칸 × 측면 1칸

② **기단** : 낮은 자연석, 장대석 기단 / 상면 마감(전돌, 박석, 흙다짐)

③ **가구** : 2평주 3량가 / 3평주 3량가 / 심고주 5량가

④ **공포** : 민도리식, 익공 양식

⑤ **판문** : 보칸 중앙 기둥렬에 설치(측면 2칸) / 전면 또는 후면 기둥렬에 설치(측면 1칸)

⑥ **측벽** : 판벽, 회사벽 마감

⑦ **단청** : 석간주 가칠단청, 모로단청

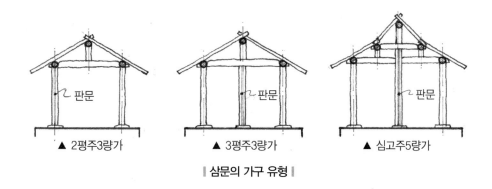

▲ 2평주3량가   ▲ 3평주3량가   ▲ 심고주5량가

‖ 삼문의 가구 유형 ‖

⑧ **지붕**

　ㄱ 맞배지붕

　ㄴ 평삼문 : 정칸과 협칸의 지붕 높이 동일(평지붕)

　ㄷ 솟을삼문 : 정칸에 고주를 설치하여 정칸의 지붕을 높게 형성(솟을지붕)

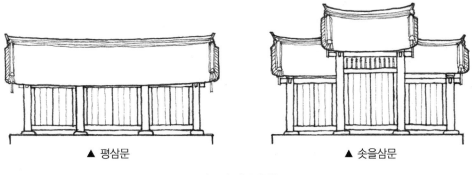

▲ 평삼문   ▲ 솟을삼문

‖ 삼문의 지붕 유형 ‖

03 | 사묘의 삼문

① 사묘 삼문의 유형

    ㉠ 향교, 서원의 삼문 : 내삼문, 외삼문

    ㉡ 사직단, 종묘의 삼문

    ㉢ 반가 사당의 삼문

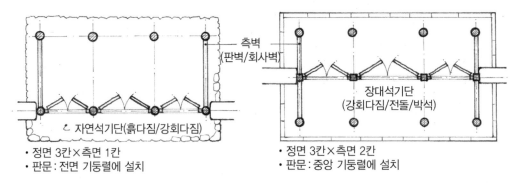

측벽
(판벽/회사벽)

자연석기단(흙다짐/강회다짐)

장대석기단
(강회다짐/전돌/박석)

- 정면 3칸×측면 1칸
- 판문 : 전면 기둥렬에 설치

- 정면 3칸×측면 2칸
- 판문 : 중앙 기둥렬에 설치

‖ 삼문의 평면 유형 ‖

② 사묘 삼문의 사례 [사직단 정문]

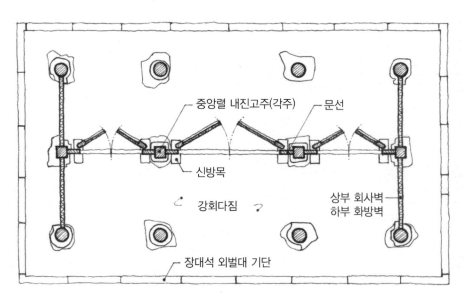

중앙렬 내진고주(각주)

문선

신방목

강회다짐

상부 회사벽
하부 화방벽

장대석 외벌대 기단

‖ 사직단 정문 평면도 ‖

㉠ 정면 3칸 × 측면 2칸 / 평삼문

㉡ 장대석 외벌대 기단, 기단 상면에 강회다짐

㉢ 심고주 5량가 : 심고주와 전배면 평주를 맞보로 결구 / 중앙 고주열에 판문 설치

㉣ 초익공 양식

㉤ 상인방 상부에 머름과 홍살 설치

㉥ 좌우 측벽에 벽체 설치(화방벽과 회사벽)

㉦ 홑처마 맞배지붕 / 평지붕 / 용두 설치

㉧ 석간주 가칠, 긋기단청

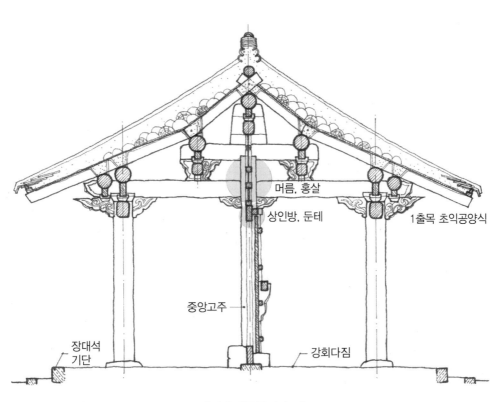

| 사직단 정문 종단면도 |

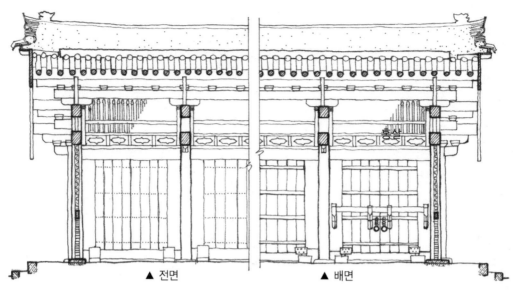

▲ 전면   ▲ 배면

‖ 사직단 정문 횡단면도 ‖

③ 사묘 삼문의 사례 [장수향교 내삼문]

▣ 솟을삼문
　민도리집/맞배지붕/정칸에 태극문, 삼지창, 홍살 설치

▣ 정칸 고주 몸통에 협칸 도리,
　창방이 장부맞춤(산지 고정)

‖ 장수향교 대성전 내삼문 정면도 ‖

사례 : 중문, 협문

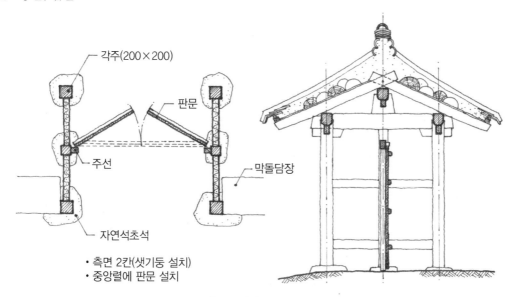

- 각주(200×200)
- 판문
- 주선
- 막돌담장
- 자연석초석

• 측면 2칸(샛기둥 설치)
• 중앙렬에 판문 설치

‖ **사주문 평면 및 단면구조** ‖

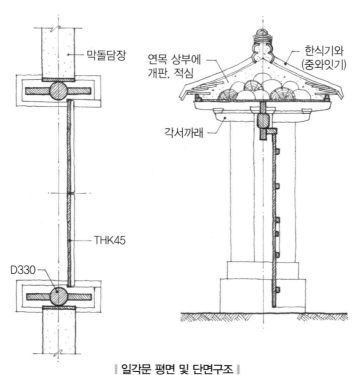

- 막돌담장
- 연목 상부에 개판, 적심
- 한식기와 (중와잇기)
- 각서까래
- THK45
- D330

‖ **일각문 평면 및 단면구조** ‖

01 | 일주문의 구조

① 개요

　　㉠ 사찰에 진입하는 첫 번째 관문(속계와 진계의 구분)

　　㉡ 측면칸 없이 한 줄로 나란한 도리 방향 기둥만으로 지붕을 지지하는 구조

　　㉢ 문짝이 설치되지 않음

② 평면, 주칸

　　㉠ 측면칸 없이 정면의 도리칸으로만 구성

　　㉡ 정면 1칸 구성(일반적)

　　㉢ 정면 3칸 구성(범어사 일주문, 통도사 일주문 등)

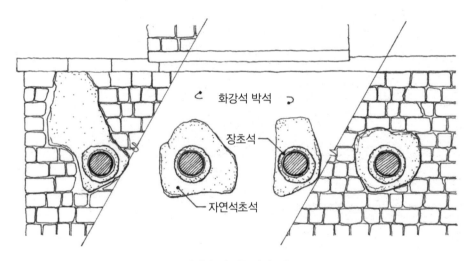

화강석 박석

장초석

자연석초석

‖ 범어사 일주문 평면도 ‖

③ 기단, 기초

　　㉠ 초석 : 덤벙주초, 다듬돌초석 / 장주초석

　　㉡ 기단 : 장대석 또는 자연석 1~2단으로 낮은 기단 구성

　　㉢ 기단상면 : 방전, 판석, 강회다짐, 흙다짐

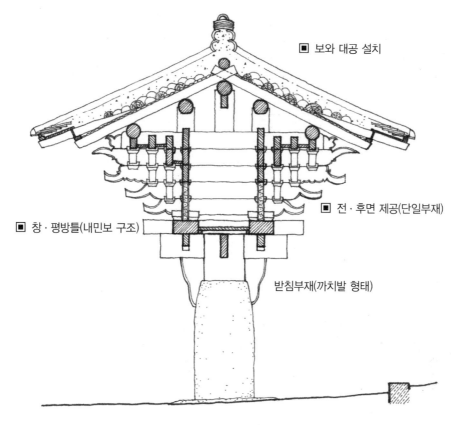

■ 보와 대공 설치

■ 전 · 후면 제공(단일부재)

■ 창 · 평방틀(내민보 구조)

받침부재(까치발 형태)

‖ 범어사 일주문 종단면도 ‖

④ 기둥 : 주칸 규모에 비해 규격이 큰 원주를 사용

⑤ 공포대 설치구조

　　㉠ 다포계 공포(간포 설치)

　　㉡ 사면에 공포대 설치 : 공포대 구성을 위한 평방틀 설치

　　㉢ 외출목 : 2~4출목

⑥ 전후면 공포 부재 연결방식과 내출목 구성

　　㉠ 전후면에 각각 별도의 제공을 설치한 경우 : 선암사 일주문, 직지사 일주문 등

　　㉡ 전후면 제공이 한 개의 부재로 이루어진 경우 : 범어사 일주문, 봉정사 일주문 등

　　㉢ 내출목 구성 : 전후면 제공이 한 개의 부재로 이루어진 경우에는 내출목 없음

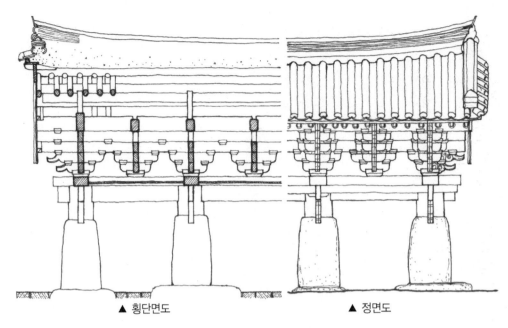

| ▲ 횡단면도 | ▲ 정면도 |

‖ 범어사 일주문 횡단면도 및 정면도 ‖

⑦ **공포대 지지방식**

　양팔보 형식 : 중앙 기둥렬 전후면으로 창·평방틀을 구성해 공포대 지지(내민보 구조)

⑧ **지붕가구 [보 설치 구조]**

　㉠ 공포대 상부에 보 설치

　㉡ 보 상부에 동자주, 대공을 설치하여 도리 지지

　㉢ 사례 : 범어사, 미황사, 송광사 일주문

⑨ **지붕가구 [보 미설치 구조]**

　㉠ 보를 설치하지 않고 공포대 상부에 장여 부재를 짜 올림

　㉡ 공포대 상부에 뜬장혀틀로 도리 지지 / 제공과 뜬장혀 위에 도리받침목, 판대공 설치

　㉢ 공포대와 지붕가구가 일체화된 구조

　㉣ 사례 : 직지사 일주문, 봉정사 일주문, 선암사 일주문

⑩ **처마부** : 장연 단독 구조 / 겹처마 설치

⑪ **지붕부** : 맞배지붕(일반) / 팔작지붕(화엄사 일주문) / 우진각지붕(용문사 일주문)

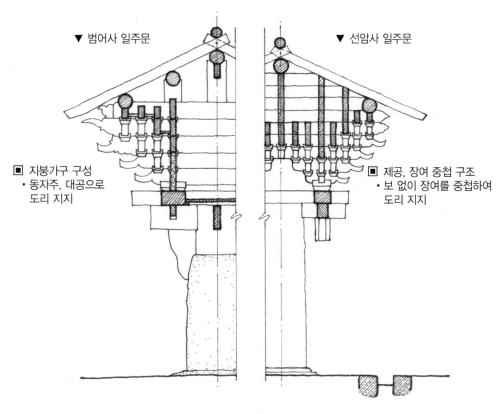

▼ 범어사 일주문

▼ 선암사 일주문

■ 지붕가구 구성
• 동자주, 대공으로
  도리 지지

■ 제공, 장여 중첩 구조
• 보 없이 장여를 중첩하여
  도리 지지

‖ 일주문 단면구조 비교 ‖

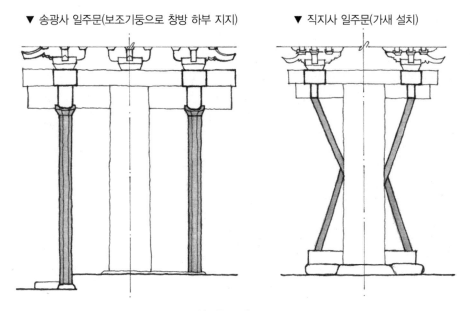

▼ 송광사 일주문(보조기둥으로 창방 하부 지지)

▼ 직지사 일주문(가새 설치)

‖ 일주문 보강 구조 ‖

⑫ 보강구조

    ㉠ 가새 지지 형식 : 기둥에 가새를 설치하여 공포대 지지(직지사 일주문, 봉정사 일주문)

    ㉡ 보조 기둥 지지 형식 : 보조 기둥을 설치하여 공포대 지지(송광사 일주문, 미황사 일주문)

    ㉢ 기둥렬에 주선 보강(기둥 단면 내력 증가)

02 | 일주문의 사례

① 범어사 일주문(조계문)

    ㉠ 주칸 : 정면 3칸

    ㉡ 지붕 : 맞배지붕

    ㉢ 초석, 기단 : 자연석 초석, 기단 상면에 화강석 박석 설치

    ㉣ 기둥 : 긴 석주와 짧은 목주로 구성(장주 초석과 짧은 기둥)

    ㉤ 출목 : 외3출목(내출목 없음)

    ㉥ 살미 : 초제공부터 정면 공포와 배면의 공포가 일체화된 긴 판재로 구성

    ㉦ 귀포 : 평포(전각포 없음)

    ㉧ 공포부 지지 : 별도의 지지부재 없이 기둥에 전후면 창·평방틀 구성하여 내민보 형태로 지지

    ㉨ 지붕부 지지 : 보 설치 구조 / 보 상부에 동자주로 주심도리 지지 / 대공으로 종도리 지지

② 직지사 일주문

    ㉠ 주칸 : 정면 1칸

    ㉡ 지붕 : 맞배지붕

    ㉢ 제공, 출목 : 내3출목, 외2출목 / 전후면에 별도의 제공 설치

    ㉣ 보가 없는 구조 : 공포대 상부에 받침목, 판대공으로 도리 지지

    ㉤ 보강구조 : 전후면 창방을 받는 가새 설치(기둥 중심부에서 교차되어 지면에 놓임)

01 | 개요

① 능, 원, 향교 등에 들어가는 어귀에 세운 문

② 신성한 공간이 시작되는 경계 설정

③ 석간주칠을 한 일주문 형태의 문

④ 지붕과 문짝이 설치되지 않음

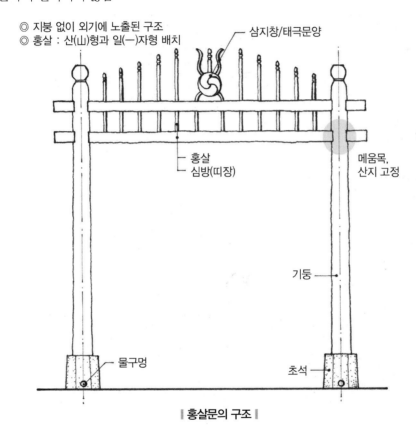

‖ 홍살문의 구조 ‖

02 | 홍살문의 구조

① **구성부재** : 홍살, 심방(띠장), 기둥, 초석(지주석)

② **기둥** : 좌우에 두 개의 원기둥을 세우고 지붕 없이 띠장을 건너지르고 홍살 설치

③ **심방** : 인방재 형태의 상하 띠장을 기둥에 구멍을 파고 통맞춤(산지 고정)

④ **홍살**

　　㉠ 띠장에 마름모꼴 구멍을 파고 각형 홍살을 등간격으로 설치

　　㉡ 중앙에 삼태극 문양과 삼지창 설치

    ⓒ 삼지창 좌우로 4~8개씩의 홍살

    ⓐ 홍살의 배치는 '山'자형과 '一'자형

⑤ 초석

    ㉠ 원형, 팔각, 방형, 지주석 형태 / 기둥을 초석에 홈을 파서 끼우거나 지주석 형태로 고정

    ⓛ 기둥 규격의 3배 정도 크기로 크게 사용

    ⓒ 물구멍을 두어 기둥 부식 및 초석의 동결융해에 따른 파손 방지

03 | 홍살문의 훼손 원인

① **지붕 없는 구조**

    ㉠ 우수에 직접 노출되어 목부재의 풍화와 초석 하부 기초의 변위가 쉽게 발생

    ⓛ 보수 주기가 짧고 전체 해체 보수가 많음

② **보 방향 기둥렬이 없는 일주문 형식**(풍하중, 횡력에 취약)

③ **부재의 규격 및 결구 부실**(기둥, 띠장)

④ **우수에 의한 목부재 부식**(홍살, 띠장, 기둥)

⑤ **초석 설치구조 문제**

    ㉠ 초석 상면의 구배 불량

    ⓛ 초석 물구멍 미설치, 물구멍 막힘 등 배수 곤란에 의한 기둥 하부 부식

    ⓒ 동결융해에 의한 초석 파손

⑥ **초석침하, 기울음** : 기초부의 부실한 시공 / 우수 유입에 따른 기초부 열화 현상

⑦ **주변환경** : 지면의 구배, 배수시설의 미흡 / 잡목 뿌리의 기초부 침범

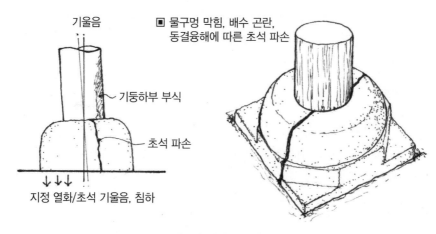

‖ 홍살문의 훼손 유형 ‖

04 | 수리 시 조사사항

① 홍살문 기둥의 기울기, 부식 상태 등 훼손 현황 조사
② 홍살문의 폭과 높이, 위치, 좌향(기존 위치의 변경 여부)
③ 홍살의 개수, 형태, 배치간격 / 삼지창의 형태와 문양
④ 부재 규격과 결구법(초석, 기둥, 심방)
⑤ 초석 형태, 물구멍 설치구조, 초석 상면 구배
⑥ 초석 하부 기초부 상태, 지정재료와 시공법
⑦ 주변환경(지면구배, 주변 배수시설 등)

05 | 수리 시 유의사항

① 기존의 규모, 형태대로 수리
   ㉠ 삼지창 및 홍살의 형태, 문양 등을 원형대로 재설치
   ㉡ 홍살문의 위치와 좌향, 규모 등을 원형대로 재설치
   ㉢ 복원 시에는 조사를 통해 기존 위치를 찾아 재설치

② 초석 설치
   ㉠ 초석 물구멍 설치 : 초석 내부에 물이 고이지 않도록 물구멍 설치
   ㉡ 초석 물구멍의 막힘 여부를 확인하고 청소
   ㉢ 초석, 지주석은 충분한 규격을 확보하여 지면에 깊게 묻히도록 설치

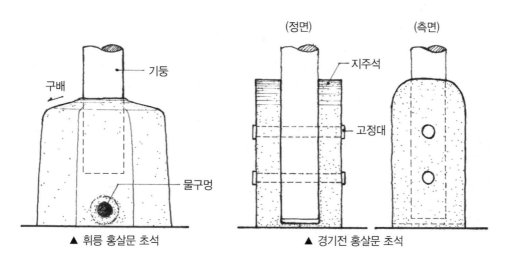

▲ 휘릉 홍살문 초석　　　　　▲ 경기전 홍살문 초석

‖ 홍살문 초석 설치 유형 ‖

③ 기초부 보강

　㉠ 기둥과 초석에 기울음이 발생하지 않도록 기초의 폭과 깊이를 충분히 확보

　㉡ 양질의 재료로 치밀하게 다짐

　㉢ 사례 : 하부에 장대석을 3열로 2단 설치 후 초석 설치

④ 주변환경정비

　㉠ 홍살문 주변 지면의 구배 확보

　㉡ 배수로 정비 / 잡목 제거

06 | 수리사례 [인릉 홍살문]

① 훼손현황 : 우측 초석 침하 / 홍살문이 우측으로 기울음

② 보수내용

　㉠ 주변에서 수습된 지주석 유구 재사용, 일부 신재 제작

　㉡ 지주석 기초 : 터파기 → 잡석다짐(200mm) → 강회잡석다짐(600mm)

　㉢ 기둥 설치 : 기둥 하부에 95mm 규격의 구멍을 2개씩 천공하고 지주석 구멍에 고정대로 연결

LESSON 06 정자각

SECTION 01 | 개요

01 | 개념

① 왕, 왕비의 신위를 모시고 각종 제사를 지내는 정(丁)자 형태의 건물
② 능원의 중심건물

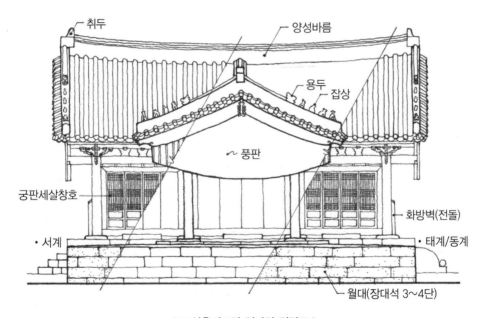

| 조선후기 5칸 정자각 정면도 |

02 | 정자각의 부속시설물

① 홍살문

② 참도
  ㉠ 정자각 정면 기단 아래까지 이어진 후 동쪽으로 꺾여 정자각 기단 동쪽 계단으로 연결
  ㉡ 신도는 소맷돌이 있는 태계로 이어져 정자각 뒤쪽의 능으로 이어짐

③ 비각
④ 예감, 소전대

SECTION **02** | **정자각의 시대별 특징**

01 | 조선초

① 5칸 정자각 : 정청 3칸(3×2), 배위청 2칸(2×1)
② 영악전 설치 : 능에 안치 되기 전에 관을 모시는 별도 시설(정자각 형태의 임시 건물)

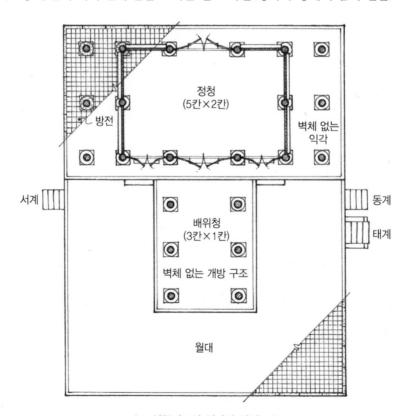

┃ 조선중기 8칸 정자각 평면도 ┃

02 | 조선중기

① 영악전 폐지
② 8칸 정자각 : 정청 5칸(5 × 2), 배위청 3칸(3 × 1), 정청 좌우에 벽체 없는 익각 구성
③ 8칸 정자각 사례 : 숭릉, 익릉, 휘릉, 의릉
④ 팔작지붕 정자각 : 숭릉(현종)

03 | 조선후기

① 5칸 정자각 : 정청 3칸(3 × 2), 배위청 2칸(2 × 1)
② 맞배지붕
③ 화반 설치 개수 증가, 장화반 사용 / 풍판의 규모 증가

SECTION 03 | 정자각의 각부 구조

01 | 참도, 판위

① 참도
   ㉠ 홍살문에서 정자각에 이르는 길
   ㉡ 신도와 어도 : 위계에 따른 단차 형성 / 경계석 설치 / 상면 박석 설치
   ㉢ 강회잡석다짐 상부에 삼화토다짐 또는 진흙다짐 / 박석 설치(THK100)
   ㉣ 박석 상면은 외부로 구배형성

② 판위 : 홍살문 우측에 장대석을 두르고 방전 또는 박석 설치

02 | 평면

① 5칸 정자각(기본형)
   ㉠ 정청 : 정면 3칸, 측면 2칸
   ㉡ 배위청 : 정면 2칸, 측면 1칸
   ㉢ 정침의 정칸 주칸길이＝배위청의 보칸길이

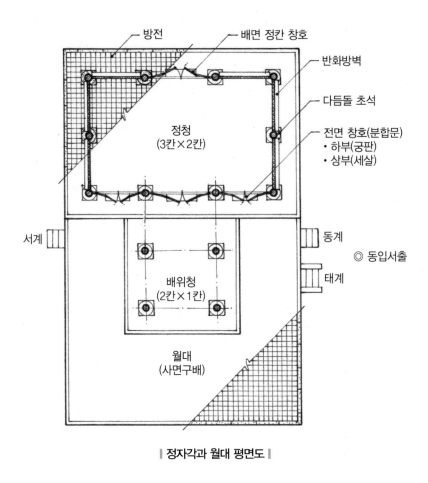

| 정자각과 월대 평면도 |

② 8칸, 6칸 정자각

   ㉠ 정청 좌우에 벽체 없는 협실을 두고 배위청 도리통에 1칸을 더함

   ㉡ 조선중기 양식의 정자각

03 | 기단, 월대

① 형식 및 규모

　　㉠ 정청, 배위청에 각각 1단의 장대석 기단 / 배위청 전면에 월대 구성

　　㉡ 월대와 정청은 1단 차이, 월대와 배위청은 1/2단 차이(정청 > 배위청 > 월대)

　　㉢ 월대는 장대석 3~4단 정도의 높은 기단 형성

② 기단 상면 구조

　　㉠ 방전 : 8치~1자각 방전 설치(통줄눈 또는 막힐줄눈)

　　㉡ 구배 : 전후좌우 사면으로 구배형성

③ 계단

　　㉠ 동입서출의 예법에 따른 구성

　　㉡ 동쪽에 2개의 계단(태계, 동계) / 서쪽에 1개의 계단(서계)

　　㉢ 태계 : 소맷돌이 설치된 장대석 계단(문양이 조식된 사분원형 장식형 소맷돌)

　　㉣ 동계, 서계 : 소맷돌 없는 장대석 계단

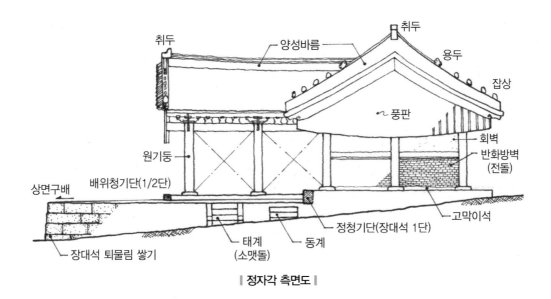

‖ 정자각 측면도 ‖

04 | 기둥, 초석

① 원기둥
② 다듬돌 초석, 고막이초석(정침 내부 바닥에 방전 설치)

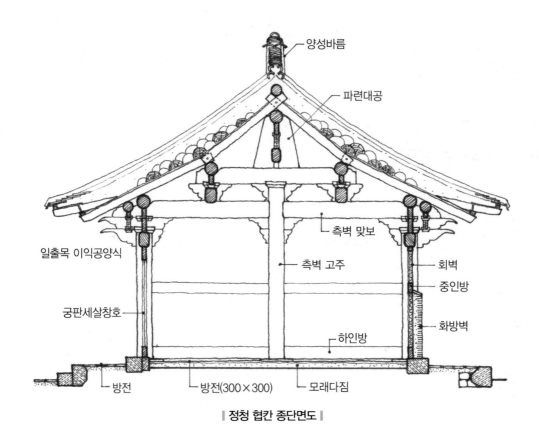

| 정청 협칸 종단면도 |

05 | 정청의 가구

① 정칸 : 무고주 5량가
② 협칸 : 심고주 5량가 / 측벽에 고주 설치(맞보)
③ 파련대공

06 | 배위청의 가구

3량가

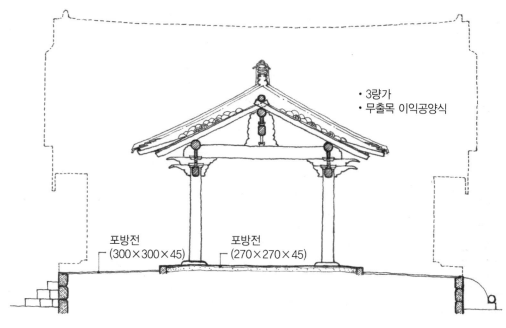

· 3량가
· 무출목 이익공양식

포방전
(300×300×45)

포방전
(270×270×45)

‖ 배위청 종단면도 ‖

07 | 정청과 배위청의 접속부 가구 구조

① 접속부 가구 구조의 특징

  ㉠ 회첨처마 형성

  ㉡ 정청과 배위청의 서까래 물매와 처마끝의 높이를 맞춤

  ㉢ 정청 중도리와 배위청 종도리의 높이와 처마내밀기를 조절

  ㉣ 정청 정칸에는 외목도리 미설치, 처마내밀기 없음(주심도리 상부에서 연목 직절)

  ㉤ 정청 정칸의 주심도리 상부에 대공을 놓고 배위청 종도리를 지지

② 정청과 배위청의 주심도리 높이가 동일한 경우

  ㉠ 회첨기둥 상부에서 정청의 대량과 주심도리, 배위청의 주심도리 결구

  ㉡ 정청의 외목도리는 배위청의 주심도리 하부에 결구

  ㉢ 태조 건원릉 등 다수의 정자각

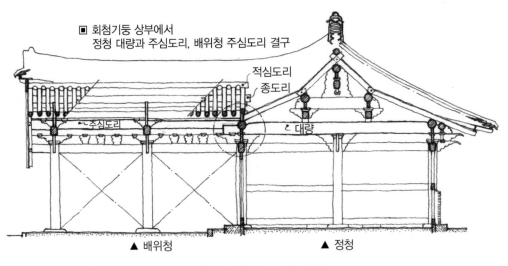

▲ 배위청   ▲ 정청

‖ 정청과 배위청 접속부의 가구 ‖

③ 정청과 배위청의 주심도리 높이가 다른 경우

　ⓐ 정청과 배위청의 기둥 높이가 다른 경우 : 배위청 주심도리가 정청 기둥에 결구(세종 영릉)

　ⓑ 정청과 배위청의 기둥 높이가 같은 경우 : 정청과 배위청의 공포양식(초익공, 이익공) 차이 등에 의해 도리 높이 차이 발생(중종 정릉, 덕종 경릉 등)

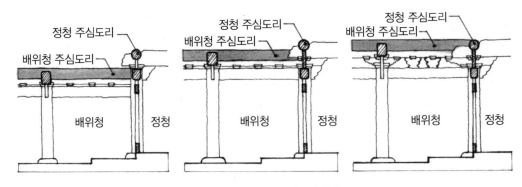

‖ 정청과 배위청 접속부 가구의 유형 ‖

08 | 회첨부 보와 도리의 결구 구조

① 사례 [융릉 정자각]

　ㄱ 배위청 주심도리가 정청 대량 머리에 올라타서 주먹장 맞춤

　ㄴ 배위청 주심도리와 정청의 주심도리는 반연귀맞춤, 주먹장맞춤

② 사례 [인릉 정자각] : 정청의 주심도리와 배위청의 주심도리가 삼분턱맞춤, 산지 보강

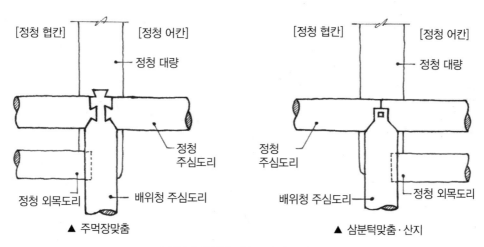

▲ 주먹장맞춤　　　　　　　　　　▲ 삼분턱맞춤 · 산지

‖ 정청과 배위청 접속부의 결구 사례 ‖

09 | 공포부

① 익공양식

② 위계에 따른 구분

　ㄱ 정청 이익공 ↔ 배위청 초익공

　ㄴ 정청 출목 이익공 ↔ 배위청 무출목 이익공

10 | 처마

① 정청 정칸 : 처마내밀기 없이 서까래가 주심도리 상부에서 단절 / 부연 미설치

② 회첨서까래 [외쪽처마 구조]

　ㄱ 정청과 배위청의 주심도리 높이가 동일한 경우

　ㄴ 한쪽의 서까래를 우선 배열하고, 배열된 서까래의 처마내밀기 위치까지 반대쪽 서까래를 배열

　ㄷ 고삽 설치

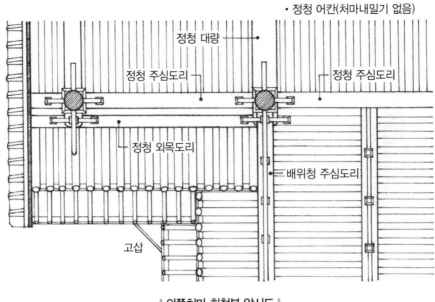

┃ 외쪽처마 회첨부 앙시도 ┃

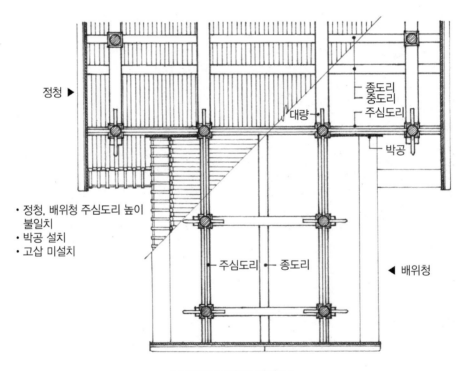

┃ 낮춘처마 회첨부 앙시도 ┃

② 회첨서까래 [낮춘처마 구조]

　㉠ 배위청의 주심도리 높이가 정청의 주심도리보다 낮은 경우

　㉡ 정청의 처마 하부에 배위청의 처마가 놓임

　㉢ 박공 설치 / 고삽 미설치

11 | 지붕

① 풍판이 설치된 맞배지붕
② 지붕면 접합부에 회첨골 형성
③ 지붕마루에 양성바름 / 취두, 용두 설치 / 내림마루에 잡상 설치

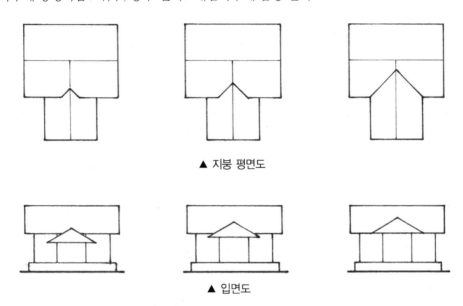

▲ 지붕 평면도

▲ 입면도

‖ 처마높이 차이에 따른 지붕평면도 및 입면도 ‖

12 | 벽체, 창호

① 정청
  ㉠ 전·배면 : 전면 전체와 배면 어칸은 하부에 궁판을 둔 세살문 창호 설치
  ㉡ 측면, 배면 퇴칸 : 중방의 상부는 회벽, 하부는 전돌 화방벽

② 배위청 : 벽체 없이 개방된 구조

13 | 바닥, 천장

① 건물 내외부에 모두 포방전 설치
② 연등천장

14 | 단청

① 모로단청
② 기둥 하부에 백색 단청

LESSON 07 향교

SECTION 01 | 개요

01 | 향교의 목적과 기능

① 관학 교육기관

② 문묘 향사, 교육, 민풍 교화

③ 공자와 4성, 공문 10철, 송조 6현, 공문 72현, 한당 22현, 동국 18현의 위패를 봉안하고 봉사

    ㉠ 5성 : 공자, 안자, 증자, 자사, 맹자

    ㉡ 공문 10철 : 민손, 염경 등 공자의 10대 제자

    ㉢ 송조 6현 : 정호, 주희 등 송나라 유학자 6명

    ㉣ 동국 18현 : 최치원, 이언적 등 우리나라 유학자 18명

02 | 향교의 배향 규모

	행정 단위	대성전	동서무
대설위	도	5성, 공문 10철, 송조 6현	공문 72현, 한당 22현, 동국 18현
중설위	부, 목, 도호부	5성, 공문 10철, 송조 6현	동국 18현
소설위	군, 현	5성, 송조 4현	동국 18현

참고 : 1949년 6월 전국유림대회 결의
    ㉠ 중국의 선현 가운데 5성과 2현(정호, 주희)만을 남기고 나머지 신위를 땅에 묻음
    ㉡ 동국 18현을 대성전으로 옮기고 동무와 서무의 종향을 폐지

03 | 향교의 시대적 특징

① 고려시대 : 향학

② 15c : 조선초 세종조에 이르러 전국 행정 체계 정비와 함께 전국 군현에 향교 설치

③ 16c : 지방 사림의 향촌 지배와 서원의 성장에 따라 향교 지위 쇠퇴

④ 17c 후반 : 임란, 호란 등 전후 복구를 거치며 읍치의 활성화와 이에 따른 향교의 기능 회복

⑤ 18c

    ㉠ 부농, 상인, 중인 계층의 성장 / 상업 활동 증가

    ㉡ 읍치 활성화 / 향교 활성화 / 향교의 교육 기능 부활

    ㉢ 부속건물의 증가 / 넓은 회합 공간의 필요성에 따른 누각 건축(풍화루)

SECTION 02 | 향교의 입지와 배치

---

01 | 향교의 입지

① 객사, 동헌 등 관부에 근접하여 건축

② 군, 현의 향교는 대부분 경사지에 입지(전학후묘 배치가 일반적)

02 | 제향공간과 강학공간의 배치 형식

① 전묘후학 배치

    ㉠ 조선초 주요 읍치의 향교 배치 형식

    ㉡ 규모가 크고 상대적으로 평지에 건축(대설위 향교)

② 전학후묘 배치

    ㉠ 일반적인 군, 현 단위 향교의 건물 배치 형식

    ㉡ 경사지에 입지한 소규모 향교(소설위)

③ 병렬형 배치

    ㉠ 전학후묘 배치의 일종

    ㉡ 대성전 권역과 명륜당 권역을 축을 달리하여 병렬 배치

    ㉢ 대성전 권역을 지형이 높은 곳에 배치

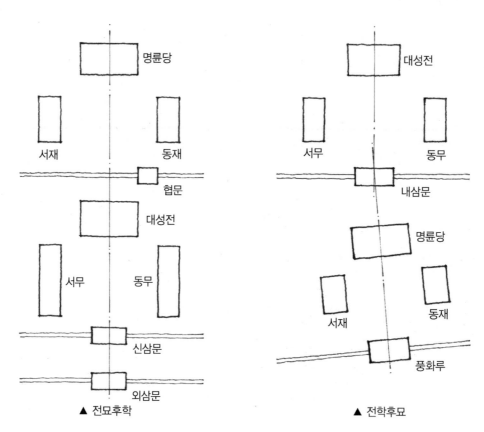

명륜당

서재   동재

협문

대성전

서무   동무

신삼문

외삼문

▲ 전묘후학

대성전

서무   동무

내삼문

명륜당

서재   동재

풍화루

▲ 전학후묘

┃ 향교의 배치 유형 ┃

03 | 전묘후학 배치

① 평지 입지

② 조선초기 주요 향교(도, 부, 목, 도호부 단위)

③ 앞쪽에 문묘공간(대성전) / 뒤쪽에 강학공간(명륜당)

④ 대성전과 명륜당이 일축선상에 위치 / 동서무, 동서재는 좌우 대칭 배치

⑤ 문묘공간 진입 : 전면부에 외신문(누각), 내신문 이중 설치(문묘공간 바로 앞에는 누각 미설치)

⑥ 강학공간 진입 : 문묘공간 외곽을 우회하여 강학공간 출입 / 대성전 배면에 협문, 사주문 설치

⑦ 사례 : 나주향교, 경주향교, 전주향교 등

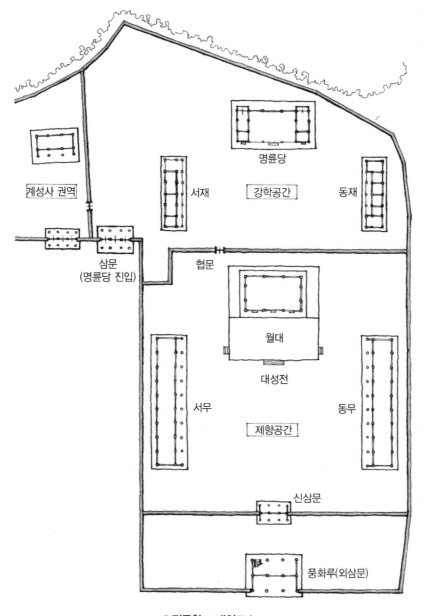

‖ 전주향교 배치도 ‖

04 | 전학후묘 배치

① 경사지 입지
② 조선 중후기의 일반적인 향교 건축 배치 유형(군, 현 단위)
③ 앞쪽에 강학공간(명륜당) / 뒤쪽에 문묘공간(대성전)
④ 대성전이 지형적으로 제일 높은 후면에 위치
⑤ **문묘공간 진입** : 명륜당 배면에 내삼문 설치 / 담장으로 별도의 공간을 구획
⑥ **강학공간 진입** : 정면에 외삼문 설치(풍화루)
⑦ **명륜당과 동서재의 배치** : 전당후재형, 전재후당형

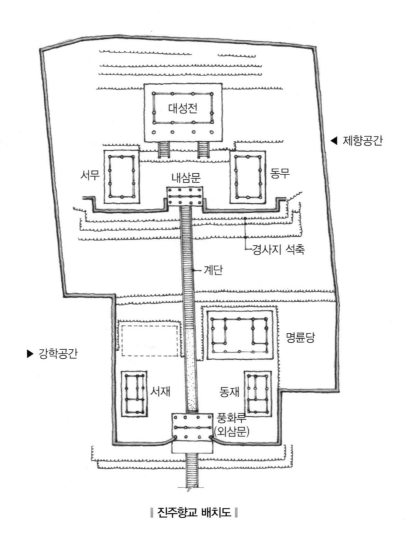

‖ 진주향교 배치도 ‖

05 | 병렬형 배치(좌묘우학, 좌학우묘)

① 경사지 입지
② 대성전과 명륜당 권역을 축을 달리하여 병렬 배치 / 대성전을 중심으로 명륜당을 측면에 배치
③ 경사지 후면 가장 높은 곳에 대성전 배치(전학후묘 배치의 일종)
④ 대성전을 지형적으로 가장 높은 위치에 두거나, 기단을 높게 축조
⑤ 외삼문(풍화루)을 거쳐 각 공간 구역별로 독립된 동선으로 연결

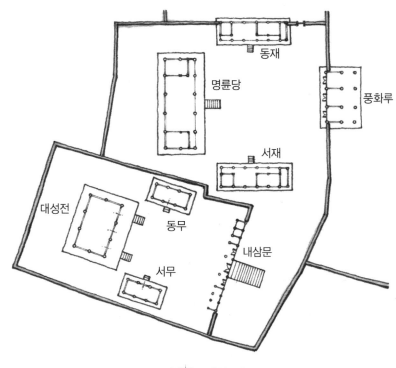

▎밀양향교 배치도▕

06 | 명륜당과 동서재의 배치

① 전학후묘 배치 형식에서 명륜당과 동서재의 배치 유형
② **전재후당** : 명륜당 앞에 동서재를 배치(영남지역)
③ **전당후재** : 동서재가 대성전 권역과 명륜당 사이에 위치(호남지역)
④ **기타** : 서울 및 경기, 강원지역은 두 가지 형태가 혼재

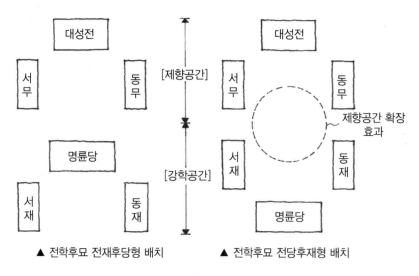

▲ 전학후묘 전재후당형 배치 　　　　▲ 전학후묘 전당후재형 배치

| 명륜당과 동서재의 배치 유형 |

07 | 풍화루

① 향교 전면에 설치되는 누각 건물 / 외삼문 기능 / 누하진입 구조
② 18세기 이후 읍치 활성화, 향교 부흥을 배경으로 건립

SECTION 03 | 향교 주요 건축물의 구조

01 | 향교의 공간 구성과 주요 건축물

① 제향공간 : 대성전, 동무, 서무
② 강학공간 : 명륜당, 동재, 서재
③ 부속공간 : 제기고, 전사청, 장판각, 교직사(고직사)
④ 진입공간 : 풍화루, 외삼문, 홍살문, 하마비

02 | 부속 건축물

① 내삼문 : 대성전 구역에 설치하는 삼문, 신문
② 외삼문 : 향교 진입부 정면에 설치하는 삼문 / 명륜당 권역 진입(전학후묘형)
③ 풍화루 : 누각 형태의 외삼문
④ 홍살문 : 향교 초입에 설치되는 일주문 형식의 문
⑤ 사마재, 양사재 : 향교에 인접한 별도의 교육장, 공부방

03 | 향교의 석물

① 생단 : 제수를 검사하는 단
② 정료대 : 대성전, 명륜당 앞에 설치 / 관솔불 용도
③ 관세대 : 대성전에 들기 전에 손을 씻기 위해 물을 담아 놓는 곳
④ 망료대 : 축문 소각
⑤ 하마비 : 홍살문 앞에 설치

04 | 대성전

① 기능적 특성
   ㉠ 문묘 영역의 가장 높고 중심이 되는 곳에 위치한 건물
   ㉡ 공자, 4성, 공문 10철, 송조 6현 등의 위패를 배향하며 제사 의식 거행
   ㉢ 규모, 양식, 의장성 측면에서 향교 내 다른 건물에 비해 위계성과 상징성을 지님

② 평면구조
   ㉠ 정면 3칸 × 측면 3칸(정면 5칸 × 측면 3칸) / 5칸 × 4칸(서울문묘, 나주향교 대성전)
   ㉡ 전퇴 개방형 / 폐쇄형
   ㉢ 초석, 기단 : 다듬돌 원형초석 / 장대석기단, 다듬돌기단 / 기단상면 방전, 강회다짐 마감
   ㉣ 계단 : 전면 좌우 협퇴칸에 2개소 설치 / 정칸을 포함해 3개소 설치 / 전면에 계단 미설치
   ㉤ 전면에 월대 형성
   ㉥ 바닥 : 전퇴(방전, 강회다짐) / 실내(방전, 마루)

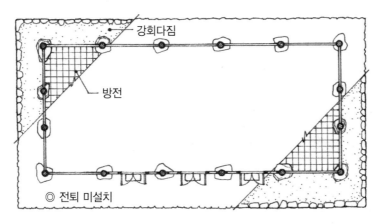

‖ 전퇴가 없는 폐쇄형 대성전의 평면 ‖

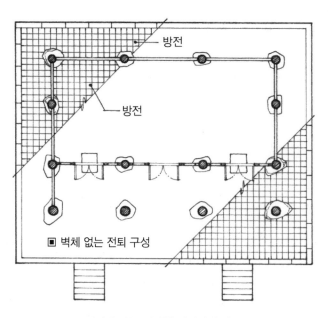

┃ 전퇴가 있는 개방형 대성전의 평면 ┃

③ 입면구조

　　㉠ 기둥 : 민흘림 원주

　　㉡ 처마부 : 통상 정면은 겹처마, 후면은 홑처마 / 건물에 따라 풍판 유무

　　㉢ 전면 창호 : 판문, 살창, 세살창 / 전체 판문 또는 정칸, 홀수칸에 판문 설치

　　㉣ 벽체 : 회사벽, 화방벽 설치(측면, 배면)

　　㉤ 단청 : 모로단청

　　㉥ 지붕부 : 맞배지붕(일반적) / 팔작지붕(나주향교, 진주향교 등)

　　㉦ 적새를 쌓고 망와 설치(일반적) / 양성바름, 용두 장식(서울문묘 대성전)

④ 단면구조

　　㉠ 종단면 가구 : 1고주 5량가(전퇴 형성) / 무고주 5량가

　　㉡ 연등천장 / 화반대공, 파련대공

⑤ 공포부

　　㉠ 주심포양식, 익공양식

　　㉡ 혼용양식 : 주심포계 공포를 기본으로 살미, 첨차, 화반, 보머리 등에 익공, 다포계 요소 혼용

　　㉢ 다포양식 : 서울문묘 대성전(다포계 팔작지붕), 성주향교 대성전(다포계 맞배집)

‖ 향교 대성전 정면도 ‖

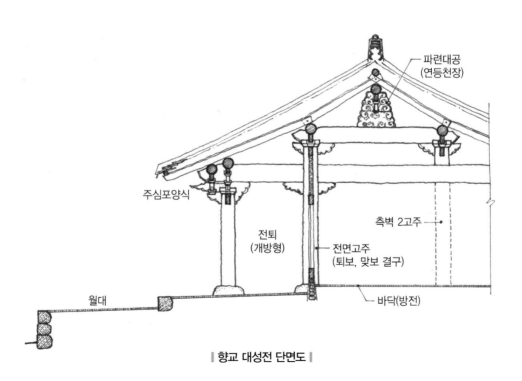

파련대공
(연등천장)

주심포양식

전퇴
(개방형)

전면고주
(퇴보, 맞보 결구)

측벽 2고주

바닥(방전)

월대

‖ 향교 대성전 단면도 ‖

05 | 동무, 서무

① 기능적 특성

　　㉠ 문묘 영역 내에서 대성전과 함께 제향 의식을 행하기 위해 설치한 건물

　　㉡ 대성전 전면 양쪽에 대칭으로 위치

　　㉢ 공문 72현, 동국 18현 등의 위패를 각각 나누어 배향

② 평면

　　㉠ 대설위 : 정면 9칸~12칸(전주향교 동서무 전면 9칸 / 경주향교 동서무 전면 12칸)

　　㉡ 소설위 : 정면 3칸, 측면 1칸(폐쇄형, 전퇴형)

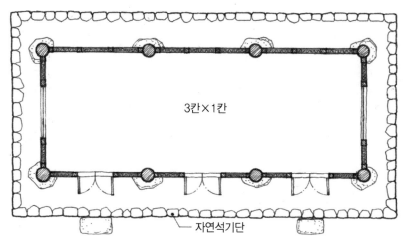

┃ 동무 평면도 ┃

③ **가구** : 3량가(일반적), 5량가

④ **공포** : 민도리집 또는 초익공양식

⑤ **지붕** : 맞배지붕

⑥ **처마** : 홑처마

⑦ **천장** : 연등천장

⑧ **창호**

　　㉠ 정칸 : 판문 또는 세살창

　　㉡ 협퇴칸 : 흙벽, 살창(광창)

　　㉢ 전면 칸에 모두 창호를 설치하거나, 정칸은 문을 달고 협퇴칸은 흙벽 일부에 광창 설치

⑨ **벽체** : 측배면에 회사벽, 화방벽 설치

⑩ **바닥** : 흙바닥(강회다짐), 방전, 마루 설치

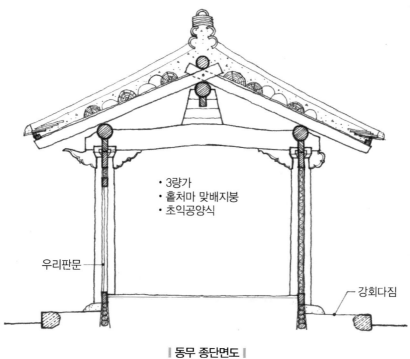

- 3량가
- 홑처마 맞배지붕
- 초익공양식

우리판문 ─

강회다짐 ─

▌동무 종단면도 ▌

06 | 명륜당

① 기능적 특성

　　㉠ 향교 교육과 강학 공간의 중심 건물

　　㉡ 유생들의 교육 공간, 교관의 처소

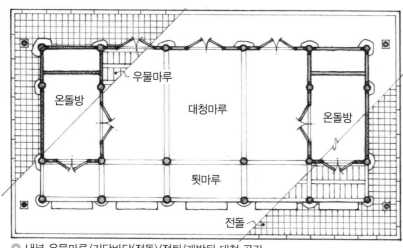

온돌방

우물마루

대청마루

온돌방

툇마루

전돌

◎ 내부 우물마루/기단바닥(전돌)/전퇴/개방된 대청 공간

▌명륜당 평면도 ▌

② 평면

　　㉠ 3칸 × 2칸, 5칸 × 3칸, 4칸 × 3칸 등 다양한 구성

　　㉡ 중앙에 대청, 양단에 협실(온돌방) 구성

　　㉢ 장대석 기단, 자연석 기단

③ 공포 : 익공 양식

④ 가구 : 5량가

⑤ 지붕 : 팔작지붕 또는 맞배지붕

⑥ 처마 : 홑처마, 겹처마

⑦ 천장 : 대청(연등천장), 실(종이반자)

⑧ 창호

　　㉠ 대청 : 동서재가 위치한 방향으로 개방형 대청 설치

　　㉡ 협실 : 세살창 설치

　　㉢ 판문 : 대청 후벽에 우리판문

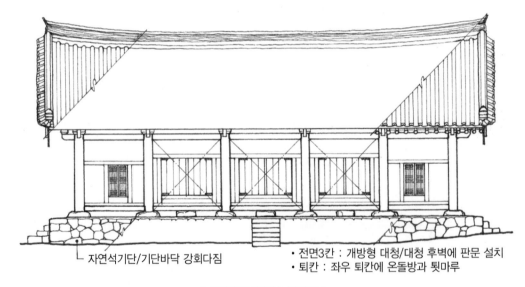

　　└ 자연석기단/기단바닥 강회다짐

　　• 전면3칸 : 개방형 대청/대청 후벽에 판문 설치
　　• 퇴칸 : 좌우 퇴칸에 온돌방과 툇마루

‖ 성주향교 명륜당 정면도 ‖

⑨ 바닥 : 우물마루(대청), 온돌(협실)

⑩ 벽체 : 회사벽

⑪ 단청 : 모로단청, 긋기단청

07 | 동재, 서재

① 기능적 특성

  ㉠ 유생들의 생활공간(숙식, 독서)

  ㉡ 명륜당 전면 또는 후면 양쪽에 대칭으로 위치(전당후재형 / 전재후당형)

  ㉢ 동재에는 양반 자제 교생, 서재에는 평민 자제 교생을 수용

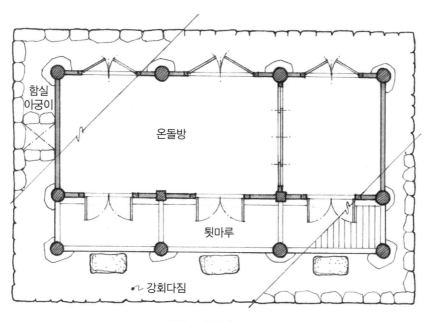

| 동 · 서재 평면도 |

② 평면

  ㉠ 정면 3칸~6칸까지 다양 / 측면 1칸~2칸

  ㉡ 전퇴에 툇마루를 설치한 살림집 평면형태

③ **가구** : 3량가, 반오량가, 5량가 / 민도리집

④ **지붕** : 맞배지붕

⑤ **처마** : 홑처마

⑥ **창호** : 세살창

⑦ **함실아궁이**

08 | 풍화루

① 건립 배경 : 18세기 읍치의 성장 / 경제적 여유 / 향교의 위상 제고

② 기능적 특성
    ㉠ 유생들의 교육, 휴식, 여가 공간 / 교육, 휴식, 접객 기능 / 외삼문 기능
    ㉡ 강학공간 전면부 입구 쪽에 위치 / 누문 기능 / 마루, 난간 설치

③ 누각의 구조
    ㉠ 2층 문루 형태 / 누하진입
    ㉡ 3칸×2칸(일반적), 11칸×1칸(안성향교 풍화루 등)
    ㉢ 팔작지붕

09 | 내삼문, 외삼문

① 내삼문
    ㉠ 문묘공간 출입을 위한 문(대성전 구역)
    ㉡ 중앙문 : 평소에는 닫아 두고 제향의식 때 개방(신문)
    ㉢ 양측문 : 평소 참배나 왕래를 위한 출입문

② 외삼문
    ㉠ 향교 입구에 설치하여 정문 역할 / 외부 출입을 위한 기능 / 누문
    ㉡ 강학공간 출입을 위한 문(명륜당 구역)

10 | 부속 건물

① 제기고 : 제향 시에 필요한 기물을 보관하는 건물
② 전사청 : 제수용품을 장만하고 보관하는 건물

③ 교직사
    ㉠ 향교의 관리를 맡은 사람이 기거하는 건물(고직사, 주사)
    ㉡ 향교 관리, 교생 지원, 식량보관, 제기 용품 준비 기능
    ㉢ 창고, 문간채 등과 함께 별도의 영역을 형성

01 | 나주향교

① 전묘후학 배치 / 전재후당형
② **대성전** : 5×4칸 / 전퇴 개방형 / 팔작지붕 / 월대
③ **명륜당** : 중당(맞배지붕), 익당(팔작지붕)
④ **계성사** : 공자 등 5성의 아버지 위패를 봉안한 건물(서울문묘, 나주향교, 전주향교)

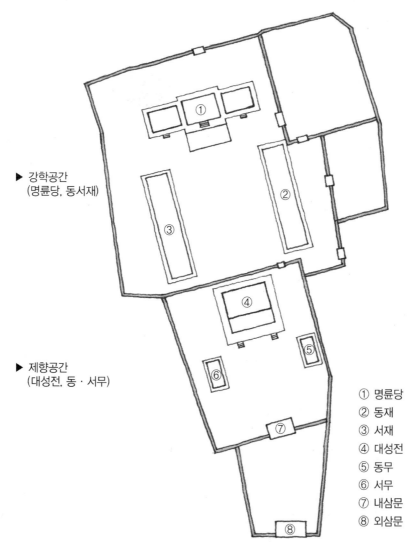

▶ 강학공간
　(명륜당, 동서재)

▶ 제향공간
　(대성전, 동·서무)

① 명륜당
② 동재
③ 서재
④ 대성전
⑤ 동무
⑥ 서무
⑦ 내삼문
⑧ 외삼문

‖ 나주향교 배치도 ‖

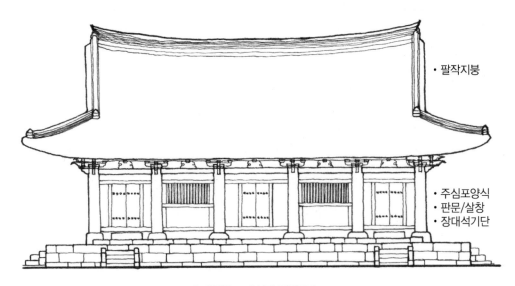

・팔작지붕

・주심포양식
・판문/살창
・장대석기단

‖ 나주향교 대성전 정면도 ‖

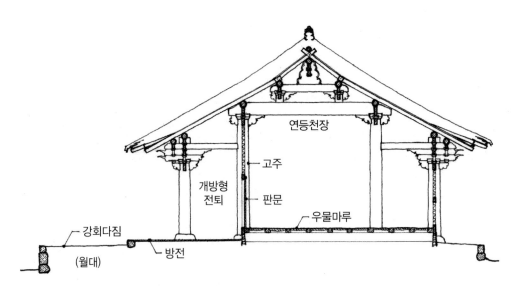

연등천장

고주

개방형
전퇴

판문

우물마루

강회다짐

(월대)   방전

‖ 나주향교 대성전 종단면도 ‖

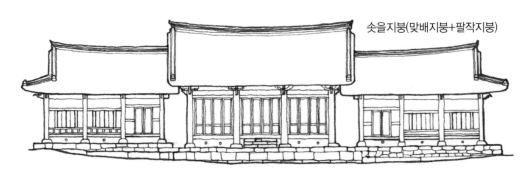

솟을지붕(맞배지붕+팔작지붕)

‖ 나주향교 명륜당 정면도 ‖

02 | 서울 문묘 대성전

① 평면구조

　　㉠ 정면 5칸, 측면 4칸 / 개방형 전퇴

　　㉡ 전면 월대(남측, 동측) / 바닥 방전 설치

　　㉢ 장대석 기단 / 기단 상면 방전 설치

　　㉣ 계단 : 전면 2개소(소맷돌 설치) / 측면 각 1개소(소맷돌 미설치)

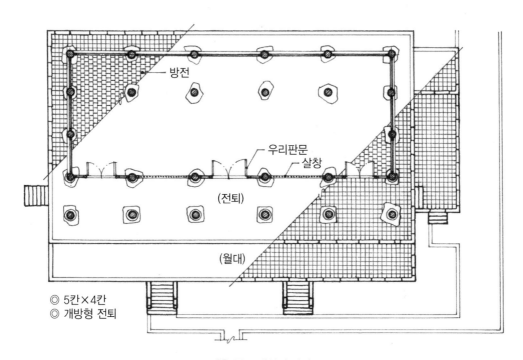

┃ 서울 문묘 대성전 평면도 ┃

② 입면구조

　　㉠ 전면 퇴칸은 벽체 없는 개방구조

　　㉡ 민흘림 원기둥

　　㉢ 팔작지붕 / 양성바름, 취두, 용두, 잡상 설치

　　㉣ 창호 : 전면 고주열 어칸, 퇴칸에 이분합 당판문 설치 / 전면 고주열 협칸에 살창 설치

　　㉤ 벽체 : 측배면 벽체 하부에 전돌 화방벽 / 상부 회벽

　　㉥ 가칠단청(석간주, 뇌록) / 전퇴 기둥 하부에 백색 단청

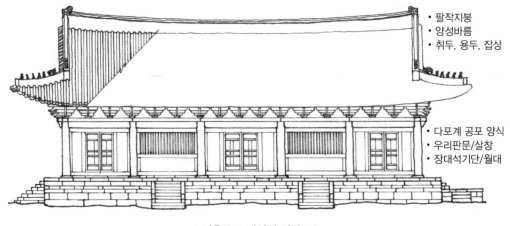

｜ 서울문묘 대성전 정면도 ｜

・팔작지붕
・양성바름
・취두, 용두, 잡상

・다포계 공포 양식
・우리판문/살창
・장대석기단/월대

③ 단면구조

  ㉠ 2고주 7량가

  ㉡ 파련대공, 포대공(첨차 사용)

  ㉢ 화반 : 타봉형 초각부재, 삼두식 첨차

  ㉣ 삼분두 보머리

  ㉤ 다포계 공포 : 내외2출목 / 앙서, 삼분두 살미 / 살미 내단 교두형 / 살미 몸체와 단부 이격

  ㉥ 겹처마 / 상연, 중연, 하연 설치

  ㉦ 우물천장, 층급반자

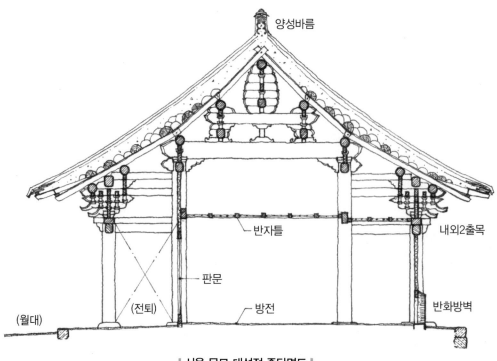

양성바름

반자틀

내외2출목

판문

방전

(전퇴)

(월대)

반화방벽

｜ 서울 문묘 대성전 종단면도 ｜

④ 서울 문묘 명륜당

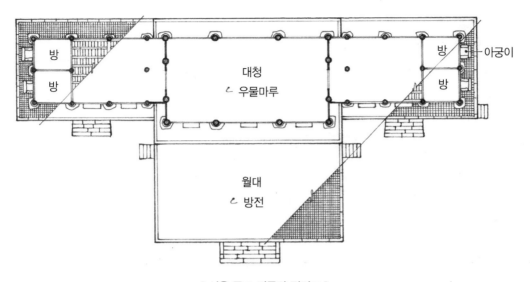

| 서울 문묘 명륜당 평면도 |

LESSON

08 서원

SECTION 01 개요

01 | 서원의 형성과 변화

① 설립 목적
　　㉠ 향사와 강학
　　㉡ 선현에 대한 제향 / 유생 교육(사학 교육기관)

② 조선 중기
　　㉠ 전국적으로 확산되며 교육기관으로 정착 / 교육기능 위주 / 관학인 향교 위축 초래
　　㉡ 건축적 특징 : 구성과 배치에서 정형화되지 않은 형태(사례 : 소수서원, 도산서원)

③ 조선 후기
　　향사 기능 위주로 변화 : 강학공간이 부실해지고 교육시설, 부속시설이 축소

④ 19세기 이후 : 서원 정비기 이후 복원 과정에서 향사기능을 위주로 건물 복원(강학기능 소멸)

02 | 서원의 배치형식

① 전학후묘형 배치 : 서원의 일반적인 배치형식
② 병렬형 배치 : 지형조건에 따른 배치(소수서원, 죽정서원, 수암서원, 수림서원 등)

03 | 서원의 구성요소

① 제향공간 : 사당, 내삼문
② 강학공간 : 강당, 동재, 서재
③ 부속공간 : 제기고, 전사청, 장판각, 고직사
④ 진입공간 : 전면 누각, 외삼문, 홍살문, 하마비

342 PART 09 건축유형과 건축물

⑤ 주변공간 : 정자
⑥ 석물 : 정료대, 관세대

04 | 향교 건축과 공통점

① 사묘와 강학공간으로 구성
② 삼문구조

05 | 향교 건축과 차이점

① 사묘의 규모 : 향교와 달리 배향규모가 작음 / 향교의 대성전보다 사당의 규모가 작음
② 동무, 서무 없음
③ 사묘와 강당, 동서재의 명칭이 서원에 따라 다름(향교 : 대성전과 명륜당으로 규범화)
④ 향교와 달리 전묘후학 배치가 없음
⑤ 읍치에서 떨어진 경승지, 경사지에 입지 / 경관을 중시하는 건축

SECTION **02** | 서원의 입지와 배치

---

01 | 서원의 입지

① 경승지에 입지 : 읍치, 관부에 근접한 향교와 달리, 읍치에서 떨어진 경승지에 위치
② 경사지에 입지 : 전저후고의 경사지에 입지 → 전학후묘 배치

02 | 서원의 건축적 특징

① 경관을 고려한 건축
    ㉠ 전망과 경관을 중요하게 고려한 건축 구성
    ㉡ 낮은 담장 / 개방적인 전면 누각(벽체, 창호 없음)
    ㉢ 서원 부근의 경승지에 정자와 누각 조영

② 초기 서원의 건축 배치
    ㉠ 직선축에 종속되지 않고 지형지세에 따라 경직되지 않게 자연스런 배치를 추구
    ㉡ 향교에 비해 변화 있고 다양한 배치 형식

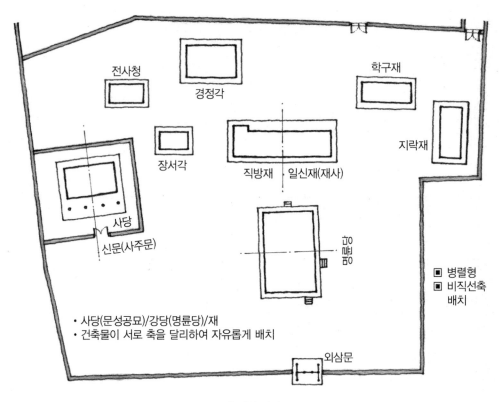

전사청

경정각

학구재

장서각

직방재 일신재(재사)

지락재

사당

신문(사주문)

묘정비

· 사당(문성공묘)/강당(명륜당)/재
· 건축물이 서로 축을 달리하여 자유롭게 배치

■ 병렬형
■ 비직선축
  배치

외삼문

┃ 소수서원 배치도 ┃

03 | 서원의 배치 형식과 사례

① 비직선축 배치(초기 서원)

    ㉠ 사묘와 강당 건물의 축이 불일치 / 중심축과 대칭형 배치에 얽매이지 않음

    ㉡ 경직되지 않은 자연스런 배치 / 지형 지세에 따른 자연스런 배치 추구

    ㉢ 사례 : 소수서원, 도산서원, 병산서원 등 초기 서원

② 직선축 배치(중 · 후기 서원)

    ㉠ 사묘와 강당 건물을 직선축으로 배치 / 직선축을 중심으로 대칭형 배치

    ㉡ 사례 : 옥산서원, 도동서원, 필암서원 등 중 · 후기 서원

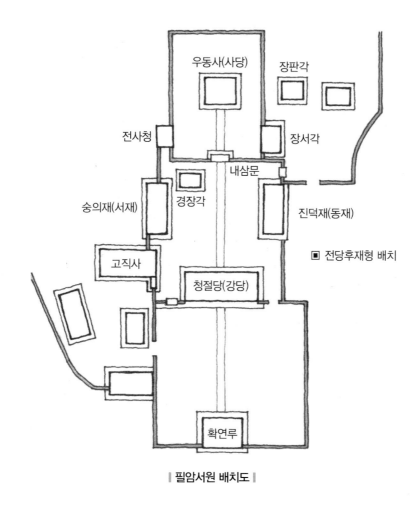

‖ 필암서원 배치도 ‖

③ 강학공간의 배치형식(전재후당형, 전당후재형)

    ㉠ 전재후당형 : 강당 앞쪽에 동서재 배치

    ㉡ 전당후재형 : 강당과 사당 사이에 동서재 배치

01 │ 강당의 구조

① 평면구조

　　㉠ 정면 4~5칸 × 측면 2~3칸

　　㉡ 정면 2~3칸에 대청, 좌우에 협실(온돌방) 배치

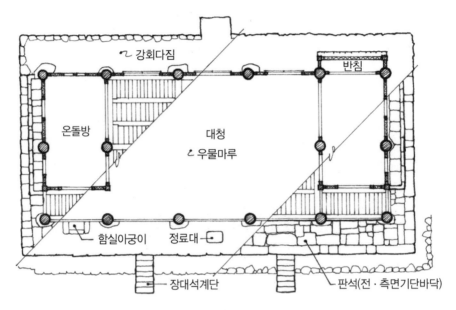

강회다짐

반침

온돌방

대청

우물마루

함실아궁이　　정료대

장대석계단　　판석(전·측면기단바닥)

│ 도동서원 강당 평면도 │

② 입면구조

　　㉠ 팔작지붕, 맞배지붕

　　㉡ 개방된 대청 / 세살창 / 대청 후벽에 판문, 판벽

③ 단면구조

　　㉠ 5량가 또는 7량가

　　㉡ 익공 양식

　　㉢ 대청에 연등천장 / 실에 종이반자

02 | 사당의 구조

① 정면 3칸 × 측면 2~3칸
② 개방형 전퇴
③ 1고주 5량가
④ 주심포계, 익공계 공포 양식
⑤ 맞배지붕, 팔작지붕

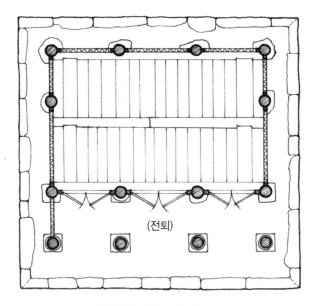

(전퇴)

‖ 소수서원 사당 평면도 ‖

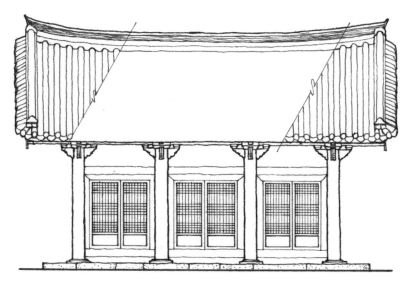

‖ 소수서원 사당 정면도 ‖

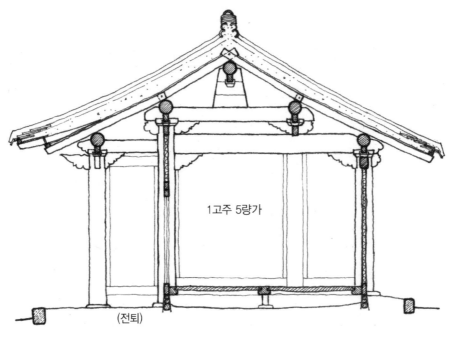

■ 소수서원 사당 종단면도 ■

1고주 5량가

(전퇴)

03 | 장판각의 구조

① 평면구조 : 정면 2~3칸 × 측면 1~2칸 / 바닥(방전, 강회다짐, 우물마루 등)
② 입면구조 : 홑처마 맞배지붕, 팔작지붕 / 판문, 판벽, 살창, 고창 설치
③ 단면구조 : 3량가, 5량가 / 민도리집

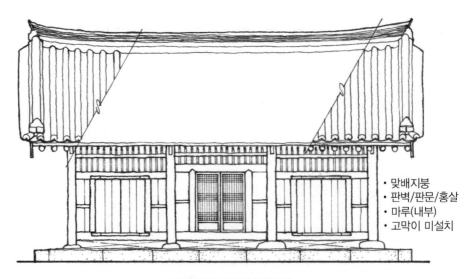

• 맞배지붕
• 판벽/판문/홍살
• 마루(내부)
• 고막이 미설치

■ 도산서원 장판각 정면도 ■

04 | 동재, 서재의 구조

① 평면구조

　㉠ 정면 3~4칸 × 측면 1~2칸

　㉡ 툇마루와 온돌방(살림집 평면 구조)

　㉢ 전퇴를 두거나, 전면에 바깥툇마루를 달아냄

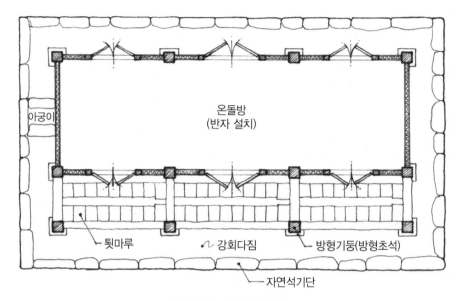

‖ 서원 동·서재 평면도 ‖

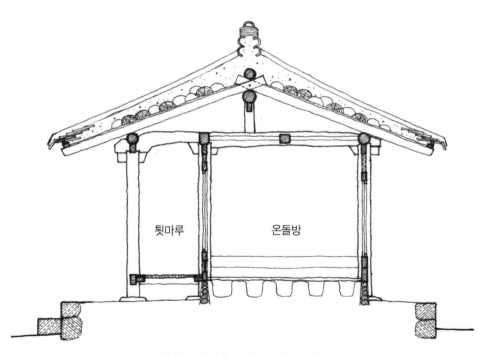

‖ 서원 동서재 단면도 – 도산서원 ‖

② 입면구조 : 홑처마 맞배지붕 / 세살창호

③ 단면구조
  ㉠ 3량가, 반오량가, 5량가 구조
  ㉡ 전퇴 형성(전면 고주) / 툇마루 / 구들
  ㉢ 민도리집

SECTION **04** | **서원의 사례**

01 | 도산서원

① 전학후묘형 배치
② 사묘와 강당의 축이 불일치
③ **상덕사** : 사당 건물 / 3칸 × 2칸 / 홑처마 팔작지붕 / 개방형 전퇴 / 내부 우물마루
④ **전교당** : 강당 건물 / 4칸 × 2칸 / 홑처마 팔작지붕 / 대청과 온돌방
⑤ **박약재, 홍의재** : 동재, 서재 / 3칸 × 2칸 / 홑처마 맞배지붕
⑥ **광명실** : 서적 보관
⑦ **장판각** : 목판 보관, 출판소 / 3칸 × 2칸 / 홑처마 맞배집 / 우물마루 / 판벽, 판문, 살창
⑧ **고직사** : 관리인 거주 시설(민가 살림집 형식)

02 | 옥산서원

① 전학후묘형 배치 / 사묘와 강학공간이 직선축 형성
② **체인묘** : 사당 건물 / 3칸 × 2칸 / 맞배지붕
③ **구인당** : 강당 건물 / 5칸 × 2칸 / 팔작지붕 / 3칸 대청, 좌우 협실 구성
④ **민구재, 암수재** : 원생의 기숙사(동재, 서재) / 구인당 전면 좌우에 배치
⑤ **무변루** : 전면 중층 누각(7칸 × 2칸)
⑥ **역락문** : 진입부 정문 / 삼문

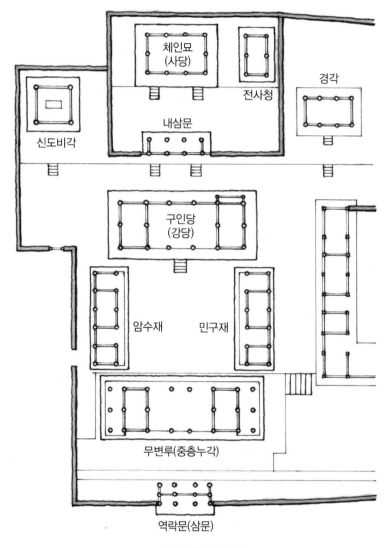

체인묘
(사당)

전사청

경각

신도비각

내삼문

구인당
(강당)

암수재

민구재

무변루(중층누각)

역락문(삼문)

‖ 옥산서원 배치도 ‖

03 | 돈암서원 응도당

묘침제에 의거한 강당 건축

① 방실제에 의한 평면 구성

    ㉠ 후면에 동실, 서실, 협실 구조

    ㉡ 중심부에 중당 형성(정칸은 무고주, 협퇴칸은 2고주)

    ㉢ 영(楹) 기둥(정면 정칸의 기둥)

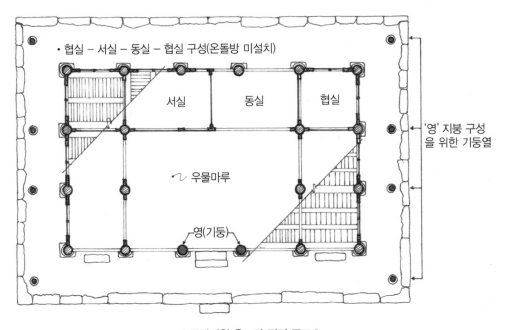

| 돈암서원 응도당 평면 구조 |

② 당우제에 의한 지붕구성

    ㉠ 맞배지붕 측면에 영(榮)을 설치한 구조(측면에 가적지붕 설치)

    ㉡ 묘침건축에 관한 중국 고제인 전옥하옥제의 영향

    ㉢ 유사사례 : 노강서원 강당, 청주향교 명륜당

③ 단면구조

    ㉠ 어칸 : 무고주 5량가 / 행례 중심공간인 당(堂) 확보 / 양영(兩楹) 설치

    ㉡ 협칸 : 2고주 5량가(고주로 공간 구획)

④ '영(榮)지붕' 설치구조

    ㉠ 몸채의 창방 뺄목 상부에 반턱 → 도리 역할을 하는 부재 설치 → 영의 서까래 뒤초리 지지

    ㉡ 창방 뺄목 하부에 경사재를 대어 몸채 기둥의 하부와 연결하여 지지

    ㉢ 영의 외곽 기둥 상부에 처마도리 역할을 하는 부재를 건너질러 서까래의 외단을 지지

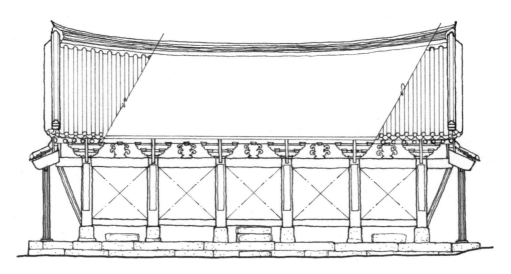

‖ 돈암서원 응도당 정면도 ‖

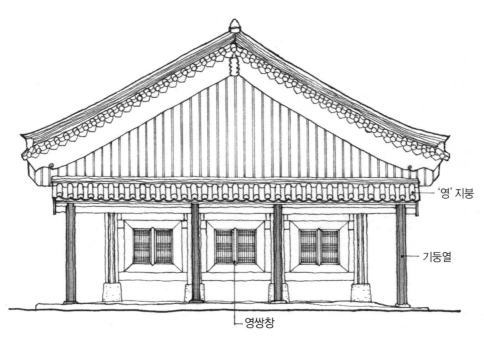

'영' 지붕

기둥열

영쌍창

‖ 돈암서원 응도당 측면도 ‖

04 | 도동서원 수월루

도동서원 전면 누각(누문)

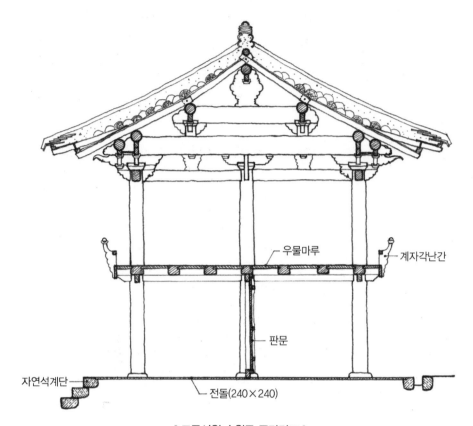

우물마루

계자각난간

판문

자연석계단

전돌(240×240)

‖ 도동서원 수월루 종단면도 ‖

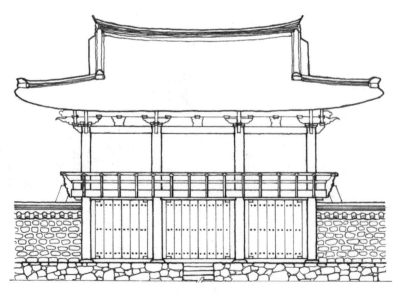

‖ 도동서원 수월루 정면도 ‖

SECTION 01 **개요**

01 | 개념과 기능

① 고을 수령이 명절, 매달 초하루나 보름에 임금에게 하례를 올리는 곳(향궐망배, 망궐례)
② 왕이 내린 문서나 물품을 받는 의식을 치르는 곳
③ 평상시에는 외부에서 온 관리의 숙소로 이용(객관)
④ 지방 고을마다 하나씩 세워진 건물로서 가장 격식이 높고 으뜸되는 시설

02 | 객사의 공간 구성

① 진입 공간 : 외삼문, 내삼문
② 객사 공간 : 정청, 익헌(익사)
③ 부속 공간 : 익랑, 월랑 / 누각(영남루, 광한루, 태화루 등)

03 | 주요 건축물

① 정청 : 궁궐, 국왕을 상징하는 궐패와 전패를 봉안하고 의례 수행
② 익헌 : 빈객의 유숙과 접대 기능 / 익사, 익헌 / 좌익헌, 우익헌 / 동익사, 서익사

‖ 문의현 객사 문산관 ‖

01 | 정청과 익헌이 분리된 형식(정청 건물 / 익헌 건물)

① 정청과 익헌이 각각 별개의 건물로 나뉘어 구조적으로 분리된 형식
② 정청을 중심으로 양쪽의 익헌이 지붕을 맞댄 솟을지붕 형식
③ 정청 맞배지붕 / 익헌 팔작지붕
④ **사례** : 전주객사, 문의객사, 부여객사, 무장객사, 청도객사, 평택객사 등

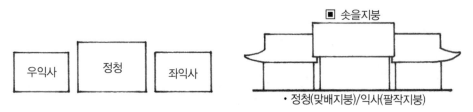

┃ 정청과 익헌이 분리된 단일건물 형식 ┃

02 | 정청과 익헌이 결합된 형식(단일 건물)

① 단일건물 내부에 정청과 익헌의 공간을 구분한 형식
② 정청(중앙 대청) / 익헌(좌우 온돌방과 툇마루)
③ **평지붕 형식** : 팔작지붕 또는 맞배지붕 / 서산객사, 장목진객사 등
④ **솟을지붕 형식** : 정청 지붕을 한 단 높인 형식 / 과천객사, 낙안객사 등

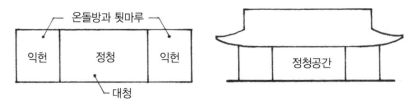

┃ 정청과 익헌이 결합된 단일건물 형식 ┃

03 | 정청과 익헌의 구분이 없는 형식(단일 건물)

① 정청과 익헌의 공간을 구분하는 벽체가 없는 통칸 형식
② 사례 : 진남관, 세병관 등

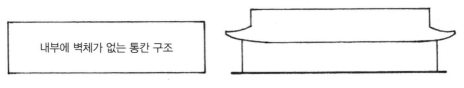

‖ 내부공간의 구분이 없는 단일건물 형식 ‖

SECTION 03 | 객사의 구조

01 | 평면구조

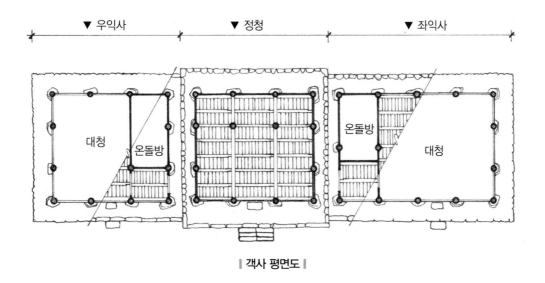

‖ 객사 평면도 ‖

① 정청

    ㉠ 정면 3칸 × 측면 3~4칸

    ㉡ 개방형 전퇴 구조 / 전퇴 없는 폐쇄형 구조

    ㉢ 바닥 구조 : 방전, 우물마루

② 익헌, 익사

    ㉠ 정면 3~5칸 × 측면 3~4칸

    ㉡ 온돌방 : 정청에 인접하여 온돌방 설치

    ㉢ 마루 : 온돌방을 제외한 나머지 공간은 창호가 없는 개방적인 대청으로 구성

    ㉣ 좌익사의 규모와 격식을 우익사보다 높게 구성(비대칭)

    ㉤ 건물 규모, 용마루 높이, 공포 양식 차이 등

③ 기단, 월대

    ㉠ 기단 : 자연석 기단, 장대석 기단(1~3단)

    ㉡ 기단 상면 마감 : 강회다짐, 방전

    ㉢ 월대 : 기단 전면에 월대 설치

02 | 입면구조

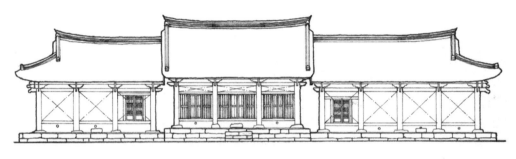

‖ 객사 입면도 ‖

① 창호, 벽체

    ㉠ 정청 : 폐쇄형 또는 개방형 전퇴 구조 / 전면(홍살창, 홍살 벽체, 세살창) / 배면(회사벽, 살창)

    ㉡ 익헌 : 개방된 대청 / 온돌방에 세살창 설치

② 지붕부

    ㉠ 정청 : 맞배지붕

    ㉡ 익헌 : 정청에 맞닿는 쪽은 맞배지붕(박공 설치) / 외부로는 팔작지붕 구성

    ㉢ 적새 쌓기 5~7단, 취두 장식

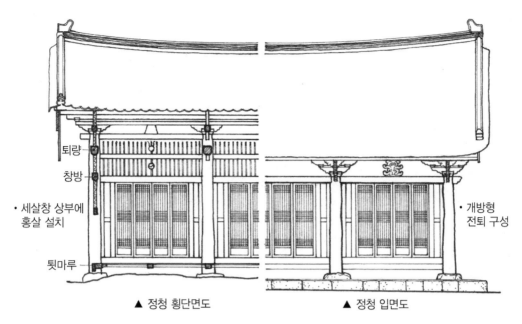

퇴량

창방

• 세살창 상부에
  홍살 설치

툇마루

▲ 정청 횡단면도

• 개방형
  전퇴 구성

▲ 정청 입면도

‖ 전주객사 정청의 구조 ‖

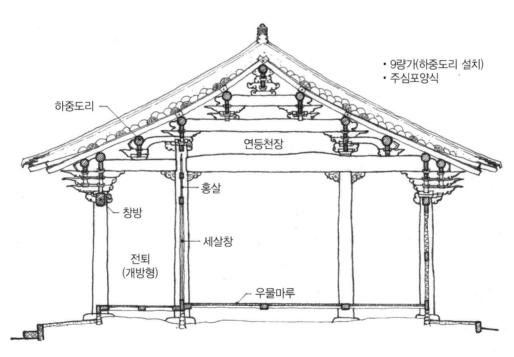

• 9량가(하중도리 설치)
• 주심포양식

하중도리

연등천장

홍살

창방

세살창

전퇴
(개방형)

우물마루

‖ 전주객사 정청 종단면도 ‖

03 | 단면구조

① 정청
- ㉠ 가구 : 5량가~9량가
- ㉡ 통칸형 : 고주 없이 내부를 통칸으로 구성한 경우
- ㉢ 전퇴형 : 전면에 전퇴를 구성한 경우 / 창호, 벽체 없는 개방적인 전퇴 구성
- ㉣ 후퇴형 : 후면에 고주를 설치한 경우
- ㉤ 연등천장 / 파련대공

② 익헌
- ㉠ 개방적인 대청 : 측벽과 온돌방 설치부를 제외하고 가급적 기둥 미설치
- ㉡ 온돌방에 종이반자 / 대청에 연등천장 설치

③ 공포부
- ㉠ 주심포 양식 또는 익공 양식 / 혼용양식(다포계, 익공계 요소의 혼용)
- ㉡ 출목 : 통상 1출목
- ㉢ 정청과 익헌의 공포 구성 : 출목과 제공의 단수에 차이를 두어 위계 형성

SECTION 04 | 객사의 사례

01 | 나주객사(금성관)

① 평면구성
- ㉠ 정청 : 5칸 × 4칸
- ㉡ 익헌 : 동익헌(5칸 × 4칸), 서익헌(4칸 × 3칸)
- ㉢ 외삼문, 중삼문, 내삼문

② 가구 : 정청과 익헌이 구조적으로 분리된 일반형
③ 지붕 : 정청과 익헌을 모두 팔작지붕으로 구성

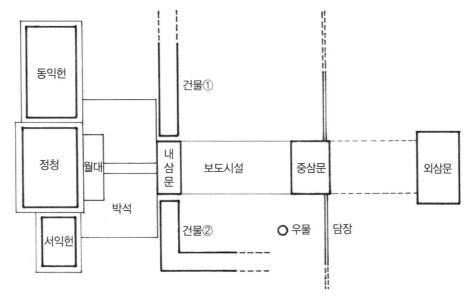

‖ 19C 나주객사 배치도 ‖

02 │ 전주객사(풍패지관)

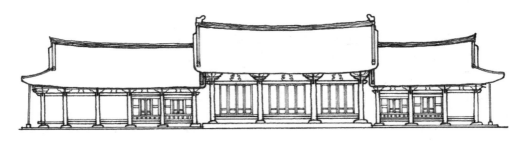

‖ 전주객사 풍패지관 정면도 ‖

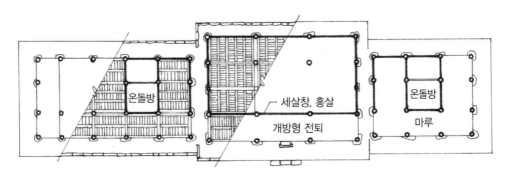

‖ 전주객사 풍패지관 평면도 ‖

03 | 문의객사(문산관)

① 평면구성 : 정청과 익헌이 구조적으로 분리된 일반형

② 벽체, 창호
  ㉠ 정청 : 정면에 홍살로 벽체 및 출입문 설치 / 연등천장
  ㉡ 익헌 : 개방형 대청 / 온돌방에 세살창 / 대청에 연등천장, 온돌방에 우물반자

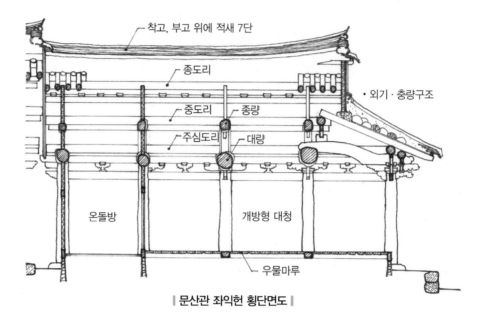

착고, 부고 위에 적새 7단
종도리
중도리 / 종량
주심도리 / 대량
· 외기 · 충량구조
온돌방
개방형 대청
우물마루

‖ 문산관 좌익헌 횡단면도 ‖

04 | 진남관(전라좌수영 객사)

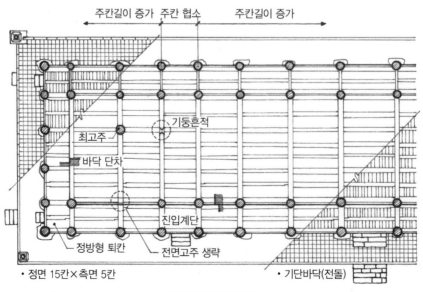

주칸길이 증가 / 주칸 협소 / 주칸길이 증가
기둥흔적
최고주
바닥 단차
진입계단
정방형 퇴칸 / 전면고주 생략
· 정면 15칸×측면 5칸
· 기단바닥(전돌)

‖ 진남관 평면구조 ‖

① 정청과 익실의 구분이 없는 단일 건물
② 정면 15칸 × 측면 5칸 / 2고주 7량가
③ 내진과 퇴칸 마루의 높이 차이 / 다포계익공양식 / 용두안초공

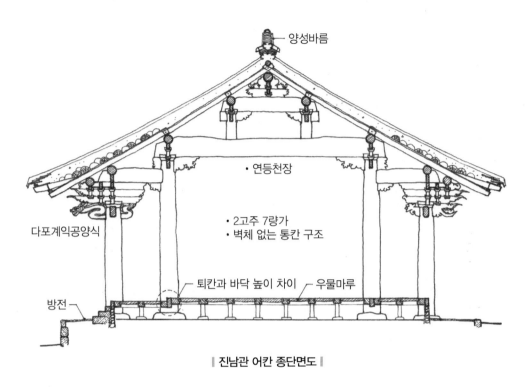

▌진남관 어칸 종단면도 ▌

05 | 세병관(통제영 객사)

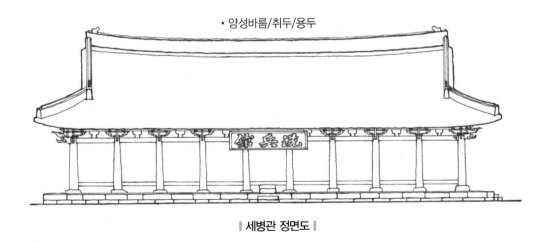

▌세병관 정면도 ▌

① 정청과 익실의 구분이 없는 단일 건물
② 정면 9칸 × 측면 5칸 / 2고주 9량가 / 삼중량 구조
③ 중앙 3칸 : 높은 마루 / 상부에 머름과 홍살 / 우물반자 / 분합창호 / 전면에 최고주 6개

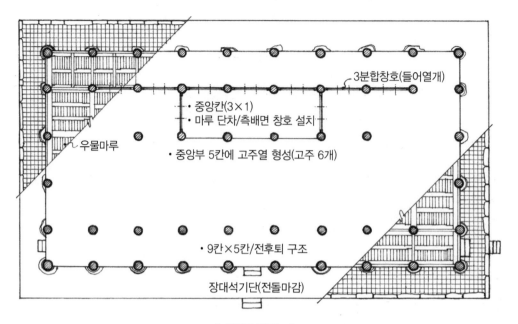

- 3분합창호(들어열개)
- 중앙칸(3×1)
- 마루 단차/측배면 창호 설치
- 우물마루
- 중앙부 5칸에 고주열 형성(고주 6개)
- 9칸×5칸/전후퇴 구조
- 장대석기단(전돌마감)

‖ 세병관 평면도 ‖

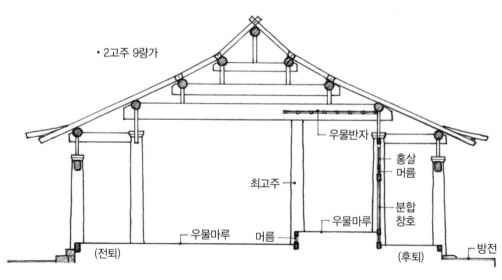

- 2고주 9량가
- 우물반자
- 홍살
- 머름
- 최고주
- 우물마루
- 분합창호
- 우물마루
- 머름
- (전퇴)
- (후퇴)
- 방전

‖ 세병관 종단면 구조 ‖

문화재수리보수기술자
한국건축구조와 시공 ❷

P A R T **10** 석탑의 구조와 시공

LESSON 01 석탑의 구조

SECTION 01 | 개요

01 | 석탑의 개념

① 스투파(Stupa), 투파(Thupa)

  ㉠ 고대 인도어인 범어(梵語, Sanskrit)의 스투파(Stupa) / 팔리어(巴梨語, Pali)의 투파(Thupa)

  ㉡ 죽은 사람을 화장한 뒤 유골을 묻고 그 위에 흙이나 벽돌을 쌓은 돔(Dome) 형태의 무덤을 지칭

  ㉢ 석가모니의 사리를 봉안하기 위해 만들어진 조형물(분묘)

② 탑파(塔婆) : 스투파, 투파의 중국식 한자 표기

③ 석탑 : 석조탑파(石造塔婆)의 줄임말로 돌을 재료로 만든 불탑(부처의 묘탑)

02 | 기능

① 부처의 묘탑 : 부처의 사리, 가사, 불경, 소탑, 장엄구 등을 매장

② 종교적 숭배의 대상

③ 사찰의 공간 구성 요소

03 | 재료에 따른 종류

① 석탑(화강암 계통)

② 모전석탑, 청석탑(안산암, 점판암)

③ 전탑(전돌)

04 | 구성요소

기단부, 탑신부, 상륜부

05 | 목탑의 축조

① **목탑의 건립** : 불교가 전래된 4세기 후반부터 6세기 말엽
② **목탑의 구조** : 방형, 다각형 평면의 목조 중층 건물
③ **목탑과 가람배치**
   ㉠ 일탑식(일탑삼금당식, 일탑일금당식)
   ㉡ 쌍탑식
④ **사례** : 청암리사지(평양), 군수리사지(부여), 사천왕사지(경주)
⑤ 7세기 이후 목탑 외에 석탑, 전탑 등이 공존

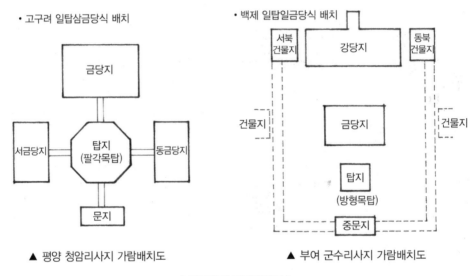

▲ 평양 청암리사지 가람배치도　　　▲ 부여 군수리사지 가람배치도

‖ **삼국시대 가람배치도** ‖

06 | 석탑의 발생

① **석탑의 건립** : 삼국시대 말기 7c
② **석탑의 시원양식**
   ㉠ 석재로 목탑을 모방하여 탑을 건립
   ㉡ 목탑의 각부 양식을 목재 대신 석재로 바꾸어 충실하게 구현
   ㉢ 목탑의 가구법 및 기단, 흘림기둥, 공포대 표현
   ㉣ 익산 미륵사지 석탑, 부여 정림사지 오층석탑

01 | 기초의 범위

탑 지대석 외곽으로 일정 범위와 깊이를 온통기초(탑의 하중 고려)

02 | 지정의 공법

잡석지정, 판축지정(토사판축, 잡석판축)

03 | 미륵사지 석탑의 기초부 구조

① 기둥석 하부에 초석과 초반석을 설치한 구조(목조건축의 초석 설치구조)
② 성토층을 되파기한 후 13~16층으로 초반석 하부 높이까지 석탑 기초 다짐층 조성
③ 사질토, 사질점토에 직경 30cm 이내의 할석을 혼합한 토석혼축 다짐(층별 두께 5~31cm)
④ 하부에서 상부로 올라갈수록 할석의 크기가 작아지고 토층의 두께가 얇아짐
⑤ 초반석 하부와 측면은 사질토 및 점질토, 화강암 할석을 섞어 채우고 달고 다짐

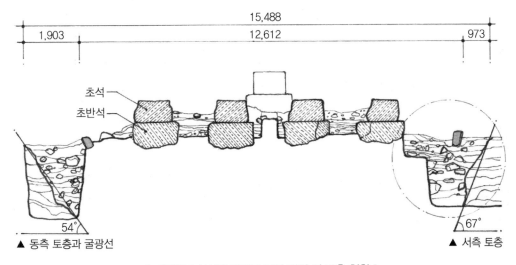

▌미륵사지 서석탑 기단토 굴광 범위 및 토층 현황 ▌

04 | 정림사지 오층석탑의 기초부 구조

① 총 1.8m 깊이에 3개의 판축층
② 최상면 사질토 30cm / 2층 점질토 80cm / 3층 70cm 판축

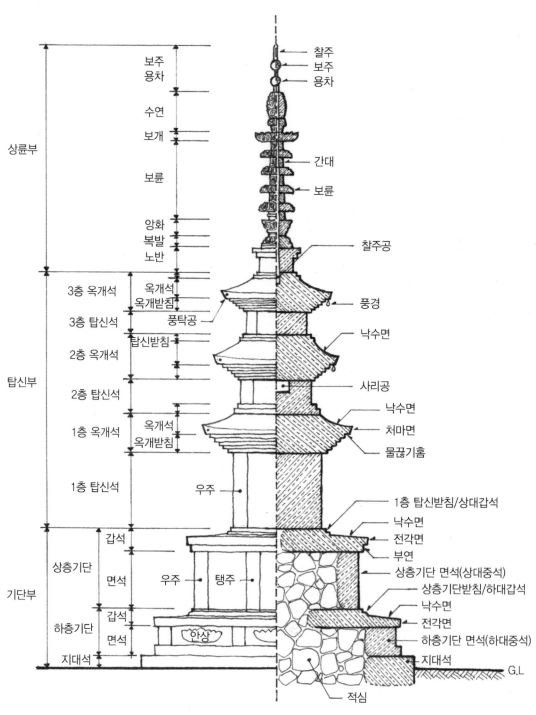

상륜부

보주
용차

수연
보개

보륜

앙화
복발
노반

탑신부

3층 옥개석 — 옥개석 옥개받침 — 풍탁공
3층 탑신석
탑신받침
2층 옥개석
2층 탑신석 — 옥개석 옥개받침
1층 옥개석
1층 탑신석

기단부

상층기단 — 갑석 / 면석
하층기단 — 갑석 / 면석
지대석

우주 / 탱주
안상

찰주
보주
용차

간대

보륜

찰주공

풍경

낙수면

사리공

낙수면
처마면
물끊기홈

1층 탑신받침/상대갑석
낙수면
전각면
부연
상층기단 면석(상대중석)
상층기단받침/하대갑석
낙수면
전각면
하층기단 면석(하대중석)
지대석
G.L

적심

‖ **석탑의 구성요소와 각부 명칭** ‖

01 | 석탑 기단의 구조적 특징

① 적층된 상부 부재의 하중이 최종적으로 기단에 집중
② 상부하중의 작용, 기단 내부 적심의 훼손에 의해 기단부의 변형 초래
③ 기단부의 변형은 석탑 전체의 변위를 유발

02 | 기둥석 표현

① 기단부에 목조건물의 기둥과 주칸을 표현

② 별재 기둥석과 면석을 결구한 구조
    ㉠ 목조건축의 충실한 번안적 성격을 갖는 시원적인 석탑의 구조
    ㉡ 별재 기둥석을 사용하여 면석과 결구
    ㉢ 미륵사지 석탑, 정림사지 오층석탑, 의성 탑리 오층석탑 등

③ 면석에 기둥석을 모각한 구조
    ㉠ 기둥석을 면석에 모각하여 표현한 정형양식 석탑의 구조
    ㉡ 통일신라 이후 석탑의 일반적인 구조
    ㉢ 불국사 삼층석탑 등

03 | 결구법

① 결구턱, 은장이음
    ㉠ 결구턱과 은장으로 부재 간 이음부 보강
    ㉡ 삼국시대와 통일신라 초기의 일부 석탑
    ㉢ 사례 : 감은사지 삼층석탑

② 맞댄이음
    ㉠ 결구턱 없이 부재끼리 맞댄이음
    ㉡ 기단의 규모가 축소되는 중후기 석탑
    ㉢ 석탑의 규모가 축소되고 간략화되면서 통돌 사용이 증가
    ㉣ 사례 : 불국사 삼층석탑, 실상사 삼층석탑

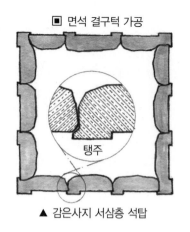

■ 면석 결구턱 가공

탱주

▲ 감은사지 서삼층 석탑

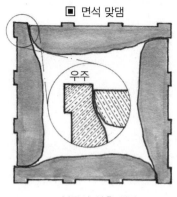

■ 면석 맞댐

우주

▲ 불국사 삼층 석탑

┃ 상층기단 면석 결구 상세도 ┃

04 | 하층기단

① 하대저석, 하대중석 : 통일신라계 석탑은 하대중석과 저석을 한 부재로 가공
② 하대갑석 : 하층기단 갑석 / 갑석 상면에 호각형 상층기단 괴임 조출
③ 기둥석 : 면석에 기둥석 모각 / 우주, 탱주
④ 기단면석 : 중석 / 기둥석이 모각된 판석을 조립 / 4매～12매

1층
옥개석

1층
탑신

기단부

면석에
기둥석 모각

탑신받침(각형2단)
옥개석(다수의 별재로 구성)
옥개받침석(각형5단/옥개석과 별석)
1층 탑신(면석과 기둥석 조립)
각형2단 탑신받침 조출
상층기단갑석(부연 조출)
상층기단받침(호각형)
하층기단갑석
하층기단면석
저석(면석과 단일부재)
지대석
(외곽에 박석 설치)

┃ 감은사지 삼층석탑 입면 구조 ┃

05 | 상층기단

① 면석과 기둥석 : 일반적으로 면석에 기둥석을 모각 / 우주, 탱주
② 상대갑석 : 상층기단 갑석 / 갑석 상면에 각형 2단의 탑신괴임 조출 / 부연 조출
③ 면석의 결구 유형 : 卍자형, H자형

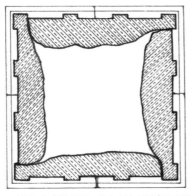 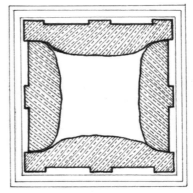

▲ 불국사 삼층석탑 기단면석 결구(卍자형)　　▲ 실상사 삼층석탑 기단면석 결구(H자형)

‖ 기단면석 결구법 비교 ‖

06 | 통일신라계 석탑 기단의 탱주 배치

① 전형양식 : 하층기단 3개, 상층기단 2개(감은사지 삼층석탑)
② 정형양식 : 하층기단 2개, 상층기단 2개(불국사 삼층석탑)
③ 통일신라 후기양식 : 하층기단 2개, 상층기단 1개 / 하층기단 1개, 상층기단 1개
④ 고려시대 : 하층기단 1개, 상층기단 1개 / 탱주가 없는 경우

07 | 기단 속채움(적심)

① 속채움 유형 : 적층형, 심주형, 혼합형 구성

▲ 적층형(장대석 쌓기)　　▲ 적층형(자연석 쌓기)　　▲ 심주형

‖ 석탑 적심 설치 유형 ‖

| 석탑 적심 설치범위 비교 |

② 적층형

    ㉠ 1자각 이상의 할석이나 장대석 등을 적층하고, 잡석 및 점토질흙 등으로 채움

    ㉡ 백제계 석탑, 초기 신라계 석탑에서는 기단 외에 탑신, 옥개부에도 속채움

    ㉢ 사례 : 미륵사지석탑, 정림사지석탑, 감은사지 삼층석탑, 나원리 오층석탑 등

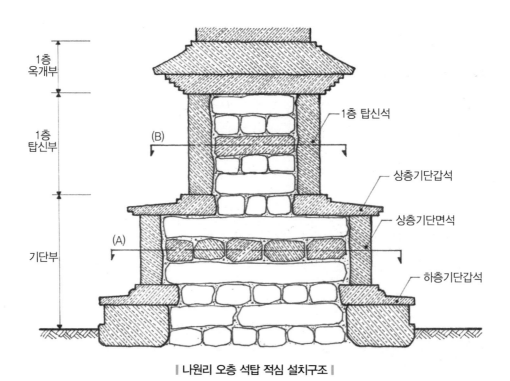

| 나원리 오층 석탑 적심 설치구조 |

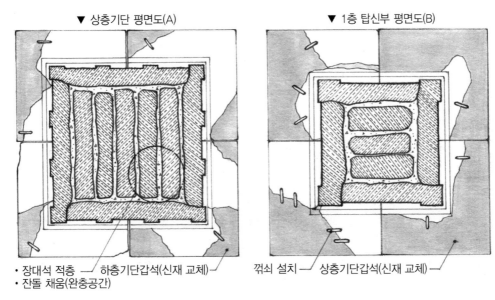

▼ 상층기단 평면도(A) ▼ 1층 탑신부 평면도(B)

· 장대석 적층 ─ 하층기단갑석(신재 교체)─ 꺾쇠 설치 ─ 상층기단갑석(신재 교체)─
· 잔돌 채움(완충공간)

‖ 나원리 오층석탑 적심 설치 및 기단갑석 수리 현황 ‖

③ 심주형

  ㉠ 방형 석재를 중첩하거나, 통돌로 심주를 설치하여 적심을 구성(상대갑석 하부)

  ㉡ 기단 내부 중앙부에 규격이 큰 통돌을 심주석 형태로 중앙부에 설치(2~3단)

  ㉢ 심주 외곽은 잡석, 잔돌, 흙 등을 채워 넣어 기단 면석의 형태를 유지

  ㉣ 적심층이 상부하중을 전체적으로 지지하지 않고, 심주에 집중되는 구조

  ㉤ 이음부의 숫자가 적고 기단 규모가 작은 후기 석탑에 사용

  ㉥ 면석과 심주 사이의 적심재가 외부로 유출되는 경우 기단부의 변형 초래

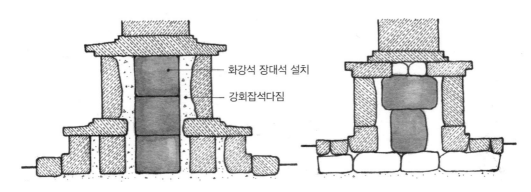

─ 화강석 장대석 설치
─ 강회잡석다짐

‖ 심주형 적심 설치구조 ‖

④ 혼합형

　　㉠ 적층형 구조를 기본으로 심주형 구조를 혼합

　　㉡ 전체적으로 중소규모 할석, 잡석, 점토질흙 등으로 채워 다짐

　　㉢ 중심부에는 대규모 할석을 적층하여 심주 부분을 구성(중심부 구조 보강)

　　㉣ 기단면석 결구부 안쪽에 가장자릿돌 설치(속채움재 유실 방지 / 면석에 작용하는 하중 저감)

　　㉤ 적층형 구조를 기본으로 심주, 가장자릿돌 등으로 기단 부재에 작용하는 하중과 토압을 줄임

　　㉥ 사례 : 미륵사지석탑, 감은사지 삼층석탑 등

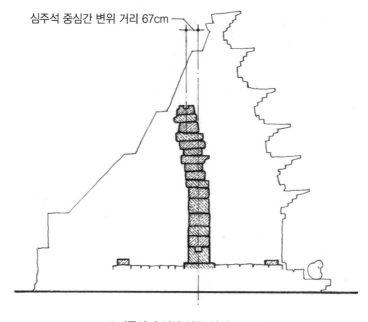

심주석 중심간 변위 거리 67cm

‖ 미륵사지 석탑 심주 설치구조 ‖

08 | 기단부의 시대적 변화 경향

① 면석과 기둥석

　　㉠ 시원양식의 석탑은 별재 기둥석과 면석을 가구식으로 결구(목탑 양식을 석재로 번안)

　　㉡ 정형양식의 석탑은 면석에 기둥석을 모각한 단일부재 사용

② 기단 규모의 축소

　　㉠ 후대로 갈수록 기단의 규모는 작아짐

　　㉡ 이중기단을 구성하는 각부 부재 개수 감소, 규격 축소, 통돌 사용 증가

　　㉢ 단층기단 조영

③ **장식의 증가** : 탑신과 기단 면석에 사천왕, 보살상 등 장엄 조식이 증가

④ 다각형 석탑 조영에 따른 다각형 평면 기단(육각, 팔각)

⑤ 자연암반을 활용한 기단 조영

SECTION 04 | 석탑의 구성요소 [탑신부]

01 | 탑신부

① 탑신(塔身, 屋身)

② 옥개(屋蓋)

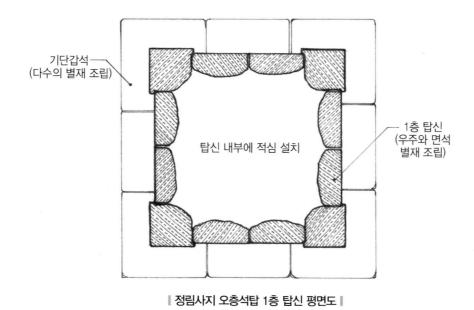

┃ 정림사지 오층석탑 1층 탑신 평면도 ┃

02 | 탑신(옥신)

① 별재 기둥석과 면석을 결구 : 미륵사지 석탑, 정림사지 오층석탑, 감은사지 삼층석탑 1층

② 우주를 모각한 판석을 맞댐 : 감은사지 삼층석탑 2층, 나원리 오층석탑 1층

③ 우주를 모각한 통돌 사용 : 불국사 삼층석탑

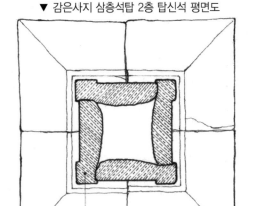
▼ 감은사지 삼층석탑 2층 탑신석 평면도

└ 1층 옥개석

└ 기둥석이 모각된 판석 4매 조립
(내부에 적심 설치)

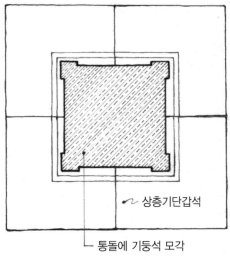
▼ 불국사 삼층석탑 1층 탑신석 평면도

└ 상층기단갑석

└ 통돌에 기둥석 모각

‖ 탑신석 설치구조 비교 ‖

03 | 옥개받침(층급받침)

① 시원양식 석탑

　㉠ 별석 3단 받침(각형 3단 / 각형과 사능형)

　㉡ 8매, 4매의 별석을 조립하여 구성

　㉢ 미륵사지 석탑, 정림사지 오층석탑

② 정형양식 석탑

　㉠ 옥개석 하부에 각형 5단 받침 조출

　㉡ 옥개받침과 옥개부를 통돌로 조성

　㉢ 불국사 삼층석탑

③ 후기양식 석탑

　㉠ 옥개받침의 층급이 3, 4단으로 줄어드는 경향

　㉡ 통일신라 후기, 고려시대 석탑

04 | 옥개석

① 앙각(仰角, 楄角) : 옥개석 상부 낙수면과 낙수면이 맞닿아서 만들어지는 선(우동, 합각선)

② 전각(轉角) : 앙각과 층급받침 사이의 이음새 / 낙수면 아래 네 귀퉁이를 들어올려 깎은 부분

③ 낙수면 : 지붕의 경사진 네 면

④ 탑신괴임 조출 : 옥개석 상면에 각형 2단의 탑신괴임 구성 / 불국사 삼층석탑

⑤ 탑신괴임 별석 : 두툼한 1단의 탑신괴임석을 별석으로 사용 / 미륵사지석탑, 정림사지 오층석탑

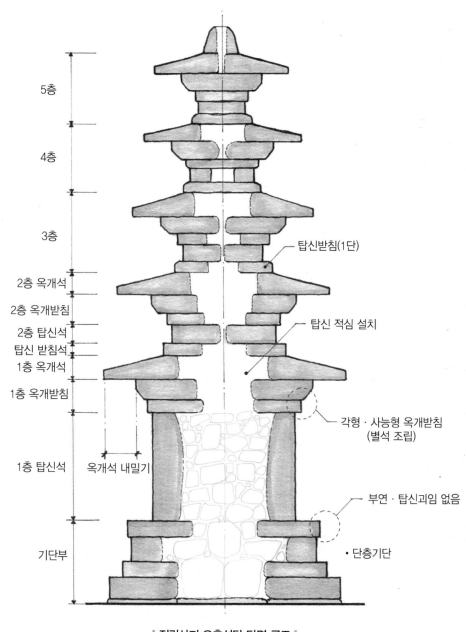

┃ 정림사지 오층석탑 단면 구조 ┃

05 | 탑신부의 시대적 변화 경향

① 통돌 사용 증가 : 탑신석, 옥개석 등 탑신부재를 통돌로 사용

② 속채움 설치 범위

    ㉠ 시원양식 석탑은 탑신 내부에도 속채움(미륵사지석탑, 정림사지 오층석탑)

    ㉡ 정형양식 석탑은 탑신부에 통돌을 사용함에 따라 기단부에만 속채움(불국사 삼층석탑)

③ 옥개받침의 변화 : 5단 층급받침 → 3단, 4단 등으로 변화

④ 옥개석의 곡 : 낙수면의 경사가 급해지고 전각부의 반전을 크게 구성(앙각, 전각의 증가)

⑤ 장엄조식의 증가 : 탑신부 장식성 증대(불상 등 장엄조식)

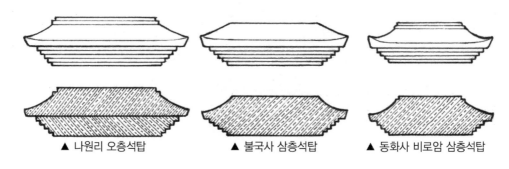

▲ 나원리 오층석탑   ▲ 불국사 삼층석탑   ▲ 동화사 비로암 삼층석탑

‖ 옥개석의 변화 비교 ‖

① 상륜(相輪)

　　㉠ 상 : 사물을 보고 다스림을 의미 / 경전의 가르침을 상징

　　㉡ 륜 : 윤회 / 반복된 생의 잉태를 의미

② **노반(露盤)** : 상륜부 최하부에 위치한 방형 부재 / 이슬을 받는 그릇 / 석탑이 신성한 조형물임을 상징

③ **복발(覆鉢)** : 사발을 뒤집은 형태의 부재 / 생명의 잉태를 상징

④ **앙화(仰花)** : 하늘을 향해 만개한 꽃을 본 딴 부재 / 귀하고 깨끗한 곳을 상징

⑤ **보륜(寶輪)** : 전륜성왕을 상징하는 바퀴모양 부재 / 3개, 5개, 9개 / 불법의 전파를 의미

⑥ **보개(寶蓋)** : 보륜을 보호하는 일산(日傘) 역할 / 고귀함을 상징

⑦ **수연(水煙)** : 불꽃 모양 장식물 / 물과 불을 상징 / 불법이 사바세계에 두루 비추는 것을 의미

⑧ **용차(龍車)** : 찰주에 끼우는 구형 부재 / 만물을 지배하고 변화시킬 수 있는 위대한 힘을 상징

⑨ **보주(寶珠)** : 용차 위의 구형 부재 / 여의주를 상징 / 득도의 의미

⑩ **찰주(擦柱)** : 옥개석에 꽂혀 상륜부를 고정하고 지지하는 철재 기둥

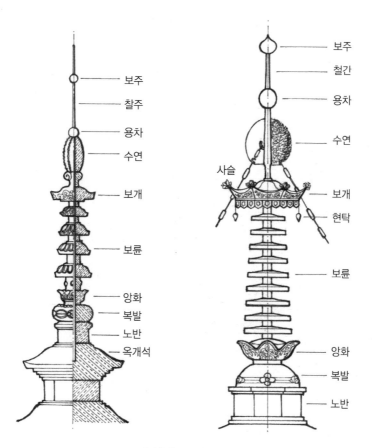

┃상륜부 구성부재┃

SECTION 06 | 기타

01 | 사리공

① 사리함을 보관하기 위한 곳
② 옥개석, 탑신석, 기단 갑석, 기단 적심 등에
위치

02 | 탑구

① 탑구의 기능
  ㉠ 석탑의 외곽 경계 / 의장성
  ㉡ 기단 하부 우수 유입 방지 / 지대석 밀림
    방지 / 지대석 주변 토사 유실 방지
  ㉢ 석탑 하부 침하 및 습기 작용 억제

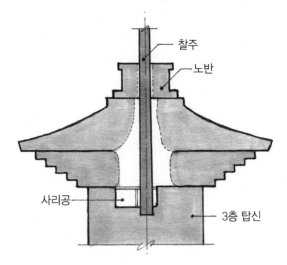

‖ 감은사지 서삼층석탑 사리공과 찰주 설치구조 ‖

② 탑구의 형태 : 기단 지대석 외곽에 장대석과 판석을 설치
③ 탑구의 사례 : 감은사지 삼층석탑 / 불국사 삼층석탑(팔방연화좌)

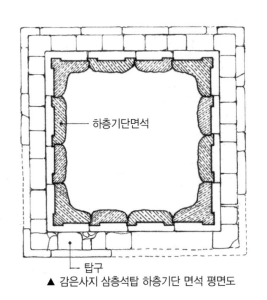

▲ 감은사지 삼층석탑 하층기단 면석 평면도   ▲ 불국사 삼층석탑 하층기단 면석 평면도

‖ 탑구 설치 사례 ‖

SECTION 01 | 삼국시대 백제계 석탑의 특징

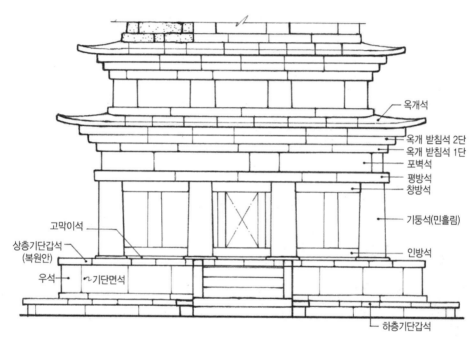

옥개석

옥개 받침석 2단
옥개 받침석 1단
포벽석
평방석
창방석

기둥석(민흘림)

인방석

고막이석

상층기단갑석
(복원안)

우석   기단면석

하층기단갑석

‖ 미륵사지 석탑 입면도(복원안) ‖

01 | 개요

① 한국 석탑의 시원양식(始原樣式)
② 목조건물의 번안에 충실(가구식 짜임으로 다수의 부재를 결구)

02 | 기단부

① 탑신부에 비해 매우 낮은 단층기단(초기적 이중기단)
② 별재 기둥석과 면석 결구

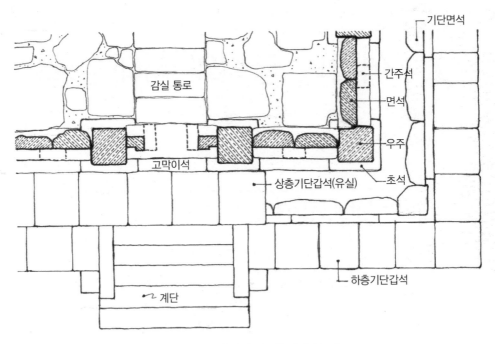

║ 미륵사지 석탑 기단 및 1층 평면 구조 ║

03 | 탑신부

① 민흘림 기둥
② 우주, 탱주, 면석을 별석으로 조립(내부 속채움)
③ 목조건축물의 두공 및 창·평방 표현

04 | 옥개부

① 다수의 부재를 조립
② 평박광대한 옥개석
③ 옥개석을 길게 내밈
④ 낙수면 물매가 완만함
⑤ 운두가 높은 3단 옥개받침석(별석 조립)
⑥ 옥개석의 단부에서 경쾌한 반곡
⑦ 옥개석 상부의 귀마루에 두툼한 우동

05 | 입면비례

초층 탑신이 높고 2층 이상의 탑신은 초층에 비해 급격한 체감 형성

삼국시대 백제계 석탑의 사례 [미륵사지 석탑]

01 | 개요

① 백제계 석탑의 시원양식

② 7세기 초 건립 추정

③ 현황 6층(원형 9층 추정)

④ 목탑 각부 양식을 석재로 번안한 형태

02 | 기단부 설치구조

① 탑신부에 비해 매우 낮은 단층기단(초기적 이중기단)

    ㉠ 하층기단 : 면석, 갑석

    ㉡ 상층기단 : 면석받침석, 면석, 갑석(유실)

② 별석인 우주석과 면석 결구 / 기단 면석 받침석에 면석을 턱물림

③ 갑석에 부연 없음

④ 목조 건축물의 기단 형식(목조건물의 기둥과 주칸 표현)

    ㉠ 기단 구성부재가 직접 상부하중을 지지하지 않음

    ㉡ 기둥석 하부에 초반석, 초석 설치 / 기단 상면 고막이석 설치

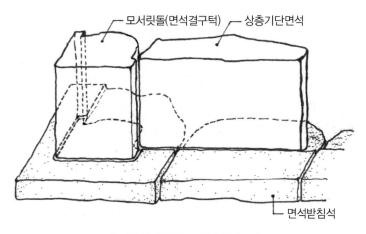

모서릿돌(면석결구턱)   상층기단면석

면석받침석

‖ 미륵사지 석탑 기단부 상세도 ‖

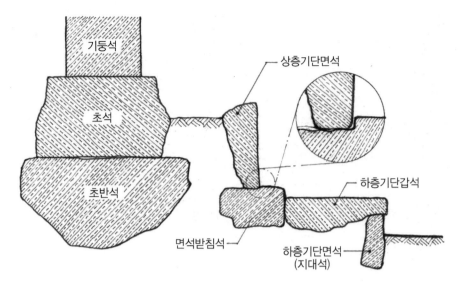

기둥석

초석

초반석

상층기단면석

하층기단갑석

면석받침석

하층기단면석
(지대석)

‖ 미륵사지 석탑 기단부 단면 구조 ‖

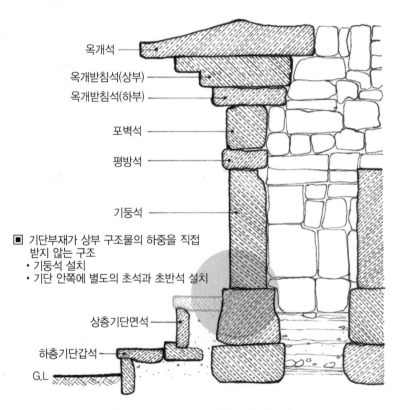

옥개석

옥개받침석(상부)

옥개받침석(하부)

포벽석

평방석

기둥석

■ 기단부재가 상부 구조물의 하중을 직접
   받지 않는 구조
   • 기둥석 설치
   • 기단 안쪽에 별도의 초석과 초반석 설치

상층기단면석

하층기단갑석

G.L

‖ 미륵사지 석탑 기단 및 탑신부 단면 구조 ‖

03 | 석탑 적층방식 [가구식]

① 목탑 각부 양식을 석재로 번안한 가구식 구조

② 다수의 별석 부재를 결구

③ 구성부재

  ㉠ 초반석, 초석, 기둥석, 고막이석

  ㉡ 간주석, 문설주석, 면석, 인방석

  ㉢ 창방석, 평방석, 포벽석

04 | 적심 설치구조

① 적심 설치범위 : 기단부, 탑신부, 옥개부 전체에 적심 설치

② 혼합형 적심구조

  ㉠ 자연석 허튼층쌓기 + 진흙, 와편채움

  ㉡ 초층에 심주 설치 / 탑 중심부에 심주형 부재 적층

  ㉢ 규격이 큰 할석으로 심주 구성 / 주변을 중소규모 할석, 잡석, 점토질흙으로 채워 다짐

  ㉣ 면석 결구부 안쪽에 가장자릿돌 설치(속채움재 유실 방지 / 면석에 작용하는 하중 저감)

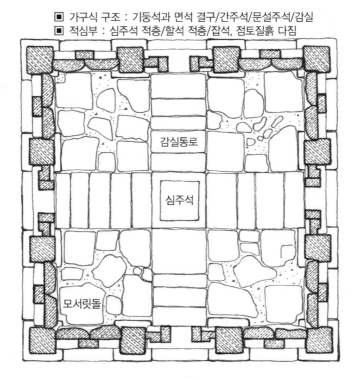

■ 가구식 구조 : 기둥석과 면석 결구/간주석/문설주석/감실
■ 적심부 : 심주석 적층/할석 적층/잡석, 점토질흙 다짐

감실통로

심주석

모서릿돌

‖ 미륵사지 석탑 1층 평면 및 적심 설치구조 ‖

05 | 탑신부

① **감실** : 초층 탑신에 감실과 통로 설치 / 감실 출입구 설치 / 문설주석, 문상방석

② **기둥석** : 민흘림 기둥 / 우주, 탱주 / 별석 기둥석과 면석 결구 / 초석, 초반석 설치

③ **심주, 심초석** : 1층 탑신 중앙부에 심주 설치 / 심주 하부에 심초석 설치

④ **고막이석, 인방석**

⑤ **창방석, 평방석**

⑥ 초층 탑신이 높고 2층 이상의 탑신은 초층에 비해 급격한 체감

06 | 옥개부

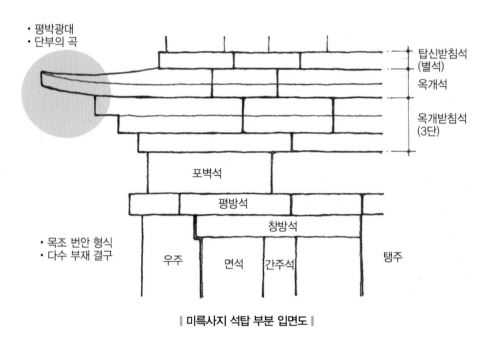

‖ 미륵사지 석탑 부분 입면도 ‖

① 다수의 별석을 조립하여 구성 / 옥개석, 옥개받침석 별석

② **옥개받침석** : 각형 3단 옥개받침석(하단 1매, 상단 2단 1매)

③ **옥개석**

　㉠ 평박광대한 형태

　㉡ 옥개석을 밖으로 길게 내밈

　㉢ 옥개석의 하면이 단부에 이르러 휘어 오름 / 옥개석 단부는 직절

　㉣ 완만한 낙수면 물매

　㉤ 옥개석 상부의 귀마루에 두툼한 우동 새김

01 | 개요

① 백제계 석탑의 전형양식

② 7세기 건립

③ 목조탑을 번안한 성격과 함께 목조양식의 모방을 탈피한 세련되고 창의적인 조형

02 | 기단부

① 탑신에 비해 매우 낮은 단층기단

② 우주석, 탱주석에 면석 결구 / 민흘림 기둥

③ 갑석 하부에 부연 없음 / 기단 상부에 초층 탑신받침 없음

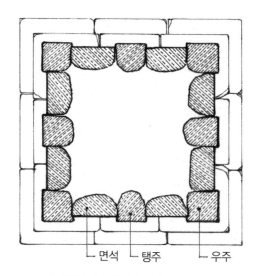

면석 탱주 우주

‖ 정림사지 오층석탑 기단 평면도 ‖

03 | 탑신부

① 1층 : 민흘림 우주와 면석 결구

② 2층~4층 : 우주가 모각된 4매 석재 결구

③ 5층 : 통돌에 우주 모각

④ 1단의 두툼한 탑신받침석(별석)

04 | 옥개부

① 목조건축의 두공을 표현하는 3단 옥개받침(각형, 사능형)

② 평박하고 넓은 옥개석(옥개석의 폭이 기단 갑석보다 넓음)

③ 두툼한 귀마루 표현(우동)

④ 옥개석 단부는 직절하고, 밑면이 휘어오름

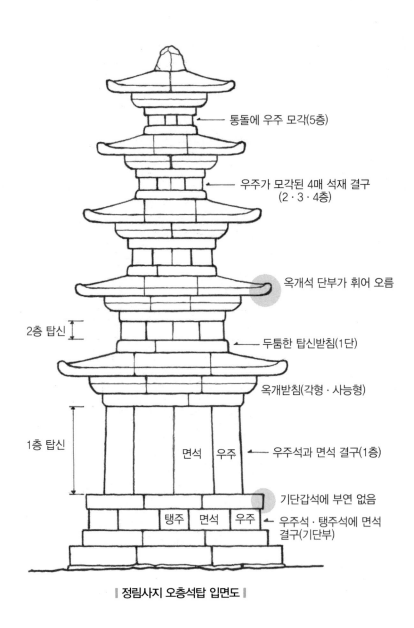

통돌에 우주 모각(5층)

우주가 모각된 4매 석재 결구
(2 · 3 · 4층)

옥개석 단부가 휘어 오름

2층 탑신

두툼한 탑신받침(1단)

옥개받침(각형 · 사능형)

1층 탑신

면석　우주

우주석과 면석 결구(1층)

기단갑석에 부연 없음

탱주　면석　우주

우주석 · 탱주석에 면석
결구(기단부)

‖ 정림사지 오층석탑 입면도 ‖

01 | 삼국시대 신라계 석탑의 특징

① 발생 : 모전석탑, 전탑 양식에서 출발
② 사례 : 분황사 모전석탑(전탑계 모전석탑), 의성 탑리 오층석탑(석탑계 모전석탑)
③ 목조탑의 번안 요소 : 단층기단 / 감실 / 기둥의 흘림 / 주두 및 창 · 평방 표현

02 | 분황사 모전석탑

① 634년에 건조(신라계 석탑의 기원)
② 장대석으로 구축한 단층 기단
③ 흑갈색 벽돌 모양 안산암 사용
④ 4면에 감실 설치 / 문설주와 상하 인방석 / 인왕상 / 돌문(판석)

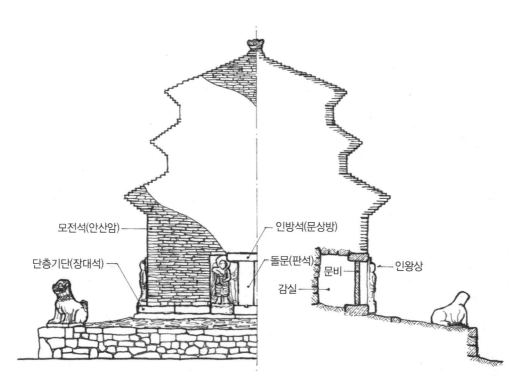

∥ 분황사 모전석탑 남측 입면 및 단면도 ∥

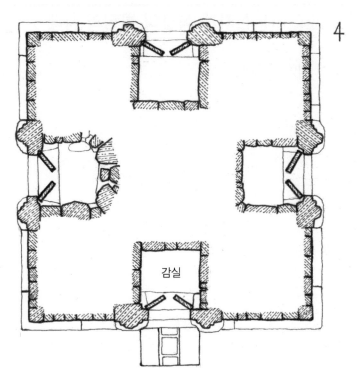

| 분황사 모전석탑 초층 평면도 |

03 | 의성 탑리 오층석탑

① 7세기 말~8세기 초 건립

② 화강암 계통의 석재 사용하여 전탑 양식을 모방

③ 기단부 : 토단 상부에 단층기단 / 우주, 탱주와 면석을 별석으로 결구 / 갑석에 부연 없음

④ 탑신부

    ㉠ 면석에 기둥석을 모각(통돌 사용)

    ㉡ 탑신에 우주와 탱주 표현 / 우주에 민흘림 / 주두 및 창·평방 표현

    ㉢ 1층 탑신의 남면에 감실 설치 / 문설주, 인방 설치

⑤ 옥개부

    ㉠ 옥개석 상하면에 층급 형성

    ㉡ 옥개석이 두텁고 낙수면의 물매가 급함 / 곡이 없는 직선 형태 / 내밀기가 짧음

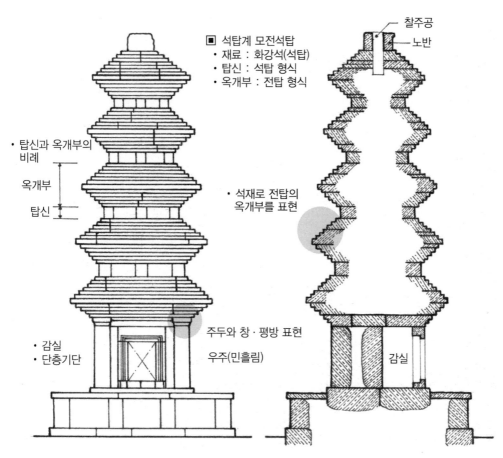

■ 석탑계 모전석탑
- 재료 : 화강석(석탑)
- 탑신 : 석탑 형식
- 옥개부 : 전탑 형식

찰주공

노반

- 탑신과 옥개부의 비례

옥개부

탑신

- 석재로 전탑의 옥개부를 표현

- 감실
- 단층기단

주두와 창·평방 표현

우주(민흘림)

감실

| 의성 탑리 오층석탑 입면도 및 단면도 |

01 | 개요

① 신라계 석탑의 전형양식(典型樣式)
② 682년 건립 추정 / 동서 쌍탑 구성

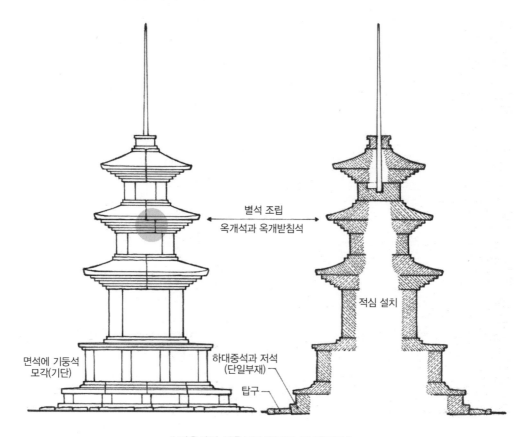

별석 조립
옥개석과 옥개받침석

적심 설치

면석에 기둥석
모각(기단)

하대중석과 저석
(단일부재)

탑구

‖ 감은사지 삼층석탑 입면도 및 단면도 ‖

02 | 기단부

① 이중기단 및 탑구 형성
② 면석에 우주와 탱주를 모각
③ 하층기단 탱주 3개 / 상층기단 탱주 2개
④ 하층기단 갑석 귀마루에 합각선과 솟음 조식
⑤ 기단갑석보다 지대석을 더 내밈

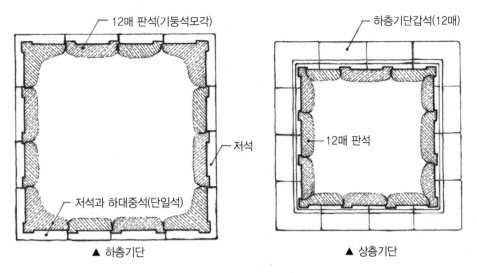

▲ 하층기단　　　　　　　　▲ 상층기단

∥ 감은사지 삼층석탑 기단부 평면도 ∥

03 │ 탑신부

① 탱주없이 우주 표현
② 1층은 면석과 기둥석 별석 조립 / 2층은 기둥석이 모각된 판석 조립 / 3층은 통돌 사용

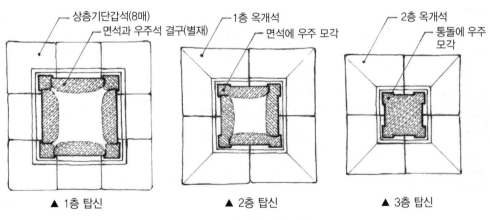

▲ 1층 탑신　　　　▲ 2층 탑신　　　　▲ 3층 탑신

∥ 감은사지 삼층석탑 탑신 평면도 ∥

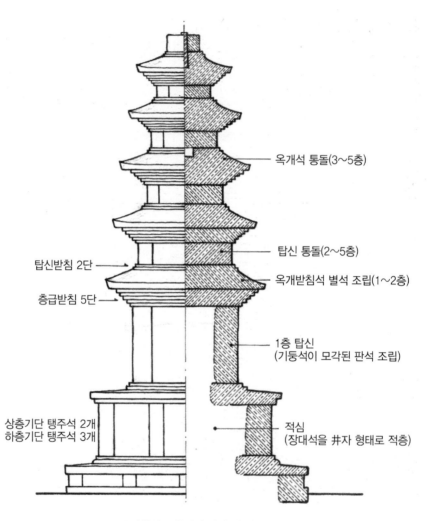

옥개석 통돌(3~5층)

탑신 통돌(2~5층)

옥개받침석 별석 조립(1~2층)

탑신받침 2단

층급받침 5단

1층 탑신
(기둥석이 모각된 판석 조립)

상층기단 탱주석 2개
하층기단 탱주석 3개

적심
(장대석을 井자 형태로 적층)

‖ 나원리 오층석탑 입면 및 단면 구조 ‖

01 | 기단부

① 상·하층 이중기단
② 4매 판석 조립(기둥석 모각)
③ 하층기단 탱주 3개, 상층기단 탱주 2개

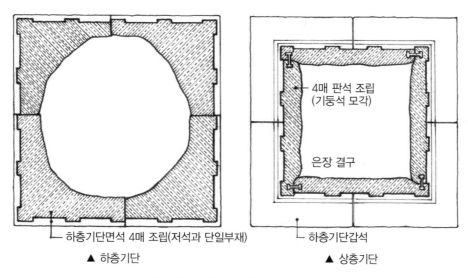

└ 하층기단면석 4매 조립(저석과 단일부재)

▲ 하층기단

4매 판석 조립
(기둥석 모각)

은장 결구

└ 하층기단갑석

▲ 상층기단

‖ 나원리 오층석탑 기단부 평면도 ‖

02 | 탑신부

① 1층은 판석 조립
② 2층~5층은 통돌

03 | 옥개부

① 1, 2층은 옥개석과 받침석이 별석
② 3층~5층은 통돌 옥개석
③ 층급받침 5단

01 | 석탑 정형양식의 수립

① 8세기 중엽 통일신라계 석탑의 정형(定型) 수립(통일신라 초기)
② 사례 : 불국사 삼층석탑, 갈항사 삼층석탑 등

02 | 석탑 정형양식의 특징

① 기단부
    ㉠ 상 · 하층 이중기단
    ㉡ 기단 면석에 양쪽 우주와 탱주 2개를 모각(하층기단 탱주 2개, 상층기단 탱주 2개)
    ㉢ 기단 갑석에 부연 및 초층 탑신괴임 조출
    ㉣ 상층기단 갑석 상면에 각형 2단의 탑신받침 쇠시리

② 탑신부
    ㉠ 면석에 기둥석을 모각(통돌 사용)
    ㉡ 초층과 2층의 체감이 크지 않음
    ㉢ 탑신석과 옥개석을 각각 1개 부재로 조성
    ㉣ 탑신 각 면에 우주 각출

③ 옥개부
    ㉠ 옥개석과 옥개받침석을 1개의 부재로 조성
    ㉡ 옥개석이 두텁고 낙수면의 물매가 급함
    ㉢ 옥개석 하면은 수평 / 옥개석 단부는 사선 처리
    ㉣ 옥개석 하면에 운두가 낮은 각형 5단의 옥개받침을 조출
    ㉤ 옥개석 상면에 2단의 각형 탑신받침석 조출

④ **상륜부** : 노반, 복발, 앙화, 보륜, 보개, 수연, 용차, 보주 등이 찰주에 꽂힘

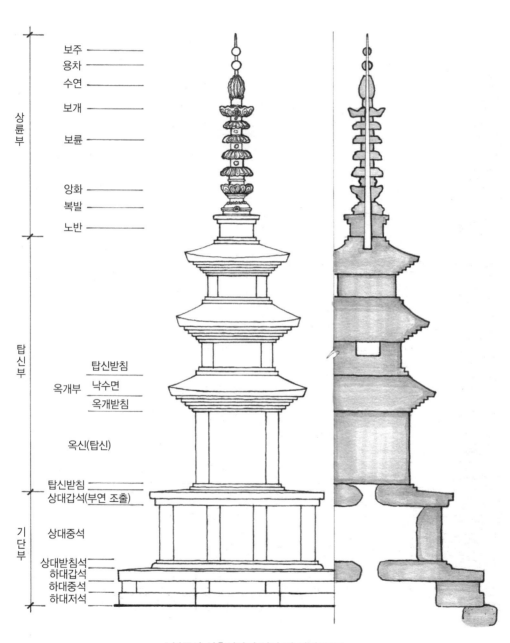

상륜부
- 보주
- 용차
- 수연
- 보개
- 보륜
- 앙화
- 복발
- 노반

탑신부
- 옥개부
  - 탑신받침
  - 낙수면
  - 옥개받침
- 옥신(탑신)

기단부
- 탑신받침
- 상대갑석(부연 조출)
- 상대중석
- 상대받침석
- 하대갑석
- 하대중석
- 하대저석

❚ 불국사 삼층석탑의 입면 및 단면구조 ❚

01 | 개요

① 불국사가 창건된 통일신라 경덕왕 때 조성된 것으로 추측(751년)

② 동탑인 다보탑과 함께 경주 불국사 대웅전 앞에 놓인 서탑

③ 석가여래상주설법탑(釋迦如來常住設法塔) / 석가탑

④ 석가탑과 다보탑

" '현재의 부처'인 석가여래가 설법하는 것을 '과거의 부처'인 다보불(多寶佛)이 옆에서 옳다고 증명한
다."라는『법화경』의 내용을 구현

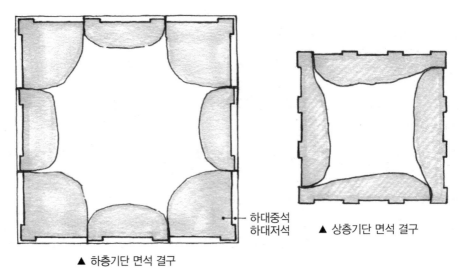

▲ 하층기단 면석 결구

하대중석
하대저석

▲ 상층기단 면석 결구

‖ 불국사 삼층석탑 기단부 평면도 ‖

02 | 기단부 설치구조

① 상·하층 이중기단

② 면석과 기둥석을 하나의 부재로 사용 / 면석에 기둥석 모각

③ 하층기단 탱주 2개, 상층 기단 탱주 2개

④ 상층기단 갑석에 부연 및 초층 탑신괴임 조출

⑤ 기단부 외곽에 8방 연화좌 형식의 탑구 설치

⑥ 하층기단

　㉠ 면석에 우주, 탱주를 모각

　㉡ 하대저석, 하대중석 : 하대중석과 저석을 한 부재로 가공

　㉢ 하대갑석 : 하대갑석 4매 조립 / 상면에 호각형의 상대받침석 조출

⑦ 상층기단
　　㉠ 상대갑석 : 상대갑석 하부에 부연 조출
　　㉡ 탑신괴임 : 상대갑석 상면에 각형 2단의 탑신받침석 조출
　　㉢ 상대중석 : 면석 4매 맞댄이음(ㅁ자형)

03 | 석탑 적층방식 [조적식 구조]

① 조적식 구조
② 통돌 사용 / 단일부재 이음
③ 기단을 구성하는 부재가 직접 상부 하중을 지지하는 구조
④ 상대갑석 부재 상부에 통돌 탑신석 설치

04 | 적심 설치구조

① 적심 설치범위 : 기단부에만 적심 설치 / 초층부터 통돌 사용
② 자연석 할석 적층, 점토질흙 다짐 / 중심부에 규격이 큰 할석을 심주 형태로 설치

05 | 탑신부

① 탑신석과 옥개석을 각각 1개 부재로 조성
② 통돌에 우주를 모각(탑신 각 면에 우주 각출)
③ 초층과 2층의 체감이 크지 않음

06 | 옥개부

① 옥개받침과 옥개부를 통돌로 조성
② 옥개석 하면에 운두가 낮은 각형 5단 받침
③ 옥개석 상면에 2단의 각형 탑신받침석 조출 / 2층은 탑신석 하단에 탑신받침석 조출
④ 옥개석 하면은 수평 / 단부를 사선으로 처리
⑤ 옥개석이 두껍고 낙수면의 물매가 급함
⑥ 옥개석을 기단 갑석보다 짧게 내밈

| 백제와 신라의 석탑 양식 비교 |

석탑 사례		정림사지 오층석탑	불국사 석가탑
창건연대		7세기 초반	751년(경덕왕 10년)
기단부	형식	단층기단	이중기단
	구성	• 별석재 조합(면석, 기둥석) • 1개의 탱주와 양쪽 우주 • 두툼하고 평평한 갑석 • 갑석의 상하면에 부연, 탑신괴임 등의 부가적인 장식이 없음	• 단일석에 모각(면석, 기둥석) • 2개의 탱주와 양쪽 우주 • 얇고 상부에 경사가 있는 갑석 • 갑석 상하면에 부연과 탑신괴임 • 면석에 각종 장식(후기양식) • 기단외곽에 탑구(연화좌)
탑신부	탑신	• 초층은 기둥석과 면석 별석 조립 • 2층~4층은 수매의 별석 조립 • 2층 탑신의 급격한 체감 • 우주의 민흘림 • 탑신의 오금기법	• 단일석 탑신 • 우주 모각 • 체감이 급하지 않음 • 우주의 민흘림 없음 • 탑신의 오금기법 없음
	탑신괴임	별석 1단의 두툼한 탑신괴임	옥개석에 탑신괴임 쇠시리(2단)
	옥개석	• 평박광대한 옥개석 • 전(田)자형 4매석, 위(圍)자형 8매석 • 낙수면의 완만한 구배 • 전각부의 반곡 • 수직형을 이룬 처마의 단부 • 두툼한 우동(내림마루) • 부드러운 곡선형	• 좁고 두툼한 둔중한 모습 • 구(口)자형 단일석 • 낙수면의 급한 구배 • 전각부의 반곡 없이 밑면 수평 • 사선을 이룬 처마의 단부 • 내림마루가 약한 선 형태 • 강직한 직선형
	옥개받침	• 옥개석과 옥개받침석이 별석 • 두꺼운 각형, 사능형 받침 3단	• 옥개석과 옥개받침 단일석 • 얇은 각형 받침 5단
전체 외관		• 가볍고 부드러운 곡선(여성적) • 부드럽고 온화 • 체감률이 다소 급함	• 날카롭고 강한 직선(남성적) • 차갑고 이지적 • 하층기단 폭=탑신의 높이

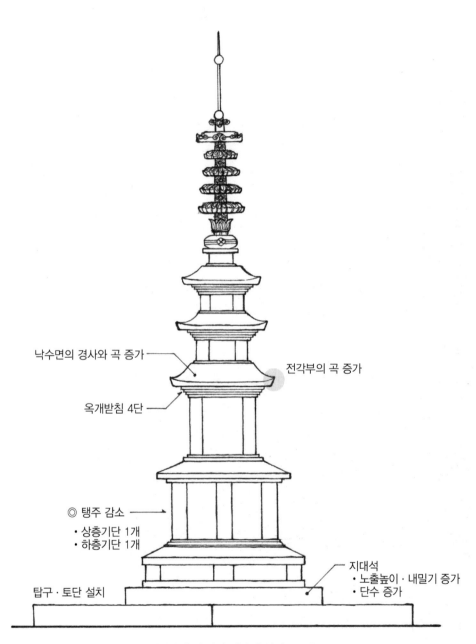

낙수면의 경사와 곡 증가

전각부의 곡 증가

옥개받침 4단

◎ 탱주 감소

• 상층기단 1개
• 하층기단 1개

지대석
• 노출높이 · 내밀기 증가
• 단수 증가

탑구 · 토단 설치

▌ 통일신라 후기 양식 석탑의 입면 구조 ▌

01 | 석탑의 규모 축소와 간략화 경향

① 전체적인 석탑 규모의 축소
② 부재의 세부적인 표현이 생략되거나 간략화되는 경향
③ 8~9세기 석탑에서 나타나 9세기 후반에 현저한 변화를 보임

02 | 기단부

① 기단부 규모의 축소 / 단층기단 조영
② 하층기단 탱주 1~2개, 상층기단 탱주 1개 / 탱주 생략
③ 기단에 사용되는 부재수의 감소
④ 상층기단 갑석 하면의 부연 표현 생략

03 | 옥개부

① 옥개받침이 5단에서 3, 4단으로 변화
② 옥개석 상면의 탑신괴임이 2단에서 1단으로 축소
③ 낙수면의 곡, 전각면의 반전이 증가(앙각, 전각을 크게 형성)

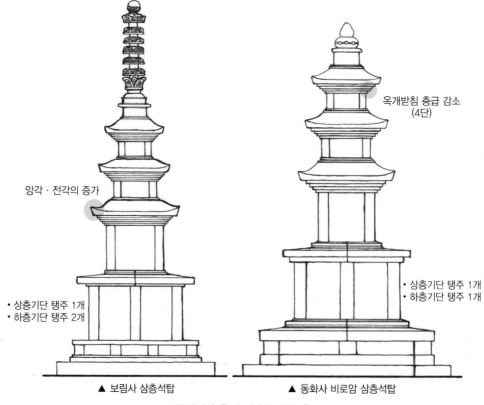

앙각 · 전각의 증가

옥개받침 충급 감소
(4단)

• 상층기단 탱주 1개
• 하층기단 탱주 2개

• 상층기단 탱주 1개
• 하층기단 탱주 1개

▲ 보림사 삼층석탑

▲ 동화사 비로암 삼층석탑

‖ 통일신라 후기 석탑의 사례 ① ‖

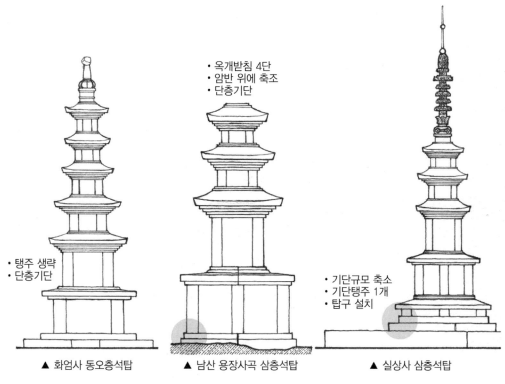

- 옥개받침 4단
- 암반 위에 축조
- 단층기단

- 탱주 생략
- 단층기단

- 기단규모 축소
- 기단탱주 1개
- 탑구 설치

▲ 화엄사 동오층석탑　　　▲ 남산 용장사곡 삼층석탑　　　▲ 실상사 삼층석탑

‖ 통일신라 후기 석탑의 사례 ② ‖

04 | 장엄조식의 증가

① 장엄조식 : 불교상을 비롯한 여러 물상을 조각(탑에 봉안된 사리의 수호, 공양의 의미)
② 기단 및 탑신부 각면에 여러 상을 조각(팔부신중상, 십이지신상, 사방불, 보살상, 인왕상, 안상)
③ 문비 : 미륵사지 석탑 등 시원양식에 나타나는 감실을 간략화하여 문비를 조식(1층 탑신)
④ 사례 : 원원사지 동서삼층석탑, 화엄사 서오층석탑, 실상사 백장암 삼층석탑, 진전사지 삼층석탑

05 | 특수형 석탑의 건립

① 정형양식의 석탑과 더불어 이형적인 석탑이 함께 조영
② 다양한 평면과 형태를 지닌 특수형 석탑의 조영
③ 사례 : 정혜사지 십삼층석탑, 석굴암 삼층석탑, 화엄사 사사자삼층석탑 등

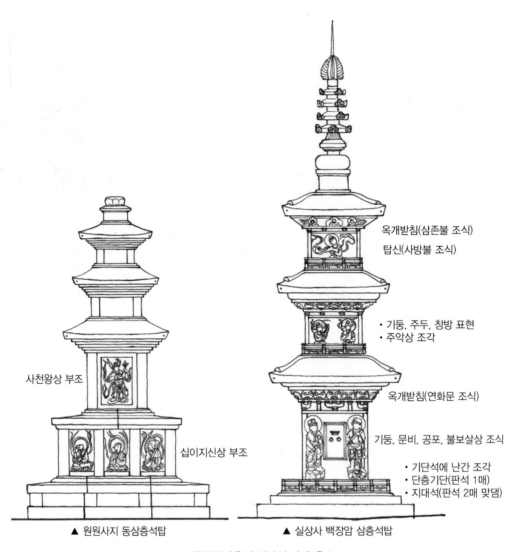

사천왕상 부조

십이지신상 부조

옥개받침(삼존불 조식)

탑신(사방불 조식)

• 기둥, 주두, 창방 표현
• 주악상 조각

옥개받침(연화문 조식)

기둥, 문비, 공포, 불보살상 조식

• 기단석에 난간 조각
• 단층기단(판석 1매)
• 지대석(판석 2매 맞댐)

▲ 원원사지 동삼층석탑

▲ 실상사 백장암 삼층석탑

┃ **통일신라후기 석탑의 사례 ③** ┃

SECTION 10 | 고려시대 석탑의 특징

01 | 고려시대 불교와 석탑 조영의 특징

① 시대적 배경
    ㉠ 지방호족들의 성장과 자치권 인정 / 불교의 대중화
    ㉠ 석탑 건립의 전국적 확산 / 석탑 조영에 토착세력 참여

② 고려시대 석탑 조영의 주체
    ㉠ 순수한 지방세력과 민중의 참여
    ㉡ 해당 지방민의 발원에 의한 석탑 건립

02 | 고려시대 석탑 양식의 특징

① 석탑의 비례미, 세부적인 조형성 퇴화 / 둔중한 외관 / 소규모 석탑 건립
② 장엄조식의 발달 : 기단 및 탑신부에 장엄조식 증가
③ 다각다층 석탑의 조영 : 금산사 육각다층석탑, 월정사 팔각구층석탑, 남계원 칠층석탑 등
④ 지역성이 반영된 석탑의 건립 : 고구려계 석탑, 백제계 석탑의 조영
⑤ 별석받침, 굽형괴임대 발달(호각형, 각호각형, 앙련형 등)
⑥ 원, 라마교의 영향에 의한 석탑 조영 : 경천사지 십층석탑 등

03 | 고려시대 백제계 석탑의 분류

① 순수 백제계 양식 : 정림사지 오층석탑을 충실하게 모방한 양식
② 백제 · 신라 절충양식 : 백제탑과 신라탑의 요소를 부분적으로 절충한 양식

04 | 순수 백제계 양식 석탑

① 정림사지 오층석탑의 전통적 양식을 따름
② 탑신부에 비해 매우 낮은 단층기단
③ 평박광대한 옥개석(8매 또는 4매의 별석으로 구성)
④ 각형과 경사진 사능형의 옥개받침(별석 조립)
⑤ 옥개석 단부의 경쾌한 반곡
⑥ 귀마루에 두툼한 우동
⑦ 탑신의 급격한 체감(초층 탑신이 매우 높음 / 2층 이상은 초층에 비해 급격한 체감)

⑧ 목조가구식 짜임(다수의 별석 조립)

⑨ 사례 : 부여 장하리 삼층석탑, 비인 오층석탑, 정읍 은선리 삼층석탑 등

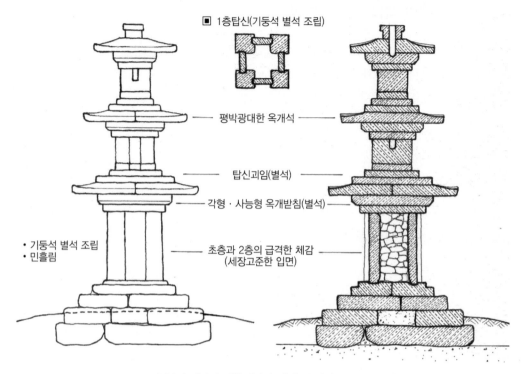

▣ 1층탑신(기둥석 별석 조립)

— 평박광대한 옥개석 —

— 탑신괴임(별석)

— 각형·사능형 옥개받침(별석)

• 기둥석 별석 조립
• 민흘림

— 초층과 2층의 급격한 체감
(세장고준한 입면)

‖ 부여 장하리 삼층석탑의 입면 및 단면구조 ‖

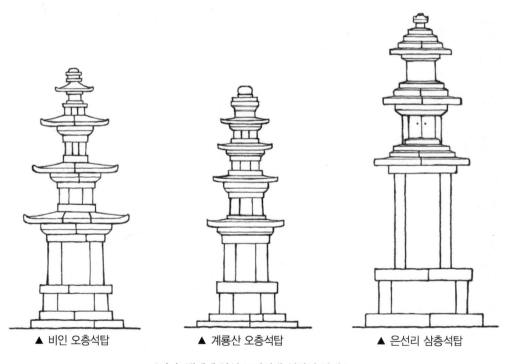

▲ 비인 오층석탑   ▲ 계룡산 오층석탑   ▲ 은선리 삼층석탑

‖ 순수 백제계 양식 고려시대 석탑의 사례 ‖

05 │ 백제계 절충양식 석탑

① 백제계 절충양식 석탑의 특징

  ㉠ 전반적인 외형에서는 백제계 양식의 특징

  ㉡ 옥개부는 신라계 양식의 특징 / 옥개받침은 각형 3단~5단의 신라계 양식

  ㉢ 탑신 높이의 체감비가 큰 5층 이상의 세장고준한 외형(세장고준형)

  ㉣ 탑신 하부에 탑신보다 넓고 두터운 탑신괴임대를 별석으로 구성(탑신괴임대형)

② 탑신괴임대형, 세장고준형

  ㉠ 탱주가 생략된 모습의 간략화된 기단

  ㉡ 초층 탑신이 높고, 초층에 비해 2층 이상 탑신의 급격한 체감

  ㉢ 가늘고 높은 형태의 탑신

  ㉣ 내림마루의 두툼한 우동

③ **사례** : 만복사지 오층석탑, 가곡리 오층석탑, 마곡사 오층석탑, 송제리 오층석탑 등

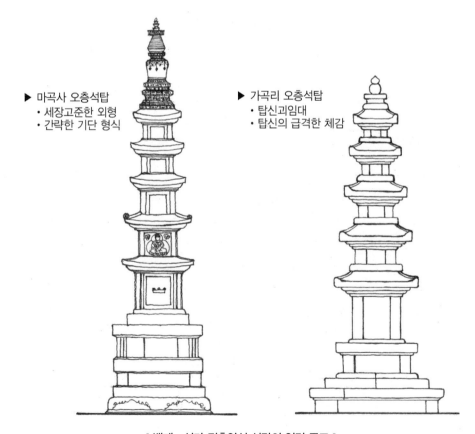

▶ 마곡사 오층석탑
 • 세장고준한 외형
 • 간략한 기단 형식

▶ 가곡리 오층석탑
 • 탑신괴임대
 • 탑신의 급격한 체감

‖ 백제 · 신라 절충양식 석탑의 입면 구조 ‖

06 | 신라계 절충양식 석탑

① 신라계 석탑에 백제계 석탑의 특징이 부분적으로 가미된 형태
② 백제계 석탑의 요소 : 옥개부의 반곡 / 평박광대한 옥개석

③ 무량사 오층석탑
　　㉠ 기단부 : 단층기단 / 기둥석과 면석을 별석으로 결구
　　㉡ 탑신부 : 2층 탑신의 급격한 체감 / 기둥석과 면석을 별석으로 조립
　　㉢ 옥개부 : 낙수면과 옥개받침석 별석 / 평박광대한 옥개석 / 모서리의 반곡 / 3단 옥개받침

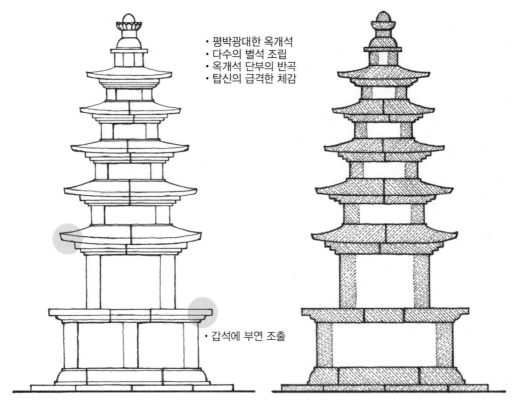

• 평박광대한 옥개석
• 다수의 별석 조립
• 옥개석 단부의 반곡
• 탑신의 급격한 체감

• 갑석에 부연 조출

‖ 무량사 오층석탑 입면 및 단면 구조 ‖

07 | 고려시대 신라계 석탑의 특징

① 통일신라 후기 석탑의 변화 경향 계승

② 석탑 규모의 축소

③ 단층기단 조영 / 기단 탱주 감소 및 생략

④ 석탑의 세부적인 표현 간략화(기단 갑석 부연의 생략, 옥개받침 층급 감소)

⑤ 낙수면 급경사

⑥ 귀마루의 앙각, 전각의 곡 증가

⑦ 장엄조식 발달

⑧ 다각 · 다층 석탑의 조영 활발

⑨ **사례** : 개심사지 오층석탑, 남계원 칠층석탑, 현화사 칠층석탑, 금산사 오층석탑 등

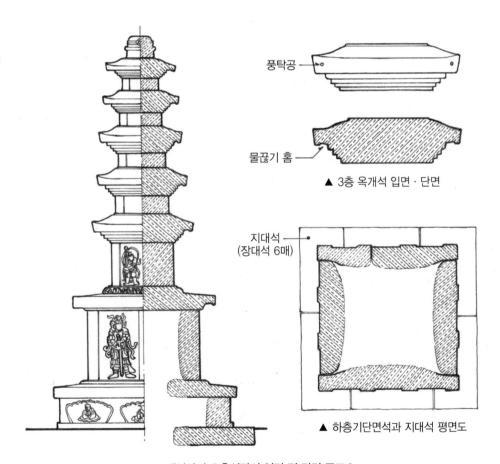

풍탁공

물끊기 홈

▲ 3층 옥개석 입면 · 단면

지대석
(장대석 6매)

▲ 하층기단면석과 지대석 평면도

▎개심사지 오층석탑의 입면 및 단면 구조 ▎

01 | 불교와 불탑 조영의 쇠락

① 국가 통치 이념으로서의 유교 정립(숭유억불)
② 불교 쇠퇴, 불교 관련 조형 미술의 위축
③ 고려 시대 석탑의 조형과 양식을 따름

02 | 사례

낙산사 칠층석탑, 신륵사 다층석탑, 원각사지 십층석탑 등

LESSON 03 석탑의 시공

SECTION 01 | 석탑의 훼손유형과 원인

01 | 석탑의 구조적 특징과 변형의 관계

① 상·하부 부재 사이에 결구 없이 층별로 적층한 구조 → 부재의 이완

② 기단 및 탑신 내부에 적심 설치 → 적심 훼손에 따른 석탑 변형

③ 외기에 노출된 구조물 → 풍우, 습기, 일사의 영향에 따른 풍화 작용

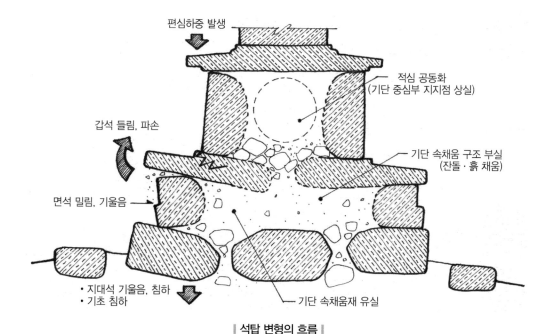

편심하중 발생

적심 공동화
(기단 중심부 지지점 상실)

갑석 들림, 파손

기단 속채움 구조 부실
(잔돌·흙 채움)

면석 밀림, 기울음

• 지대석 기울음, 침하
• 기초 침하

기단 속채움재 유실

| 석탑 변형의 흐름 |

02 | 석탑 변형의 흐름

① 적심의 공동화 현상에 따른 지지력 상실, 부재 이완, 기울음

    ㉠ 하중작용에 의한 결구부 파손, 부재 이완에 따른 적심 유출

    ㉡ 부실한 적심 설치 구조, 적심재의 내구성 저하

    ㉢ 적심 공동화에 따른 지지력 상실과 석탑 변형

② 지반의 부등침하, 적심의 유실 등 성능저하에 따른 기단 구성 부재의 기울음

③ 하부 부재의 이완 및 파손에 따른 상부 부재의 연속적인 변위

03 | 석탑의 훼손 유형

① 부재의 풍화, 열화 : 박리, 박락, 탈락, 변색, 지의류 및 생물 서식

② 부재의 이완, 이동 : 지대석, 면석, 갑석, 옥개석의 이완 및 기울음

③ 부재의 균열 및 파손 : 기단 면석 및 갑석, 옥개석의 균열 및 파손

④ 석탑의 전체적인 기울음, 부동침하

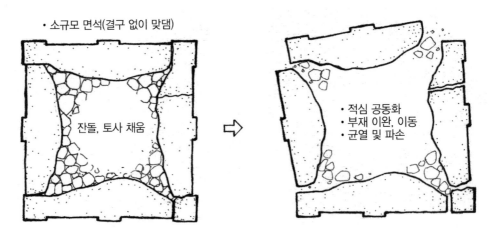

∥ 적심 유실과 기단 부재의 이완 ∥

04 | 석탑의 훼손 원인

① **기초, 지반의 문제** : 연약 지반, 지하수 유입, 지정 재료의 내구성 저하

② **기단부 적심의 문제**
    ㉠ 적심의 내구성 저하, 기단 내부 적심의 공동화 현상 → 지지력 상실
    ㉡ 기단 부재에 편심, 집중 하중 발생 → 부재 이완, 파손

③ **편심작용에 의한 기울음, 부재파손**
    ㉠ 지반의 부동침하에 따른 지대석 및 기단 구성 부재의 기울음
    ㉡ 편심작용에 의한 집중하중과 부재파손
    ㉢ 고임쇠 등에 의한 집중하중과 부재파손

④ **주변 환경**
    ㉠ 주변 지형의 변화에 따른 배수 곤란 / 차량 진동의 영향
    ㉡ 인접 토목 공사에 의한 지하수계의 변화
    ㉢ 배수로 설치 부실 및 지면 구배 불량
    ㉣ 인접 수목에 의한 영향(뿌리의 침습 / 습기와 통풍 저해 / 수목의 전도)

⑤ **기후 및 자연 재해**
    ㉠ 대기오염, 산성비, 지의류 번식
    ㉡ 지진 등 자연 재해

⑥ **기타**
    ㉠ 고임쇠 등 보강 철물의 부식, 녹 발생에 따른 표면 오염
    ㉡ 시멘트 모르타르에 의한 표면 훼손(화학반응에 의한 표면 오염, 백화 현상)

1) 공사준비	• 설계도서 검토 / 해체범위와 수리방법 검토 • 시공계획 수립(공정, 품질, 재료, 안전관리 / 인력투입계획 등) • 차량 및 장비 진입로 정비 / 부재 적치 장소 확보 • 전기 · 용수 확보 / 자재 운송 방안 검토(산지) • 해체 및 조립 장비의 선택 및 운용 계획 마련

⬇

2) 가설 및 보양	• 비계 · 가설덧집 설치 / 한식진폴 설치 • 버팀목 설치 / 취약 부재 사전보강(부재결속, 접착) • 주변 시설물 보양(파손 방지 조치)

⬇

3) 사전조사	• 주변 유구 조사, 주변 환경 조사(수목, 배수로, 석축) • 지내력 시험 및 지반 조사(지반안정성 검토) • 기준점 설정, 규준틀 설치 • 석탑 각부의 레벨, 위치, 좌향 조사 / 도면 기록, 촬영 • 석탑 훼손 현황에 대한 조사

⬇

4) 해체 및 해체조사	• 부재 번호표 부착 / 촬영 및 도면 기록 • 석재 조사(재질 · 강도 / 치석기법 / 대체 석재) • 부재의 종류 · 크기 · 수량 · 치석 · 결구법 / 파손부위와 파손정도 • 고정철물의 종류와 위치(은장 · 고임쇠) • 기단 속채움 재료, 설치 구조 조사 • 기초부 재료, 상태, 설치 구조 조사

⬇

5) 조립 및 재설치	• 기초보강 / 기단부 적심 보강 및 재설치 • 부재 보존처리(세척 / 접합 / 성형) • 부재 신재 교체 / 조립 및 재설치

⬇

6) 주변정비	• 석축, 배수시설 보강 / 잡목 제거 / 바닥 포장 및 구배 형성

⬇

7) 수리보고서 작성	• 조사 자료 · 내용 / 공사 사진(전 · 중 · 후) / 자문회의 내용 / 설계변경 사유 · 내용 / 공종별 수리내용(위치 · 재료 · 수리방법) / 공사내역(수량 · 금액) / 도면 · 시공상세도

▌석탑 수리 공정별 주요사항▐

01 | 해체범위와 수리방법에 대한 검토

① 해체 범위와 보수 방법에 대한 적합성 검토
② 현장조사 / 설계도서의 적합성 검토
③ 성급한 해체 수리보다는 변위의 성격과 진행 상태에 따른 보수 방안 마련(전문가 자문)

02 | 시공계획 수립

① 현장관리 계획(현장 운영 조직표 / 현장 비상연락망)
② 공정관리 계획(공사개요 / 공정순서 / 공정별 시공법 / 예정공정표)
③ 품질관리 계획(품질시험계획서 / 현장품질관리계획)
④ 안전관리 계획(안전관리자 선임 / 안전교육 및 보호구 지급 / 산업안전보건관리비 사용 계획)
⑤ 인원 및 장비 투입 계획(공정별, 기간별 인원 및 장비 투입계획)

03 | 기준점 설정 및 규준틀 설치

04 | 가설 시설물 설치

① 현장 조건에 따른 부재 보관 창고, 작업장, 진입로 설치

② 가설비계, 덧집 설치
　　㉠ 석탑의 규모와 해체 범위, 공사 기간 등을 고려(강관비계, 시스템비계, 철골가설덧집)
　　㉡ 석탑과 1자 이상 이격하여 안전한 거리 확보
　　㉢ 거중기 사용을 고려하여 사다리꼴 계단식으로 설치
　　㉣ 석탑 부재 파손이 발생하지 않도록 강관 비계 마구리에 안전마개, 헝겊, 담요 등으로 보양
　　㉤ 근접하여 목비계 설치

05 | 장비 검토 및 설치

① 해체 및 조립 장비의 선택 및 운용 계획 마련(크레인, 한식 거중기)
② 석탑 부재의 자중, 작업 시 안전성, 주변 환경과 작업 조건을 고려

③ 한식 거중기 설치 및 작동법
  ㉠ 지주목은 밀리지 않도록 지면에 1자 이상 깊게 파묻어 설치
  ㉡ 지주목은 석탑 중심에서 해체 부재의 이동 방향으로 약간 치우쳐서 설치
  ㉢ 지주목은 석탑과 1~1.5m 이상 이격을 확보하고, 운용 시 가설비계에 닿지 않도록 함
  ㉣ 지주목은 마구리 규격이 6치 이상 되고 강도가 확보되는 목재를 사용
  ㉤ 나무, 바위 등 이동되지 않는 곳에 로프 고정(안전로프, 조정로프)
  ㉥ 천연로프 사용
  ㉦ 지주목 상단은 이탈되지 않도록 견고하게 고정하고 작업 시 수시로 점검
  ㉧ 부재의 해체 순서 및 공정, 거중기 작동 방법에 대해 사전에 충분히 교육하고 작업 진행

SECTION 03 | 사전조사

① 주요 부재의 위치, 높이와 방향을 조사하여 기록
② 석탑의 전체적인 기울음, 침하 여부와 정도에 대한 조사
③ **부재별 상태 조사** : 이완, 기울음, 파손 상태 / 지의류 및 초본 식물의 번식 상태
④ 부재의 강도, 공극률, 지지력에 대한 조사(초음파 탐사 / 비파괴검사)

⑤ **지반의 안정성 검토**
  ㉠ 지반조사 : 전기비저항탐사, 물리탐사, 탄성파검사, 레이더탐사 등을 통해 지반의 상태 확인
  ㉡ 지내력시험 : 평판재하시험을 통한 지내력 평가 및 석탑 하중에 대한 검토
  ㉢ 기초 및 지반의 침하 여부와 정도에 대한 조사 / 기초부 재시공 및 보강 여부 검토

⑥ 주변 배수시설 조사
⑦ 수목과 이끼류의 번식정도 조사, 제거 또는 보존여부 검토
⑧ **문헌조사** : 석탑 조영 및 수리에 관한 역사적인 기록물, 최근 수리 내용 등에 대한 조사

SECTION **04** | 해체조사

① 부재의 종류, 크기, 수량, 치석, 결구, 설치기법에 대한 조사(기둥석, 면석, 갑석, 옥개석)
② 파손 부위 및 파손 정도(해체를 통해 드러난 부재의 구체적인 상태에 대한 조사)
③ **기초부 시굴조사** : 지정의 종류, 두께, 지정방법, 지대석 설치 구조에 대한 조사
④ 내부 적심의 재료와 설치 구조 조사
⑤ 석재, 흙, 모르타르 등의 성분 조사 / 대체 석재에 대한 검토
⑥ 고임쇠 등 보강 철물의 종류와 위치, 설치법 검토
⑦ 사리공의 위치 및 상태, 찰주의 결구 방법 등에 대한 조사

SECTION **05** | 해체

01 | 사전보강 및 보양

① 파손 및 균열, 박리 · 박락이 심한 부재에 대한 사전보강(균열부 접착제 주입 등)

② 버팀목 설치
    ㉠ 석탑의 기울음, 해체 시 변위 발생 가능성을 고려
    ㉡ 기울어진 방향, 부재 이동이 발생할 수 있는 방향에 버팀목 및 모래주머니 설치

③ 부재 보양
    ㉠ 균열, 풍화 등 훼손이 심한 부재에 대한 보양
    ㉡ 해체 및 이동과정에서의 부재 파손 방지를 위한 사전 보양
    ㉢ 광목, 부직포, 고무판 등을 덧대고 고무바, 슬링바, 슬링벨트로 결속

02 | 해체순서

① 해체순서 검토 : 전체 설치 구조, 부재별 결구 방식 등에 대한 조사를 통해 부재 해체 순서 계획

② 해체순서
    ㉠ 상륜부→ 옥개석 및 받침석 → 탑신석 → 기단 및 적심 → 지대석
    ㉡ 상부, 전면, 후면 등의 순서로 해체

03 | 해체 시 유의사항

① 해체 범위를 최소화하고, 부분적인 드잡이 시공 등을 검토
② 해체 시 부재 간 고정 철물이나 모르타르 제거
③ 해체 및 조립 시 가새와 버팀목 등을 충분히 설치 후 시공
④ 해체 시에는 부재의 상태와 규격, 설치법에 대해 충분히 조사하고 기록(촬영, 도면 작성)
⑤ 해체 전 부재별로 번호표를 부착(부재명, 위치, 방향 등을 기록)
⑥ 문양이 있는 부재, 상륜 부재는 건식 탁본 및 사진 촬영
⑦ 옥개석 단부 등 단면이 작은 부재나 문양이 조식된 부재는 보양 조치(솜, 광목, 부직포 등)
⑧ 슬링벨트 결속 시에는 부재의 무게 중심을 고려(부재 이탈 및 파손 방지 / 단부 파손 유의)
⑨ 해체 중 부재 파손이나 이동이 일어날 수 있는 취약부 보강(버팀목, 슬링바, 고무바 결속)
⑩ 거중기, 크레인 등 장비 사용에 따른 부재 파손 유의
⑪ 무리한 힘을 가하지 않고, 연장에 의한 부재 파손에 유의(목재 쐐기, 부목, 받침목 사용)
⑫ 사리 장치 발견에 유의
⑬ 상륜 부재는 해체 시 파손되지 않도록 유의(찰주 해체 시 부재 파손 유의)

04 | 해체 부재의 운반 및 보관

① 해체 부재는 해체 순서대로 부재 보관 창고에 서로 맞닿지 않게 보관
② 재사용재와 불용재로 구분하여 보관
③ 우수에 피해가 없도록 보관 / 방수피막제 등으로 덮어 보양
④ 운반 과정 중 오염 물질이 석재에 묻지 않도록 보양
⑤ 침목 또는 목재 운반대 위에 하중이 분산되도록 적재
⑥ 해체재료의 보관(원자재, 보강부재 / 보관부재, 폐자재)
　　㉠ 재사용재와 불용재로 표시하여 지정장소에 구분하여 보관
　　㉡ 원부재, 보강부재, 보관부재, 폐자재로 구분 보관
　　㉢ 해체재료는 상태별, 재료별, 위치별 등으로 구분하여 보관
　　㉣ 해체 부재는 공사기간 중에 외부로 반출 금지

01 | 보존처리

균열부에 대한 접착, 지의류 제거 등 수리 및 보존처리 후 조립

02 | 기초부

기초는 가급적 해체하지 않음 / 필요시 기초 재설치(잡석지정, 판축지정)

03 | 기단부

① 지대석

　㉠ 기준점에 의거해 규준틀을 설치하고 높이와 좌향을 원형대로 조립

　㉡ 부재 중 가장 이동 및 변화가 없는 부재를 기준으로 좌향 및 바닥 높이를 설정

　㉢ 지대석 상하면의 마감 가공 정도 고려(지대석 노출 높이, 지면 높이 검토)

　㉣ 설치 후 부재의 수직 · 수평, 좌향 확인

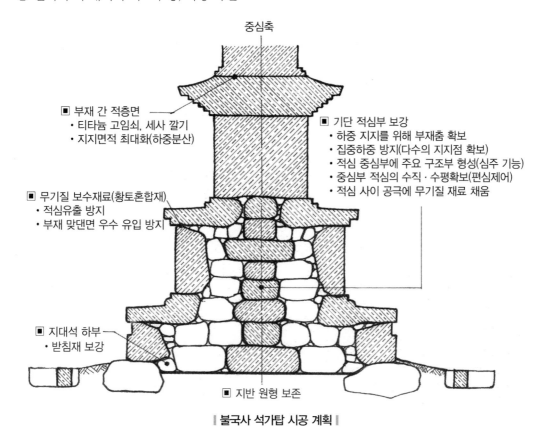

┃ 불국사 석가탑 시공 계획 ┃

② 면석, 기둥석
   ㉠ 부재 접착부는 따내거나 보강하지 않고 기존 위치에 맞춰 재조립
   ㉡ 지대석 위에 탱주와 면석 설치
   ㉢ 면석은 탱주의 기존 위치에 정확하게 물리도록 조립

③ 적심
   ㉠ 기단 속채움은 양질의 재료를 사용하여 밀실하게 채움
   ㉡ 상부하중이 갑석이나 면석에 집중되지 않도록 설치
   ㉢ 1자각 이상의 할석이나 장방형 대석을 쌓고 사이에 중형 할석, 잡석, 점토질흙을 채움
   ㉣ 중심부가 하중을 안정적으로 지지하고 하중이 기단 면석에 적게 작용하도록 설치
   ㉤ 적심이 외부 면석에 측압으로 작용하지 않도록 자립적 구조를 형성
   ㉥ 속채움 부재가 외부 면석의 틈으로 쉽게 유실되지 않도록 시공
   ㉦ 적심 상부와 기단 갑석 사이는 공극이 없도록 밀실하게 설치

04 | 탑신부

① 탑신은 갑석과 최대한 밀착되게 설치
② 밀착되지 않거나 부재면이 바르지 않을 때는 고임쇠로 받쳐서 조정
③ 옥개석은 탑신 위에 잘 맞추어 벌어지지 않도록 조립
④ 옥개석과 옥개석의 접합부가 들뜬 부위에는 물이 들어가지 않도록 고무질 접착제를 충전하되, 외부에서 보이지 않도록 함

05 | 상륜부

① 노반, 복발, 앙화, 보륜, 보개, 수연, 용차, 보주의 순서로 찰주에 끼워서 설치
② 조립 과정에서 부재 파손에 유의
③ 찰주는 휘거나 기울어지지 않도록 수직으로 세우고 상층 옥개석에 깊이 꽂히도록 조립
④ 찰주는 녹막이 처리하고, 안정적으로 설치되도록 틈새를 강회모르타르, 수지 등으로 보강

06 | 고임쇠

① 상하부 부재가 밀착되지 않거나 부재면이 바르지 않을 때는 고임쇠로 조정하면서 조립
② 고임쇠는 석재 파손이 발생하지 않도록 적정 강도를 갖고 부식되지 않는 소재를 사용
③ 집중하중이 발생하지 않도록 결구면에 맞춰 일정한 규격을 확보하여 시공
④ 스텐레스, 텅스텐, 티타늄, 압축세라믹 등

07 | 신재 교체 및 보강

① 신재 교체

    ㉠ 석재 성분 분석 및 품질 검사(구재 / 신재)

    ㉡ 동일한 물성과 질감, 색상을 갖는 석재를 사용(채석지 및 석재 공급처 조사)

    ㉢ 구부재의 가공 정도에 맞춰 치석하여 사용

    ㉣ 신재에 화학 제품을 사용하여 조색을 해야하는 경우 안정성을 확보하여 시공(샘플시공)

② 결실, 탈락부 보강

    ㉠ 풍화, 결실된 부분에 시공된 시멘트 모르타르는 제거하고 유사한 암질의 석재로 대체

    ㉡ 이음부, 탈락부에 수지와 석분 등을 사용하여 보강

    ㉢ 사용하는 수지는 안정성이 확보된 것을 사용(시험 사용을 통해 사전에 적합성 검토)

    ㉣ 수지 처리한 부위는 구부재와 이질감이 없도록 조색(가역성과 안정성을 확보하여 시공)

    ㉤ 균열 및 탈락부에 스테인리스봉 등을 삽입하여 보강

    ㉥ 부재 결구부에 은장 재설치

08 | 주변 환경 정비

① 주변 배수로 및 지면 정비 / 잡목 제거

② 기초부에 지하수가 유입되지 않도록 외곽에 암거, 흄관 등 설치 검토

③ 주변 정비 공사 시 근접 시공으로 인해 석탑 및 기초부에 영향을 미치지 않도록 유의

09 | 조립 시 유의사항

① 기준점과 규준틀 설치 후 조립(좌향, 지반의 높이 검토)

② 한 부재를 조립 후 반드시 방향, 위치를 점검한 후 후속 공정을 진행

③ 신재 사용 최소화

④ 고임재를 사용하는 경우 집중 하중이 발생하지 않도록 유의

⑤ 고임재를 중첩하지 말고 단일 부재로 사용하고 부재와의 접촉 면적을 확보

⑥ 매 단마다 충분히 안정된 상태를 검토한 후 다음 단을 조립

⑦ 하부 부재가 이완되지 않도록 하부 부재를 철선, 각목 등으로 고정한 후 상부 부재 조립

⑧ 기단 내부에는 속채움을 밀실하게 하여 상부 하중이 갑석이나 면석에 집중되지 않도록 시공

⑨ 조립 및 이동 시 부재 간 접촉, 충격에 의한 손상과 기조립 부재의 이동 방지(목재, 헝겊 보양)

⑩ 석조물 접합부에는 은장을 끼워 변형을 방지

⑪ 수지, 접착제 등은 안정성이 검증되고 가역성이 확보되는 재료를 사용

SECTION 07 | 한식 거중기 설치 및 운영 방법

01 | 석탑 주변상황 검토

① 주변 건물 및 석조물, 수목 현황 조사
② 대지 상태, 거중기 설치 공간, 해체 부재의 이동 및 적재 공간 등에 대한 조사 및 검토

02 | 부재 해체순서 계획

03 | 부재 사전보강 및 보양

04 | 거중기 및 자재 검토

① 석탑 부재의 크기, 무게 등을 고려
② 적정한 거중기의 규모, 와이어의 굵기, 슬링벨트의 규격 검토

05 | 가설비계 설치

① 지주목의 설치와 운영을 고려하여 비계의 높이와 폭을 설정
② 사다리꼴 계단식으로 설치하고 공정에 따라 유동적으로 대응

06 | 한식 거중기의 구성 요소

① 지주목
    ㉠ 해체 대상 부재 중 가장 무거운 부재를 기준으로 지주목의 규격을 결정
    ㉡ 석탑 상부에서 1~1.5m 이격하여 설치
    ㉢ 너무 건조되지 않고 옹이나 충해가 없는 목재를 사용
    ㉣ 로프를 결속한 지주목 상단은 못, 꺾쇠, 결속선 등으로 보강하여 이탈 방지

② 도르래 : 해체 및 조립 부재의 중량을 고려
③ 회롱틀 : 조정기, 가구라 / 적정 굵기와 강도의 와이어 사용 / 안전장치 설치(역회전 방지)

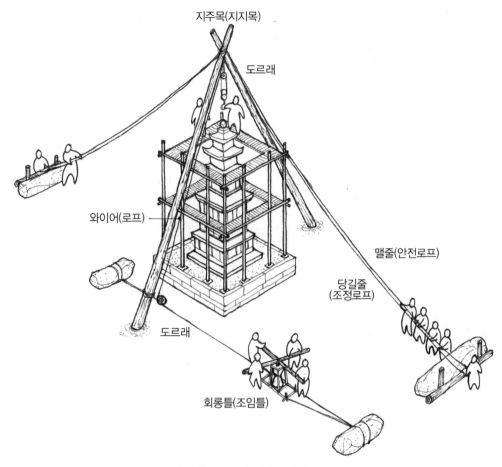

지주목(지지목)

도르래

와이어(로프)

맬줄(안전로프)

당길줄
(조정로프)

도르래

회롱틀(조임틀)

┃ 한식 거중기의 설치 및 운용 ┃

07 | 한식 거중기 설치

① 지주목 설치 : 석조물과 해체 이동 방향의 중간 지점에 설치
② 로프 설치 : 조정로프, 안전로프(지주대가 일정 범위 이상 넘어가지 않도록 기능)
③ 회롱틀, 도르래 설치

08 | 운용 시 유의사항

① 작업 시 안전이 확보되도록 적정한 인원을 배치
② 작업순서와 수신호 숙지
③ 주변 지반은 굴곡이 없도록 정리 / 부재 운반 경로상에 장애물이 없도록 정리
④ 한번에 조정로프를 다 풀지 않고, 반대쪽에서 잡아 당긴 후 다시 풀어주는 과정을 반복
⑤ 부재 해체 시 마다 로프의 결속 상태를 반복해서 점검
⑥ 로프는 항상 석재의 무게 중심에서 결속

⑦ 지주대는 석조물 중심에서 해체 방향으로 약간 벗어나서 위치시킴

⑧ 지주의 이동 각도를 너무 크게 하지 않음

⑨ 작업 전후로 거중기의 상태, 로프의 결속 상태를 점검

SECTION 08 | 석탑 수리 사례 [감은사지 서삼층석탑]

01 | 사전 보양

① 표면 보강 : 보호페이싱, 표면 박리부에 강화처리제

② 구조 보강 : 옥개석 가장자리 하단에 수동식 잭을 받치고 부재 간에 로프로 결속

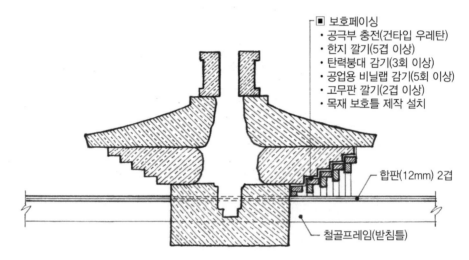

▌감은사지 삼층석탑 옥개석 해체 전 보양 작업▐

02 | 수리 내용

① 은장 설치 : 3층 옥개석 및 옥개받침석에 은장 설치(티타늄 소재)

② 고임쇠 제거 및 재설치

　　㉠ 파손 위험이 있는 고임쇠 제거

　　㉡ 석탑 부재 단면이 큰 쪽으로 고임쇠의 위치 이동

　　㉢ 접합 면적이 작은 고임쇠는 접합 면적이 넓은 받침재로 대체(티타늄, 스텐레스 재질 사용)

③ 해체 부재 보존처리(세척, 보강, 충전, 접합, 강화처리)

④ 보수 모르타르 제거

⑤ 결실부, 풍화 탈락부에 암석을 치석하여 수지로 접합

01 | 개요

① 불국사 삼층석탑 전면 해체수리
② 사업 기간 : 2011년 5월~2015년 12월(4년 8개월)

02 | 추진 경과

① 2012년 : 석탑 보수를 위한 가설 시설물 설치 / 해체 착수
② 2013년 : 부재 해체 완료 / 석탑에 봉안된 유물 수습
③ 2014년 : 지반조사 / 석탑 조립을 위한 실시설계
④ 2015년 : 석탑 조립

03 | 수리 시 기본 원칙

① 조립 시 최대한 원형을 보존 / 역사적 형태 및 구조적 안정성을 함께 고려
② 해체조사 과정에서 밝혀진 축조기법과 재료를 반영
③ 기존의 방법으로 구조적 안정성을 확보하기 어려운 경우에는 유사 사례에서 효과가 입증되었거나 과학적 기술에 근거한 방법을 검토하여 적용
④ 파손되었거나, 구조적인 문제가 확인된 부재는 구조 보강 및 보존처리
⑤ 새롭게 복원되는 부재는 원래 부재의 양식 및 가공수법에 근거하여 제작
⑥ 신부재는 원래의 부재와 구분되도록 하고 기록으로 남길 것
⑦ 모든 조사, 연구 및 작업 내용을 상세하고 정확히 기록하여 자료화

04 | 기단 갑석 균열의 원인 분석

① 갑석 하부 적심석 파손 및 이격
② 적심부 공동화 현상으로 인한 지지점 부족
③ 단면 내력 초과로 인한 갑석 파손

05 | 석탑 석재 산지 추정 연구

06 | 석탑 복원 구조 및 재료 연구

① 해체 당시 나온 부정형 적심석은 하중의 불균형을 초래할 가능성이 있으므로 비교적 육면체에 가까운 형태로 치석하여 정연하게 적층
② 기단 갑석 하부는 되도록 큰 부재가 지지할 수 있도록 적심부 설치
③ 고임쇠는 부식 방지 및 강도 조절이 가능한 티타늄 재질 사용(석재 강도 고려)

07 | 석탑 및 주변부 지반 안정성 조사

① 평판재하시험, 전기비저항탐사
② 표층수, 지하수 유동 경로 분석
③ 석탑 고정하중 지지에 비교적 안정된 지반상태임을 확인(지반 보강 불필요)

08 | 석탑 적심 구성 현황 조사

① 적심 구성 사례 조사
② 구조적 안정성 여부 검토

09 | 기타 조사사항

① 석탑 표면 오염물 분석
② 보수용 신재 석재 물성 및 재질특성 분석

10 | 가설 시설물

① 가설 덧집 : 철골구조로 지상에 50cm 두께로 콘크리트를 타설하여 H-BEAM 설치
② 석탑부재를 들어 인양하는 데 사용한 10ton급 호이스트 라인을 H-BEAM에 시설
③ 가설덧집은 벽체 전체 면적의 1/2을 투명창으로 개방
④ 관람용 데크와 해체 보수 내용을 설명한 패널 설치(관람 및 교육 활용)
⑤ 관람객의 안전을 보장하기 위하여 투시형 펜스 설치(작업공간과 관람공간 분리)

11 | 해체공사

① **해체순서 검토** : 인양 및 안치하는 데 이동거리가 가까운 부재를 먼저 해체

② **해체방법 검토** : 슬링벨트를 체결할 위치, 슬링벨트의 두께 및 길이 검토

③ 해체 전 현황에 대한 사전조사 및 기록, 실측

④ 부재별 방위표 부착, 위치 측량 및 3D 스캔 등을 선행 후 해체

⑤ 부재의 박리, 균열 부위 등에 인양 하중이 가해지지 않도록 해체

⑥ 한지, 스폰지, 광목, 테이핑 등의 방법을 이용하여 부재를 보양

⑦ 목재쐐기, 받침대 등을 이용

⑧ **상륜부 해체**

　ㄱ 찰주는 표면 보호용 고무밴드를 설치하고 보양 조치

　ㄴ 부재 보호용 보강 목재 등을 설치하여 해체

　ㄷ 해체 과정 동영상 및 디지털 사진 촬영 병행, 야장 기록

⑨ **탑신부 해체**

　ㄱ 해체 전 부재의 균열, 훼손부를 확인

　ㄴ 슬링벨트 체결시 하중이 직접적으로 가해지지 않도록 유의

　ㄷ 옥개석의 경우 표면 보호용 한지 및 천을 이용하여 보양 조치 후 해체

　ㄹ 슬링벨트에 의한 압박으로부터 옥개석을 보호하기 위하여 목재와 고무패드 보양재 설치

　ㅁ 탑신석은 슬링벨트에 의한 하중 전달부에 표면 보호 및 하중 분산용 슬링벨트 조각을 덧댐

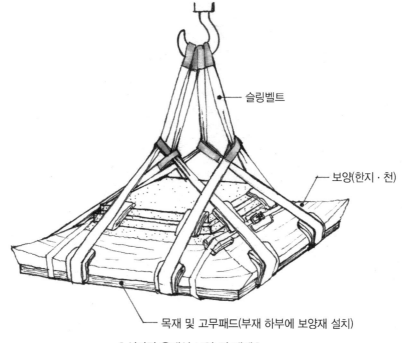

슬링벨트

보양(한지 · 천)

목재 및 고무패드(부재 하부에 보양재 설치)

‖ 석가탑 옥개석 보양 및 해체 ‖

⑩ 기단부 해체

    ㉠ 박리 및 균열 부위를 한지, 스폰지, 광목, 테이핑으로 보양

    ㉡ 기단 내부 적심석은 중심에 위치한 적심 주요 구조부 중량 석재를 먼저 해체

    ㉢ 적심구조를 조사하면서 해체 진행 / 켜별로 해체를 진행

    ㉣ 부재 수습 과정에서 지속적으로 현황조사 및 유물 존재 여부 확인

12 | 조립공사

① 적심석 유실, 집중하중 발생 등의 구조적 문제 해결에 중점

② 기단부 적심 형태는 원형의 기법대로 자연석 쌓기, 공극 흙다짐으로 시공

③ 상부 하중 지지를 위해 적심석의 최소 높이를 확보 / 내부 적심을 밀실히 채움

④ 다수의 지지점 확보를 통해 적심석의 변형에 의한 구조적 문제를 방지

⑤ 수습된 적심석 중 균열, 강도 저하가 발생한 적심석은 동질의 신선한 암석으로 교체

⑥ 적심석 상하단 일부면 가공을 통해 구조적 강성을 확보

⑦ 적심부 흙입자 유실을 방지하기 위해 석조문화재 무기질 보수재료 사용

⑧ 각 부재는 석탑의 원래 위치와 동일하게 설정된 ‘+’자 중심축선에 따라 설치

⑨ 부재 간 맞댄 면은 우수 유입을 최대한 예방

⑩ 파손된 유실부는 적심부를 구성하는 석재 등이 유출되지 않도록 처리

⑪ 성능 저하, 오염 발생 등의 원인이 되는 철제 은장은 재료를 개선(티타늄 사용)

⑫ 해체 전 설정된 기준에 따라서 해체 전 현황에 맞게 높이를 조립

13 | 보존처리

① 부재 표면 세척

    ㉠ 건식세척, 습식세척, 스팀세척

    ㉡ 건식세척 시에는 브러쉬, 대나무칼, 블로워 등 소도구를 이용

    ㉢ 습식세척 시에는 증류수와 솔을 이용

    ㉣ 스팀세척 시에도 종류수만을 이용(별도의 화학적 용제는 사용하지 않음)

② 균열 부재 접합 및 보강

③ 유물 수습 및 처리

01 | 관덕리 삼층석탑

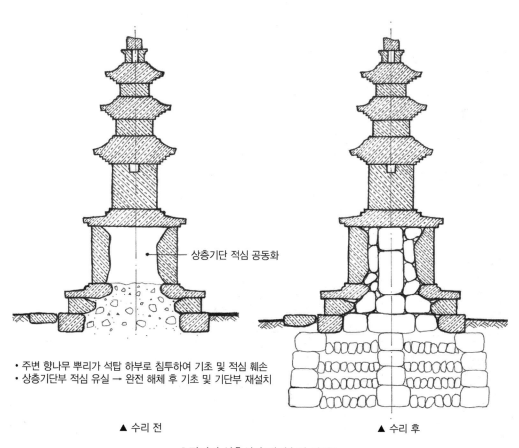

상층기단 적심 공동화

• 주변 향나무 뿌리가 석탑 하부로 침투하여 기초 및 적심 훼손
• 상층기단부 적심 유실 → 완전 해체 후 기초 및 기단부 재설치

▲ 수리 전   ▲ 수리 후

‖ 관덕리 삼층석탑 해체수리 사례 ‖

02 | 금둔사지 삼층석탑

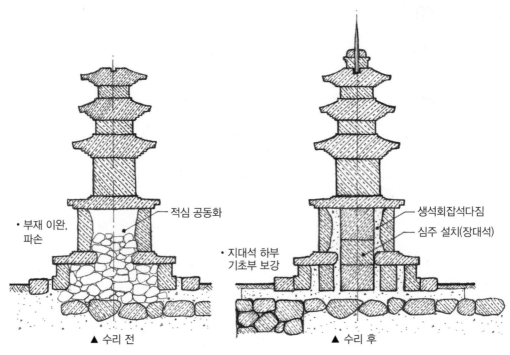

- 부재 이완,
  파손

적심 공동화

생석회잡석다짐

심주 설치(장대석)

- 지대석 하부
  기초부 보강

▲ 수리 전   ▲ 수리 후

‖ 금둔사지 삼층석탑 해체수리 사례 ‖

- 멸실 부재는 신재로 교체
- 부재 접합부에 스테인리스봉 설치(D40, 4개소)
- 접합부에 에폭시 수지 처리
- 스테인리스 꺾쇠 보강

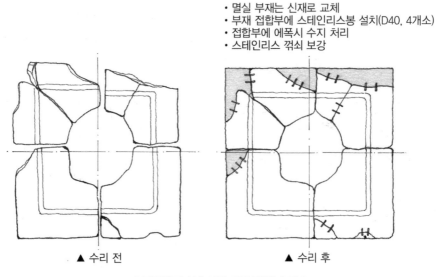

▲ 수리 전   ▲ 수리 후

‖ 금둔사지 삼층석탑 기단 갑석 수리 ‖

LESSON 04 전탑의 구조

SECTION 01 | 전탑의 개요

01 | 중국의 전탑

① 중국의 불탑을 대표하는 탑 형식
② 다층누각형의 목조탑을 벽돌로 모방(목조건축의 번안적 성격)
③ 방형탑에서 송대 이후 평면 8각의 다층탑으로 변화
④ 다각다층탑은 고려시대 이후 우리나라 석탑에도 영향을 미침

02 | 한국의 전탑

① 경주 지역의 전탑
   ㉠ 당대의 형태로 전해지는 온전한 전탑은 없음(전탑지, 전돌 유구)
   ㉡ 탑과 불상을 조각한 벽돌을 주로 사용

② 안동 지역의 전탑
   ㉠ 통일신라 중후기에 건립된 전탑이 전해짐
   ㉡ 장식성이 낮고 규모가 큼(7층)
   ㉢ 당초문, 연화문을 새기거나 무문전 사용

③ 전탑, 전탑지
   ㉠ 안동을 중심으로 좁은 지역에 집중하여 분포
   ㉡ 통일신라시대 전탑 4기, 고려시대 전탑 1기, 고구려와 발해 지역의 전탑 및 전탑지 존재

01 | 입지

① 강에 인접한 언덕 위, 넓은 들판을 내려다보는 높은 산 위에 축조
② **강안형** : 강변의 낮은 언덕에 감실이 강쪽을 향하여 설치(신세동, 동부동, 조탑동 전탑)
③ **산지형** : 산 중턱의 암반 위에 건립(전탑지, 모전석탑)

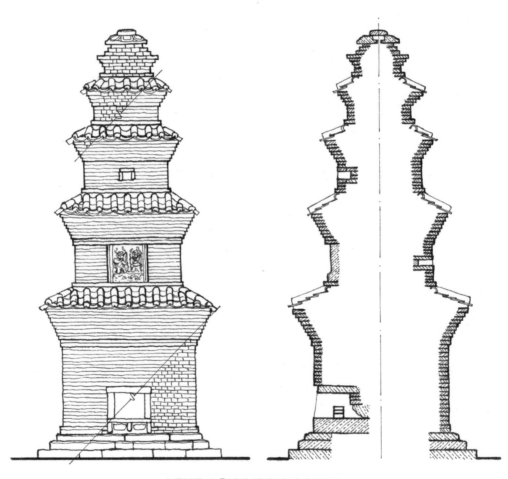

‖ 동부동 오층전탑 입면 및 단면 구조 ‖

02 | 평면, 입면

① 방형 다층탑 형식 : 방형 평면 / 5층, 7층의 다층탑 구성

② 층고 : 일반형 석탑에 비해 높은 층고(8m~16m)

③ 수직체감
　　㉠ 초층과 2층 사이에 급격한 체감 / 2층부터 완만한 체감
　　㉡ 층별 또는 몇 개층을 한 단위로 전돌 1단~2단씩 체감

④ 수평체감 : 층간 체감이 크지 않음(전돌 1장~2장 너비를 체감)

03 | 기단부

① 석조기단 : 전탑이지만 기단부는 석재로 구성

② 단층기단
　　㉠ 초층 탑신 하부에 낮은 단층기단 구성
　　㉡ 전탑 외곽에 자연석, 다듬돌로 마감한 낮은 토단을 설치
　　㉢ 문양이 조식된 면석을 사용한 가구식 기단(신세동 칠층전탑)
　　㉣ 기둥석이 모각된 면석, 갑석 설치(송림동 오층전탑)

③ 초층 탑신 하부에 지대석, 탑신받침석을 3~5단 적층

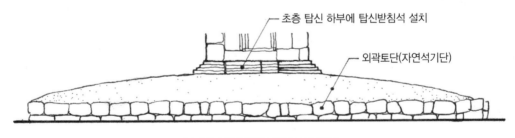

┃ 조탑동 오층전탑 기단부 입면도 ┃

04 | 탑신부

① 감실 설치 구조

　　㉠ 1층 탑신부에 감실 구성 / 남쪽, 동쪽으로 문을 내고 불상 안치 / 사방 50cm 내외의 공간

　　㉡ 입구에 석재로 기둥석과 인방석, 판석 문비 설치 / 모줄임천장 / 찰주, 찰주공

② 탑신 내부 구조

　　㉠ 일반 : 내부에 전돌, 잡석, 흙으로 속채움

　　㉡ 기타 : 신세동 전탑 내부의 방추형 공간과 찰주공 / 조탑동 전탑 내부의 목심

③ 상 · 하층 체감

　　㉠ 초층과 2층 사이의 급격한 체감 / 감실 구성을 위해 초층의 규모를 크게 구성

　　㉡ 2층 이상은 옥신과 옥개부의 체감이 미세함

④ 기타 : 초층 탑신에 석재 사용(조탑동 전탑)

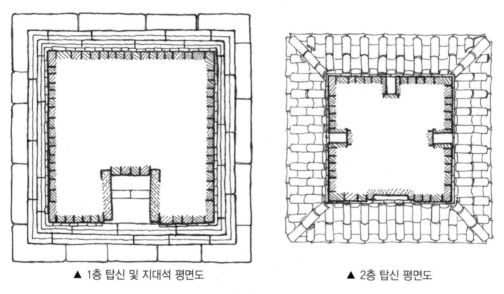

　　▲ 1층 탑신 및 지대석 평면도　　　　　　　　▲ 2층 탑신 평면도

‖ 동부동 오층전탑 평면구조 ‖

05 | 옥개부

① **상하면 층급** : 옥개받침부와 낙수면을 모두 층단형으로 구성

② **층단형 구성**

ㄱ 옥개석의 상하면에 전돌을 내쌓아 계단형 구성

ㄴ 낙수면 층급받침 단수 > 옥개받침부 층급받침 단수(신세동 칠층전탑, 송림동 오층전탑)

ㄷ 낙수면 층급받침 단수 < 옥개받침부 층급받침 단수(동부동 오층전탑, 조탑동 오층전탑)

③ **옥개석 내밀기가 짧고 경사가 급함**(전돌 규격과 내쌓기의 구조적인 한계)

④ **옥개석의 수직체감** : 낙수면과 옥개받침부의 전돌을 각각 1단~2단씩 체감

⑤ **탑신받침, 옥개받침** : 옥개석 상하면에 전돌 1단~2단 구성

⑥ **처마** : 옥개부 외곽 돌출부에 전돌 1단~2단 두께로 구성

⑦ **곡이 없는 직선적인 옥개부** : 전각면의 반전이나 합각선, 낙수면의 지붕곡이 형성되지 않음

⑧ **기와장식** : 낙수면 상부에 기와 설치(신세동 칠층전탑, 동부동 오층전탑)

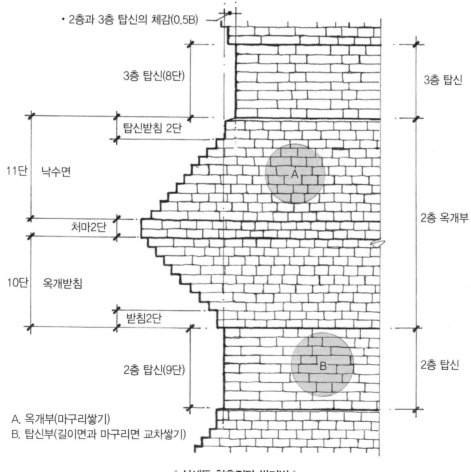

‖ 신세동 칠층전탑 쌓기법 ‖

06 | 심주, 찰주공

① 신세동 전탑 : 탑신 중심에 초층 감실에서 7층 옥개석 상부에 이르는 30cm 크기의 방형 구멍
② 조탑동 전탑 : 4층 옥개석에서 초층 감실에 이르는 목재 심주

07 | 상륜부

① 청동, 금동제 상륜부 구성 추정
② 현존 전탑의 상륜은 대부분 유실
③ 청동제 상륜 설치 : 송림사 오층전탑, 정암사 칠층 모전석탑

08 | 속채움

① 전돌, 적심석, 흙으로 속채움
② 탑신부에 전체적으로 속채움

09 | 사리장치

기단 하부 심초석, 옥개, 옥신에 사리함 설치 추정

SECTION **03** │ **전탑의 재료 및 쌓기법**

01 | 전돌

① 정방형 전돌 : 옥신, 옥개석의 모서리에 사용 / 28cm × 28cm × 6cm(5.5cm)
② 장방형 전돌 : 옥신, 옥개, 속채움에 사용되는 전돌의 기본 형태 / 28cm × 14cm × 6cm(5.5cm)
③ 전돌의 규격 : 길이면과 마구리면 2 : 1 비례(28cm, 14cm)
④ 전돌의 색상 : 흑회색, 황색
⑤ 문양전(연화문, 당초문, 탑, 불상 양각)
⑥ 무문전

02 | 전돌 쌓기법

① 전돌의 간격과 줄눈

　　㉠ 치장줄눈 없이 전돌을 가깝게 다가 이음(일반적)

　　㉡ 전돌 사이의 간격이 넓고 치장줄눈 사용 / 면회바름(신륵사 다층전탑)

　　㉢ 상하 통줄눈이 생기지 않도록 쌓음(막힌줄눈)

② 탑신부 쌓기법

　　㉠ 길이쌓기 : 길이면이 외부로 노출되도록 쌓음(송림사 오층전탑)

　　㉡ 마구리쌓기 : 마구리면이 외부로 노출되도록 쌓음(동부동 오층전탑)

　　㉢ 교차쌓기 : 한 단 내에서 길이면과 마구리면을 교대로 쌓음(신세동 칠층전탑)

　　㉣ 길이쌓기, 마구리쌓기 혼용 : 길이쌓기를 기본으로 부분적으로 마구리쌓기(조탑동 오층전탑)

③ 옥개부 쌓기법

　　㉠ 마구리쌓기

　　㉡ 옥개부 모서리에는 정방형 전돌 사용

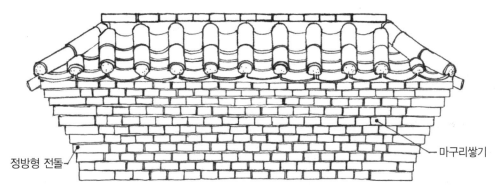

| 동부동 오층전탑 1층 옥개부 입면 |

④ 내쌓기

　　㉠ 옥개부 : 전돌 온장의 1/3 정도인 8~9cm를 내밀어 쌓음

　　㉡ 탑신받침 : 옥개부 최상단에 1~2단으로 3~5cm 길이로 내쌓음

　　㉢ 옥개받침 : 옥개부 최하단에 1~2단으로 3~5cm 길이로 내쌓음

03 | 석재

① 기단부에 석재 사용(일반적)

② 기단부와 초층 탑신에 석재 사용(조탑동 오층전탑)

01 | 안동 신세동 칠층 전탑(통일신라)

① 기단부

   ㉠ 각 면 6매씩 사천왕, 팔부신중 등이 부조된 화강석 면석 설치

   ㉡ 면석에 기둥석 모각

   ㉢ 기단 남측면 중앙에 계단 설치

‖ 신세동 전탑 기단 입면도 ‖

② 감실

   ㉠ 남면에 감실 설치

   ㉡ 하인방, 문설주, 상인방 설치

   ㉢ 감실문의 내부 쪽은 전돌로 홍예 설치

   ㉣ 전돌을 내쌓기하여 위로 갈수록 안으로 좁혀지는 모줄임천장

   ㉤ 천장 중심에 30cm 크기의 찰주공(탑의 최상층까지 연결)

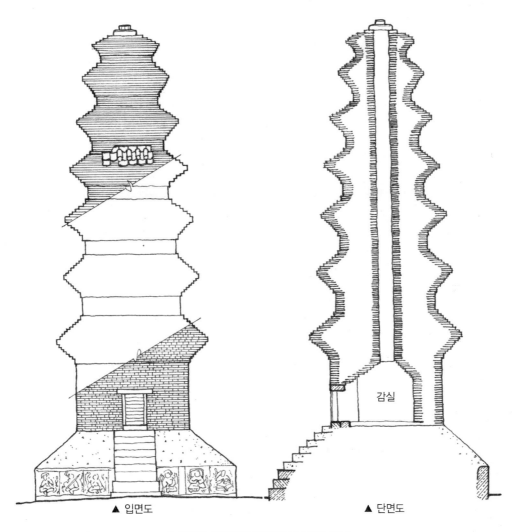

▲ 입면도　　　　　　　　　　　▲ 단면도

감실

┃ 신세동 칠층전탑의 입면 및 단면구조 ┃

③ 탑신

    ㉠ 2층은 초층 높이의 1/4로 급격히 줄어듦

    ㉡ 2층 이상은 미세하게 체감(체감률 0.8~0.96)

    ㉢ 한 단 내에서 길이면과 마구리면을 교대로 쌓음

④ 옥개부

    ㉠ 모서리에는 정방형 전돌 사용

    ㉡ 모서리 옥개받침 최하단에 화강석을 벽돌형태로 가공하여 2단으로 받침

    ㉢ 낙수면에 기와 설치(4, 5층)

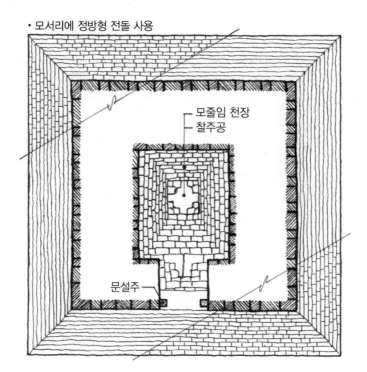

• 모서리에 정방형 전돌 사용

모줄임 천장
찰주공
문설주

| 신세동 칠층전탑 1층 앙시도 |

02 | 안동 동부동 오층전탑(통일신라)

① 기단부 : 지대석, 탑신받침석을 3단으로 쌓고 탑신 조성(외곽에 토단 없음)

② 감실
　ㄱ 1층 : 남면에 감실 설치 / 화강석 문틀 / 문지방석에 안상 조각
　ㄴ 2층 : 남면에 인왕상이 조각된 판석 부착 / 동, 서, 북면에 소형 감실창
　ㄷ 3층 : 남면에 감실창

③ 탑신 : 마구리쌓기 / 무문전 사용

④ 옥개부
　ㄱ 낙수면에 기와 설치
　ㄴ 마구리쌓기
　ㄷ 모서리에 정방형 전돌 사용

03 | 안동 조탑동 오층전탑(통일신라)

초층(화강석 적층)

탑신받침(기단)

자연석기단

‖ 조탑동 오층전탑 입면도 ‖

① 기단부

   ㉠ 외곽에 자연석 기단

   ㉡ 토단 중앙부에 5단의 받침석 부재를 놓고 초층 탑신을 올림

② 감실

   ㉠ 남면에 감실문 설치 / 문 양쪽에 인왕상 조식

   ㉡ 잡석으로 내부를 채우고 내부 중심에 목재 심주 설치

③ 탑신부

   ㉠ 초층을 화강석 석재로 구성 / 초층 옥개석 이상은 전돌로 축조

   ㉡ 탑신에 길이쌓기, 마구리쌓기 혼용

④ 전돌 : 당초문을 초각한 문양전과 무문전 혼용

04 | 칠곡 송림사 오층전탑(통일신라)

① 기단부

ㄱ 전탑 외곽에 가구식기단을 두른 단층의 토단 형성

ㄴ 초층 탑신 하부에 막돌 1, 2단을 쌓음

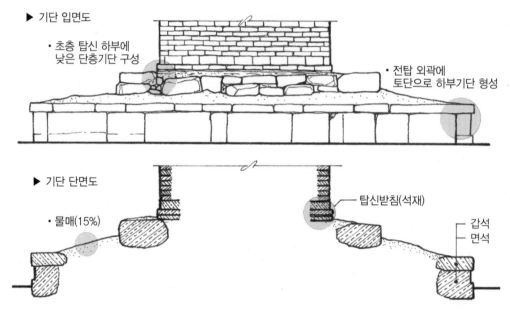

▶ 기단 입면도
· 초층 탑신 하부에
  낮은 단층기단 구성
· 전탑 외곽에
  토단으로 하부기단 형성

▶ 기단 단면도
· 물매(15%)
탑신받침(석재)
갑석
면석

‖ 송림사 오층전탑 기단부 입면 및 단면 구조 ‖

② 감실 : 남면의 감실이 조선말기 수리과정에서 없어짐

③ 탑신

ㄱ 탑신의 층별 체감 : 31단 → 10단 → 9단 → 8단 → 7단

ㄴ 길이쌓기

④ 상륜부

ㄱ 청동제 복발, 앙화, 보륜, 용차, 보주

ㄴ 동판으로 감싼 목심(찰주)

05 | 신륵사 다층전탑(고려시대)

① 현존하는 유일한 고려시대 전탑
② 기단부 : 화강석을 사용하여 계단식으로 높게 구성(7층)
③ 감실 없음
④ 전돌쌓기 : 당초문 문양전 사용 / 전돌 사이에 면회줄눈
⑤ 상륜부 : 전돌 노반 / 화강석 노반, 앙화, 보륜, 보개

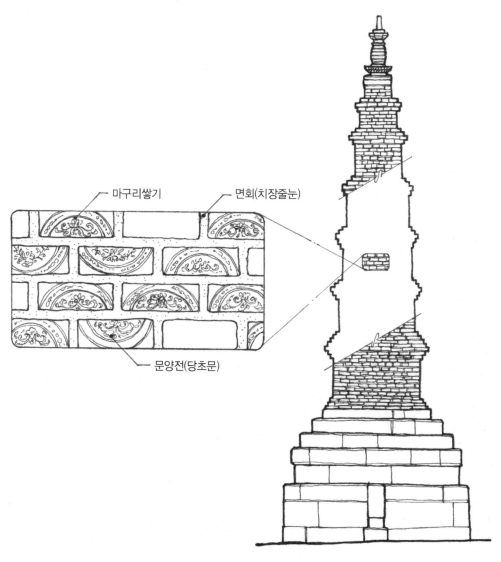

┃ 신륵사 다층전탑 입면도 ┃

LESSON 05 전탑의 시공

SECTION 01 | 전탑의 훼손유형과 원인

01 | 훼손유형

① 전탑의 부동침하, 기울음
② 전돌의 이완
③ 전돌의 박리, 박락 / 균열 및 파손 / 탈락
④ 백화현상

02 | 훼손원인

① 기단구조
　　㉠ 낮은 단층기단 구조(지지력 부족)
　　㉡ 외곽 토단 속채움 부실로 인한 전탑의 부동침하
　　㉢ 기단 구성부재의 이완, 파손, 탈락, 지대석 침하

② 우수 유입 : 전탑 내부 우수 유입에 따른 속채움재 유실 / 토압에 의한 전돌 이완
③ 편심 작용 : 상부 편심하중에 의한 전돌의 이완, 파손
④ 풍화 현상 : 전돌의 자연적인 풍화에 따른 내구성 저하, 부재 파손

⑤ 습기 및 배수 곤란
　　㉠ 지형 변화에 따른 주변 지반의 상승
　　㉡ 토단 상면, 외곽 지면의 구배 불량에 따른 배수 곤란, 습기 유발
　　㉢ 주변 배수 시설 미흡

⑥ 백화 현상
　　㉠ 기 보수 시 속채움 등에 사용한 시멘트모르타르 성분에 의한 백화 현상
　　㉡ 전돌의 풍화 촉진

⑦ 지의류의 번식, 초본 식물의 자생 : 전돌 이완 및 풍화 촉진

⑧ 대기오염, 산성비의 영향

⑨ 차량진동 : 도로, 철도 등과 인접하여 차량 진동에 의한 영향

SECTION 02 | 전탑 보수방안

01 | 전탑 수리 시 유의사항

① 보수 범위와 수리 방법에 대한 검토
- ㉠ 기초 및 기단부의 처짐과 이완이 탑 전체의 변위에 크게 영향을 줌
- ㉡ 소규모 전돌을 적층한 구조로서 해체 보수에 신중을 기해야 함
- ㉢ 균열, 파손, 이완부에 대한 보존처리와 보강을 우선으로 실시
- ㉣ 상시계측시스템 등을 설치하여 관리

② 버팀목 설치 및 보양
- ㉠ 시공 중 2차 변위가 발생치 않도록 버팀목을 밀실하게 설치
- ㉡ 옥개부 받침틀 제작 설치(목재)
- ㉢ 탑신부를 합판, 벨트로 결속하여 고정(해체 · 조립 시 충격 고려)
- ㉣ 취약부에 보강 조치 후 해체

③ 부재파손 유의 : 전돌 제거 및 교체 시 부재 파손이 발생치 않도록 인력으로 점진적 시공

④ 해체조사의 중요성
- ㉠ 전탑은 내부 적심, 심주(찰주) 등의 설치구조에 대한 조사가 중요
- ㉡ 단계적으로 조사하며 해체하고, 조사내용을 상세히 기록(촬영 및 도면 작성)

02 | 보수방안

① 부재교체 : 전돌의 성분, 재질, 강도, 제작방법 조사 → 전돌 제작 및 신재 교체

② 하부기단(토단) 보수
- ㉠ 내부 속채움, 상부 성토부가 유실되지 않도록 기단 보수
- ㉡ 속채움 재설치
- ㉢ 기단 상면 다짐 및 구배 형성

③ 보존처리 : 초본식물, 이끼 및 지의류의 제거, 세척

④ 균열부 수지처리

⑤ 탈락부에 보충 부재 접합 및 수지처리

⑥ 백화 현상에 대한 보수 : 백화 발생부 세척 / 시멘트모르타르를 사용한 부분을 제거 / 발수처리제 사용 검토

⑦ 주변 지반의 지내력 보강

  ㉠ 지내력시험, 지반조사를 통해 지내력 보강 검토

  ㉡ 그라우팅, 말뚝지정, 파일기초 검토

⑧ 상시계측시스템 설치

⑨ 도로, 철도의 이전

⑩ 주변 환경 정비

  ㉠ 배수로 보강 설치

  ㉡ 주변 지면을 낮추어 전탑의 기단부를 돋움(습기, 통풍 문제 보완)

  ㉢ 배수를 고려해 주변 바닥에 마사토 다짐 및 구배 형성

  ㉣ 잡목 제거

모전석탑

SECTION 01 | 개요

01 | 모전석탑의 개념

① 전탑을 모방하여 석재를 벽돌 모양으로 가공하여 쌓은 탑
② 옥개석 낙수면과 층급받침에 층단을 두어 전탑의 옥개석과 같은 모습을 취한 석탑

02 | 모전석탑의 특징

① 전탑의 옥개부와 같은 상하면 층급 구성
② 앙각, 전각, 낙수면의 곡이 없는 직선적인 형태의 옥개부
③ 입면체감 : 초층의 높은 층고 / 초층과 2층의 급격한 체감
④ 탑신에 비해 낮은 단층기단
⑤ 감실 조성

SECTION 02 | 모전석탑의 유형

01 | 전탑계 모전석탑

① 개념 : 전탑을 모방하여 석재를 벽돌 모양으로 가공하여 쌓은 탑

② 구조
　　㉠ 안산암, 사암 등을 벽돌 모양으로 가공하여 축조
　　㉡ 옥개석 층급의 단수가 많음
　　㉢ 화강석 또는 석재와 흙을 혼용한 단층기단

  ㉣ 낮은 단층기단 상부에 탑신 받침석 설치

  ㉤ 1면 또는 4면에 감실 설치(화강암 석재 사용)

  ㉥ 7층 이상으로 구성

③ 사례 : 분황사 모전석탑, 제천 장락리 칠층석탑, 봉감동 오층석탑, 정암사 수마노탑 등

02 | 석탑계 모전석탑

① 개념

  ㉠ 옥개석이 전탑의 옥개석과 같은 모습을 취한 석탑

  ㉡ 옥개석의 상부 낙수면과 하부 층급받침에 층단 형성

  ㉢ 탑신은 일반형 석탑의 외형

② 구조

  ㉠ 단층기단 : 자연 암반을 이용하거나 석괴를 중첩하여 구성

  ㉡ 전탑의 옥개석과 같이 층급을 두어 옥개석을 표현

  ㉢ 탑신은 일반형 석탑으로 구성

  ㉣ 초층에 감실을 구성하거나 음각하여 표현

  ㉤ 3층 또는 5층으로 구성

③ 사례 : 의성 탑리 모전석탑, 선산 죽장사지 오층석탑, 서악리 삼층석탑, 강진 월남사지 오층석탑 등

01 | 석탑계 모전석탑(서악리 삼층석탑)

① 기단 : 지대석 위에 규격이 큰 방형 무사석을 전(田)자 모양으로 이중으로 쌓음(8매)

② 탑신 : 1매석 통부재 / 우주 모각 없음

③ 문비 : 초층 탑신 남면에 문비를 조식하여 감실 표현 / 문비 좌우에 인왕상 조식

④ 낙수면 : 옥개석 낙수면이 전탑 양식을 따라 층급을 이룸

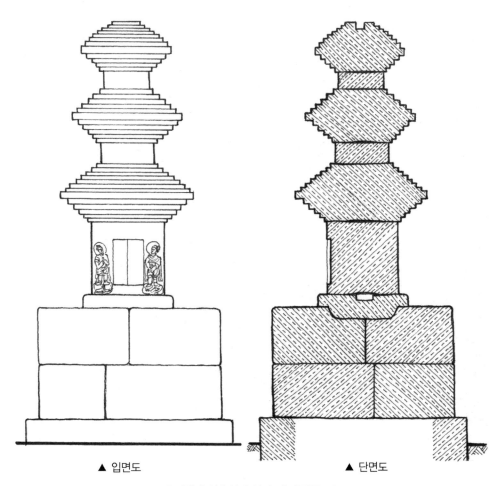

▲ 입면도   ▲ 단면도

‖ 서악리 삼층석탑 입면 및 단면구조 ‖

02 | 전탑계 모전석탑(영양 봉감동 오층석탑)

① 기단부

ㄱ 토석을 섞어 조성한 하부기단

ㄴ 3단으로 쌓은 낮은 단층기단 상부에 지대석과 탑신받침 설치

② 적갈색 석재를 벽돌 크기로 잘라서 사용

③ 감실

ㄱ 초층 남면에 감실문 설치 / 화강석 문틀

ㄴ 판석문 설치 추정(문지도리 구멍)

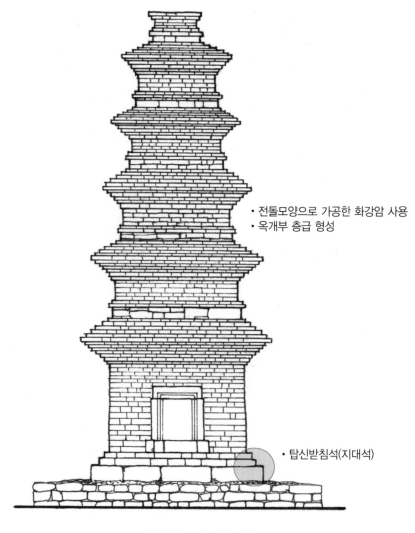

• 전돌모양으로 가공한 화강암 사용
• 옥개부 층급 형성

• 탑신받침석(지대석)

┃ 봉감동 오층석탑 입면도 ┃

문화재수리보수기술자
한국건축구조와 시공 ❷

PART **11** 성곽 · 기타 석조물

LESSON 01 성곽의 구조

SECTION 01 | 성곽의 종류

01 | 거주 주체와 위계에 따른 분류

① 도성 : 왕이 평상시 거주하는 궁성과 관부 및 그 주위를 둘러싼 성곽(한양도성)

② 궁성 : 궁궐의 외곽 성곽(경복궁, 국내성, 안학궁)

③ 읍성 : 지방 행정의 중심지인 주요 읍치에 설치된 성곽(고려말~조선시대에 축조)

02 | 축성지형에 따른 분류

① 산성 : 퇴뫼식, 포곡식, 복합식

② 평지성 : 산성에 비해 성벽이 높고 해자, 적대 등 방어시설을 다수 설치(풍납토성, 낙안읍성)

③ 평산성 : 산지와 평지가 함께 포함된 지형(대부분의 읍성 형태)

03 | 축성재료에 따른 분류

목책성, 토성, 석성, 토석혼축성, 전축성, 전석혼축성

04 | 장성, 해안성, 행재성, 보, 보루, 돈대

① 장성 : 국경의 넓은 지역에 걸쳐 방어를 위해 길게 설치한 성곽(천리장성)

② 진성 : 국방상 지방 행정구역인 진(鎭)에 설치된 성곽(강진 병영성)

③ 행재성 : 국방상 행정상 주요지역에 왕이 임시로 머무는 성 / 행궁 설치(남한산성, 수원화성)

④ 돈대 : 성 외곽의 높은 지대에 설치한 포대

⑤ 보루성
    ㉠ 국경 지역에 능선과 강을 따라 축조된 소규모 성곽 시설(아차산, 용마산 보루)
    ㉡ 산봉우리를 중심으로 산지 경사면에 깬돌을 1~3m 내외의 높이로 쌓음

05 | 왜성

① 임진왜란 당시 일본군이 우리나라 남해안 일대를 중심으로 강, 바다에 인접하여 쌓은 성
② 보급로 확보, 지역 거점 기지, 조선의 물자와 인력 약탈기지 역할
③ 내외부로 성곽을 중첩한 다곽식 구조 / 해자 설치
④ 영주 보호를 비롯한 군사적 목적에 충실한 폐쇄적이고 복잡한 구조
⑤ **축성법** : 경사축
⑥ **사례** : 기장 왜성, 서생포 왜성

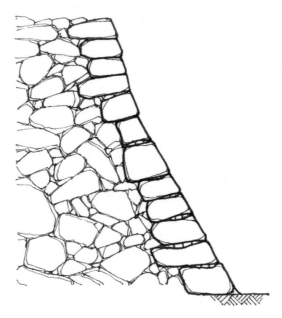

❚ **왜성의 경사축 쌓기법** ❚

01 | 산성의 축조 형식

① 테뫼식 : 산의 정상부를 둘러싸는 형식 / 산정식 / 아차산 보루성 등 대부분의 고대 산성
② 포곡식 : 계곡을 감싸는 산지의 능선을 따라 축조(삼년산성, 공산성)
③ 복합식 : 넓은 면적에 계곡과 산지가 여러 개 포함되는 구조 / 부소산성, 한양도성 등

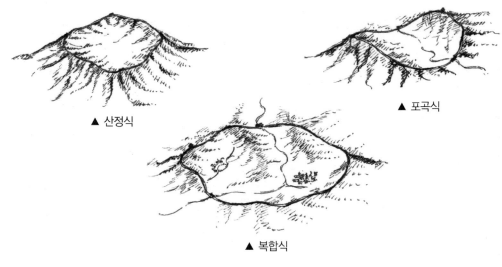

▲ 산정식

▲ 포곡식

▲ 복합식

┃ 산성의 축조 형식 ┃

02 | 협축과 편축

① 협축성
　　㉠ 석재를 이용해 내외벽면을 나란히 일정 높이로 축조
　　㉡ 내부는 석재로 채우거나 토석을 혼합
　　㉢ 산지의 정상을 둘러싸서 높게 쌓아 올린 삼국시대 산성
　　㉣ 편축한 산성에서도 계곡, 문지, 평탄지 등에서는 협축성 축조

② 편축성
　　㉠ 외벽만을 석축으로 축조하고, 내측은 산지에 의탁하거나 내지에 경사지게 내탁
　　㉡ 내측은 일정폭으로 석재를 채우고 외곽과 상부에 점토질 흙으로 다짐
　　㉢ 성곽상면에 오르는 별도의 계단을 설치하지 않고 내탁부의 경사를 이용해 등성
　　㉣ 뒤채움 형태 : 사다리꼴(평지성), 역사다리꼴(산성)
　　㉤ 남한산성, 북한산성, 대다수 읍성의 축조형태

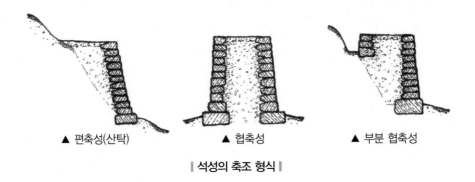

▲ 편축성(산탁)　　　▲ 협축성　　　▲ 부분 협축성

‖ 석성의 축조 형식 ‖

03 | 삭토와 성토

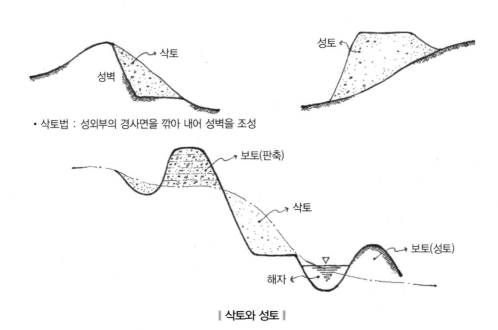

• 삭토법 : 성외부의 경사면을 깎아 내어 성벽을 조성

‖ 삭토와 성토 ‖

04 | 축성 재료별 성곽 축조 형식

① 토성, 토축성

  ㉠ 흙을 판축하여 쌓거나, 흙과 함께 돌을 섞어 쌓은 성곽

  ㉡ 판축 : 영정주, 횡장목, 판목 등을 사용하여 흙다짐

  ㉢ 성토 및 삭토(완만한 자연 지세의 외벽면을 깎아 내어 급경사 형성)

  ㉣ 내부에 잡석을 혼합하거나 말뚝을 박아 구조보강

  ㉤ 부엽공법, 지정목, 부석법(敷石法), 불다짐 등

  ㉥ 사례 : 풍납토성, 공산성, 부소산성 등

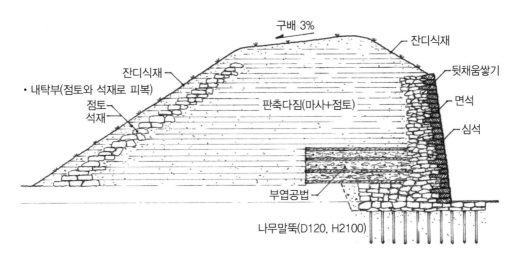

┃ 부여 나성 토루 보수계획 ┃

┃ 토성의 부엽공법 ┃

개념	성벽의 기초 또는 기저부, 제방의 하단부에 나뭇잎과 나뭇가지 등의 식물유기체를 깔아서 지반을 단단하게 다지는 방법
기능	• 일정 정도의 수분을 유지하여 건조로 인한 경화를 예방하고 층간의 밀착력 증가 • 습지에 접하는 하부 성토부의 보호 기능
사례	• 부여나성 : 부엽층을 깔고 그 위를 50cm 성토하고 다시 부엽층을 까는 식으로 판축 • 풍납토성 : 기초층이 아닌 체성 중심부에서 내벽쪽으로 증축된 부분 뻘층 내부에 10cm 두께마다 한 번씩 나뭇잎, 나무껍질, 볏짚을 10여겹 깔고 판축 • 성산산성 : 식물유기체가 집적된 부엽층을 깔고 풍화암반토와 점토 등을 다져서 지표면을 형성한 후 성벽 축조

② 토석혼축성

　　㉠ 유형 : 토석혼합 / 내부에 석열 구성 / 기저부에 석열 구성 / 하단에 석축 / 성벽 내부에 석축

　　㉡ 사례 : 고려장성, 공주 공산성, 천안 목천토성, 부여 나성

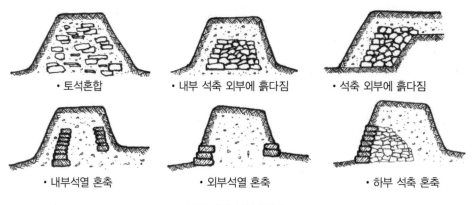

　　　　　　· 토석혼합　　　　　　　· 내부 석축 외부에 흙다짐　　　　　· 석축 외부에 흙다짐

　　　　· 내부석열 혼축　　　　　　　　· 외부석열 혼축　　　　　　　· 하부 석축 혼축

┃ 토석혼축성의 유형 ┃

③ 석축성

　　㉠ 석재를 적층하여 구성한 성곽(할석, 다듬돌)

　　㉡ 편축성과 협축성

④ 목책성(목성)

　　㉠ 나무기둥, 말뚝 등으로 목책을 설치하거나 수목을 심어 방어벽을 구성

　　㉡ 목재로 기둥과 띠장을 설치하고 진흙을 발라 보강(목책도니성)

　　㉢ 사례 : 몽촌토성

⑤ 전축성

　　㉠ 전돌로 체성을 축조

　　㉡ 전석혼축성 : 지대석 및 일정 높이의 하부 면석에 석재 사용

　　㉢ 체성 내부에도 4~5겹으로 전돌을 잇대어 뒤채움부 축조

　　㉣ 상하 전돌 사이에 벽돌 두께로 강회줄눈

　　㉤ 사례 : 강화외성, 수원화성, 남한산성

01 │ 기초

① 삭토 및 성토하여 대지 조성
② 지반치환 기초 : 일정 구간을 파내고 양질의 재료로 바꾸어 다짐(사질토)
③ 판축 기초 : 토사만으로 다짐 / 토사와 잡석, 와편 등을 교대로 다짐
④ 말뚝 기초 : 저습지 등 연약 지반의 보강 공법(한양도성의 동대문 일대 지역)
⑤ 잡석다짐 기초

⑥ 심층석축 기초
　　㉠ 지지력이 좋은 지반의 범위까지 일정 구간을 넓고 깊게 굴착
　　㉡ 기초 겸 체성을 지반 아래부터 축조(흥인지문 옹성 북쪽 출입부)

⑦ 기타 : 생토면이나 암반층까지 파낸 후 기초층 없이 성벽 축조

02 │ 지대석

① 설치 구조
　　㉠ 지대석 : 성벽 최하단에 설치하는 규격이 크고 상대적으로 두께가 얇은 기초돌
　　㉡ 두께보다 넓이가 넓어 지반에 접하는 면적을 크게 하여 안정적으로 상부 면석을 지지
　　㉢ 잡석다짐, 판축다짐 후 지대석 설치

② 면석 퇴물림 : 지대석 상부에서 5치(10~20cm) 내외로 퇴물림하여 면석을 축조

③ 자연 암반 활용
　　㉠ 암반 위에 축조하는 경우 별도의 지대석 없이 암반 상면에 면석 쌓기
　　㉡ 가급적 암반을 따내지 않고 성돌을 그레질하여 설치
　　㉢ 필요한 범위에서 층따기하여 면석 밀림 방지(L자 따내기, 계단식 층단 따내기)

03 │ 하박석(퇴박석)

① 설치 구조
　　㉠ 성벽 하부의 내외 벽면을 따라 박석 형태로 기저부에 설치
　　㉡ 지대석 외부로 2, 3단의 박석을 펴서 깖음 / 폭 1~2자 내외의 박석 설치
　　㉢ 하부에 강회다짐
　　㉣ 상부에 성토하여 구배 형성

② 기능

    ㉠ 주변 지반의 침하, 낙수로 인한 성벽 하부의 세굴 방지

    ㉡ 성곽 기저부로의 우수 유입 방지

04 | 면석의 적층 방법

① **퇴물림 평축** : 면석을 상부로 갈수록 조금씩 들여 쌓아 성벽면의 기울기를 형성

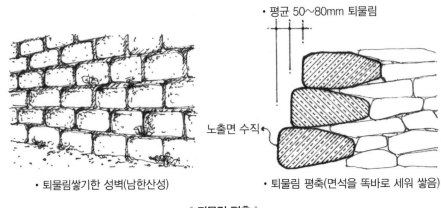

• 퇴물림쌓기한 성벽(남한산성)   • 퇴물림 평축(면석을 똑바로 세워 쌓음)

‖ **퇴물림 평축** ‖

② **경사축**

    ㉠ 퇴물림 없이 면석을 기울여 축조하여 성벽면의 기울기를 형성

    ㉡ 남부 해안가의 읍성, 왜성

    ㉢ 숙종 시기 일부 성곽, 순조 시기 한양도성 일부 구간에 나타남

③ **퇴물림 경사축** : 퇴물림과 경사축이 동시에 나타나는 형식(남한산성 일부 구간)

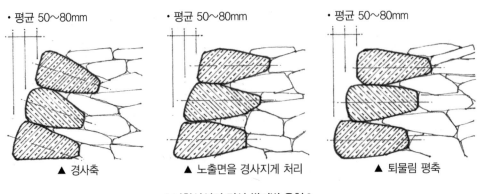

▲ 경사축   ▲ 노출면을 경사지게 처리   ▲ 퇴물림 평축

‖ **남한산성의 면석 쌓기법 유형** ‖

05 | 성벽의 기울기

① 고대국가

    ㉠ 높게 협축한 고대국가의 성벽은 급경사 형성

    ㉡ 3°~10°의 급경사(사례 : 삼년산성)

② 고려시대, 조선시대

    ㉠ 높이는 낮아지고 기울기는 완만해지는 반면, 돈대 포루 등 부대시설 설치에 중점

    ㉡ 10°~17° 경사

③ 남한산성 : 17°~25° 완경사

06 | 체성의 단면 형태 [직선형]

① 직선형 : 고구려, 신라 등 고대국가의 성곽

② 굽도리형

    ㉠ 고구려 성곽의 특징

    ㉡ 전체 성벽의 1/3~1/5 정도 하부에는 규격이 큰 석재를 퇴물림을 크게 하여 쌓음

    ㉢ 상부에는 퇴물림을 작게 하여 급경사로 면석을 쌓음

    ㉣ 하부는 완경사, 상부는 급경사 형성

    ㉤ 높게 쌓는 성벽의 기저부 보강 측면

③ 층단형

    ㉠ 체성 하부에 기초가 되는 별도의 석축을 쌓고 그 상부에 석축을 쌓음

    ㉡ 깊은 계곡 등에서 지형상 지면에서 곧바로 체성을 쌓지 않고 하부 석축을 구성

    ㉢ 기타 지형상 지반 보강이 필요한 경우

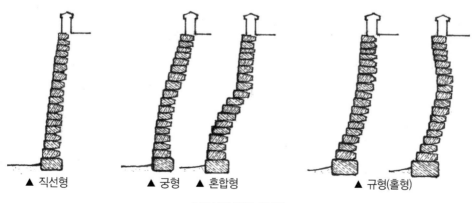

▲ 직선형   ▲ 궁형 ▲ 혼합형   ▲ 규형(홀형)

‖ 체성의 단면 형태 ‖

07 | 체성의 단면 형태 [곡선형]

① 규형

    ㉠ 체성 외벽이 성 내측으로 휘어져 들어오도록 쌓음(홀형)

    ㉡ 사례 : 수원 화성, 왜성

② 궁형

    ㉠ 하부는 규격이 큰 석재를 퇴물림을 작게 하여 급경사로 쌓음

    ㉡ 상부는 규격이 작은 석재를 퇴물림을 크게 하여 완만하게 쌓음

    ㉢ 사례 : 세종대 한양도성 성곽, 상당산성 등

③ 절충형

    ㉠ 하부는 궁형, 상부는 규형(종형)

    ㉡ 사례 : 남한산성 치, 포대

08 | 속채움(뒤채움)

① 개요

    ㉠ 채움재는 면석과 유사한 규격의 석재로 면석과 맞물리며 동시에 쌓아 올림

    ㉡ 면석에 면한 뒤채움부는 크고 작은 석재로 공극이 없도록 밀실하게 채움

    ㉢ 토사를 혼합하여 채운 경우, 뒤채움부에 우수 유입 시에 토압으로 작용

② 협축성 속채움의 유형

    ㉠ 전체를 성벽의 면석과 유사한 규격의 석재와 잡석으로 채운 경우

    ㉡ 내외부 면석 사이에 석재, 흙으로 채움

    ㉢ 잡석과 흙을 혼합하여 채운 경우

    ㉣ 면석 바로 안쪽에는 면석과 물려서 일정 두께를 석재로 채우고, 내부는 흙으로 채운 경우

③ 편축성 속채움의 유형

    ㉠ 체성의 외벽 안쪽에 면석과 맞물려 일정 폭으로 석재를 채우고 내부쪽으로 경사지게 흙다짐

    ㉡ 뒤채움 단면 형태 : 평지는 밑이 긴 사다리꼴 / 산지는 위가 긴 사다리꼴

④ 암반층 : 내부 암반을 층따기 하여 내부 채움재가 외부로 밀리지 않게 축조

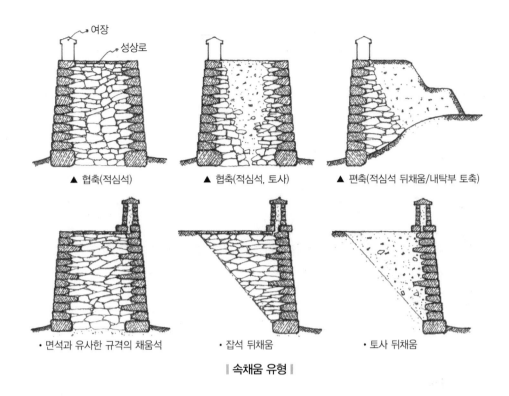

▲ 협축(적심석)　　　▲ 협축(적심석, 토사)　　　▲ 편축(적심석 뒤채움/내탁부 토축)

• 면석과 유사한 규격의 채움석　　　• 잡석 뒤채움　　　• 토사 뒤채움

‖ 속채움 유형 ‖

09 | 성곽 상면 구조

① 1자(30cm) 이상 두께의 점토질 흙으로 다짐, 강회다짐(체성 내부로 우수 유입 방지)
② 체성 내부로 우수가 유입되지 않도록 성 내측으로 경사를 두어 마감

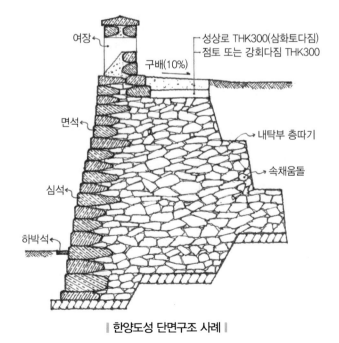

여장
성상로 THK300(삼화토다짐)
점토 또는 강회다짐 THK300
구배(10%)
면석
내탁부 층따기
심석
속채움돌
하박석

‖ 한양도성 단면구조 사례 ‖

10 | 육축의 구조

① 육축

　　㉠ 성문 좌우에 규격이 큰 다듬돌 석재로 쌓은 성벽 부분

　　㉡ 성문과 통로가 설치된 부분의 석축 시설

② 육축의 기초 및 성벽 구조

　　㉠ 장방형 대석 사용(무사석)

　　㉡ 도성, 읍성은 지대석 위에 무사석을 퇴물림하여 쌓고 성벽은 수직에 가깝게 축조

　　㉢ 산성에서는 일반 성돌보다 규격이 큰 성돌 사용

　　㉣ 하중을 고려해 하부에 기초부를 깊게 파고 규격이 큰 석재를 쌓음

　　㉤ 심층기초, 저습지 말뚝지정 보강

③ **구성요소** : 석축, 홍예, 개석, 누조, 통로, 등성 계단, 옹성, 판문(원산석, 확석, 둔테, 장군목, 철엽)

11 | 보축

① **개념** : 높은 성벽의 하부를 보강하기 위하여 덧대어 축조하는 방법

② **사례** : 보은 삼년산성, 대전 계족산성 등 삼국시대 성곽

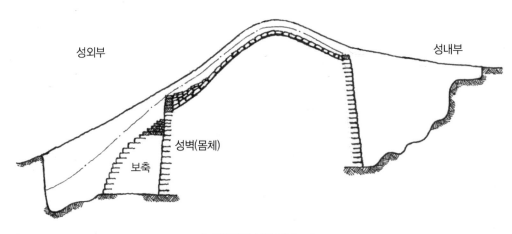

‖ 아차산성 성벽 단면도 ‖

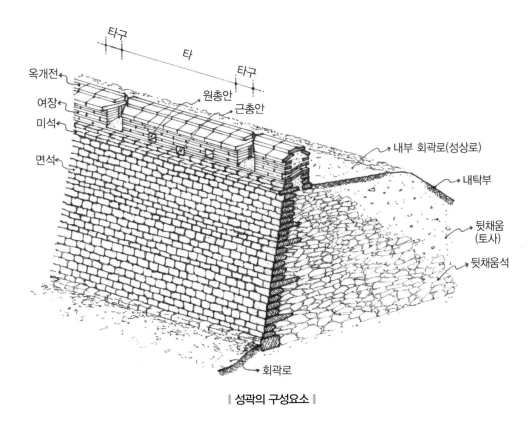

‖ 성곽의 구성요소 ‖

01 │ 개요

① 개념

  ㉠ 타, 첩, 성가퀴, 여담

  ㉡ 적의 공격으로부터 군사를 보호하고 성곽을 방어하기 위해 체성 상면에 쌓아올린 담

  ㉢ 총안, 타구 등의 시설을 이용하여 적을 공격하는 시설

  ㉣ 성 내부의 움직임을 가리고 군사를 보호

② 종류

  ㉠ 평여장 : 타구가 있는 일반형 여장 / 타구가 없는 연결여장

  ㉡ 요철여장 : 타와 타구가 비슷한 길이로 설치되는 요철 형태의 여장(총안이 없는 고대국가 성곽)

  ㉢ 철형여장 : 수원 화성의 옹성 상부에 설치

  ㉣ 반원형여장 : 수원 화성의 수문, 암문, 노대 상부에 설치

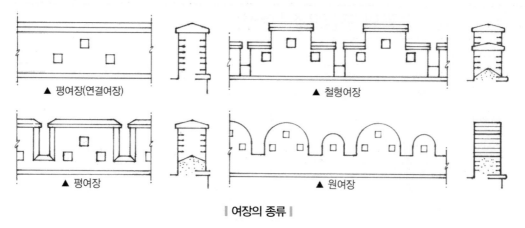

| ▲ 평여장(연결여장) | ▲ 철형여장 |
| ▲ 평여장 | ▲ 원여장 |

‖ 여장의 종류 ‖

③ 문루의 여장

　㉠ 문루의 앞뒤와 사방을 감쌈 / 측면 여장은 전후면에 비해 높게 설치

　㉡ 타구가 없는 연결여장, 총안이 없는 경우가 많음

02 | 여장의 구성요소

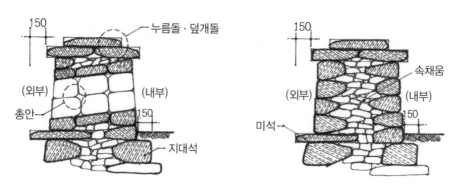

‖ 여장의 구성요소 ‖

① **지대석** : 체성 상부에 여장을 설치하기 위해 여장 면석 하부에 설치하는 규격이 큰 돌

② 미석

　㉠ 체성 상부에 면석 외부로 내밀어서 설치하는 판석 형태의 부재

　㉡ 내부의 여장 지대석에 맞춰 성벽 외부 쪽으로 설치

　㉢ 세로 장방형구조(가로 1~1.5자 × 세로 2자 / 두께 10cm 내외)

　㉣ 하부 성돌과 그레질 등으로 밀착

　㉤ 체성에서 10cm 내외로 내밈

　㉥ 여장 면석은 체성벽에서 5cm~10cm 정도 퇴물림하여 쌓음

　㉦ 미석이 설치되지 않은 성곽 : 서울성곽, 탕춘대성, 북한산성, 강화산성 등

③ 면석

    ㉠ 여장은 체성에서 5cm~10cm 정도 들여서 쌓음

    ㉡ 체성의 면석보다 작은 규격의 성돌 사용

    ㉢ 여장의 높이는 통상 1.2m~1.5m

    ㉣ 여장의 폭은 0.7m~0.9m

    ㉤ 타의 길이는 2.4m~3.6m / 타구 간격은 15cm 정도

④ 총안(사혈)

    ㉠ 화포 사용을 위해 여장 면석의 일부에 통로를 내어 설치한 시설

    ㉡ 원총안, 근총안

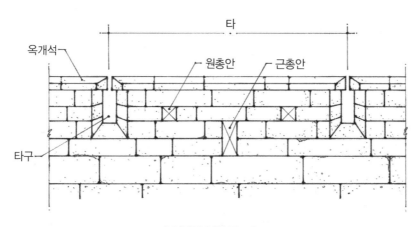

‖ 여장의 입면 구조 ‖

⑤ 옥개석

    ㉠ 여장 내부로의 우수 유입 등을 막기 위해 여장의 최상부를 마감하는 부재

    ㉡ 재료 : 통상 석재 사용 / 기타 전돌이나 기와 사용(옥개전)

    ㉢ 통돌개석 : 옥개석을 하나의 통돌로 사용한 형식(한양도성)

    ㉣ 누름돌, 덮개돌 : 누름돌과 덮개돌로 구성한 형식(북한산성)

⑥ 속채움 : 잡석에 진흙과 강회를 배합하여 속채움

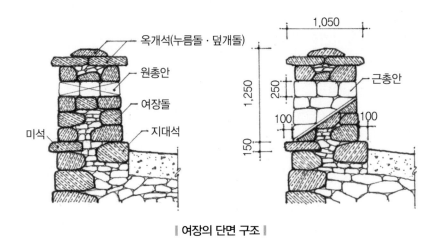

┃ 여장의 단면 구조 ┃

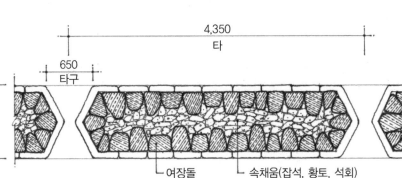

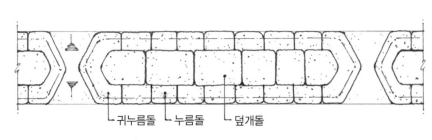

┃ 여장 옥개부 설치구조 ┃

03 | 경사지 여장

① 전통 담장의 시공법에 따라 경사지에서 여장은 타구 없이 층단지게 설치
② 남한산성의 완만한 경사 구간에서는 층단을 두지 않고 경사지게 설치

01 | 옹성의 개념 및 종류

① 개념 : 성곽 성문의 외부를 둘러싼 이중 성벽 구조물

② 옹성 형태에 따른 종류 : 반원형, 사각형, 특수형

③ 출입문 형태에 따른 종류 : 편문식, 중앙문식

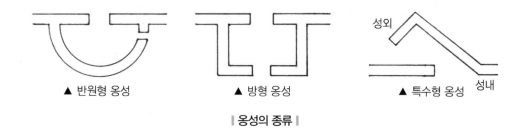

▲ 반원형 옹성   ▲ 방형 옹성   ▲ 특수형 옹성

| 옹성의 종류 |

02 | 옹성의 구조

① 협축 성벽 상부에 내외부로 여장 설치

② 성벽의 기울기는 수직에 가깝게 축조

③ 단면폭은 5m~8m

④ 육축과 접한 옹성의 좌우 측면과 옹성 중앙부의 높이 차이(문루에서의 시계 확보)

⑤ 육축과 접한 옹성의 좌우 측면 경사부는 층단을 두어 낮아짐

⑥ 바닥은 강회 또는 점토질흙으로 다지고 구배 형성(내측 또는 내외측으로 구배)

⑦ 옹성 외벽에 석루조 / 내벽에 배수구를 일정 간격으로 설치하여 배수

⑧ 여장의 높이는 1.2~1.5m

03 | 옹성의 사례

① 숭례문 : 옹성 없음 / 성문 좌우의 성벽을 날개형으로 구성

② 흥인지문

    ㉠ 편문식 반원형 옹성

    ㉡ 상부에 총안과 타구가 있는 평여장 설치 / 전돌여장, 통돌 옥개석

    ㉢ 옹성 외벽에 누조, 내벽에 배수홈 설치

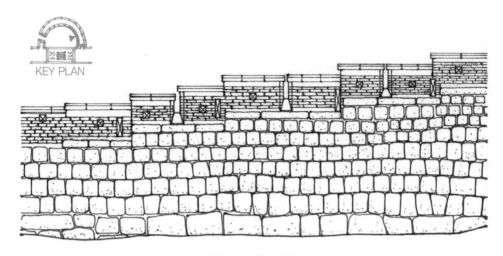

|| 흥인지문 옹성 입면 ||

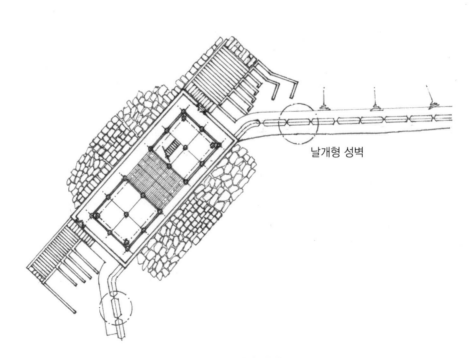

날개형 성벽

|| 숭례문과 성곽 배치도 ||

③ 팔달문, 장안문

    ㉠ 중앙문식 반원형 옹성

    ㉡ 내외부를 모두 벽돌로 축조

    ㉢ 옹성 상부에 철형여장, 현안 설치

    ㉣ 바닥 강회다짐(내측으로 구배)

④ 풍남문 : 편문식 방형 옹성(말각방형)

⑤ 남한산성 : 성벽의 일부를 돌출시켜 치나 용도 형태로 구성한 것을 문헌상 옹성으로 언급

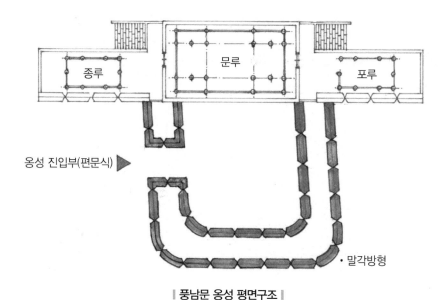

종루 문루 포루

옹성 진입부(편문식) ▶

• 말각방형

‖ 풍남문 옹성 평면구조 ‖

01 | 성문의 종류

좌우 체성의 연결 구조에 따라 개거식, 평거식, 홍예식, 현문식 등으로 분류

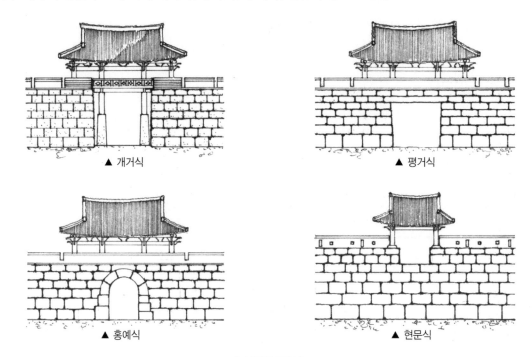

▲ 개거식

▲ 평거식

▲ 홍예식

▲ 현문식

‖ 성문의 유형 ‖

02 | 개거식

① 성문 설치부에서 좌우 성벽이 단절된 구조
② 개구부의 폭과 규모에 있어서 제약이 없으나, 체성 상부의 여장이 단절되어 방어력 취약
③ 누문식 문루, 절충식 문루 설치

03 | 평거식

① 좌우 성벽의 상부에 개석을 걸치고 개석 상부에 여장을 설치한 구조
② 좌우 성벽의 여장이 연결되어 개거식에 비해 방어력 보완
③ 개석 설치의 문제로 성문의 폭과 규모에 한계
④ 통로폭이 좁은 암문, 수문이나 중요도가 낮은 성문에 사용

04 | 홍예식

① 좌우 성벽을 연결하고 홍예를 튼 구조
② 상부에 여장이 연결되어 방어력을 확보하면서 일정 규모 이상의 통로폭을 확보할 수 있음
③ 주요 성곽의 성문 구조

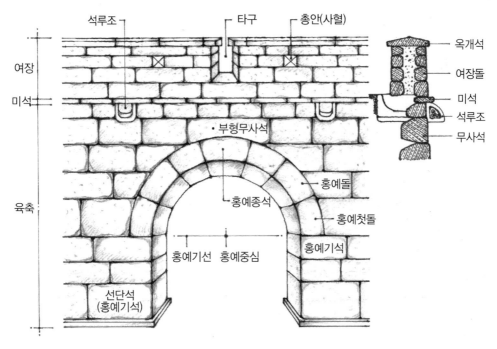

‖ 홍예식 성문의 세부 명칭 ‖

01 │ 개요

① 문루 : 성문 출입 통로 상부에 마련된 누각 건물

② 초루식 문루

    ㉠ 홍예식, 평거식 성문에 설치되는 문루(도성, 읍성의 문루)

    ㉡ 육축 상부에 설치한 문루

③ 누문식

    ㉠ 개거식 성문에서 성문의 통로에 접하거나, 인접하여 설치한 문루(읍성, 산성의 문루)

    ㉡ 지면 위에 기둥 설치

    ㉢ 하부는 성문의 통로 / 상부는 누마루 구조

④ 절충식 문루

    ㉠ 개거식 성문에 설치되는 문루

    ㉡ 정칸의 기둥은 성문의 통로 바닥에 설치하고, 협퇴칸의 기둥은 육축 상부에 설치

    ㉢ 성문의 폭이 좁은 경우에는 좌우 성벽의 상부에만 기둥 설치

02 │ 문루의 구조

① 평면구성 : 5칸 × 2칸, 3칸 × 2칸, 3칸 × 3칸

② 초루식 문루의 기초

    ㉠ 성곽 상부 문루의 기초

    ㉡ 지반을 깊게 파낸 후 적심석 다짐

    ㉢ 초석 하부까지 장대석 지정 / 육축 면석과 문루 하부 장대석 기초 사이에 잡석을 채워 다짐

③ 누문식 문루의 기둥 하부에 장주 초석 사용

④ 입면 및 수장부 구조

    ㉠ 사면이 개방된 구조

    ㉡ 중층 문루 건물의 상층에는 판벽, 판문 설치

    ㉢ 문루 여장 설치(타구가 없는 연결여장 형식)

⑤ 지붕 구조

    ㉠ 읍성은 팔작지붕, 산성은 우진각 지붕이 다수

    ㉡ 지붕마루에 양성바름 설치

01 │ 치

① 개념

  ㉠ 성 밑에 접근하는 적을 효과적으로 방어하기 위해 성벽의 일부를 돌출시켜 만든 성곽 시설물

  ㉡ 성벽과 성문에 근접한 적에 대한 공격 및 관측 기능

  ㉢ 문헌상의 규정 : 전면 15척, 좌우 각 20척 규격 / 150척마다 1개소씩 설치

    (포백척 46.73cm 적용시 7m × 9.4m 규격 / 70m 간격으로 설치)

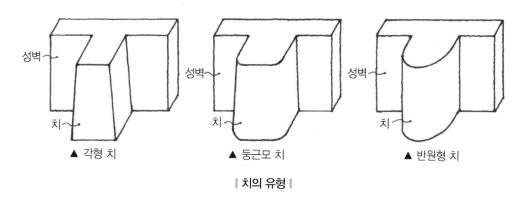

▲ 각형 치   ▲ 둥근모 치   ▲ 반원형 치

‖ 치의 유형 ‖

② 설치 위치에 따른 종류 : 설치 위치에 따라 치, 각루, 적대

③ 평면형태에 따른 종류

  ㉠ 방형 : 가로장방형, 세로장방형

  ㉡ 곡선형 : 반원형, 자연지세형, 용도형

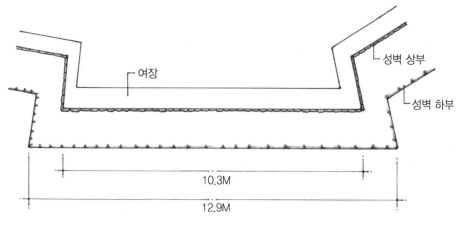

‖ 남한산성 옹성의 치 평면도 ‖

02 | 각루, 적대

① 각루
    ㉠ 성곽의 모서리에 설치된 치
    ㉡ 상부에 포루 설치

② 적대
    ㉠ 성문에 근접하여 좌우에 설치한 치
    ㉡ 여장 및 총안 설치

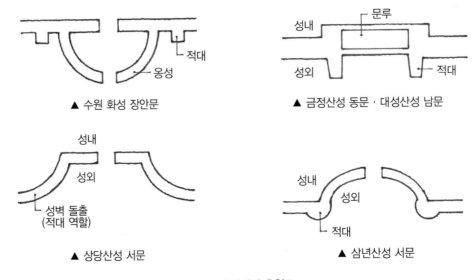

▲ 수원 화성 장안문

▲ 금정산성 동문 · 대성산성 남문

▲ 상당산성 서문

▲ 삼년산성 서문

┃ 적대의 사례와 유형 ┃

03 | 포루(鋪樓)

① 관측, 지휘 등을 목적으로 성곽에 설치한 건물
② 치성 위에 대를 만들고 그 위에 지은 누각

04 | 포루(砲樓)

① 개요
    ㉠ 내부에 포를 설치한 건물
    ㉡ 바닥 강회다짐 / 사방이 개방된 구조
    ㉢ 포의 각도를 감안하여 창방과 기둥의 높이 조정

② 화성의 포루

　　㉠ 성벽 일부를 외부로 돌출시켜 치성과 유사하게 구성

　　㉡ 3개 층의 내부를 공심돈과 같이 비움

　　㉢ 내부에 화포를 설치해 적을 공격하는 시설

　　㉣ 하부 3~6단은 화강석 석축 / 상부는 전돌 축조 / 상층에 목조 건물

　　㉤ 동북포루, 동포루, 북서포루, 서포루, 남포루 등 5개소

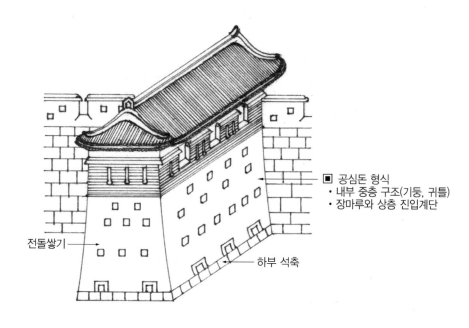

전돌쌓기

■ 공심돈 형식
　• 내부 중층 구조(기둥, 귀틀)
　• 장마루와 상층 진입계단

하부 석축

▌수원 화성 포루의 구조 ▌

05 | 공심돈

① 돈 : 성곽 주위에 대한 관망, 비상시 적의 동향을 살피기 위한 망루 시설

② 공심돈

　　㉠ 돈의 내부가 비어 있도록 설계된 돈 시설(수원 화성)

　　㉡ 성곽 상부 및 치에 설치한 돈대 형태의 구조물

　　㉢ 내부에 계단 및 마루 구성 / 전돌로 축조하고 포혈, 총안 설치 / 상부에 포루 설치

③ 서북공심돈

　　㉠ 치 위에 벽돌을 사용해 방형으로 속을 비우고 쌓음

　　㉡ 3층 구조 / 2, 3층에 마루 설치 / 사다리를 놓아 위아래로 통행

　　㉢ 최상부에 팔작지붕 포사 설치

　　㉣ 외벽에 총안, 포혈 설치

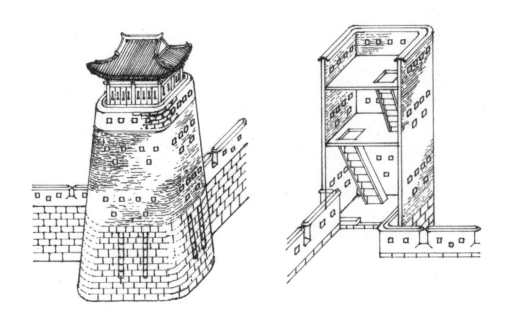

┃ 서북공심돈의 내외부 구조 ┃

④ 남공심돈

　㉠ 치성에 여장을 쌓고 그 안쪽에 공심돈 설치

　㉡ 서북공심돈과 동일한 구성이나 규모가 작음

　㉢ 포사 설치(판문이 없는 개방형)

⑤ 동북공심돈

　㉠ 치가 아닌 성벽 안쪽에 설치된 공심돈

　㉡ 서북공심돈, 남공심돈과 달리 외면이 원형의 동심원 형태

　㉢ 내부에 벽돌조 나선형 계단 설치(소라각)

　㉣ 각층의 3면에 상하 2단으로 총안과 포혈 설치

　㉤ 상층은 평여장 안쪽에 우진각지붕 포루 설치(개방형)

　㉥ 하층 공심돈 일부에 온돌방 설치(군사들의 숙직 시설)

⑥ 공심돈 사례 비교

　㉠ 전투시설로서의 공심적대와 척후시설로서의 공심돈

　㉡ 치 상부에 만든 서북공심돈은 공심적대, 체성 위에 놓인 동북공심돈은 척후시설 기능

06 | 용도

① 좁은 통로 형식으로 길게 뻗어 쌓은 담장 형식의 성벽 시설
② 지형상 외부의 주요 지점을 확보하기 위해 설치
③ 성벽의 일부를 지형에 따라 좁게 성 외부로 내뻗고 양쪽에 여장을 쌓음
④ 상부에 포루, 돈대, 포대 등 설치
⑤ 문헌상 곡성, 옹성 등으로 표현(남한산성)

07 | 회곽로

성벽을 따라 내외부에 마련한 통행로 / 성상로

08 | 노대

① 성에서 가장 높은 곳에 노대를 배치
② 전돌을 쌓아 대를 만들고, 대 위에 누각이나 여타 시설이 없는 형태(시야확보, 군사지휘)
③ 장대의 곁에 두어 한조를 구성(예 : 화성 서장대와 서노대)

09 | 현안, 사혈, 오성지

① 현안 : 성벽 위에서 성벽 밖으로 홈을 파놓은 것. 뜨거운 기름, 물 등을 부어 성벽 접근 차단
② 사혈 : 총안, 포혈, 타구

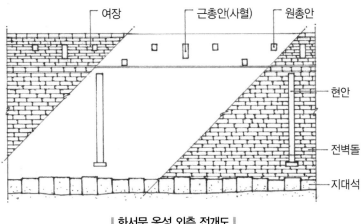

‖ 화서문 옹성 외측 전개도 ‖

10 | 배수 및 집수시설

① 수구, 수문, 누혈(누조)
② **집수정** : 성내 식수원을 위해 원형으로 굴착하고 내벽을 진흙 또는 석재로 마감한 시설

③ **집수지**

　　㉠ 성내 지형이 낮은 곳에 장방형, 타원형으로 시설
　　㉡ 식수원 확보 및 우수 시 유속을 줄여 성벽을 보호하는 기능
　　㉢ 내부 측벽은 암반을 파내어 조성하거나 석재로 마감
　　㉣ 계단식 호안
　　㉤ 자연석, 기와 등으로 바닥 마감

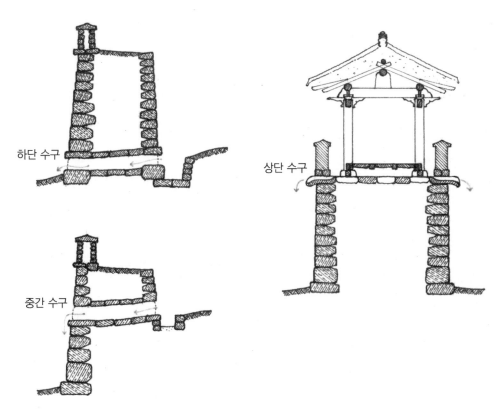

하단 수구

상단 수구

중간 수구

‖ **수구의 유형** ‖

11 | 봉돈

① 봉돈

  ㉠ 불을 비추어 성곽을 수비하고 주위를 정찰하고 인근에 알리는 군사 교통상의 신호 시설물

  ㉡ 사례 : 수원 화성

② 봉돈의 구조

  ㉠ 성벽 일부를 치성처럼 외부로 돌출

  ㉡ 하층은 석축, 상부는 전축으로 성벽보다 높게 쌓고 상부에 여장 설치

  ㉢ 내부는 3층 계단식

  ㉣ 최상층에 5개의 횃불 구멍 설치(화두)

  ㉤ 화두 : 벽돌조 / 원형 평면 / 높이 3.1m / 중간부에 장방형 화구 설치

  ㉥ 여장에 포혈 설치 / 여장 하부 벽체에 총안과 누혈 설치

12 | 봉수

① 봉수

  ㉠ 봉(횃불)과 수(연기)를 이용한 국가적인 신호전달체계

  ㉡ 횃불과 연기를 이용해 위급한 상황 정도에 따라 정해진 체계대로 신호를 전달하는 통신시설

  ㉢ 급변하는 민정이나 국경의 정황을 상급기관인 중앙의 병조에 연락(정치 군사적 전보기능)

  ㉣ 연해에 접근하는 외적을 방어하기 위해 건축된 관방시설의 하나(1894년 폐지)

② 봉수제

  ㉠ 삼국시대 : 봉수는 삼국시대부터 건축(문헌)

  ㉡ 고려시대 : 고려 중기에 5거화제 봉수제 성립(원나라, 왜구의 침입 대비)

  ㉢ 조선시대 : 조선전기에 봉수망 5개 노선과 봉수 700개소 이상 설치

③ 봉수의 종류

  ㉠ 경봉수 : 전국의 모든 봉수가 집결하였던 봉수(남산의 목멱산 봉수)

  ㉡ 내지봉수 : 경봉수와 연변봉수를 연결하는 중간봉수 / 내륙 각지에 설치

  ㉢ 연변봉수 : 해안가, 국경지역에 설치된 봉수

④ 봉수의 시설물

  ㉠ 거화시설 : 연조(원형, 방형, 부정형 평면)

  ㉡ 망대 : 관측을 위해 설치한 높은 대(석축, 토축, 토석혼축)

  ㉢ 연대 : 망대 위에 연조를 설치해 후망과 거화의 기능을 동시에 담당한 높은 대

  ㉣ 방호벽, 호 : 방어, 방화용 시설 / 원형, 방형 평면에 U자형 단면(호)

ⓜ 창고 및 보관시설 : 거화재 및 봉수군의 생활물품 보관

ⓗ 기타 : 주거지, 창고, 우물, 경작지 등

⑤ 연변봉수의 시설물

ⓐ 거화시설 : 연대, 연조

ⓑ 방어시설 : 호, 방호벽

ⓒ 생활시설 : 주거용 건물, 창고(거화를 위한 비품 및 재료, 무기 등의 보관)

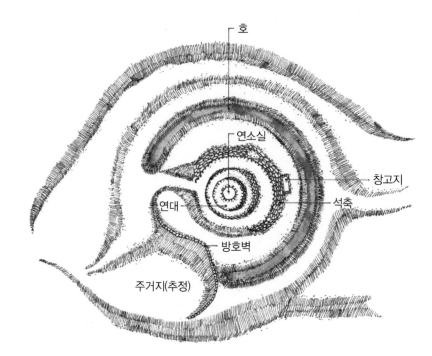

∥ 연변봉수의 평면 및 배치구조 ∥

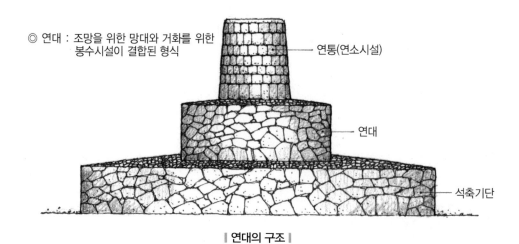

∥ 연대의 구조 ∥

◎ 연대 : 조망을 위한 망대와 거화를 위한
봉수시설이 결합된 형식

⑥ 연변봉수와 내지봉수의 비교

    ㉠ 내지봉수 : 봉수대 역할

    ㉡ 연변봉수 : 봉수대 역할＋정찰(적의 침략 시 자체적인 방어 등 군사 요새로서의 역할 수행)

    ㉢ 규모 및 시설 : 연변봉수는 단순한 신호전달 기능의 내지봉수에 비해 규모가 크고 봉수군의 거주 공간과 같은 부속시설(생활시설)을 갖춤

    ㉣ 연대 설치 : 연조만 설치되는 내지봉수와 달리, 높은 대(연대)를 쌓고 상부에 연조 설치

13 | 해자

① 성벽 주변에 인공적으로 땅을 파서 고랑을 내거나 자연하천 등의 장애물을 이용한 시설

② 성의 방어력을 증진시키는 시설물

③ 반계수록 : 성벽에서 8.4m 이격 / 너비 8.4m, 깊이 4.2m 이상(주척 21.04cm 적용)

14 | 기타 행정시설

행궁, 객사 등

SECTION **09** | 주요 성곽 비교

01 | 입지

① 북한산성 : 석산으로서 지반이 견고하고 산세가 가파름

② 한양도성 : 평지 협축성, 산지 편축성 구조

③ 남한산성 : 토산으로서 지반이 연약하고 산세가 완만

④ 수원화성 : 평지성과 산성이 혼재

02 | 체성

① 북한산성

    ㉠ 굴곡이 심한 지형에 따라 성곽의 높이가 변화

    ㉡ 지축 : 산세가 가파른 곳에는 여장만 축조

    ㉢ 반반축 : 3~4자 높이

    ㉣ 반축 : 6~7자 높이

    ㉤ 고축 : 평탄지에서 10~14자 높이

    ㉥ 숙종시기

② 남한산성 : 퇴물림 평축, 경사축, 퇴물림 경사축 혼재

③ 수원화성 : 대, 중, 소 크기의 성돌로 체감 형성

④ 한양도성(서울성곽)

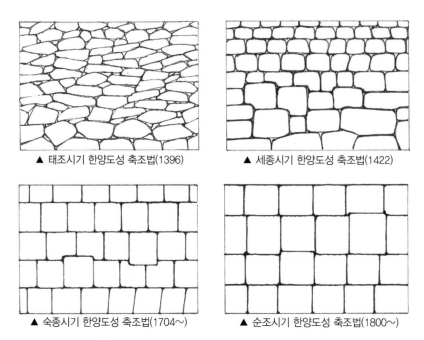

▲ 태조시기 한양도성 축조법(1396) ▲ 세종시기 한양도성 축조법(1422)

▲ 숙종시기 한양도성 축조법(1704~) ▲ 순조시기 한양도성 축조법(1800~)

| 한양도성 축조법 |

| 서울 한양도성 시기별 축성방식 비교 |

태조시기	• 막돌허튼쌓기(막쌓기, 허튼층쌓기) / 1자각 할석과 쪽돌 사용 • 상하부 체감이 크고 퇴물림을 많이 두어 완만한 기울기 • 남산지역
세종시기	• 규격은 일정하지 않으나 장방형으로 비교적 잘 다듬은 성돌 사용 • 하부는 장방형 대석, 상부는 사고석, 이고석 규격 • 상부로 갈수록 현저히 작은 부재를 사용해 체감 형성 • 쪽돌을 거의 쓰지 않고, 빈틈 없이 면석을 그레질 접합 • 노출면과 모서리를 둥글게 가공(옥수수 알 모양의 면석) • 수평줄눈과 퇴물림 • 광희동, 장충동 지역
숙종시기	• 한 변 45cm 내외 크기의 정방형 · 장방형 다듬돌 사용 • 상단의 폭이 좁은 방형 석재, 평행사변형 등 불규칙한 석재 혼용 • 면석 모서리를 둥근 모접기 가공 • 상하부 체감이 거의 없이 축조 / 면석에 ㄱ자, ㄴ자 턱물림 가공 • 수직에 가까운 기울기 • 북악, 성북 지역
순조시기	• 한변 65cm 내외 크기의 다듬돌 사용 • 모서리 모접기 없이 직각으로 가공 • 상하부 체감 없이 수직에 가까운 기울기 • ㄱ자, ㄴ자 턱물림 가공

03 | 여장

① 북한산성

    ㉠ 미석 : 미석 없음

    ㉡ 면석 : 장방형 대석과 2자각 방형 다듬돌로 축조

    ㉢ 개석 : 2가지 형식(통돌 옥개석 형식 / 누름돌과 덮개돌 형식) / 화강석

    ㉣ 기타 : 가파른 산세에 따라 여장만으로 구성된 구간이 많음(지축)

② 한양도성

    ㉠ 미석 : 미석 없음

    ㉡ 초기 여장 : 막돌여장 / 면회 / 옥개전 / 태조, 세종시기

    ㉢ 후기 여장 : 장대석여장 / 장방형 대석 사용 / 통돌 옥개석 형식 / 숙종 이후

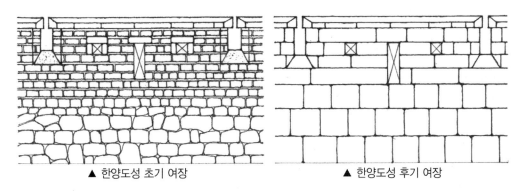

▲ 한양도성 초기 여장　　　　　　　▲ 한양도성 후기 여장

‖ 한양도성 여장의 구조 ‖

③ 남한산성

    ㉠ 미석 : 대부분 미석 없음 / 일부 구간 미석 설치 / 통천미석 설치 흔적

    ㉡ 면석 : 하부는 자연석, 상부는 전돌로 구성(전돌여장) / 기타 막돌여장

    ㉢ 개석 : 옥개전(누름돌과 덮개돌 형식의 방전) / 기와로 마감한 구간

    ㉣ 기타 : 경사에 따라 층단을 두거나 이어지게 설치

④ 수원화성

    ㉠ 미석 : 미석 설치(석재, 전돌) / 통천미석 설치

    ㉡ 면석 : 규격화된 사고석 여장(줄눈 형성), 전돌여장

    ㉢ 개석 : 화강석 또는 전돌

    ㉣ 기타 : 평여장(일반) / 반원형여장(암문, 수구) / 철형여장(옹성)

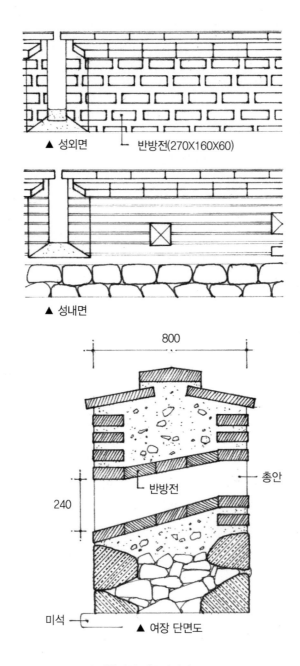

▲ 성외면 └─반방전(270X160X60)

▲ 성내면

800

총안

240

반방전

미석 ─ ▲ 여장 단면도

‖ 남한산성 전돌여장의 구조 ‖

LESSON 02 성곽의 시공

SECTION 01 | 성벽 훼손 유형 및 원인

01 | 성벽의 훼손 유형

① 성벽 침하, 지대석의 기울음
② 면석의 이완, 균열 및 탈락
③ 성벽의 배부름, 붕괴
④ 여장 이완 및 붕괴

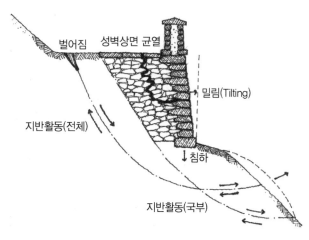

| 지반 파괴 현상과 성벽의 변위 |

02 | 성벽의 훼손 원인

> 성벽의 훼손 흐름 : 성벽 중간 배부름 → 상부 성돌의 유실, 하부 성돌의 이탈 → 성벽의 붕괴

① **지반침하**
  ㉠ 연약지반화 : 개발 및 지형 변화에 따른 지하수위의 변화
  ㉡ 지반활동 : 급경사지에서 국부적인 지반 파괴 활동
  ㉢ 지진, 홍수 등에 의한 지반의 변화
  ㉣ 주변 배수시설 미비 / 홍수 시 상향침투압
  ㉤ 성토부 지내력 저하

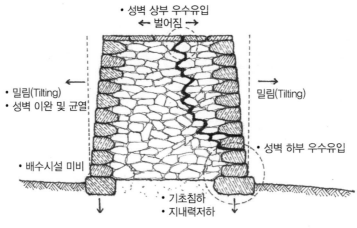

┃ 협축성의 변형 흐름 ┃

② 속채움재의 구조 및 열화 현상

    ㉠ 흙만으로 뒤채움한 구조 : 우수 유입에 따라 뒤채움부의 토압 증가 및 공극 발생

    ㉡ 뒤채움부에 우수와 토사 유입 → 내부 토압의 증가 → 성벽 배부름

    ㉢ 뒤채움부의 설치폭 부족

    ㉣ 면석과 채움석의 맞물림 미흡(물림이 없는 단순 채움 구조)

    ㉤ 뒤채움 석재의 규격 및 재질 부실, 공극 과다

③ 면석 설치 구조 문제

    ㉠ 지대석 미설치 / 하부 면석의 규격 부족 / 지대석 하부 노출(토사유실)

    ㉡ 면석의 재질 불량, 뒷길이 부족

    ㉢ 심석 미설치

    ㉣ 쌓기 시 세로 통줄눈 형성

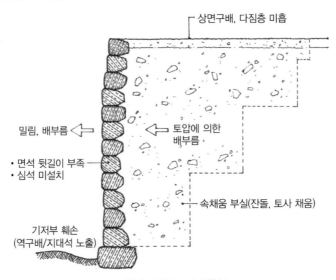

┃ 성벽 설치구조와 변형 ┃

④ 면석의 풍화 : 내구성 저하에 따른 성돌의 이완, 탈락

⑤ 주변환경
  ㉠ 근접 수목에 의한 영향(뿌리의 침투, 일조 및 통풍 저해)
  ㉡ 주변 배수 시설의 부족, 배수 불량
  ㉢ 차량 진동, 탐방객에 의한 훼손 등

03 | 여장의 훼손 원인

① 속채움재 : 속채움재의 내구성 저하, 속채움재 유실로 인한 공극 발생
② 지대석의 기울음, 침하 : 체성의 변형에 연동된 여장 지대석의 변위
③ 여장 면석의 규격 및 뒷길이 부족
④ 여장 하부 우수 유입 : 성곽 상면의 배수 곤란, 여장 지대석의 노출 등
⑤ 옥개석 이완, 탈락 : 옥개부 누수에 따른 우수 유입 → 여장의 배부름, 붕괴
⑥ 사용 석회의 품질 불량 / 생석회 피우기와 배합 등 시공상의 문제

⑦ 전돌여장
  ㉠ 강회 줄눈모르타르 탈락으로 누수와 우수 유입
  ㉡ 전돌 동파 현상 / 균열 및 탈락
  ㉢ 여장 배부름 및 속채움재 유실

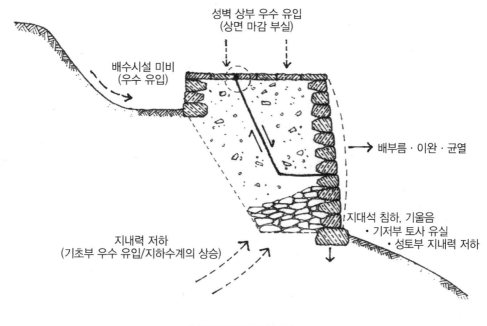

‖ 편축성의 변형 흐름 ‖

01 | 성곽 수리의 원칙과 기준

① 기존 성돌이 유실 또는 풍화 부식되어 교체를 요하거나 붕괴 우려가 있어 성곽 보존상 불가피한 부분에 한하여 수리

② 원래 형태가 남아 있거나, 원형에 대한 고증이 가능하거나, 구조적인 문제가 있는 경우에 보수

③ 복원은 멸실된 부분의 원형 고증이 가능한 경우에 시행

④ 성곽은 축성기법이 다양하므로 사전조사 및 해체조사 과정에서 원형고증한 결과에 따라 수리

⑤ 시대적, 지형적 조건에 따른 축조방식의 차이를 감안하여, 일률적인 축성을 지양

⑥ 수리는 고증에 의하며, 당해 성곽의 보존을 위한 최소한의 조치로 시행

⑦ 전통 구조와 양식을 변형시키지 않음

⑧ 전통기법을 기본으로 하여 수리

⑨ 수리 시 전통장비를 사용하되, 시공여건상 불가피한 경우에는 현대적인 장비를 사용

⑩ 축성기법은 기존 유구 형식대로 하되, 붕괴가 예상되는 경우에는 보강방법을 강구하여 수리

⑪ 기존 부재는 최대한 원래의 위치에 재설치

⑫ 붕괴 또는 훼손 우려, 양식에 맞지 않는 부재, 구조적으로 위험하거나 안전에 문제가 있는 경우에 신재 교체

⑬ 수리 전체 과정에 대한 상세한 내용과 도면, 사진을 첨부하여 수리보고서 작성

⑭ 보충 석재는 기존 부재와 재질이 유사한 재료를 사용하고, 가공 정도가 같도록 함

02 | 현장 관리에 필요한 준비 및 행정 사항

① 차량, 장비의 이동 통로 확보 : 임시도로 개설 검토, 비탈면 성토 등

② 석재 등 재료의 운반 수단, 운반로 검토

③ 부재 적치장, 작업장 확보 : 해체 시 부재 보관 및 작업 공간 확보

④ 붕괴에 대비한 안전시설 설치 : 쌍줄비계, 낙하방지 시설물, 모래주머니 등

⑤ 용수확보 : 강회다짐 등을 고려한 용수 및 식수 확보

⑥ 석재수급 : 구부재와 동일한 재질의 보충부재 확보

⑦ 관련 법규 검토 및 타 기관 협조사항(행정사항)
  ㉠ 수목 제거, 석재 채취, 임시도로 개설, 야적장 확보
  ㉡ 헬기장 및 군부대 초소의 이전 등

03 | 사전조사 [성벽수리]

① **훼손 현황** : 성벽 훼손 상태와 범위 / 성벽의 기울음, 면석의 균열 및 이완 상태

② 기존 성곽의 특징을 조사하여 수리 시에 반영

③ 보존 부분, 해체 정비 부분, 유실보충 부분을 구분하여 조사

④ **성벽 기울기 조사**

　　㉠ 기준점, 규준틀 설치 → 체성 및 여장의 폭과 높이 기울기에 대한 조사와 기록

　　㉡ 기울기는 구간마다 각기 다를 수 있으므로 지형여건이 변하는 구간은 추가로 기울기 조사

⑤ 성벽 위와 인접지에 성벽 보존상 영향을 주는 수목 등 지장물 조사

⑥ **배수 시설 조사** : 성곽 상면의 구배 및 배수 시설 / 수구, 암거, 누혈 등

⑦ **설계도서 검토** : 현장조사 내용과 설계도서상의 차이점 확인(수리 범위, 시공 방법)

⑧ 보수 이력 및 문헌 조사

⑨ **석재 조사** : 석산, 석공장을 현장 답사하여 기존 석재와 재질, 색상 등이 유사한 것을 선별

⑩ **지반 안전성 검토** : 지반탐사를 통해 침하 유발 지층, 연약 지층에 대한 조사 / 지내력 시험

04 | 사전조사 [여장 수리]

① 여장의 기울기, 균열, 이완상태

② 여장의 길이, 높이, 폭 / 총안(근총안, 원총안), 타구

③ 여장 옥개형식 조사

④ 여장 면석 크기와 쌓기법 / 내부 채움 재료와 형식 / 미석

⑤ 여장 재료의 재질, 크기, 풍화정도

⑥ 경사지 여장의 설치방법(층단의 구성방식)

⑦ 하부 성벽의 부실이 여장의 보존에 미치는 영향 조사

05 | 시굴조사

지반 및 기초부, 체성, 여장부에 대한 시굴조사(트렌치 조사)

06 | 해체조사 [성벽 수리]

① 성곽 축성기법, 기울기 등을 조사하고 사진촬영과 상세도 작성
② 기존 부재의 재질, 강도, 색상, 크기, 가공법 조사
③ 면석의 규격, 가공 정도, 뒤뿌리 형태와 길이, 상하부 면석의 쌓기법 조사
④ 뒤채움 재료와 설치범위, 면석과 채움석의 물린 상태, 면석과 채움석의 크기를 비교 · 조사
⑤ 체성 상부, 회곽로 바닥의 마감방법과 우수처리방법 조사
⑥ 성곽의 훼손 원인을 규명하고 분석하여 수리 시 보강대책을 강구
⑦ 부재의 풍화 마모상태를 조사하여 보충 여부를 판단
⑧ 수리 시 기초자료로 활용할 수 있도록 구간마다 사진을 촬영하여 기록

07 | 해체조사 [여장 수리]

① 여장 재료의 크기, 재질, 풍화상태
② 원총안과 근총안 유무 및 규모, 총안의 크기
③ 속채움, 미석 설치 등의 축성기법을 조사
④ 해체 과정은 사진촬영과 실측을 병행하여 조사

08 | 조사 시 유의사항

① 기준점과 규준틀을 설치하여 조사(기준점은 이동 및 변형 가능성이 적은 곳에 설치)
② 축조 시기, 지형에 따른 구간별 축성 차이를 고려한 구간별 조사
③ 축조 시기에 따른 성벽 구조의 차이를 고려하여 조사하고 기록

④ **지형에 대한 고려**
    ㉠ 성곽의 지형에 따라 구간별 성벽 및 여장의 구조 조사
    ㉡ 급경사지 체성의 지대석 구조, 기저부 보강시설 조사(보축, 층단석축, 심층석축 등)

⑤ 체성에 국한하지 말고 주변 배수로 및 성내외 시설물에 대한 조사 병행
⑥ 보수 대상 성벽의 주변에 산재한 성돌 및 여장 유구에 대한 조사 및 부재 수습
⑦ 지대석, 면석, 적심석 등 주요 부재와 설치 구조에 대해 상세도면 작성
⑧ 쌓기법, 성벽 기울기, 뒤채움 구조, 부재의 규격 및 형태, 가공 정도 등을 상세히 기록
⑨ **성곽 단면조사** : 생토면까지 단면 조사 → 성벽 축조 당시의 뒤채움 방법을 확인

⑩ **부분 붕괴된 성곽의 조사**
    ㉠ 붕괴되지 않은 부분까지 전체적으로 조사하여 보수 범위 및 수리방침 검토
    ㉡ 보수 구간에 국한하지 않고 인접 구간까지 전체적으로 조사

09 | 추가 붕괴를 방지하기 위한 응급조치 방안

① 안전조치 및 안전시설 설치

    ㉠ 성벽 주변 출입통제 : 관람객 안전을 위해 훼손된 구간과 인접 구간의 출입통제 / 우회로 개설

    ㉡ 안전시설 설치 : 배부름 등 붕괴 우려가 있는 구간에 안전망, 낙석 방지대 설치

② 추가붕괴 방지를 위한 응급조치

    ㉠ 붕괴 예방을 위한 긴급보수 : 성상로와 성벽 사이 균열부 등 긴급보수

    ㉡ 쐐기돌, 버팀목 : 성돌 이완, 배부름 및 균열부에 쐐기돌, 버팀목, 모래주머니 등으로 보강

    ㉢ 위험 구간의 여장 해체 : 성벽 붕괴 시 안전 및 여장 부재 파손 고려

    ㉣ 성벽 우수 유입 방지 : 추가적인 변형을 고려해 천막 보양, 배수로 정비

10 | 해체 및 해체 시 유의사항

① 가설 및 토공사

    ㉠ 가설 울타리 설치, 우회 탐방로 개설

    ㉡ 비계 및 안전시설 설치 : 쌍줄비계, 버팀목, 낙하방지 시설물, 모래주머니 등(안전관리)

    ㉢ 급경사지의 가설 : 버팀목, 가새를 추가 설치하고 강관 파이프는 지면에 깊게 박아서 고정

    ㉣ 표토, 잡초, 잡목의 제거 : 성곽, 성돌을 덮고 있는 표토, 잡초 등을 제거하여 성곽 유구 확인

② 해체 범위와 순서를 정하고 해체 작업을 실시

③ 부재번호표 부착, 기록 및 촬영

    ㉠ 구간별로 규준틀을 설치하고 번호표 부착 및 기록 후 해체 / 수리 시 기존 위치에 재설치

    ㉡ 기준선 설치, 넘버링, 촬영 및 도면 기록

④ 해체 시 유의사항

    ㉠ 해체 및 수리 범위 최소화

    ㉡ 성벽 일부가 붕괴된 경우에는 안전 여부를 조사하여 해체범위를 정하고, 도괴의 우려가 있는 경우
에는 보호조치 후 해체

    ㉢ 성벽이 붕괴, 매몰된 곳은 지대석 등 성벽 기초의 안전성을 확인한 후 성벽 해체

    ㉣ 가급적 기초는 해체하지 않음(지내력시험, 지반조사 등을 통해 수리 여부 검토)

    ㉤ 잔존 구간과 시공 구간의 이음부는 계단식으로 해체 및 조립

    ㉥ 해체 부재는 재사용재와 불용재로 구분하여 보관

    ㉦ 재사용재와 불용재는 표시하여 지정된 장소에 구분 보관 / 상태별, 재료별, 위치별 구분 보관 / 공사
기간 중 반출 금지

11 | 시공 시 유의사항(조립, 재설치)

① 시범구간 축조(표본성곽)

 ㉠ 본 시공에 앞서 해체조사 등의 내용을 기초로 일정 구간을 시범축조

 ㉡ 감독관 협의 및 전문가 자문을 통해 시범 축조 구간의 시공을 검토한 뒤 본 시공 진행

② 기초 및 지대석 설치

 ㉠ 기초는 구조여건상 취약한 것 외에는 해체하지 않음

 ㉡ 지반의 지지력, 예상되는 침하량을 측정하여 기초 보강 및 예상 활동면 보강 / 지내력 확보

 ㉢ 기초축조기법 : 보토다짐 / 지반치환 / 나무말뚝, 적심석, 판축, 장대석 기초 등

 ㉣ 지대석은 규격이 큰 석재를 사용하고 1/3 이상이 지면에 묻히도록 시공

 ㉤ 지대석에서 15~20cm 퇴물림하여 면석 축조

③ 면석쌓기

 ㉠ 성곽의 기울기, 물려쌓기는 기존 원형이 잘 남아 있다고 판단되는 부분을 기준으로 시공

 ㉡ 면석은 뒤뿌리가 짧고 긴 것을 적절하게 섞어 구조적으로 안정되게 쌓음

 ㉢ 면석 뒤뿌리 만들기 : 사다리꼴, 세모꼴로 가공하여 채움석과 긴밀하게 맞물리도록 시공

 ㉣ 원형대로 쌓아가되 상하부 통줄눈이 생기지 않도록 시공

 ㉤ 면석은 중간 중간 뒤뿌리가 긴 심석 설치(통상 뒷길이 3자~5자 이상)

 ㉥ 기존 부재를 최대한 재사용 / 부재 파손, 구조안정을 위한 심석 사용 등의 불가피한 경우에 교체

 ㉦ 축성기법은 축성 시기와 위치에 따른 특성을 살려서 시공

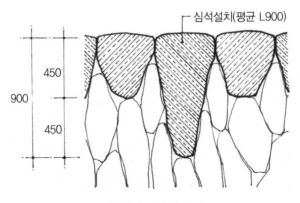

‖ 성벽쌓기 평면 상세도 ‖

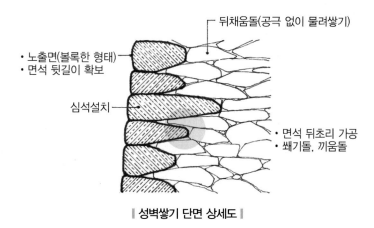

∥ 성벽쌓기 단면 상세도 ∥

노출면(볼록한 형태)
- 노출면(볼록한 형태)
- 면석 뒷길이 확보

심석설치

뒤채움돌(공극 없이 물려쌓기)

- 면석 뒤초리 가공
- 쐐기돌, 끼움돌

배부름
이완

잔돌, 토사

▲ 수리 이전

진흙다짐(THK100)
강회다짐(THK200)

상면 구배

뒷길이 확보

심석 설치

물려쌓기
(면석+끼움돌)

▲ 수리 이후

∥ 성벽의 수리 ∥

④ 속채움(뒤채움)

    ㉠ 기능 : 토압에 의해 성돌이 밖으로 밀리는 현상을 막아주는 역할

    ㉡ 속채움은 일정 규격 이상의 양질의 재료 사용(면석과 유사한 규격)

    ㉢ 석재 뒤채움 : 원활한 배수, 토압 증가 억제, 통풍 및 체성 내부의 건조 상태 유지(할석, 잡석)

    ㉣ 끼움돌 구조 : 면석의 뒤뿌리 상하부, 좌우 틈에 물려서 설치

    ㉤ 공극 최소화 : 큰 돌 위주로 서로 맞물리도록 설치하고 작은 돌을 이용하여 큰 돌 사이를 메움

    ㉥ 뒤채움의 폭 : 성곽의 안정성이 확보될 수 있도록 적정한 뒤채움 폭을 확보

    ㉦ 뒤채움부 층단 설치 : 채움재의 슬라이딩 방지(층따기)

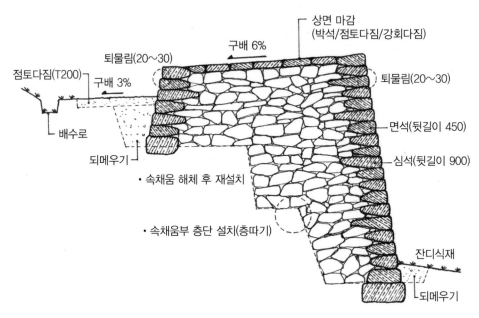

┃ 산성 편축성 보수 계획 ┃

⑤ 여장 설치

    ㉠ 여장은 기존 유구가 남아 있을 경우에 설치 / 기존 유구 형식으로 쌓음

    ㉡ 기존 부재를 재활용하고 풍화, 파손이 심한 것은 교체

    ㉢ 여장 성돌은 체성의 성돌과 비례하여 작은 규격의 성돌을 사용하되 일정 규격 이상을 사용

    ㉣ 여장 면석은 통줄눈이 생기지 않도록 주의

    ㉤ 여장 및 옥개석은 안전상 문제가 되지 않도록 설치

    ㉥ 옥개석은 이동되지 않도록 일정 정도 중량을 가진 돌을 사용

    ㉦ 옥개석이 통돌이 아닌 경우에는 덮개돌과 누름돌 사이에 강회몰탈 충전

    ㉧ 옥개석은 빗물이 여장 지대석 밖으로 떨어지도록 지대석보다 밖으로 좀 더 내밀어 설치

    ㉨ 여장 속채움은 여장 면석 내부에 잡석을 채운 뒤 강회다짐 충전

ⓩ 총안은 조사된 원형대로 설치 위치와 각도 등을 구간별로 시공

ⓠ 총안 좌우에 놓는 돌은 구조적 안정성을 고려해 일반 여장 면석보다 뒷길이 등을 길게 사용

ⓣ 총안 위에 놓이는 면석은 편심이 발생하지 않도록 총안을 중심으로 좌우대칭이 되도록 설치

ⓟ 총안 위에 놓이는 면석은 하부 돌에 최소 100mm 이상 걸치도록 설치

ⓗ 총안은 지형과 성곽에 따라 설치 각도가 다르므로 해체 전 조사 내용에 근거하여 시공

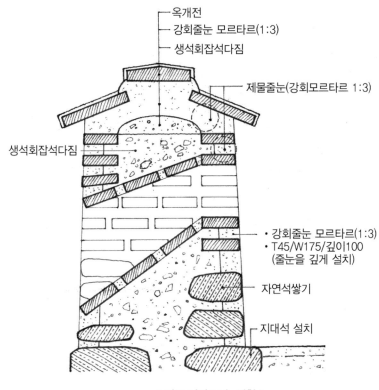

▎ 전돌 여장 보수 계획 ▎

⑥ 회곽로, 성곽 상면 마감

　　㉠ 점토질흙, 강회다짐 등을 일정 두께 이상 시공(30cm 이상)

　　㉡ 성 내측으로 배수가 잘 되도록 경사를 두어 우수가 성벽으로 유입되지 않도록 함

⑦ 잡목 제거 및 이식 : 수목 제거 시에는 성곽 보전에 미치는 영향 최소화

⑧ 배수로, 배수구

　　㉠ 성내의 우수가 성벽에 침투하여 성벽이 붕괴되지 않도록 함

　　㉡ 배수로는 기존 위치를 찾아 정비

　　㉢ 배수로가 없는 경우에는 외형상 노출되지 않게 배수시설을 설치

　　㉣ 해당 지역의 집중 호우 시 강수량을 기준으로 배수용량 검토, 배수시설 설치

⑨ 등성로 확보 및 안전시설 설치(난간, 계단, 펜스)

⑩ 시공 시 유의사항

   ㉠ 기존 부재는 최대한 원래의 위치에 재조립하고 부재 교체는 최소화

   ㉡ 구간별, 시기별 설치구조의 차이점에 유의하여 원형대로 재설치(일률적 축성 지양)

   ㉢ 부분 붕괴 성곽은 주변의 잔여 성벽을 조사하여 안전에 문제가 있는 경우 해당 부분까지 수리

   ㉣ 편축성 내탁부 채움석 부분이 유실된 경우에는 체성 외벽면 높이에 맞춰 동시에 수리

   ㉤ 해체 수리 시에는 구조적으로 불안정하지 않도록 층단식으로 해체하여 수리

   ㉥ 내부 뒤채움부에 암반이 있는 경우, 면석과 뒤채움석이 밀려나지 않도록 층따기 시공

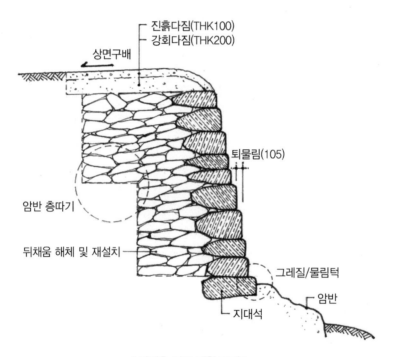

┃ 뒤채움 시공 계획 도면 ┃

12 | 토성 수리

① 조사사항

    ㉠ 건물지, 문지, 우물, 연지, 해자 등 주요 유구와 유물 조사

    ㉡ 기저부 보호를 위한 보축의 유무를 조사

    ㉢ 기저부를 확인하여 기존 성의 위치를 확인

    ㉣ 성의 단면 및 기울기 조사

    ㉤ 기존 성의 흙의 재질과 혼합비율을 분석

    ㉥ 배수로 및 배수처리 계통을 조사

② 시공 시 유의사항

    ㉠ 토성의 수리는 현상 유지를 우선으로, 토사가 밀려나고 유실된 부분을 수리

    ㉡ 일정한 두께로 흙을 펴고 다져 쌓아 올리는 기법으로 시공

    ㉢ 사전에 조사된 기법으로 시공(삭토, 판축, 성토, 보축법)

    ㉣ 생석회 등 혼합재료를 분석하여 기존의 기법에 따라 수리

    ㉤ 토기, 와편, 목책 등 유물 발견 시 현장을 보존하고 즉시 보고

    ㉥ 현장에서 채집한 흙의 양이 부족한 경우 토질과 색상이 유사한 흙을 반입하여 사용

    ㉦ 기존과 같은 토질의 흙을 사용하며, 반입토는 이물질이 섞이지 않은 생토를 사용

    ㉧ 단면조사를 통해 토성의 외곽선과 성벽의 기울기를 찾아 수리범위를 정함

    ㉨ 기초조사 결과 상태가 안정되어 있으면 기존 기초를 그대로 활용

    ㉩ 성 주변의 잡목 제거 시에는 관람통로를 고려

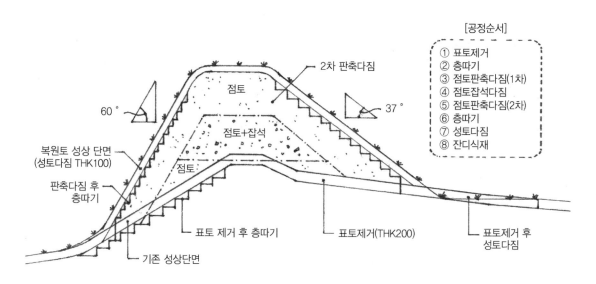

‖ 제주 항파두리 토성 보수 계획 도면 ‖

13 | 성곽 보수 사례(한양도성 인왕산 구간)

① **규준틀 설치** : 성벽면의 기울기 등을 표시하고 기록 / 10m마다 1개소씩 설치, 고정(이동 방지)

② 초축 당시의 층단 석축 정비(성 내측 급경사지의 토사유실 방지)

③ 급경사지 관람객 통행으로 인한 토사 유출 방지를 위해 계단 설치 / 토사 마감면에 잔디 식재

④ 성곽 상부에 강회진흙다짐(THK300)으로 회곽도 조성

⑤ 세종 연간의 구간은 성돌을 거친 정다듬하고 네 귀퉁이를 궁굴려서 가공 / ㄱ자 턱물림 시공

⑥ 순조 연간의 구간은 600×600mm 정방형 성돌을 거친 정다듬 해서 수직에 가깝게 축조

⑦ **퇴물림** : 태조 연간 구간은 50mm 이상, 세종 연간 구간은 30mm, 순조 연간은 5mm

⑧ **뒤채움** : 뒤채움돌을 면석과 심석의 틈에 끼워 쌓고, 열이 이어지지 않도록 엇갈리게 설치

⑨ **여장** : 타의 길이와 높이는 일률적으로 하지 않고 경사 정도에 따라 타의 길이 및 총안을 조정

⑩ **주변정비** : 성벽 앞의 잡목 제거 / 성벽 및 여장의 형태가 외부로 드러나도록 정비

LESSON 03 석교의 구조와 시공

SECTION 01 | 개요

01 | 목교와 석교

① 목교 : 통나무다리, 널다리, 섶다리, 배다리(주교)
② 석교 : 평석교, 홍예교, 널다리(석재)

SECTION 02 | 평석교의 구조

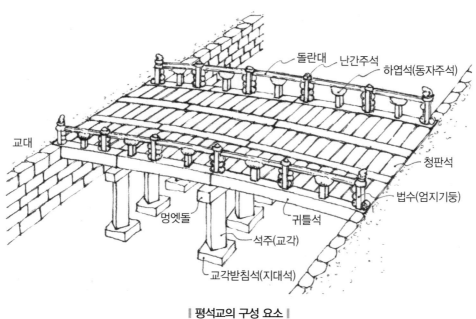

‖ 평석교의 구성 요소 ‖

01 | 평석교의 구성 요소

① 구성 요소 : 교대, 교각받침석, 교각, 멍엣돌, 귀틀석, 상판석, 돌난간
② 사례 : 광통교, 수표교, 살곶이다리 등

02 | 기초부

교대 및 교각 하부에 잡석지정, 말뚝지정, 횡목지정

03 | 하상면 보호시설

① 개념 : 유수에 의해 교대 및 교각 주변의 기저부 유실 방지를 위한 보강시설(세굴 방지시설)
② 구조 : 교대 및 교각 주변에 박석, 돌을 설치
③ 사례 : 교각과 교각 사이 바닥면에 목재 귀틀을 짜고 석재를 채움(월정교)

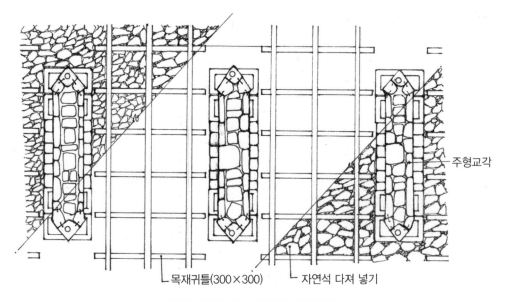

목재귀틀(300×300)   자연석 다져 넣기   주형교각

‖ 월정교 주형교각과 하상면 보호시설 ‖

04 | 교대

① **개념** : 석교가 설치되는 하천의 양안에 석교를 지지하기 위해 설치되는 석축부
② **구조** : 횡목지정, 잡석다짐 상부에 석축
③ **면석** : 측압에 의한 밀림을 고려하여 뒷길이가 긴 면석 사용 / 심석 사용

④ **돌못구조**
　　㉠ 교대의 석축이 밀려나지 않도록 면석 중간 중간에 설치한 못 모양의 심석
　　㉡ 뒤뿌리가 길고 노출면을 못의 머리 모양으로 가공(길이 1~1.5m 이상)
　　㉢ 주변 면석의 밀림 방지
　　㉣ 사례 : 불국사 석축, 석굴암 천장, 감은사지 석축, 합천 영암사지 석축, 월정교 교대

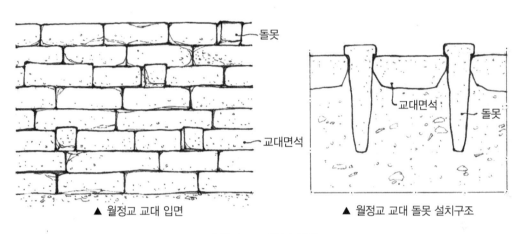

▲ 월정교 교대 입면　　　　　▲ 월정교 교대 돌못 설치구조

‖ 월정교 교대와 돌못 ‖

05 | 교각, 교각받침석

① **교각 받침석**(교각의 초석)
② **교각** : 1~2단의 석주로 구성
③ 물흐름 방향에 맞춰 비껴 세움
④ **기타** : 월정교의 주형 교각

06 | 멍엣돌, 귀틀석, 상판석

① **멍엣돌** : 귀틀석을 받기 위해 교각과 교각 사이에 건너지른 장대석
② **귀틀석** : 멍에돌에 직교하여 길이 방향으로 설치된 장대석 / 청판석 물림턱 / 멍에돌과 그레질
③ **상판석** : 석교 상면을 마감하는 판석 / 마루를 짜듯이 귀틀석 사이에 설치(청판석)

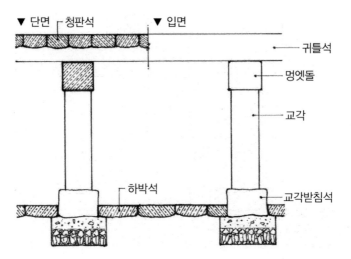

▼ 단면　┌ 청판석　　　　　▼ 입면

귀틀석

멍엣돌

교각

하박석

교각받침석

┃ 살곶이다리 입면 및 단면구조 ┃

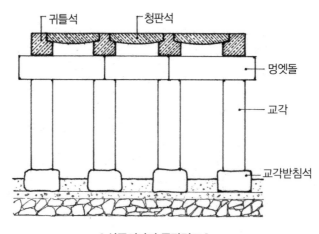

┌ 귀틀석　　　　┌ 청판석

멍엣돌

교각

교각받침석

┃ 살곶이다리 종단면도 ┃

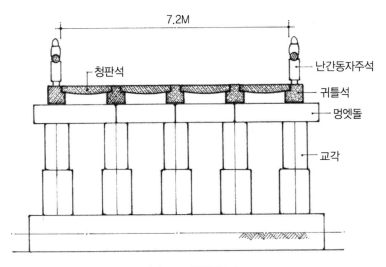

7.2M

청판석

난간동자주석

귀틀석

멍엣돌

교각

‖ 수표교 단면구조 ‖

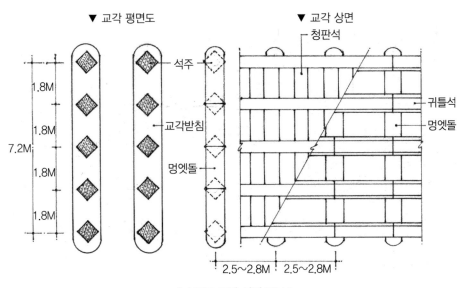

▼ 교각 평면도

▼ 교각 상면

청판석

석주

교각반침

멍엣돌

7.2M

1.8M

1.8M

1.8M

1.8M

귀틀석

멍엣돌

2.5~2.8M 2.5~2.8M

‖ 수표교 교각 설치 구조 ‖

07 | 돌난간

구성부재 : 난간주석, 엄지기둥(법수), 동자주석(하엽석), 돌란대

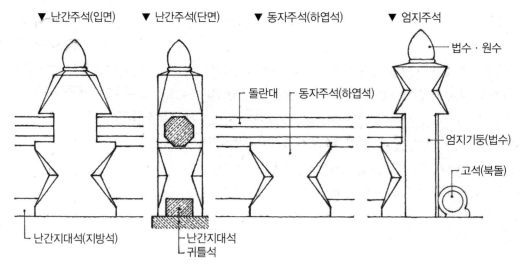

▼ 난간주석(입면)　　▼ 난간주석(단면)　　▼ 동자주석(하엽석)　　▼ 엄지주석

법수 · 원수

돌란대　동자주석(하엽석)

엄지기둥(법수)

고석(북돌)

난간지대석(지방석)

난간지대석
귀틀석

‖ 수표교 돌난간 설치 구조 ‖

SECTION 03 | 평석교 시공

01 | 훼손 유형 및 원인

① 훼손 유형 : 석재의 풍화, 균열 / 교각의 기울음 및 침하 / 교대 면석의 배부름

② 훼손 원인
　　㉠ 하상면의 세굴 현상에 따른 교각의 침하 및 기울음
　　㉡ 교대 내부 속채움재의 유실, 토압 작용
　　㉢ 차량 진동 등 주변환경의 영향

02 | 사전조사

① 기준점 설정, 규준틀 설치
② 주요 부재의 높이와 위치, 규모, 형태, 문양 및 조각 등에 대한 조사와 기록

③ 훼손 현황 조사

    ㉠ 교대 면석의 이완 및 파손, 배부름 현황

    ㉡ 세굴 등 교각 하부 상태 / 교각의 기울음 여부 / 교각 하부 받침석 상태(침하 여부)

    ㉢ 귀틀석, 청판석 등 교각 상부 부재의 이완 및 파손 상태

    ㉣ 풍화 및 균열이 발생한 부재의 위치와 정도에 대한 조사

④ 지반조사, 지내력 시험
⑤ 교대 주변의 배수시설, 차량 진동의 영향 등 주변 환경에 대한 조사
⑥ 변색 및 지의류 번식정도 / 수목의 제거 또는 보존 여부 검토

03 | 가설 및 보양

① 물막이 및 임시 수로 설치
② 가설 비계 설치
③ 가새, 버팀목 설치(해체 시 교각 및 교대부의 이완과 붕괴 방지)
④ 석재 보양, 보호틀 제작 설치(부직포, 합판)

04 | 해체조사

① 부재의 종류, 크기, 수량, 가공기법 등에 대한 조사
② 파손 부위 및 파손 정도
③ 교대의 설치 구조, 뒤채움에 대한 조사
④ 부재 결구법 조사(교각, 멍에돌, 귀틀석)
⑤ 석교 상면의 마감 구조 조사(마감 재료와 설치법, 전후좌우 구배)
⑥ 보강 철물의 종류, 위치에 대한 조사

05 | 해체 및 해체 시 유의사항

① 해체 범위 검토 및 해체 순서 계획
② 부재 번호표 부착 및 촬영, 도면 기록(부재명, 위치, 방향 기록)
③ 설치구조에 따라 순차적으로 해체
④ 균열, 파손, 탈락 우려가 있는 부재는 안전조치를 취한 후 해체
⑤ 해체 과정에서 부재와 해체 장비가 부딪치지 않도록 조치 / 부재파손 유의
⑥ 해체 부재는 재사용재와 불용재로 구분하여 보관
⑦ 해체순서대로 부재보관창고에 서로 맞닿지 않게 보관
⑧ 해체 부재는 우수에 피해가 없도록 보관

06 | 시공(조립 및 재설치)

① 기초부 보강

　　㉠ 세굴로 인해 불안전한 경우, 보강 설계를 하여 기초 주위를 보강한 후 조립

　　㉡ 횡목지정, 말뚝지정 보강

② 하상면 세굴방지 조치

　　㉠ 교대 및 교각 하부의 하상면 보호를 위한 보강 / 잡석채움, 말뚝지정 보강

　　㉡ 하박석은 하상이 파이지 아니할 정도의 깊이에 설치

③ 교대 재설치

　　㉠ 뒷길이가 충분한 면석 사용 / 심석 설치

　　㉡ 뒤채움 : 양질의 재료 사용 / 크고 작은 석재를 공극 없이 채움

　　㉢ 차량 진동에 대한 보강 : 노면 정비, 방진 패드 설치 등

④ 교각 및 멍엣돌 설치

　　㉠ 멍엣돌은 교각 중심에서 이음하여 가급적 편심이 발생하지 않도록 조립

　　㉡ 멍엣돌 하면에 교각 상부의 촉을 끼울 수 있는 구멍을 얕게 가공(20mm 정도)

⑤ **귀틀석** : 한옆 또는 양옆에 청판석 물림틱 설치 / 청판석과 그레질로 밀착

⑥ **청판석** : 밑바닥을 곱게 다듬지 않고 배부르게 사용(부재 단면 확보)

⑦ **난간주석, 동자주석** : 지방석(귀틀석)에 구멍을 따서 철제 촉으로 이동되지 않도록 고정

⑧ 석교 상면은 전후좌우 구배 등을 원형대로 시공

⑨ 멸실, 탈락, 균열부 보강

　　㉠ 균열 및 파손 등으로 구조적 성능이 확보되지 못하는 부재는 신재 교체

　　㉡ 보강 철물 설치, 수지 처리, 의석 접합 등

　　㉢ 보강 철물은 적정한 강도가 확보되는 티타늄, 스테인리스 등의 소재를 사용(은장, 고임쇠)

　　㉣ 집중하중 발생 유의(고임쇠 규격 및 설치 위치 검토)

01 | 개요

① 홍예구조의 응력 전달 구조 : 상부하중을 부재 간 압축력으로 지지하는 구조
② 홍예가 설치되는 구조물 : 다리, 성문, 수문, 석빙고
③ 홍예교의 사례 : 선암사 승선교, 창덕궁 금천교, 청계천 오간수문, 벌교 홍교

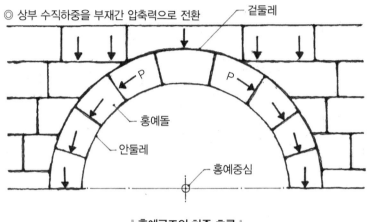

┃ 홍예구조의 하중 흐름 ┃

02 | 홍예교의 구성요소

① 선단석(홍예기석), 홍예석, 무사석, 멍엣돌, 귀틀석, 청판석, 돌난간
② 상부하중을 부재 간 압축력으로 지지하는 구조
③ 홍예돌 : 홍예돌의 균일한 재질과 강도, 홍예돌과 홍예돌 사이의 마찰력이 중요 / 쐐기 형태

03 | 기초부

① 사찰, 민간의 홍예교

   ㉠ 계곡, 하천의 자연 암반을 기초로 선단석 설치

   ㉡ 자연 암반을 층따기하여 홍예돌 설치(사례 : 선암사 승선교)

② 궁궐 및 권위 건축의 홍예교 : 교대 및 선단석 하부에 생석회잡석다짐, 장대석 기초 보강

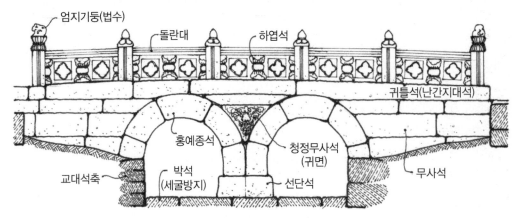

‖ 궁궐 홍예교의 입면구조 ‖

04 | 하상면 보호시설

① 유수에 의해 교대 및 선단석 주변의 하부가 쓸려 나가는 것을 고려한 보강시설
② 세굴방지시설
③ 박석 설치(궁궐)

05 | 교대

① 석교가 설치되는 하천의 양안에 석교를 지지하기 위해 설치되는 석축
② 교대의 홍예기석 상부에 홍예 축조
③ 하부에 잡석다짐, 말뚝지정 보강

06 | 홍예기석, 선단석

① 홍예기석 : 홍예석을 쌓아 올리는 지대석 역할
② 선단석 : 홍예와 홍예 사이에 설치되어 홍예석을 받는 규격이 큰 받침석

③ 선단석 설치구조
　　㉠ 규격이 큰 석재를 지면에 깊게 설치(1.5자 이상 묻힘)
　　㉡ 유수 흐름에 맞춰 전면에 물가름돌 설치(궁궐에서는 해태 등 서수 장식)

07 | 홍예돌

① 홍예돌 : 홍예의 폭과 높이를 고려하여 홍예돌의 개수와 크기 결정
② 강도가 크고 재질이 균등한 화강암 사용
③ 심석 : 중간 중간 뒷길이가 긴 심석 사용

④ 홍예종석
　　㉠ 홍예 중앙 상부에 설치되는 홍예돌(머릿돌) / 일반 홍예돌보다 크게 설치
　　㉡ 용 등의 서수상을 조각하거나 돌출되게 설치

08 | 홍예의 칸수 및 홍예폭

① 칸수
　　㉠ 다리 설치폭과 의장을 고려해 칸수 결정
　　㉡ 수문의 경우 군사적인 고려로 여러 칸으로 구성(화성 화홍문 7칸 홍예)
　　㉢ 궁궐의 금천교는 2칸 구성(경복궁 영제교, 창덕궁 금천교, 창경궁 옥천교)

② 홍예폭
　　㉠ 궁궐의 금천교는 의장성이 강하고 간사이는 가장 작음(1.7~1.8m)
　　㉡ 사찰의 홍예교는 단칸으로 폭과 높이를 크게 구성
　　㉢ 수문은 군사적인 고려로 작게 구성(화홍문 2.4~2.7m, 홍지문 3.7m)

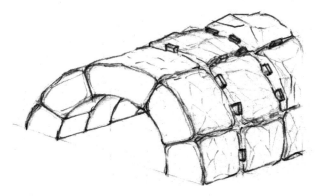

‖ 홍예돌과 쐐기돌 ‖

09 | 속채움

① 쐐기돌, 채움돌 : 홍예돌 뒤뿌리에 맞물려 쐐기돌, 채움석 설치
② 뒤채움 상부에는 강회다짐층 형성(방수)
③ 홍예돌이 밀착되지 않는 부분에는 철물, 은장 등으로 보강
④ 조립 완료 후 이격이 있는 맞댄면에 회반죽 채움

10 | 무사석

① 무사석 : 홍예돌의 외곽에 설치되어 석교의 석축을 구성하는 규격이 큰 장방형 다듬돌

② 민간, 사찰의 홍예교
　　㉠ 다듬돌이 아닌 자연석을 거칠게 가공하여 구성
　　㉡ 다듬돌 홍예돌 외곽에 자연석으로 석축

11 | 멍에석(멍엣돌)

① 홍예종석 높이에 맞춰 밖으로 약간 돌출시켜 일정 간격으로 설치
② 창덕궁 금천교 : 귀틀석 사이에 멍에석 설치 / 해태 조각

12 | 상면마감

① 흙다짐 : 잡석 위에 흙다짐, 강회다짐해서 마감
② 청판석 : 귀틀석 사이에 청판석을 설치하여 마감

13 | 돌난간

① 구성부재 : 난간주석, 엄지기둥(법수), 동자주석(하엽석), 돌란대
② 가구식 : 난간주석, 하엽석, 돌란대를 결구 / 경복궁 영제교
③ 판석식 : 하엽, 돌란대, 안상 등을 조각한 판석을 난간주석 사이에 결구 / 창경궁 옥천교

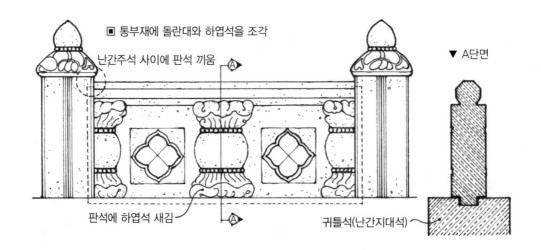

▣ 통부재에 돌란대와 하엽석을 조각
난간주석 사이에 판석 끼움
▼ A단면
판석에 하엽석 새김
귀틀석(난간지대석)

▎창경궁 옥천교 돌난간 설치구조 ▎

SECTION **05** | 홍예교 시공

01 | 훼손 유형

① 석재의 풍화, 균열, 오염
② 홍예돌 파손, 결구부 이완
③ 선단석, 홍예기석의 침하

02 | 훼손 원인

① 하상면의 세굴 현상에 따른 선단석, 홍예기석 침하
② 기초부 침하에 따른 상부 홍예돌의 이완 및 기울음
③ 선단석 규격 및 설치 구조 부실
④ 내부 속채움재의 내구성 저하
⑤ 우수 유입에 따른 내부 속채움재의 유실, 토압 작용
⑥ 차량 진동 등 주변환경

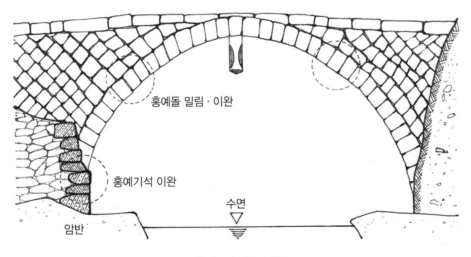

| 홍예교의 훼손 현황 |

03 | 사전조사

평석교의 사전조사 사항 참조

04 | 보수 방안 검토

① 훼손 현황과 원인에 따른 해체 범위 검토
② 설치 구조에 따른 해체 순서 계획
③ **홍수량 검토** : 연도별 일 최대 강우량을 참조하여 홍수량을 산정
④ **구조보강** : 홍예교의 통수단면과 홍수량을 검토하여 구조보강 검토

05 | 준비 사항

① 물막이 시설, 임시 수로 개설
② 기준점 및 규준틀 설치
③ **복원 치수 산정** : 용척조사 / 홍예돌의 위치, 높이, 홍예의 곡률 조사 / 복원 계획 도면 작성
④ **홍예틀 제작 설치** : 조립 시 이격을 감안하여 1치 정도 작게 제작
⑤ **가새, 버팀목 설치** : 해체 시 교각 및 교대의 이완과 붕괴 방지

06 | 해체조사

평석교의 해체조사 사항 참조

07 | 해체 및 해체 시 유의사항

평석교의 해체 및 해체 시 유의사항 참조

08 | 조립 순서

① 홍예틀 설치 → 규준틀, 기준실 설치 → 선단석 설치 → 기준 홍예돌 설치(좌우측과 중앙렬)
② 홍예돌 가설치(고임목, 고임쇠) → 홍예돌 본설치(쐐기돌, 채움석, 강회다짐 방수층)
③ 무사석, 귀틀석 설치 → 난간 및 상판석 설치(강회몰탈, 고임쇠) → 세척 및 보존처리

09 | 조립 시 주요사항

① **홍예틀** : 조사 내용과 복원 치수를 기준으로 규준틀, 기준선, 홍예틀 설치

② **기초부 보강**

    ㉠ 세굴로 인해 불안전한 경우, 보강 설계를 하여 기초 주위를 보강한 후 조립

    ㉡ 교대 및 교각 하부에 횡목지정, 말뚝지정 보강

③ **하상면 세굴방지 조치**

④ **선단석, 지대석**

    ㉠ 부재의 단면 규격 부족, 균열 등으로 안정성이 확보되지 못할 경우 교체 고려

    ㉡ 선단석은 지면에 1.5자 이상 묻힘

    ㉢ 필요시 지대석 하부에 기초 재설치(잡석다짐)

⑤ **홍예돌**

    ㉠ 홍예 안둘레는 맞댄 조립으로 하여 밀려나거나 빠지지 않도록 설치

    ㉡ 홍예교 면석 뒤채움은 상하좌우로 물리게 하고 빈 공간을 잔돌로 빈틈없이 채움

    ㉢ 홍예 상단의 마무리돌은 뒤뿌리가 긴 것과 짧은 것이 교차되게 하여 밀려나지 않도록 함

    ㉣ 고임목, 고임쇠로 위치와 수평을 조절해가며 가설치

    ㉤ 홍예돌 뒷뿌리 부분에 쐐기돌을 박고 잡석과 강회다짐을 채워서 본설치

    ㉥ 조립 완료 후 맞댐면에 물축이고 이격부에 강회반죽채움

⑥ 홍예 상단 바닥은 200mm 정도의 강회다짐을 하여 빗물이 들어가지 않도록 함

⑦ **부재교체** : 균열 및 파손 등으로 구조적 성능이 확보되지 못하는 부재는 신재 교체

⑧ **멸실, 탈락, 균열부 보강** : 보강 철물 설치, 수지 처리, 의석 접합 등

⑨ **주변 환경 정비** : 배수로 설치 / 차량 중량제한 등

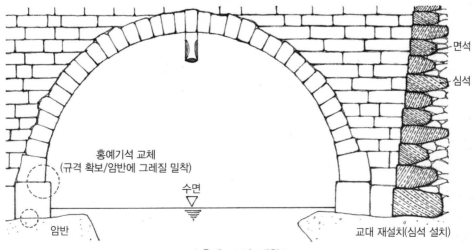

‖ 홍예교 보수 계획 ‖

10 │ 시공 시 유의사항

① 부재 파손 유의 : 쐐기목을 사용하여 지렛대가 부재에 직접 닿지 않도록 해체
② 조사된 원형대로 제 위치에 재조립 / 원형 유지(폭, 높이, 곡률)
③ 교대 쪽 선단석은 측압에 견디도록 일정 규격 이상의 부재 사용
④ 상부 방수층을 밀실하게 시공하여 누수 방지
⑤ 석교 상면의 구배를 원형대로 시공

11 │ 시공사례 [창경궁 옥천교]

① 훼손 원인 : 홍예기석, 선단석의 파손 및 침하 / 홍예기석 뒷길이 부족
② 가설 : 임시 진입로 설치, 물막이(제방용 모래주머니), 박석 보양(보양포, 15mm 합판)
③ 지반조사(탄성파시험, 전기비저항탐사) / 지내력시험(평판재하시험)
④ 부재조사 : 비파괴검사(부재의 강도, 풍화도 조사)
⑤ 용적조사 및 복원 치수 산정
⑥ 수평규준틀 설치
⑦ 현촌도 제작 : 홍예의 곡률, 레벨 확인, 실물 크기의 현촌도 제작
⑧ 홍예틀 설치 : 80cm 간격으로 설치된 원형틀(12mm 합판) / 받침틀(9cm 각재)

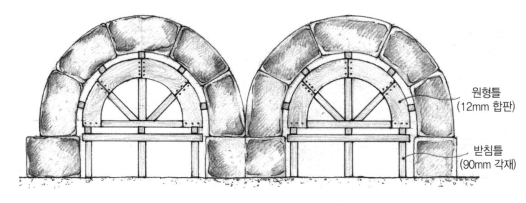

┃ 홍예틀 설치 ┃

⑨ 보양 : 균열 부재는 보양포를 감싸고 부목을 댄 뒤 철사로 감아 보강 조치 후 해체
⑩ 상판 해체 : 편심하중이 실리지 않도록 양쪽에서 골고루 귀틀석과 상판석 해체
⑪ 강회다짐, 뒤채움부 해체 : 부재가 손상되지 않도록 강회다짐 및 잡석을 인력으로 해체
⑫ 홍예석 해체
⑬ 치석 : 홍예돌 맞댐면은 고운정다듬 / 노출면은 거친정다듬
⑭ 선단석 : 중앙렬 선단석 드잡이 / 양측 어구의 선단석 교체 / 뒷부분에 적심석을 충분히 뒤채움

⑮ 홍예 설치

  ㉠ 선단석에서 1치 퇴물림 / 홍예돌의 맞댐면에 물축임

  ㉡ 수평실에 맞춰 고임목으로 쐐기를 끼워 가며 가설치 / 본설치

  ㉢ 홍예돌 뒤뿌리 부분에 쐐기돌을 박고 공극에는 빈틈없이 강회반죽으로 충진

  ㉣ 잡석과 강회로 판축다짐 후 홍예 상부에 강회다짐

  ㉤ 홍예교 상면은 기존의 곡률에 따라 귀틀석과 상판석 설치

  ㉥ 판석과 판석 사이의 틈새에 강회와 마사토를 1 : 1로 섞어 메움

  ㉦ 훼손된 석재 훼손부에 대한 수지 처리

LESSON 04 기타 석조물

SECTION 01 | 부도

01 | 개요

① 부도 : 승려의 묘탑(승탑) / 부도비를 부도와 함께 건립(승탑비)

② 선종이 성행하는 9세기 중반 이후 조영

③ 9산선문을 중심으로 개산조사의 석조부도가 세워짐

④ 초기에는 석탑을 변형한 형태에서 출발하여 팔각원당형 승탑을 정립

⑤ 종류 : 팔각원당형 부도, 석종형 부도, 방형 부도, 구형 부도

⑥ 사례 : 진전사지 도의선사탑, 흥법사 염거화상탑, 쌍봉사 철감선사탑

02 | 시대별 특징

① 통일신라시대

   ㉠ 팔각원당형 정형양식 정립 : 흥법사 염거화상탑, 쌍봉사 철감선사탑, 연곡사 동 승탑

   ㉡ 석종형 부도 : 태화사지 십이지상 사리탑

② 고려시대

   ㉠ 팔각원당형 부도 : 통일신라시대에 비해 각부 구조 간략화, 옥개석의 기와골 표현 퇴화

   ㉡ 석종형 부도 : 통일신라시대에 시작되어 본격적으로 건립됨(신륵사 보제존자 석종 등)

   ㉢ 방형 부도 : 석탑 형식의 방형 평면 부도 건립(법천사 지광국사 현묘탑)

   ㉣ 구형 부도 : 팔각형 대석 상부에 둥근 공모양 탑신과 옥개석 설치(정토사지 홍법국사탑 등)

   ㉤ 부도 앞에 탑비, 석등 조영

③ 조선시대

   ㉠ 고려시대에 이어 석종형 부도가 주로 건립됨 / 석종형 부도, 구형 부도

   ㉡ 부도의 규모가 작아지고 장식이 단순화 / 탑신은 구형의 보주 형태

   ㉢ 승탑비, 석등이 사라지고 부도 몸체에 직접 글을 새기는 경향

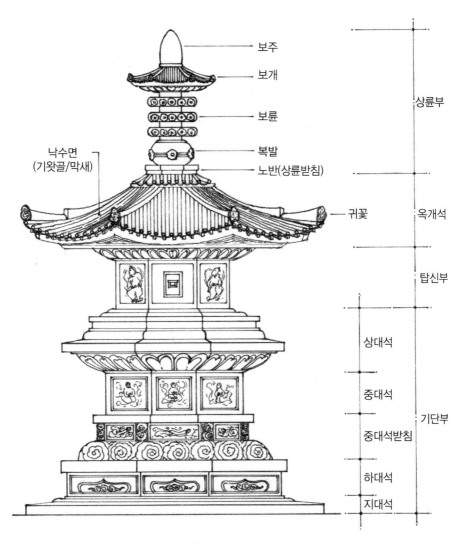

보주

보개

보륜

복발

노반(상륜받침)

낙수면
(기왓골/막새)

귀꽃

상륜부

옥개석

탑신부

상대석

중대석

중대석받침

하대석

지대석

기단부

‖ 팔각원당형 부도의 구조 ‖

03 | 팔각원당형 부도의 구조

① 구성요소 : 대석, 탑신, 상륜
② 대석 : 하대석, 중대석받침, 중대석, 상대석 / 8부 신중 조식
③ 탑신 : 탑신석, 옥개석 / 탑신에 사천왕과 문비 조식 / 옥개석에 막새기와, 기와골 표현
④ 상륜 : 노반, 복발, 보륜, 보개, 보주

04 | 방형 부도의 구조

① 법천사 지광국사 현묘탑
② 방형의 상·하층 기단(석탑형)
③ 상대석에 장막과 탑신에 페르시아풍 영창 표현

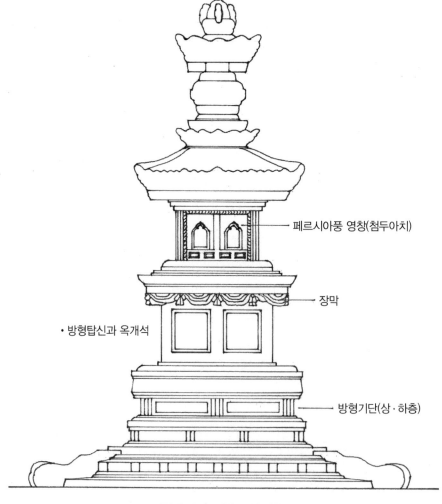

페르시아풍 영창(첨두아치)

장막

·방형탑신과 옥개석

방형기단(상·하층)

‖ 법천사 지광국사 현묘탑 입면도 ‖

05 | 석종형 부도의 구조

계단이 설치된 가구식 기단 상부에 석종형 부도 설치

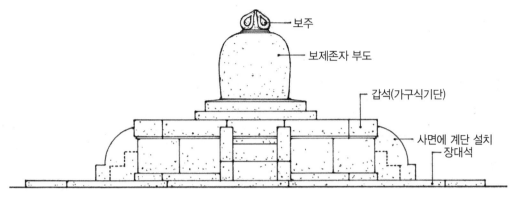

┃ 신륵사 보제존자 석종형 부도 ┃

06 | 부도의 사례

① 연곡사 동 승탑
- ㉠ 통일신라시대 팔각원당형 부도
- ㉡ 하대석과 중대석에 운룡문, 사자상, 8부신중 조식 / 상대석에 난간, 가릉빈가 조식
- ㉢ 탑신에 문비와 사천왕 조식
- ㉣ 옥개석에 막새기와와 기와골 표현

② 쌍봉사 철감선사탑
- ㉠ 통일신라시대 팔각원당형 부도
- ㉡ 목조건축의 충실한 재현
- ㉢ 기와골, 막새, 추녀마루, 추녀, 주두, 창평방, 배흘림 기둥 표현

07 | 부도의 수리

① 수직 기준틀을 설치하고 기울기를 바로잡아 수평·수직되게 조립
② 균열 부위를 지상에서 접착하여 조립
③ 기존 부재는 해체 시 표시한 기존 위치에서 이탈되지 않도록 함
④ 들뜬 부분을 맞추기 위해 부재를 다듬지 않음

SECTION 02 | 석등

01 | 개요

① 석등 : 사찰에서 법당 앞이나 탑 앞에 설치하여 부처님의 광명을 상징하는 석조물
② 부처님에 대한 공양의 의미 / 조명 기능
③ 삼국시대 : 석등 유구 존재(미륵사지 등)
④ 통일신라 : 통일신라시대 이후 석등 조영 성행
⑤ 고려시대 : 불전, 탑 이외에도 부도와 함께 조영 / 능묘 앞에 장명등 조영

02 | 시대별 특징

① 통일신라
　　㉠ 팔각화사석과 팔각간주석으로 이루어진 정형양식 수립(불국사 대웅전 앞 석등)
　　㉡ 고복형, 이형석등 조영 : 법주사 쌍사자 석등, 화엄사 효대 인물상 석등 등

② 고려시대
　　㉠ 방형 화사석, 육각 화사석 석등 조영(화사석, 간주석의 평면 형태 변화)
　　㉡ 방형 화사석 석등 사례 : 관촉사 석등(방형화사석＋고복형 간주석)
　　㉢ 육각 화사석 석등 사례 : 화천 계성리 석등(육각화사석＋고복형 간주석)
　　㉣ 고복형 간주석 성행
　　㉤ 장명등 출현

③ 조선시대
　　㉠ 방형 화사석이 주류를 이룸
　　㉡ 정형양식의 특징인 가늘고 긴 간주가 사라지고 짧고 두툼한 형태로 변화
　　㉢ 간주석은 위축되고 퇴화한 반면 화사석은 장대해짐
　　㉣ 장명등 성행(왕릉, 사대부의 묘)

03 | 팔각원당형 석등의 구조

① 하대석, 상대석, 간주석, 화사석, 옥개석 등 구성 부재를 팔각 평면으로 구성
② 구성 : 하대석, 간주석, 상대석, 화사석, 옥개석, 상륜(보주)
③ 대석 : 하대석에 안상과 복련 조식 / 상대석에 앙련 조식
④ 화사석 : 화창 설치, 사천왕상 조식
⑤ 옥개석 : 옥개석에 기와골은 표현되지 않음 / 내림마루 표현, 귀꽃 장식
⑥ 상륜 간략화, 퇴화 / 보주 설치

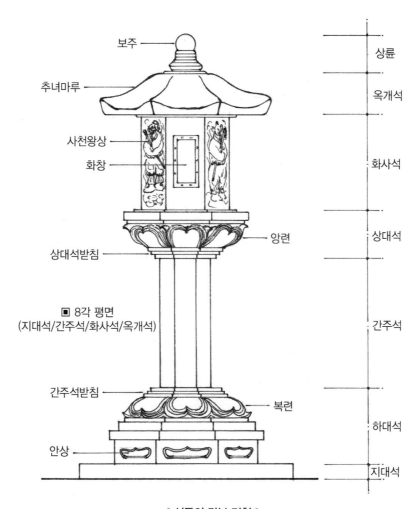

▌석등의 각부 명칭 ▌

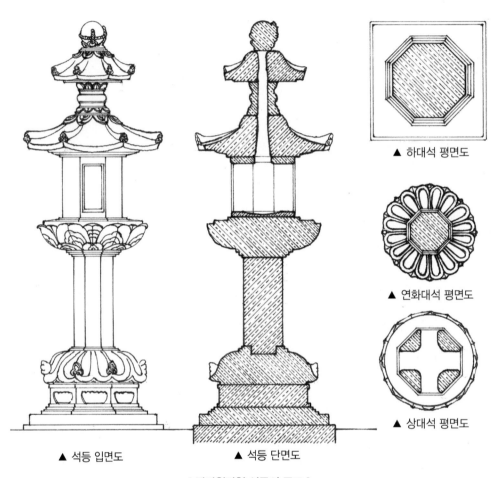

▲ 하대석 평면도

▲ 연화대석 평면도

▲ 상대석 평면도

▲ 석등 입면도　　　　　▲ 석등 단면도

┃ 팔각원당형 석등의 구조 ┃

04 | 고려시대 석등의 구조

① 방형 화사석, 육각 화사석 석등

    ㉠ 관촉사 석등 : 방형 화사석 / 고복형 간주석

    ㉡ 개성 현화사지 석등 : 방형 화사석 / 고복형 간주석

    ㉢ 화천 계성리 석등 : 육각 화사석 / 고복형 간주석

② 고복형 간주석

    ㉠ 간주석이 8각이 아닌 원형 평면

    ㉡ 중앙에 굵은 마디를 두어 마치 북 모양을 이룸

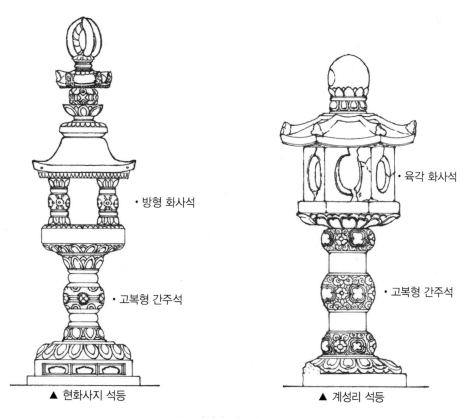

▲ 현화사지 석등   ▲ 계성리 석등

‖ 고려시대 석등의 사례 ‖

05 | 조선시대 장명등의 구조

① 팔각 또는 방형 평면
② 하대, 간주(허리), 상대를 하나의 부재로 구성
③ 상대 하면, 하대 상면에 연환주, 연주대 조식
④ 짧은 간주에 안상 조식
⑤ 최상부에 보주 장식
⑥ 하대석에 운족 모각
⑦ 사례 : 왕릉 장명등

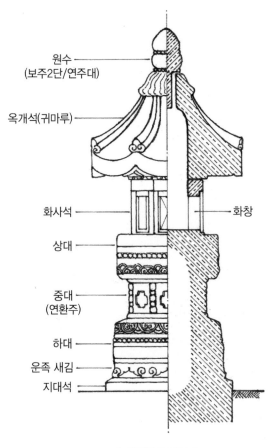

원수
(보주2단/연주대)

옥개석(귀마루)

화사석 ────── 화창

상대

중대
(연환주)

하대

운족 새김

지대석

‖ 장명등의 구조 ‖

06 | 쌍사자 석등

① 간주석 대신에 사자상을 배치 / 신라시대에 유행하여 고려와 조선시대로 이어짐
② 통일신라 : 법주사 쌍사자 석등, 중흥산성 쌍사자 석등, 영암사지 쌍사자 석등
③ 고려시대 : 여주 고달사지 쌍사자 석등
④ 조선시대 : 양주 회암사지 무학대사탑 앞 쌍사자 석등

▲ 중흥산성 쌍사자 석등(통일신라)　　　▲ 고달사지 쌍사자 석등(고려)

‖ 쌍사자 석등의 사례 ‖

07 | 인물상 석등

① 화엄사 사사자 삼층석탑 앞 석등
② 팔각 간주석 대신 인물 좌상 안치

SECTION 03 | 석비

01 | 개요

① 개념과 종류
　　㉠ 개념 : 석재로 만든 비
　　㉡ 기능 : 일정한 사실을 기록하여 후세에 전하는 석조물(절대 연대 확인이 가능)
　　㉢ 조영 목적에 따른 종류 : 승탑비(부도비), 왕릉 신도비, 공덕비 등
　　㉣ 형태에 따른 종류 : 귀부이수비, 농대가첨석비, 단갈

② 통일신라시대
　　㉠ 귀부이수비 성행
　　㉡ 거북받침돌인 귀부에 거북머리, 용머리 조각 / 등에 6각 무늬 새김
　　㉢ 머릿돌에 용틀임 새김
　　㉣ 사례 : 쌍계사 진감선사탑비 등

③ 고려시대
　　㉠ 귀부이수비의 비신 양면이나 측면에 운룡문, 당초문 장식
　　㉡ 귀부이수비 외에 간략화된 형태의 석비 조영
　　㉢ 귀부 대신에 사각형 비좌 설치 / 이수 생략 / 기왓골이 표현된 사각형 개석

④ 조선시대
　　㉠ 간략화 경향이 심화
　　㉡ 농대가첨석비 : 간단한 사각형 대석과 개석으로 구성

02 | 구성요소

① 대석 : 비석의 받침돌 / 귀부, 농대석 / 비좌 / 화강석 사용
② 비신 : 비석의 몸돌 / 오석, 대리석
③ 비수 : 비석의 머릿돌 / 이수(용틀임을 새긴 비개석), 가첨석
④ 제액

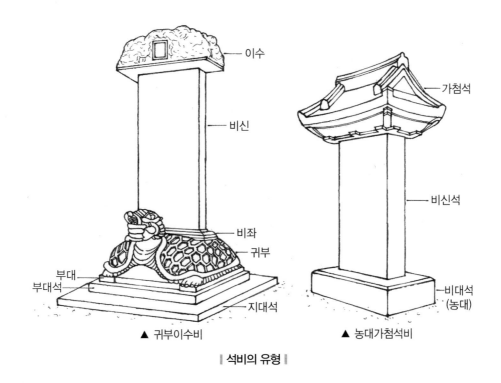

이수

비신

비좌

귀부

부대

부대석

지대석

가첨석

비신석

비대석
(농대)

▲ 귀부이수비

▲ 농대가첨석비

‖ 석비의 유형 ‖

03 | 단괴석비, 단갈

① 대석이나 개석 없이 기둥, 판석 모양의 반듯한 자연석 석재만으로 세운 비석
② 가첨석 없이 비신의 상단을 둥글게 하거나 양 어깨를 크게 접은 비석
③ 사례 : 진흥왕 순수비 등

04 | 귀부이수비

① 대석 : 지대석, 귀부, 비좌로 구성 / 귀부는 통일신라 초기 거북의 머리에서 점차 용머리로 변화
② 비수 : 용, 구름 문양을 새긴 이수 / 제액

05 | 농대가첨석비

① 대석 : 직사각형 받침석(농대)
② 비수 : 팔작지붕 형태의 개석(가첨석) / 지붕마루와 도리뺄목, 추녀와 사래 표현
③ 사례 : 조선시대 왕릉의 신도비

06 | 석등 · 석비의 수리

① 석등의 수리

    ㉠ 규준틀을 설치하고 기울기를 바로잡아 수평 · 수직되게 조립

    ㉡ 간주석은 하대석에 깊이 판 촉구멍에 세우고, 흔들림이 없도록 고정하며 해체가 가능하도록 함

    ㉢ 기존 부재는 해체 시 표시한 기존 위치에서 이탈되지 않도록 함

    ㉣ 들뜬 부분을 맞추기 위해 부재를 다듬지 않음

② 석비의 수리

    ㉠ 비문을 조사하고 필요시 탑본을 실시

    ㉡ 규준틀을 설치하여 수평 · 수직되게 조립

    ㉢ 비를 모두 조립한 후 상하부 대석과 옥개석 틈새에는 회반죽으로 다져서 고정

    ㉣ 조립 완료 후 물청소를 하여 건조한 후 들기름칠을 하여 마무리

※ 조사, 해체 관련 일반사항은 평석교의 『시공』 항목 참조

SECTION 04 | 첨성대 · 관천대

01 | 첨성대의 개요

① 천체의 움직임을 관찰하던 신라시대의 천문 관측 시설
② 신라 선덕여왕(632~647) 때 건립된 것으로 추정(동양에서 가장 오래된 천문대)
③ 지대석, 기단부(1단) / 원통부(27단) / 정(井) 자형의 정상부(2단)
④ 높이 약 9m

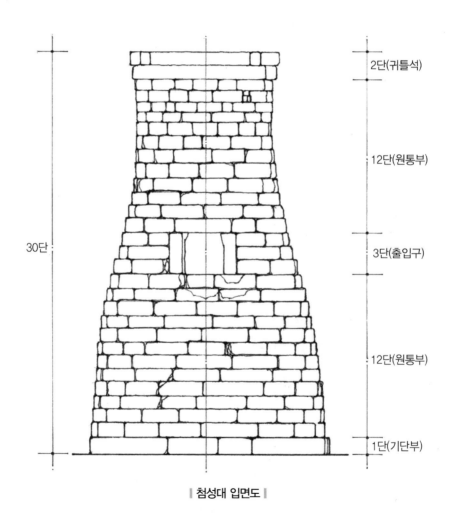

┃ 첨성대 입면도 ┃

02 | 첨성대의 구조

① 지대석, 기단부 : 방형

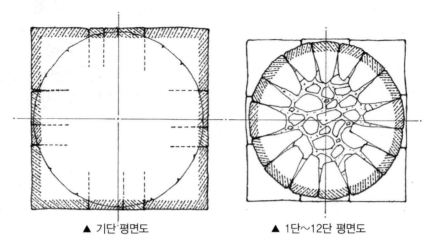

▲ 기단 평면도　　　　　▲ 1단~12단 평면도

┃ 첨성대 평면구조 ① ┃

② 원통부

　㉠ 원통형 : 1~12단

　㉡ 타원형 : 13~27단(변형)

　㉢ 출입구 : 13~15단

　㉣ 정(井) 자형의 귀틀석 : 19~20단 / 25~26단(방틀석)

③ 정상부 : 정(井) 자형의 귀틀석(방틀석) 2단

④ 속채움

　㉠ 1~12단 : 잡석 및 흙채움(기저부 보강)

　㉡ 13단 이상 : 내부에 채움재 없이 비어 있는 구조

⑤ 입면구조

　㉠ 높이 9.07m / 상부지름 2.7m / 하부지름 5.31m

　㉡ 화강석 396개 사용 / 총 30단 / 한 단 높이 30cm 내외

　㉢ 출입구 : 13~15단 사이에 정사각형 출입구

　㉣ 井자형 틀 : 19~20, 25~26 두 곳에 설치 / 심석기능(수평력, 횡력 보강)

　㉤ 최상부에 장대석으로 2단의 井자형 틀(상부에 판석 설치 흔적 – 관측기구 설치)

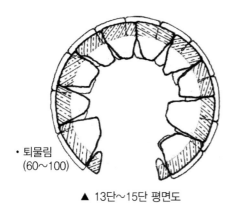

- 퇴물림
  (60~100)

▲ 13단~15단 평면도

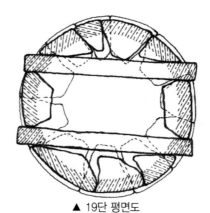

▲ 19단 평면도

‖ 첨성대 평면구조 ② ‖

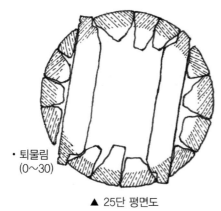

- 퇴물림
  (0~30)

▲ 25단 평면도

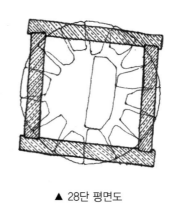

▲ 28단 평면도

‖ 첨성대 평면구조 ③ ‖

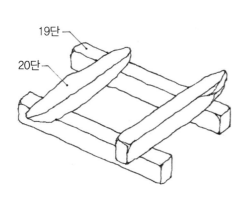

19단

20단

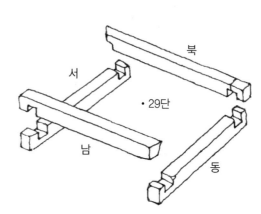

북

서

· 29단

남

동

‖ 귀틀석 설치구조 ‖

⑥ 쌓기법(조적식 구조)

　ㄱ 면석 : 원형 평면을 형성하기 위해 사각뿔 형태 다듬돌 사용(거친정다듬)

　ㄴ 상하부 퇴물림 차이 : S자형 단면(종형)

　ㄷ 하부 : 면을 볼록하게 하고 모서리는 둥글게 접어 가공(15단 이하)

　ㄹ 상부 : 모서리를 직선적으로 다듬음

　ㅁ 상하부 면석 물림턱 가공

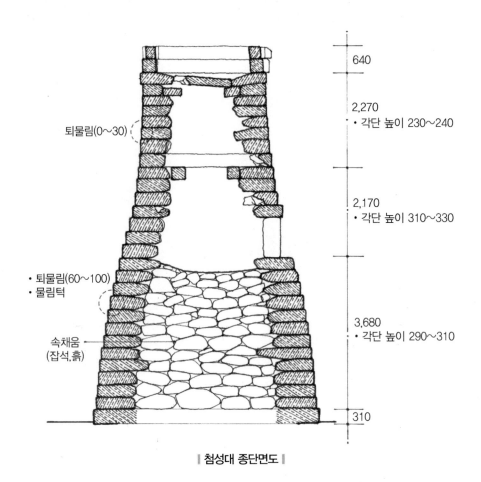

■ 첨성대 종단면도 ■

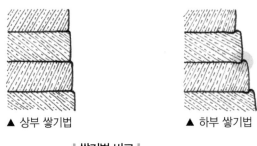

▲ 상부 쌓기법　　　▲ 하부 쌓기법

■ 쌓기법 비교 ■

03 | 관천대

① 조선시대 천문 관측 시설

② 창경궁 관천대
  ㉠ 남북 장방형 평면 / 높이 3m, 가로 2.9m, 세로 2.3m
  ㉡ 화강암 석대와 계단 설치
  ㉢ 석대 상부에 천체 관측기구인 간의를 놓는 간의대와 난간 판석(높이 60cm)
  ㉣ 지대석, 갑석 설치

③ 관상감 관천대
  ㉠ 석대 위로 삼면에 돌난간을 두르고 내부에 장방형대석(65×76×89cm) 설치
  ㉡ 계단 유실

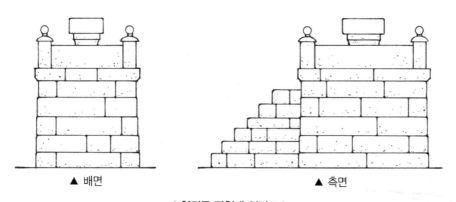

▲ 배면　　　　　　　▲ 측면

‖ 창경궁 관천대 입면도 ‖

01 | 개요

① 당

ㄱ 사찰의 문전에 꽂는 기의 일종

ㄴ 기도나 법회 등의 의식 때 거는 그림인 괘불을 당간 꼭대기에 다는 것

② **당간** : 당을 달아주는 장대(목당간, 석당간, 철당간)

③ **당간지주** : 당간을 세우기 위해 양쪽에 지탱할 수 있도록 세운 기둥

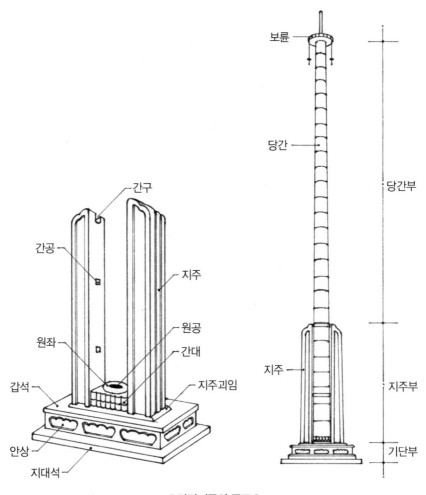

‖ **당간지주의 구조** ‖

02 | 당간지주의 구조

① 사각형 기둥을 60~100cm 간격으로 양쪽에 세움
② 안쪽에 당간을 설치하기 위한 간구, 간공을 설치
③ 하부에 간대와 기단부 설치
④ 기단부와 간대에 안상, 연화문 등을 조식

03 | 사례

① 통일신라 : 부석사 당간지주, 금산사 당간지주, 갑사 철당간
② 고려시대 : 보원사지 당간지주, 용두사지 철당간, 나주 동문 석당간
③ 조선시대 : 큰 규모의 당간이나 지주가 없음

04 | 기타

① 괘불대지주 : 사찰에서 괘불대를 고정하기 위한 지주석
② 기죽석(깃대돌) : 깃대를 세우기 위해 바닥에 박아 놓은 돌(사례 : 수원 화성)

05 | 당간지주의 수리

① 당간지주의 위치, 지형 등은 변형되지 않도록 함
② 구성부재가 인멸된 부분은 복원하지 않고 현 상태대로 수리
③ 풍화된 석재는 박리된 것만을 접착하고, 전체적으로 면을 감싸서 바르지 않음
④ 흙에 묻힌 부분은 흙을 제거하여 기단부를 노출시킴
⑤ 기단 하부의 흙이 유실된 부분은 기존의 기단부를 조사하여 성토
⑥ 잔디식재는 당간지주에 습기가 침투되는 것을 방지하기 위해 적정거리를 이격하여 식재
⑦ 습지에 있는 경우에는 습기방지대책을 세우고 배수처리방안 마련

※ 조사, 해체 관련 일반사항은 평석교의 『시공』 항목 참조

01 | 조선시대 능침의 구성 요소

① 곡장 : 능상을 보호하기 위해 능상 주변 동서북 3면을 둘러쌓은 담장

② 능침 : 능 주인이 잠들어 있는 곳(능상)

③ 병풍석 : 봉분을 보호하기 위해 봉분에 둘러 세운 돌(호석, 사대석)

④ 난간석 : 능상 주위를 난간처럼 둘러싼 석물

⑤ 계체석 : 상계, 중계, 하계를 구분하는 경계석

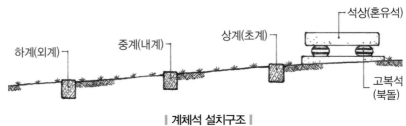

‖ 계체석 설치구조 ‖

⑥ 상계 : 능침, 혼유석, 석양, 석호, 망주석, 곡장이 있는 가장 위에 있는 단(초계)

⑦ 중계 : 문인석과 석마가 있는 중간 단

⑧ 하계 : 무인석과 석마가 있는 아랫 단

⑨ 혼유석 : 혼령이 쉴 수 있도록 능상 앞에 설치하는 직사각형 형태의 돌(석상)

⑩ 고석 : 북 모양을 닮은 혼유석의 받침돌(귀면 새김)

⑪ 장명등 : 석등 / 망자의 명복을 비는 의미

⑫ 망주석 : 무덤 양옆에 설치하는 돌기둥

⑬ 문인석 : 중계에 설치되는 문관 조각상(홀을 쥔 모습)

⑭ 무인석 : 하계에 설치되는 무관 조각상(갑옷, 투구를 입고 검을 짚은 모습)

⑮ 석마 : 문인석, 무인석에 병설된 말

⑯ 석호, 석양 : 호랑이, 양의 동물상 / 능을 보호하는 의미 / 외부를 향해 배치

⑰ 예감 : 제향 후 축문을 태우고 땅에 묻는 곳 / 정자각 위 왼쪽에 배치

⑱ 망료위 : 축문을 태우는 곳(소전대)

⑲ 산신석 : 땅을 관장하는 후토신에게 제사를 지내는 곳 / 정자각 뒤 오른쪽에 배치

⑳ 정자각 : 왕, 왕비의 신좌를 모시고 각종 제사를 지내는 정(丁) 자 형태의 건물

㉑ 비각 : 신도비를 세워 둔 곳

㉒ 참도 : 홍살문에서 정자각까지 박석을 설치한 길 / 신도와 어도로 구성(향어로)

㉓ **수복방** : 능을 지키는 수복이 지내던 곳 / 정자각 오른쪽 앞에 위치

㉔ **판위** : 홍살문 옆 한 평 정도의 땅에 돌 또는 방전을 깔아 놓은 곳 / 왕, 제관이 절을 하는 곳

㉕ **홍살문** : 신성한 지역임을 알리는 문

㉖ **금천교**

㉗ **재실** : 묘역 부속림 어귀에 설치된 제향 관련 부속시설(재실, 전사청, 안향청, 제기고 등)

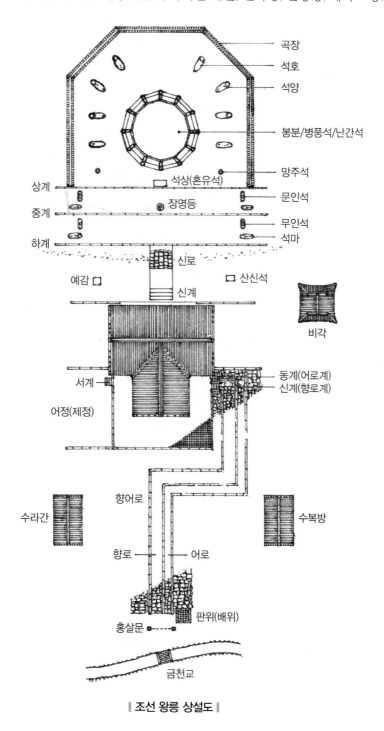

‖ 조선 왕릉 상설도 ‖

02 | 왕릉의 입지

① 배산임수의 길지를 택해 묘역 조성(풍수지리의 영향)
② 한양의 경복궁을 중심으로 도성의 10리 밖 100리 안에 위치(서울, 경기 일원)
③ 능 40기, 원 13기, 묘 64기

03 | 조선왕릉 능침제도

① 왕릉의 시대별 특징
   ㉠ 신라시대 왕릉은 주로 평지에 조성(평지에 대규모 봉토)
   ㉡ 고려시대는 주로 산지에 조성
   ㉢ 조선시대는 비산비야인 구릉지 언덕에 조성

② 능침제도의 확립
   ㉠ 고려말 공민왕릉에서 묘제 확립
   ㉡ 태조 건원릉에 12면 호석, 돌난간, 곡장을 설치한 것이 조선시대 능침제도의 기본이 됨
   ㉢ 장명등, 망주석 : 고려시대 왕릉에서 출현하여 조선시대 왕릉에 계승
   ㉣ 능제 : 조선초 석실묘 / 세조 광릉 이후 회격묘
   ㉤ 호석 : 세조 광릉 이후 생략되었다가 성종 선릉 이후 다시 쓰임 / 효종 영릉 이후 사라짐

③ 봉분 배치 형식
   ㉠ 단릉 : 왕과 왕비의 무덤을 단독으로 조성한 것
   ㉡ 합장릉 : 왕과 왕비를 하나의 봉분에 합장한 것
   ㉢ 쌍릉 : 하나의 곡장을 둘러 왕과 왕비의 봉분을 좌우 쌍분으로 만든 것
   ㉣ 삼연릉 : 한 언덕에 왕과 왕비 그리고 계비의 봉분을 나란히 배치하고 곡장을 두른 형태(경릉)
   ㉤ 동원이강릉 : 하나의 구릉에 사초지 언덕인 강(岡)을 두 개 구성 / 세조 광릉 이후 출현
   ㉥ 동원상하릉 : 왕과 왕비의 능이 같은 언덕에 왕상하비(王上妃下) 형태로 조영
   ㉦ 동원삼이강릉 : 하나의 구릉에 강을 세 개 구성(목릉)

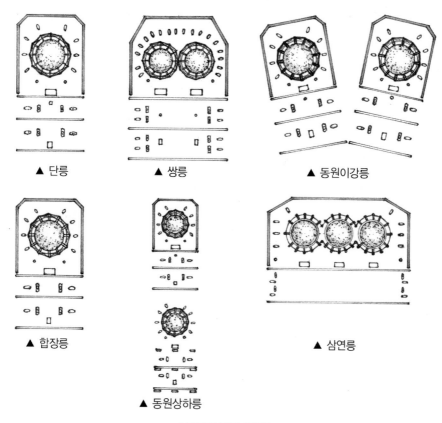

▲ 단릉　　　▲ 쌍릉　　　▲ 동원이강릉

▲ 합장릉　　　▲ 동원상하릉　　　▲ 삼연릉

┃ 봉분의 배치 형식 ┃

04 | 조선왕릉 공간구조

① 진입공간 : 왕릉 입구의 재실(齋室)부터 돌다리인 금천교(禁川橋)와 홍살문에 이르는 공간
② 제례공간 : 정자각(丁字閣)을 중심으로 한 제향 공간

③ 능침공간 : 봉분을 중심으로 한 공간
　　㉠ 봉분이 위치한 상계
　　㉡ 문인의 공간인 중계
　　㉢ 무인의 공간인 하계

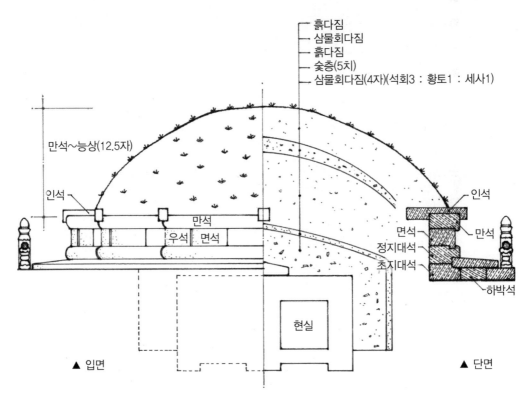

흙다짐
삼물회다짐
흙다짐
숯층(5치)
삼물회다짐(4자)(석회3 : 황토1 : 세사1)

만석~능상(12.5자)

인석

만석

우석　면석

인석

면석
정지대석
조지대석

만석

하박석

현실

▲ 입면

▲ 단면

‖ 조선왕릉 봉분의 입면 및 단면구조 ‖

① 평면 형태 : 12각 평면

② 봉토의 설치 구조
　ㄱ 삼물회다짐 : 석실(현실) 외부에 삼물회다짐(석회 3, 황토 1, 모래 1) / 숯다짐 / 흙다짐
　ㄴ 현실 주위에 4자 두께로 회삼물 다짐 / 봉토 외곽 만석 가장자리에 1자 두께로 회삼물 다짐
　ㄷ 숯층 : 회삼물 다짐 외곽에 두께 5치 정도로 숯가루 채움
　ㄹ 봉토 : 반구형 / 상면에 사초(잔디) / 만석~봉토 상부까지 12.5자 높이
　ㅁ 현실 : 석실묘, 회격묘

06 | 병풍석 구성부재

① 지대석 : 초지대석, 정지대석

② 면석, 우석

    ㉠ 대각선을 방위에 맞춰 설치 / 면석에 12지 신상, 문자 등을 새김

    ㉡ 우석 : 12각형의 대각선상에 놓이는 돌(모서릿돌)

    ㉢ 면석 : 우석 사이의 중간면에 놓이는 돌

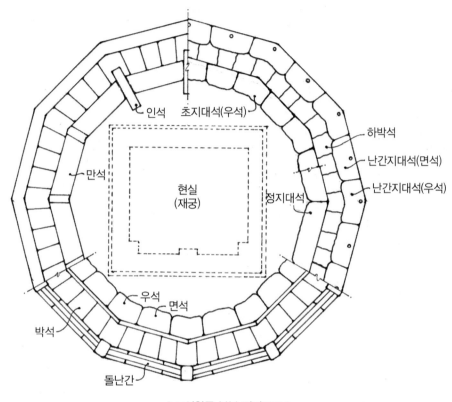

‖ 조선왕릉 봉분 평면구조 ‖

③ 만석

    ㉠ 면석 상부에 설치되는 갑석 형태의 부재

    ㉡ 모서리에서 맞대고 상면에 인정 결속

    ㉢ 인석 결구홈 : 만석 상면에 결구홈 가공 / 내부에서 외부로 물흘림 구배

④ 인석

    ㉠ 만석 위 대각선상에 방사형으로 걸쳐서 만석의 벌어짐을 방지

    ㉡ 앞면은 1자 정도 내밀고, 뒤쪽은 봉분에 묻힘

⑤ 배수홈 설치 : 지대석 이음부, 면석 이음부에 배수 구멍 설치

⑥ 인정 : 부재 결속력 보강

07 | 병풍석 설치 구조

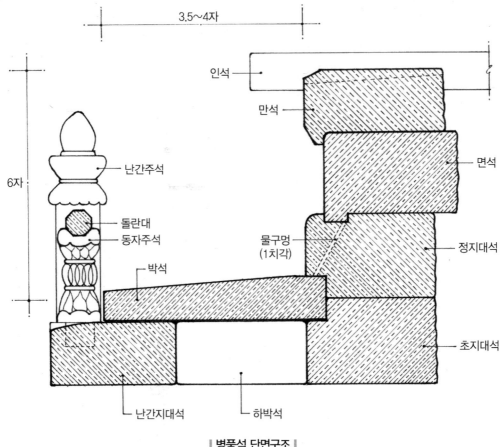

‖ 병풍석 단면구조 ‖

① **부재 짜임** : 초지대석 – 정지대석 – 면석, 우석 – 만석 – 인석

② **초지대석**

    ㉠ 각 면 중앙에 면 초지대석, 모서리에 우 초지대석 설치

    ㉡ 상면에 박석 결구턱 설치

    ㉢ 능의 지면 = 초지대석 상면

③ **정지대석**

    ㉠ 모서리에서 맞대고 상면에 인정 결속 / 면석(우석) 턱솔맞춤부 가공

    ㉡ 하면에 박석 결구턱

④ **면석과 지대석, 만석의 결구** : 턱솔맞춤, 턱물림

⑤ 만석과 인석 결구

    ㉠ 만석 이음부에 턱을 내어 인석을 직교하여 물림

    ㉡ 결구홈에 물흘림 구배

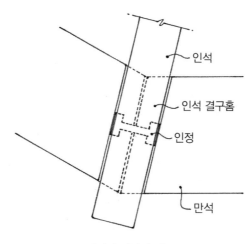

‖ **만석과 인석의 결구** ‖

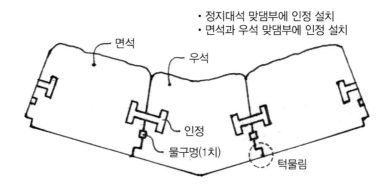

‖ **인정 설치구조** ‖

⑥ 인정

    ㉠ 부재이음부에 인정 설치(은장)

    ㉡ 공(工) 자형으로 제작해 석재 접합부에 홈파 끼우고 무쇠를 녹여 공극을 메움

08 | 난간 설치구조

① 평면구조 : 병풍석에서 3.5~4.5자 거리 / 정 12각 평면
② 난간주석, 동자주석 : 각 모서리에 난간주석을 세우고, 사이에 동자기둥 배치
③ 난간지대석 : 면지대석, 우지대석 / 안쪽으로는 박석을 받고 밖으로는 난간기둥, 동자를 세움
④ 결구 : 기둥돌을 지대석에 촉맞춤 / 우지대석에 난간주석, 면지대석에 동자주석 촉맞춤
⑤ 돌란대 설치

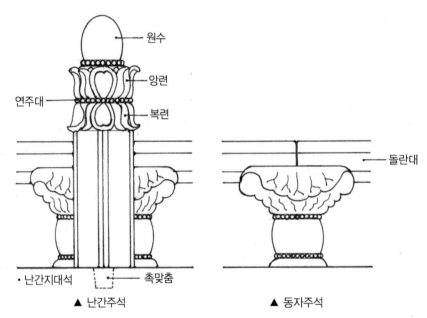

▲ 난간주석   ▲ 동자주석

▌ 돌난간 설치 구조 ▌

09 | 박석 설치구조

① 난간과 병풍석 사이 지면에 배수 목적으로 박석 설치 / 면박석, 우박석
② 규격, 형태 : 길이 3~5자 / 사다리꼴 평면 / 경사진 단면(외단 두께 7치, 내단 두께 1.1자)
③ 설치 위치 : 초지대석 상면과 정지대석 하면에 턱물리고 난간 지대석 상부에 놓임
④ 상면 구배 : 내부에서 외부로 구배가 있는 단면 형태
⑤ 하박석 : 박석 하부에 하박석 설치
⑥ 박석의 이음 : 반턱쪽매이음
⑦ 상면 마감 : 평평하게 하거나 기왓골 형태로 골을 새김

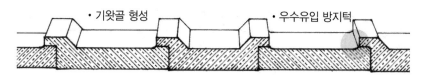

• 기왓골 형성   • 우수유입 방지턱

‖ 박석 설치구조 ‖

10 | 왕릉 봉분의 수리

① 왕릉은 현실까지 해체하지 않고 외형만을 수리
② 봉분의 흙이 유실되어 봉분형태를 유지하지 못한 경우에는 흙을 덮어 봉분형태를 갖춤
③ 봉토할 흙은 양질의 진흙을 사용하며 봉분에 진동, 누수 등의 영향이 미치지 않도록 함
④ 모서리 파손으로 완전하게 맞춰지지 않는 부재는 무리하게 접착하지 않고 기존 상태대로 마무리
⑤ 공사완료 후에는 청소를 하고 잔디를 식재하여 마무리

PART **12** 근대문화재

LESSON 01 개요

근대건축의 흐름과 근대건축물[23]

01 | 근대건축물의 개념

개항부터 1945년 광복 때까지 지어진 건축물 중 서양식 양식과 기술로 지어진 건축물

02 | 한국 근대건축사

① 개항기~19세기 말
- ㉠ 개항장 외국인 거류지에 양풍의 영사관과 저택, 상사 건축물 건립
- ㉡ 개항장을 중심으로 서양 건물이 건립되고 서양 건축 유입

② 20세기~일제강점기 이전(대한제국 시기) : 주체적으로 서양건축을 받아들이려는 시도가 이루어짐

③ 일제강점기 전기(1905년 을사조약 체결 후)
- ㉠ 대한제국 탁지부 건축소 설치(1906) : 일본인에 의한 대한제국의 관청 건물 건립
- ㉡ 조선총독부 회계국 영선과 설치(1910) : 조선 통치를 위한 관공서 건물의 전국적인 건설
- ㉢ 서양의 양식주의 건축이 주류를 이룸(르네상스풍의 건물)
- ㉣ 사례 : 조선총독부 건물(1926, 르네상스양식)

④ 일제강점기 후기
- ㉠ 일본의 상업자본이 유입되고 일본 상사와 회사들의 지사와 지점 개설
- ㉡ 일부 조선인 자본가들의 형성
- ㉢ 상업과 업무시설의 증가
- ㉣ 근대주의, 합리주의 건축양식

---

23) 한국문화재수리기술자협회 제15차 문화재수리기술강좌 中「한국건축사」(윤인석, 성균관대학교 교수) 참고

03 | 근대건축물의 유형

① 개항초기 서양인들이 만든 외교공관과 상사 건축물

   ㉠ 개항 직후 개항지에 설치된 개항장 건축물

   ㉡ 외국인 거류지의 외교공관, 상사, 주택

   ㉢ 유럽국가의 개항장 건축 : 르네상스 또는 신고전주의 양식

   ㉣ 벽돌 사용 : 조선에서 건축물에 본격적으로 붉은 벽돌을 사용하기 시작

② 조선인들이 스스로 서양건축을 받아들이려 노력하는 과정에서 세워진 건축물

   ㉠ 개항 후 조선 사람들 스스로 서양문물을 받아들이려는 노력

   ㉡ 관아 건축을 전통적인 양식에서 탈피하여 양풍의 건물로 짓기 시작

   ㉢ 유사 서양식 건축, 점포주택과 같은 새로운 유형의 건축 형성(소규모 상점과 주택)

   ㉣ 일제강점으로 인해 흐름 단절, 자생력 상실

   ㉤ 기기국 번사창 : 검은 회색 벽돌 조적조, 지붕틀에 삼각 트러스, 기와지붕

   ㉥ 경운궁의 양관 건축물 : 정관헌, 돈덕전, 구성헌, 중명전, 석조전 등

   ㉦ 독립문 : 서양식 아치와 돌기둥, 전통적인 돌쌓기 양식 결합

③ 한양절충식 건축물

   ㉠ 1900년대에 들어서 한성의 종로와 남대문로 일대에 한양절충의 민간건축물 조영

   ㉡ 전통 기와지붕에 벽돌조 벽을 만들고 2층으로 되어 있는 점포건축 중심

④ 일본에 의한 건축물

   ㉠ 구미열강보다 앞서서 조선의 항구를 개항시킨 일본의 자국민 거류지 설치

   ㉡ 거류지에 일본 나름대로 갖고 있던 양풍건축기술로 건물을 지음

   ㉢ 조선에 서양문화가 유입되는 가장 큰 계통

   ㉣ 건축가, 기술자의 대부분은 일본인

⑤ 선교 관련 건축물

   ㉠ 초기에는 전통가옥을 이용한 예배 시설 운영

   ㉡ 19세기 말부터 서양식 건축물 건립

   ㉢ 교회, 학교, 병원, 사회복지시설 등

   ㉣ 성직자들의 출신지 교회건축 양식에 기초한 건물 / 고딕양식이 주류

   ㉤ 약현성당(1892), 명동성당(1895), 원효로성당(1902), 전주전동성당(1914)

   ㉥ 정동교회, 상동교회, 새문안교회 등

   ㉦ 기독청년회관(1908), 세브란스병원(1904), 배재학교(1885), 이화학교(1886), 숭실학교 등

01 | 한양절충식 건축물의 유형

① 일제강점기 초기 건축물
- ㉠ 서양건축의 주체적 수용과정에서 출현
- ㉡ 조적조 벽체와 기와지붕이 결합된 형식(번사창, 민간의 점포 건물 등)

② 선교 관련 건축물
- ㉠ 선교과정에서 문화와 건축양식의 동화, 토착화 과정에서 발생(교회, 성당, 선교사 주택)
- ㉡ 기독교의 예배형식을 수용하기 위해 전통건축을 변용
- ㉢ 서양의 바실리카식 교회와 유사한 단층 및 중층의 3랑식 한옥교회(성공회 강화성당 등)

02 | 한양절충식 건축물의 구조

① 벽돌, 석재의 조적조 벽체와 전통목조구조방식의 혼용
② 전통목구조방식의 지붕가구와 양식 트러스구조의 접목

③ 벽체구성방식 : 조적조, 목골조(목골벽돌조)
- ㉠ 조적조 : 벽돌조 내력벽체 상부에 목조 트러스 구성
- ㉡ 목골벽돌조 : 기둥 및 지붕가구는 전통 목구조 / 기둥 사이에 흙벽 대신에 벽돌벽체 구성

④ 지붕가구(절충형 지붕틀, 양식 트러스)
- ㉠ 빗대공, 사선재 보강
- ㉡ 부재의 단순화, 규격화, 단면 규격 축소
- ㉢ 횡방향 가로대 사용

⑤ **지붕** : 기와지붕

03 | 한양절충양식 건물의 사례 [성공회 강화성당]

① **평면** : 고주를 이용해 삼랑식 평면 구현(중앙의 신랑과 양쪽 측랑 / 바실리카식 평면)

② **가구** : 2고주 5량가(교회, 성당의 삼랑식 평면) / 온칸물림 중층 구조

③ **장축 진입구조** : 단변을 정면으로 출입문 설치 / 직사각형, 통로형 평면

④ **고창(클리어스토리), 유리창호 설치**

⑤ **전통목조가구(기둥, 지붕가구)에 벽돌벽체 구성**

⑥ **기와지붕, 양성바름, 용두 장식**

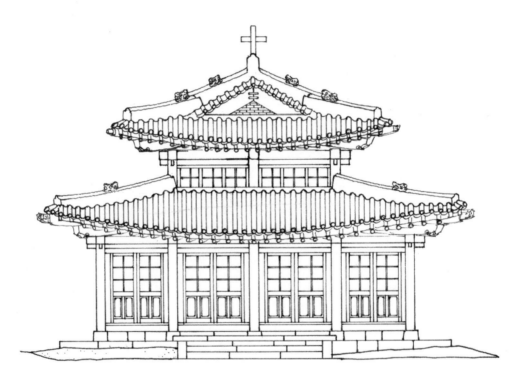

▌ 성공회 강화성당 입면도 ▌

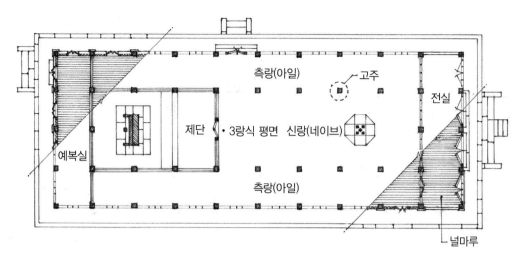

‖ 성공회 강화성당 평면도 ‖

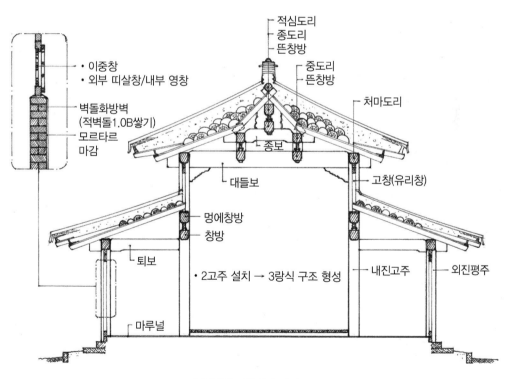

‖ 성공회 강화성당 단면도 ‖

04 | 한양절충양식 건물의 사례 [번사창]

① 근대식무기를 제작하는 기기국(機器局) 소속의 병기고(1884년)

② 맞배지붕, 솟을지붕의 벽돌조 단층 건물

③ 절충양식

    ㉠ 전통목조구조, 중국식 벽돌조, 서양식 트러스구조 절충

    ㉡ 중국식 벽돌조 내력벽체

    ㉢ 한식기와지붕 / 전통목조건축 가구법 혼용(도리, 장혀, 보)

    ㉣ 서양식 왕대공 지붕틀과 고창(환기, 채광)

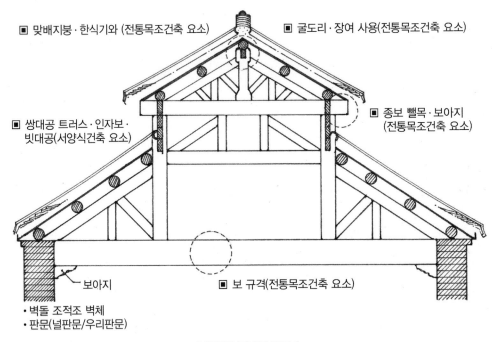

    ■ 맞배지붕·한식기와 (전통목조건축 요소)
    ■ 굴도리·장여 사용(전통목조건축 요소)
    ■ 쌍대공 트러스·인자보·빗대공(서양식건축 요소)
    ■ 종보 뺄목·보아지 (전통목조건축 요소)
    보아지
    ■ 보 규격(전통목조건축 요소)
    • 벽돌 조적조 벽체
    • 판문(널판문/우리판문)

‖ 번사창 종단면 구조 ‖

④ 기단부 : 장대석기단, 바닥 강회다짐마감

⑤ 벽체가구부

    ㉠ 장대석, 사고석으로 토대 설치

    ㉡ 토대 위에 검은 회색 벽돌을 조적하여 벽체 구성 / 적벽돌 띠돌림

⑥ 지붕가구부

    ㉠ 외형은 쌍대공 트러스구조(멘사드형)

    ㉡ 굴도리와 장여 사용

    ㉢ 보, 도리에 단면 규격이 큰 부재 사용

    ㉣ 대공 머리에 도리 · 장여 결구

    ㉤ 철물을 쓰지 않고 이음과 맞춤으로 부재 결구

    ㉥ 종보에 뺄목 형성, 보아지 설치

⑦ 지붕부

    ㉠ 맞배지붕에 한식기와 설치 / 솟을지붕 형식

    ㉡ 연목 없이 도리와 人자 보 위에 개판 설치

    ㉢ 전통한식기와 설치

⑧ 수장부

    ㉠ 전통건축의 판문 설치(널판문, 우리판문)

    ㉡ 주 출입구는 화강석 받침대 위에 화강석 기둥을 세우고 아치문 설치

    ㉢ 부 출입구는 화강석 받침대 위에 흑색 벽돌로 아치문 설치

    ㉣ 아치 창문 설치

벽돌조 구조와 시공

벽돌조 구조

01 | 개요

① 벽돌조 구조 : 건물의 벽체 등 주요 구조부를 벽돌과 모르타르를 부착해 쌓아 올린 조적식 구조
② 벽돌조의 특성 : 내화, 내구성, 압축력, 의장성이 좋으나 인장력과 횡력에 불리
③ 전통 벽돌 구조물 : 묘, 탑, 성곽, 기단, 담장, 벽체 등(방전, 문양전, 무문전)

02 | 벽돌 마름질

① 벽돌 마름질 : 특수 부분, 모서리 부분 시공 등 필요에 따라 벽돌을 깨뜨려 사용하는 것

② 마름질 종류
    ㉠ 온장(190×90×57mm), 반토막(95×90×57mm), 칠오토막(142.5×90×57mm)
    ㉡ 반절(190×45×57mm), 반반절(95×45×57mm)

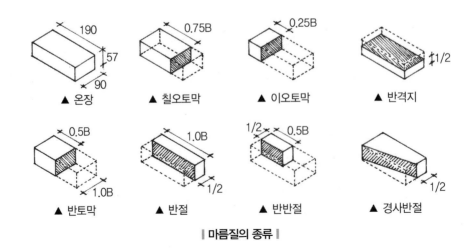

▲ 온장　　▲ 칠오토막　　▲ 이오토막　　▲ 반격지

▲ 반토막　　▲ 반절　　▲ 반반절　　▲ 경사반절

‖ 마름질의 종류 ‖

03 | 벽돌 나누기

① 벽면 크기와 구조에 맞추어 토막이 쓰이지 않도록 벽돌을 나란히 놓아 보는 일

② 벽돌의 크기와 줄눈의 치수를 계획

③ 벽체 각부의 치수, 창문의 위치와 크기 등을 정함

④ 토막벽돌이 생기지 않고 줄눈도 잘 맞도록 배분(강도, 외관, 경제성 고려)

04 | 줄눈

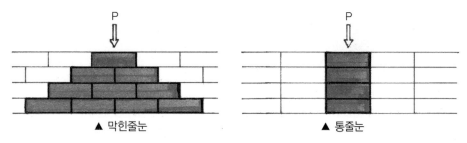

‖ 줄눈형식과 하중전달 ‖

① 막힌줄눈 : 세로줄눈의 위아래가 통하지 않고 막힌 것(상부의 응력이 하부에 고르게 분포)

② 통줄눈

  ㉠ 세로줄눈의 위아래가 서로 통한 형태

  ㉡ 하중의 집중 현상 발생 / 지면 습기의 줄눈 유입 등으로 벽체 균열의 원인이 됨

  ㉢ 큰 강도가 필요하지 않은 조적이나 불식쌓기 등에 사용

③ 치장줄눈

  ㉠ 의장적 효과를 위한 줄눈

  ㉡ 벽돌쌓기가 끝난 후 벽돌 벽에서 8~10mm 정도 깊이로 줄눈파기

  ㉢ 치장용 모르타르로 마무리

  ㉣ 줄눈의 두께는 10mm 정도(보수 시 줄눈두께 등에 대한 조사 필요)

05 | 보강재

① 철근콘크리트, 목재, 석재, 형강 사용

② 테두리보, 개구부 상부 인방보, 보받이돌

③ 철선, wall tie, 철망

06 | 연결고정재 [나무벽돌]

① 기능 : 벽돌벽면에 나무 또는 철재를 고정하기 위해 설치(띠장, 걸레받이, 샛기둥, 철재 고정)

② 종류 : 나무벽돌, 앵커볼트(anchor bolt) 등

③ 설치 : 벽돌쌓기 시 묻어 쌓거나 나중에 구멍을 파서 끼움

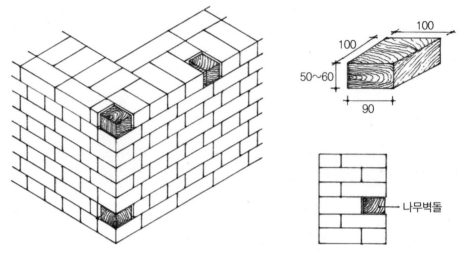

┃ 나무벽돌의 설치구조 ┃

④ 나무벽돌의 설치 구조

    ㉠ 벽돌 반토막 크기로 쐐기형으로 가공

    ㉡ 방부제를 칠하여 건조한 것을 벽돌벽을 쌓을 때 동시에 쌓음

    ㉢ 박은 못이 잘 빠지지 않도록 길이 방향(섬유 방향)이 전면으로 나오게 설치

    ㉣ 모르타르를 빈틈없이 채움

    ㉤ 띠장, 샛기둥의 위치에 수평 수직을 맞춰 줄바르게 배열

07 | 벽돌 쌓기의 종류

① 벽체 두께 및 쌓기법

    ㉠ 두께 : 1B, 1.5B, 2B, 2.5B, 3B 등(통상 1.5∼2B)

    ㉡ 기본쌓기법 : 마구리쌓기, 길이쌓기

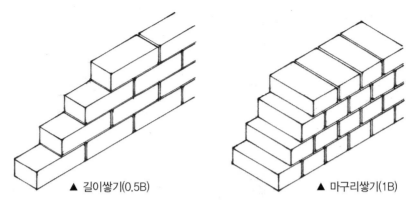

▲ 길이쌓기(0.5B)　　　▲ 마구리쌓기(1B)

‖ 길이쌓기와 마구리쌓기 ‖

② 영식쌓기(English bond)
　ㄱ 입면상 길이켜와 마구리켜가 번갈아 나타나는 구조
　ㄴ 처음 한 켜는 마구리쌓기, 다음 한 켜는 길이쌓기로 교대로 쌓음
　ㄷ 마구리쌓기 켜의 모서리에 이오토막 사용(이오토막, 반절, 반반절)
　ㄹ 내부에 통줄눈이 생기지 않음
　ㅁ 가장 튼튼한 쌓기법으로 내력벽 쌓기에 많이 이용

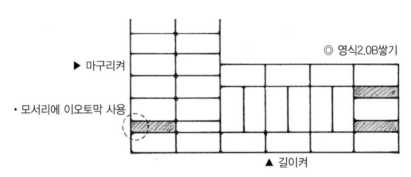

◎ 영식2.0B쌓기

▶ 마구리켜

· 모서리에 이오토막 사용

▲ 길이켜

‖ 영식쌓기 평면구조 ‖

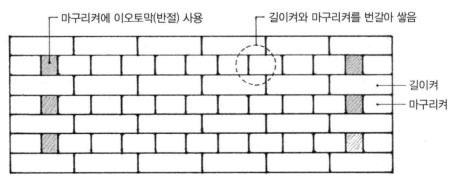

마구리켜에 이오토막(반절) 사용　　　길이켜와 마구리켜를 번갈아 쌓음

길이켜
마구리켜

‖ 영식쌓기 입면구조 ‖

③ 화란식쌓기(네덜란드식 ; Dutch bond)

    ㉠ 길이켜와 마구리켜를 교대로 쌓음(일반면의 쌓기는 영식과 동일)

    ㉡ 길이쌓기 켜의 모서리에 칠오토막을 사용

    ㉢ 모서리 부분이 견고하고 내력벽에 사용

    ㉣ 영식쌓기보다 시공이 용이하나 덜 튼튼한 구조

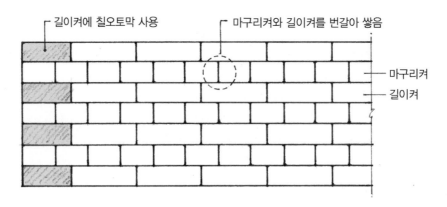

‖ 화란식쌓기 입면구조 ‖

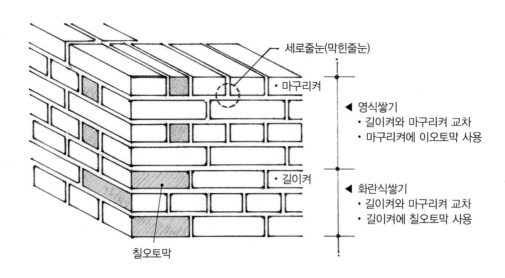

‖ 영식쌓기와 화란식쌓기 비교 ‖

④ 불식쌓기(프랑스식 ; Flemish bond)

ㄱ 한 켜 안에 길이쌓기와 마구리쌓기가 번갈아 나오는 형식

ㄴ 끝부분에 이오토막 사용(모서리는 영식쌓기와 유사)

ㄷ 내부에서 통줄눈이 많이 생겨 구조벽체로는 부적합

ㄹ 외관이 아름다워 강도가 크게 필요하지 않은 벽체, 벽돌담에 사용

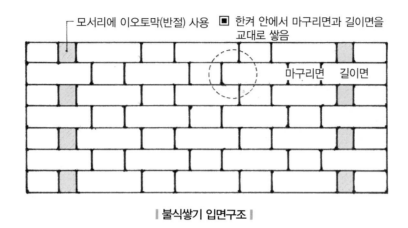

┃ 불식쌓기 입면구조 ┃

⑤ 미식쌓기(American bond, common bond)

ㄱ 5켜 정도는 길이쌓기를 하고, 다음 켜는 마구리쌓기

ㄴ 치장벽돌을 0.5B 두께로 길이쌓기 하고 5, 6 켜마다 마구리쌓기켜로 뒷벽과 물려 쌓음

ㄷ 내부에 통줄눈이 많이 생겨 구조적으로 튼튼하지 못함

ㄹ 뒷면은 영식쌓기 하고 앞면에 치장벽돌을 사용해 미식쌓기하는 경우

ㅁ 내부에는 시멘트 벽돌을 쌓고, 외부에 미식으로 붉은 벽돌 쌓기(치장용 벽돌쌓기)

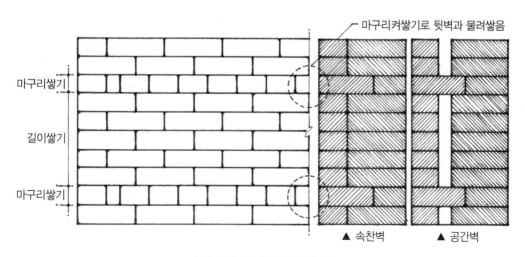

┃ 미식쌓기 입면 및 단면구조 ┃

08 | 쌓기법 비교

① 영식쌓기 : 가장 강도가 좋은 구조 형식 / 이오토막, 반절 등의 사용으로 쌓기가 번거로움
② 화란식쌓기 : 모서리 부분이 견고하고 내력벽에 사용 / 우리나라에서 많이 쓰인 쌓기법
③ 불식쌓기 : 외부 줄눈 모양이 화려하지만 내부에 통줄눈이 생겨 강도 저하
④ 미식쌓기 : 0.5B 길이쌓기한 외벽과 내벽이 일체가 되도록 보강철물 사용 필요

09 | 기타 쌓기법

① 세워쌓기
   ㉠ 길이면이나 마구리면을 수직으로 세워 쌓는 것
   ㉡ 아치쌓기, 장식쌓기, 인방, 창대, 걸레받이, 돌림띠 등에 사용

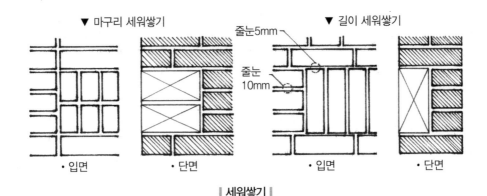

▼ 마구리 세워쌓기   줄눈5mm   ▼ 길이 세워쌓기
줄눈 10mm

· 입면   · 단면   · 입면   · 단면

‖ 세워쌓기 ‖

② 화초담 쌓기
   ㉠ 벽이나 담장을 화려하게 무늬를 놓아 벽돌을 쌓은 것
   ㉡ 벽돌면에 기하문양, 꽃문양 등을 넣거나 길상을 상징하는 동식물 형상을 부조
   ㉢ 벽돌이 연속되는 부분은 줄눈 없이 맞대어 쌓음(쐐기형 벽돌 사용 / 내부에 모르타르 채움)

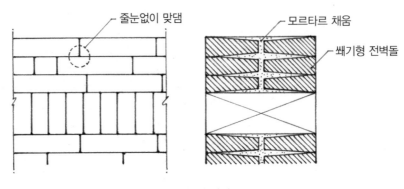

줄눈없이 맞댐   모르타르 채움
쐐기형 전벽돌

‖ 화초담 쌓기 ‖

③ 하대 · 걸레받이

　㉠ 하대 : 외부 벽체 하부 접지 부분에 의장을 고려해 돌, 벽돌로 쌓은 것(지복석)

　㉡ 걸레받이 : 실내 벽체와 바닥 접촉부의 손상, 오염을 고려해 2~3켜를 내쌓거나 들여쌓음

④ 돌림띠

　㉠ 창대, 인방, 층바닥, 처마 부분에 벽돌을 내밀어 쌓은 것

　㉡ 외관을 장식하고 비흘림, 물끊기 기능

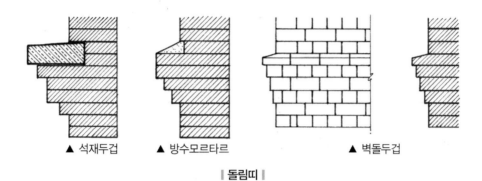

▲ 석재두겁　　　▲ 방수모르타르　　　　　▲ 벽돌두겁

‖ 돌림띠 ‖

⑤ 공간쌓기

　㉠ 외부에 접한 벽돌벽 내부에 공간을 두고 내벽과 외벽을 벽돌로 쌓는 이중벽 쌓기

　㉡ 내부공간의 방음, 방한, 방습, 방서 효과

　㉢ 벽과 벽 사이에 공기층을 두거나 단열재를 두어 쌓음

　㉣ 철선(wall tie) 등 보강철물을 이용해서 구조 보강

　㉤ 내부 1.5B, 외부 0.5B / 내부 1.0B, 외부 0.5B 등

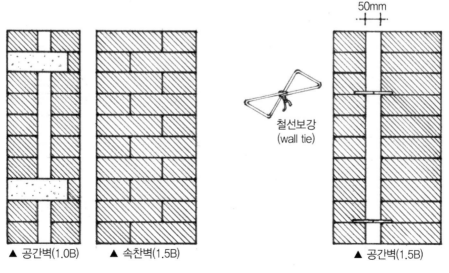

▲ 공간벽(1.0B)　　▲ 속찬벽(1.5B)　　　　　철선보강
　　　　　　　　　　　　　　　　　　　　　　　(wall tie)　　　　　　▲ 공간벽(1.5B)

50mm

‖ 공간벽과 속찬벽 단면구조 ‖

⑥ 내쌓기

　㉠ 벽체에 마루를 놓거나 띠돌림을 만들기 위한 쌓기 / 기초 내쌓기

　㉡ 벽면에서 부분적으로 내어 쌓는 방식

　㉢ 마구리쌓기 방식 / 최대 2.0B 이내로 내쌓기

　㉣ 1켜 내쌓기 : 길이의 1/8을 내밈

　㉤ 2켜 내쌓기 : 길이의 1/4을 내밈

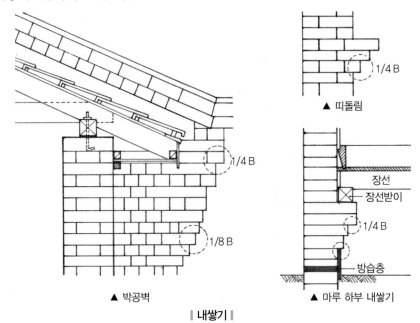

▲ 박공벽　　　▲ 띠돌림　　　▲ 마루 하부 내쌓기

‖ 내쌓기 ‖

⑦ 방습층

　㉠ 기능 : 지면에 접하는 부분에서의 흡습, 누수현상 방지

　㉡ 지하수가 벽체에 흡수되어 상승하는 것을 방지

　㉢ 지면 위 10~30cm 위치에 설치

　㉣ 아스팔트펠트, 납판, 천연슬레이트, 함석판, 아스팔트바름, 방수모르타르바름

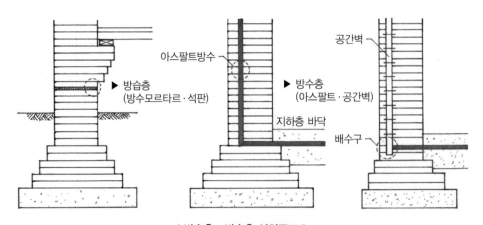

‖ 방수층 · 방습층 설치구조 ‖

⑧ 방수층

    ㉠ 지하실 벽체 방수

    ㉡ 아스팔트 방수, 공간벽쌓기

10 │ 벽돌 벽체의 종류

① **내력벽**

    ㉠ 기둥이나 보가 없이 벽돌벽체가 수직이나 수평하중을 받는 벽체

    ㉡ 건물의 자중, 상층의 벽과 지붕, 바닥 등의 연직하중을 받아 기초에 전달

    ㉢ 건물에 가해지는 수평력에 저항하는 벽체

② **부축벽, 장막벽**

    ㉠ 부축벽 : 지붕트러스의 수평력에 저항하도록 벽체에 붙여서 축조한 것

    ㉡ 장막벽 : 내부 공간을 용도별로 막는 칸막이벽(구조체는 기둥, 보 등 기타 구조물로 형성)

    ㉢ 상부하중을 직접 지지하지 않고 자중만 부담

③ **대린벽** : 서로 직각으로 교차되는 벽

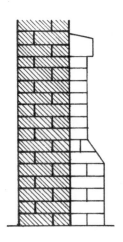
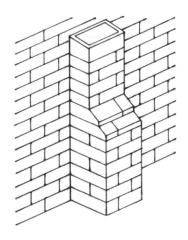

‖ **부축벽 상세도** ‖

11 | 개구부

① 개구부의 특징

　㉠ 벽돌벽에 내는 개구부의 너비는 좁게 하는 것이 유리(높이를 높게 하여 채광면적 확보)

　㉡ 개구부의 너비가 넓을 때는 상부에 아치쌓기 또는 철근콘크리트의 인방보 보강

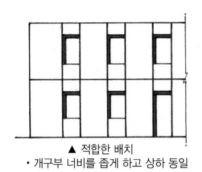

▲ 적합한 배치
· 개구부 너비를 좁게 하고 상하 동일

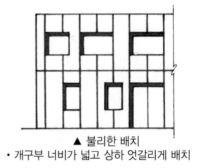

▲ 불리한 배치
· 개구부 너비가 넓고 상하 엇갈리게 배치

‖ 창문 배치 방식 비교 ‖

② 창호 설치 시 고려사항

　㉠ 개구부 전체 폭은 그 벽길이의 1/2 이하

　㉡ 개구부와 그 직상층 개구부와의 수직거리는 60cm 이상

　㉢ 개구부 좌우 간의 수평거리, 개구부와 대린벽 중심과의 수평거리는 벽두께의 2배 이상

　㉣ 개구부 폭이 1.8m 이상인 경우에는 철근콘크리트 인방보를 설치

　㉤ 창틀 옆은 가급적 이오토막 등 잔토막 벽돌을 사용하지 않음

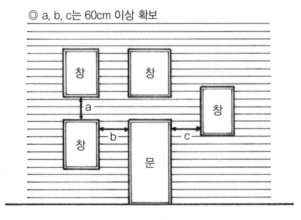

‖ 개구부 배치 간격 ‖

12 | 아치

① 아치 각부 명칭

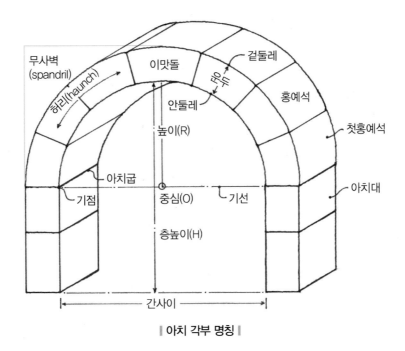

‖ 아치 각부 명칭 ‖

② 아치 구조의 특징
  ㉠ 수직 압력이 중심부에 집중하여 작용하지 않고 아치의 축선을 따라 좌우로 전달
  ㉡ 부재 하부에 인장력이 생기지 않고 압축력만이 작용하는 구조(개구부 상부에 주로 축조)
  ㉢ 벽돌조 아치는 석재홍예와 달리 모르타르의 접착력으로 지탱되므로 변위가 쉽게 발생

③ 아치의 종류(입면) : 반원아치, 결원아치, 뾰족아치, 고딕아치, 타원아치, 평아치 등

④ 아치의 종류(구조)
  ㉠ 본아치 : 쐐기모양의 아치용 벽돌을 제작하여 사용한 것 / 줄눈이 일정(정아치, 바른 아치)
  ㉡ 막아치 : 보통벽돌을 마름질해서 사용 / 줄눈이 쐐기 모양(거친 아치)

⑤ 평아치
  ㉠ 창문 너비가 1.2m 이내이거나 철골이나 철근콘크리트 인방보로 보강한 경우에 설치
  ㉡ 밑면은 1m당 1~2cm 정도 중간부를 치켜 올림(처짐에 대한 시각적 고려)
  ㉢ 바른 아치, 거친 아치

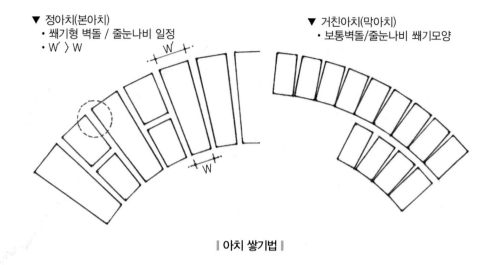

‖ 아치 쌓기법 ‖

13 | 창대

① 가공석재, 벽돌, 콘크리트 등으로 구성

② 양쪽 벽면에 20cm 물림

③ 창대의 윗면은 15도 정도의 물흘림 경사 / 밑면은 물끊기홈 가공

④ 벽돌면에서 2~3cm 내밀기(1/8B~1/4B)

⑤ 창문틀 및 벽체와의 접합부 누수 방지를 위해 모르타르를 치밀하게 채움

⑥ **콘크리트 창대** : 콘크리트 창대틀 설치 후 모르타르, 돌판, 스테인리스판, 합성수지 등으로 마감

14 | 인방보

① **개념** : 벽돌벽체 위에 올려 건너 대 상부하중을 지탱하는 보(개구부의 상부 구조물 지지)

② **재료** : 목재, 석재, 철골, 철근콘크리트 등

③ **설치** : 인방보를 지지하는 좌우측 기둥이나 벽체에 최소 20cm 이상 물리도록 설치

④ 개구부 폭이 2m 이상인 경우, 내부에는 인방보를 설치하고 외부는 치장벽돌 설치

⑤ 인방보에 치장벽돌을 물릴 수 있는 턱을 내거나 앵글을 부착

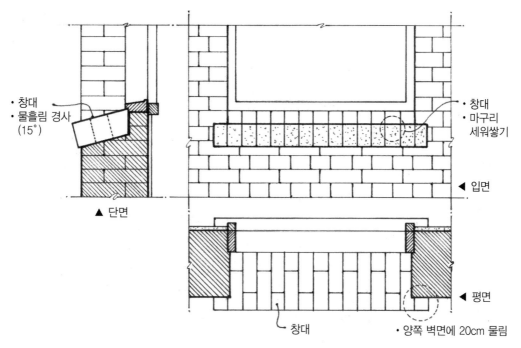

• 창대
• 물흘림 경사
  (15°)

▲ 단면

• 창대
• 마구리
  세워쌓기

◀ 입면

◀ 평면

창대

• 양쪽 벽면에 20cm 물림

‖ 창대의 설치구조 ‖

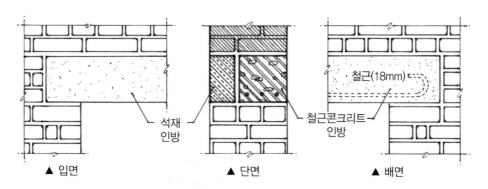

석재
인방

철근(18mm)

철근콘크리트
인방

▲ 입면   ▲ 단면   ▲ 배면

‖ 인방보 설치구조 ① ‖

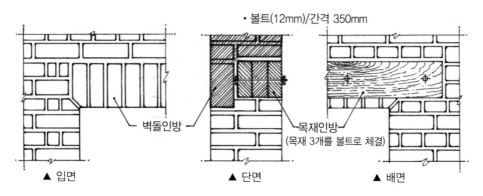

• 볼트(12mm)/간격 350mm

벽돌인방

목재인방
(목재 3개를 볼트로 체결)

▲ 입면   ▲ 단면   ▲ 배면

‖ 인방보 설치구조 ② ‖

15 | 마루

① 1층 마루틀

ㄱ 벽면에 멍에를 걸치는 구멍을 설치 / 장선받이를 걸칠 수 있도록 벽돌내쌓기

ㄴ 멍에 중간은 동바리벽돌쌓기 또는 동바리돌 위에 나무동바리를 세워 받침

ㄷ 1층 마루틀의 멍에는 동바리 기둥 중심에서 잇고 토대에 맞춤

ㄹ 장선은 멍에 중심에서 잇고, 이음 위치는 엇갈리게 설치

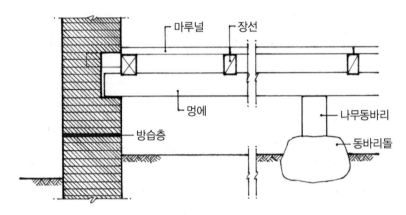

‖ 1층 마루틀 멍에 설치구조 ‖

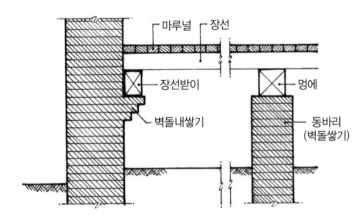

‖ 1층 마루틀 장선 설치구조 ‖

② 2층 마루틀

　　㉠ 벽체에 구멍을 내어 보를 걸고 그 위에 장선을 걸쳐 대고 마루널 설치

　　㉡ 간 사이가 작을 때는 좌우 벽에 장선받이를 길게 놓고 장선을 걸쳐 대고 마루널 설치

　　㉢ 보의 움직임, 휨 등을 고려해 보의 걸침구멍 주위에는 여유를 두어 설치

　　㉣ 보 끝은 벽체에 1B 이상 걸쳐지고 뒤를 막아 쌓는 벽두께는 1.5B 이상

　　㉤ 보받이돌, 벽돌내쌓기 등으로 보강

　　㉥ 2층 마루틀의 보는 기둥 중심에서 이음

　　㉦ 조적벽에 접하는 보의 부분은 방부처리

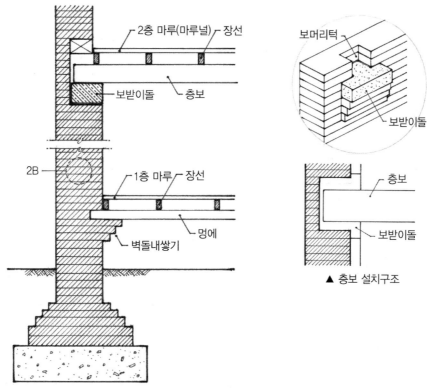

∥ 2층 마루틀 설치구조 ∥

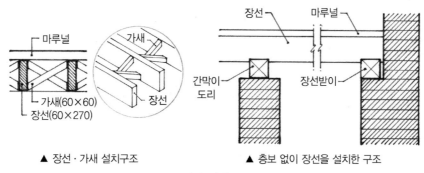

▲ 장선 · 가새 설치구조　　▲ 층보 없이 장선을 설치한 구조

∥ 장선 설치구조 ∥

16 | 창호

① 유리창

    ㉠ 울거미 두께 30mm, 선대 너비 45mm, 상하 막이대는 선대보다 15~30mm 정도 크게 사용

    ㉡ 울거미 표면에 모접기, 안쪽에 유리 설치를 위한 홈이나 턱 가공

    ㉢ 가로살은 울거미에 내닫이 장부맞춤, 세로살은 가로살에 짧은 장부맞춤

    ㉣ 유리홈을 파고 떼어 낸 나무퍼티를 못으로 고정(사분원형, 사각형, 삼각형)

    ㉤ 반죽퍼티를 사용하는 경우에는 얇은 세모못으로 유리를 눌러 끼우고 반죽퍼티를 눌러 바름

② 오르내리기창

    ㉠ 두 짝의 창을 오르내려 여닫는 창

    ㉡ 창에 추를 달아 문틀 윗부분에 댄 도르래에 걸어 내려 창이 상하로 오르내릴 수 있는 창

    ㉢ 상부창은 바깥 위에, 하부창은 안쪽 밑에 설치

    ㉣ 개방 시 상하의 창이 모두 열려 공기의 순환에 유리

    ㉤ 추갑 : 수직창틀 내부에 비어 있는 추함에 추가 놓여짐

    ㉥ 칸막이 판 : 상부창과 하부창이 엉키지 않도록 추를 분리하기 위해 추함 내부에 함석판 설치

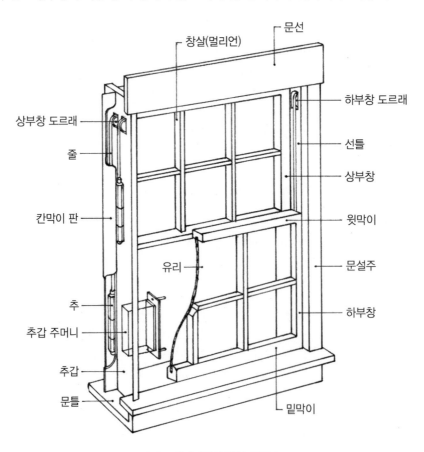

▎오르내리기창의 각부 구조 ▎

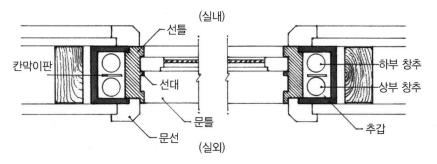

▌ 오르내리기창 평면 구조 ▌

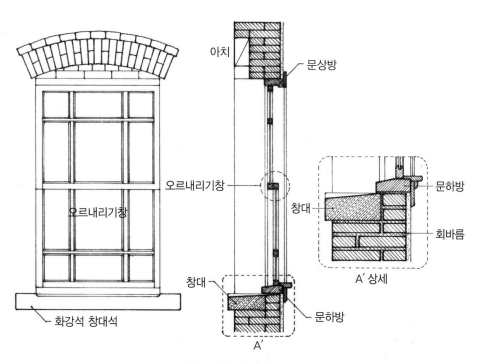

▌ 창호 입면 및 단면 구조 ▌

01 │ 훼손 유형

① 벽체의 균열

    ㉠ 수직방향(집중하중 / 보, 멍에 설치부분 / 트러스 하부)

    ㉡ 수평방향(기초침하, 건물 기울음)

    ㉢ 경사방향(편심작용, 횡력작용)

    ㉣ 하중이 집중되는 모서리부, 개구부의 균열

    ㉤ 이질적인 재료의 접합부에서 벽체의 균열(벽돌과 목재, 철재의 접합부)

② 벽돌의 풍화, 박리, 박락, 균열 및 탈락

③ 모르타르의 탈락

④ 벽체의 기울음

⑤ 백화현상 : 벽돌벽 외벽에 흰가루가 배어 나오는 현상

02 │ 훼손 원인

① 기초 침하

    ㉠ 지반의 지내력 저하, 지반 운동

    ㉡ 기초판 파괴와 침하

    ㉢ 지하수위의 변화, 주변 배수 불량

    ㉣ 기초 부등침하로 인한 벽체의 기울음과 균열(벽체의 횡방향 균열, 모서리부의 균열)

② 구조적인 문제

    ㉠ 건물의 평면, 입면의 불균형(벽체의 불합리한 배치)

    ㉡ 벽돌벽의 길이, 높이, 두께와 벽돌 벽체의 강도 문제

    ㉢ 벽체 길이에 비해 개구부의 크기 과다

    ㉣ 상하부 개구부의 불합리한 배치

    ㉤ 개구부 사이의 간격, 개구부와 벽체 모서리의 간격 부족

    ㉥ 공간쌓기한 벽체에서 내외부 벽체의 결속력 부족

    ㉦ 하중이 집중되는 모서리 부분에서 쌓기법 문제(내부 통줄눈 형성)

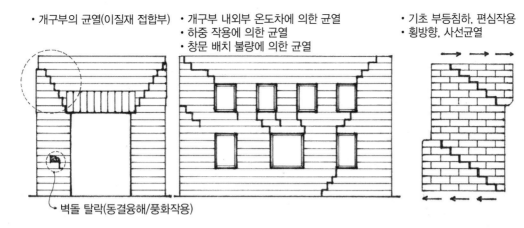

- 개구부의 균열(이질재 접합부)
- 개구부 내외부 온도차에 의한 균열
- 하중 작용에 의한 균열
- 창문 배치 불량에 의한 균열
- 기초 부등침하, 편심작용
- 횡방향, 사선균열

벽돌 탈락(동결융해/풍화작용)

‖ 벽돌벽체의 균열 양상과 원인 ‖

③ 시공상의 문제

　㉠ 벽돌의 흡수율, 강도 부족 문제

　㉡ 모르타르의 강도 부족

　㉢ 이질재와 벽돌의 접합부 시공의 미비(목재, 철물, 콘크리트와 벽돌의 접합부)

　㉣ 공사 중 진동, 충격에 의한 균열

④ 부재의 풍화, 열화 : 벽돌, 모르타르의 풍화 및 내구성 저하 → 균열 및 탈락

⑤ 누수, 습기

　㉠ 벽돌 및 모르타르의 품질 불량, 모르타르 사춤 부실에 따른 누수

　㉡ 치장줄눈과 벽돌 사이의 이격, 가로·세로줄눈 간 접착 부실

　㉢ 벽돌벽 외벽 균열에 따른 누수

　㉣ 지하 및 각 층 바닥 하부의 통풍 곤란, 습기 발생

　㉤ 벽체 내부의 누수, 습기 → 벽돌의 동파

⑥ 개구부의 균열

　㉠ 개구부 폭 과다 / 인방 미설치 / 인방재 열화

　㉡ 인방 설치 부분의 처짐과 벽체 균열

⑦ 편심하중

　㉠ 건물의 불균형 하중

　㉡ 집중하중, 횡력 및 충격(상부 편심하중, 수직하중, 건물의 수평력, 전단력)

⑧ 벽돌 보수에 따른 2차 변위

　　㉠ 벽돌 표면에 페인트칠 → 수분 발산이 안되어 표면 박리 현상 발생

　　㉡ 벽돌 표면 그라인딩 → 벽돌열의 흐트러짐, 벽돌 표면의 유실로 풍화 가속화

　　㉢ 발수제 도포 → 내부 습기의 동결로 표면훼손, 표면박리

　　㉣ 신재교체 → 색상, 형태의 이질감과 함께 신재와 구부재의 강도 차이로 구부재 손상 유발

　　㉤ 모르타르 덧씌움 → 접합부 탈락

┃ 벽돌의 강도, 흡수율 비교 ┃

	근대기 벽돌	현대 벽돌
압축강도	$150 \sim 250 kg/cm^2$	$400 kg/cm^2$
흡수율	12%	8%

⑨ 재료 차이, 내외부 온도차이

　　㉠ 내벽과 외벽의 온도차에 따른 재료의 수축과 팽창

　　㉡ 벽돌과 이질적인 재료 사이의 신축성 차이에 의한 국부적인 균열(목재, 철재, 석재)

　　㉢ 균열의 양상 : 벽돌벽의 국부적인 균열, 개구부의 균열

⑩ 국부적인 충격, 횡력

　　㉠ 국부적인 충격, 개폐 충격, 하중의 과다 등에 의한 균열

　　㉡ 균열의 양상 : 개구부의 균열

⑪ 백화현상

　　㉠ 벽돌과 모르타르에 내재된 염분과 물의 화학작용으로 수분증발 후 백화현상 발생

　　㉡ 외관을 해치고 벽돌 및 벽돌과 혼용된 석재에 작용해 표면 박리 유발

⑫ 주변환경 : 통풍 및 배수 곤란에 따른 습기의 작용

03 | 사전조사

① 문헌 및 보수이력 조사

② 벽돌의 종류, 규격, 형태, 색상, 부위별 쌓기법 조사

③ 훼손 부위 및 현황 조사 : 균열, 박리, 박락, 백화, 오염물, 생장물, 부등침하, 기울음

④ 모르타르의 종류

⑤ 줄눈 조사 : 줄눈의 형태, 두께, 줄눈의 훼손현상(균열, 풍화, 충전불량)

04 | 해체조사

① 벽돌의 규격, 형태, 색상, 부위별 쌓기법 조사

② 훼손원인에 대한 조사 : 풍화, 누수 및 결로, 구조적 결함, 시공상 오류 등

③ 모르타르의 종류, 바름, 채움 양상

④ 연결철물의 종류, 형태, 규격, 연결기법 / 연결철물의 훼손 현상 및 원인

⑤ 기존 재료의 재사용 여부

⑥ 벽돌의 제작 기술, 제작 방법에 대한 조사

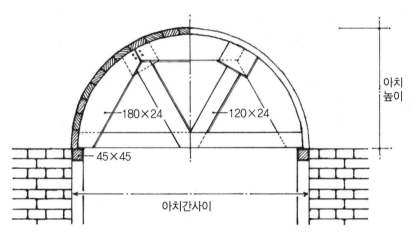

‖ 아치형틀 설치 구조 ‖

05 | 해체 및 해체 시 유의사항

① 변형되었거나 훼손된 부분만 해체

② 건축물에 영향을 미치지 않도록 작업충격을 최소화하고 수시로 손상 여부를 점검

③ 미장면을 해체할 경우에는 벽돌면이 훼손되지 않도록 유의

④ 해체 시 인접 부위의 수리가 선행된 경우에는 충분히 양생한 후 해체

⑤ 인접 벽돌이 훼손되지 않도록 줄눈을 먼저 제거한 후 벽돌 해체(무진동공구 사용)

⑥ 해체 부위가 수직으로 2개소 이상인 경우에는 동시에 해체작업을 하지 않음

⑦ 벽돌은 온장으로 해체 / 재사용 벽돌이 훼손되지 않도록 유의

⑧ 아치, 개구부 해체 시 상부 및 인접 벽돌의 처짐이나 무너짐 예방을 위한 보강조치(아치형틀)

⑨ 해체된 면은 바로 되쌓기가 가능하도록 일일 해체 면적을 설정

⑩ 해체 벽돌은 재사용 여부를 구분하여 보관(이물질 제거, 번호표 부착)

06 | 기초 쌓기

① 내쌓기한 벽돌기초의 너비는 벽체 두께의 2배 정도

② 콘크리트 기초판의 너비는 벽돌면보다 10cm 이상 내밈

③ 콘크리트 기초판의 두께는 너비의 1/3 정도(20~30cm)

④ 잡석 다짐의 두께는 20~30cm / 너비는 콘크리트면보다 10cm 이상 넓힘

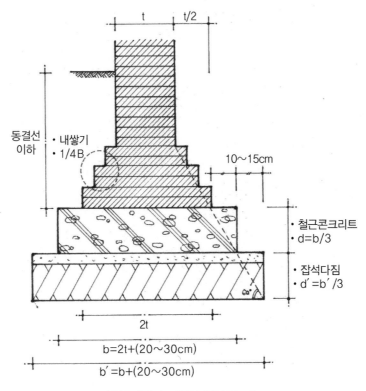

‖ 기초부 내쌓기, 기초판 설치 구조 ‖

⑤ 뗏목기초 : 연약 지반에서 기초판을 넓히기 위해 통나무, 각재 등을 가로 세로로 겹쳐 깔음

⑥ 말뚝기초 : 연약 지반, 성토 지반에서 벽돌벽체 줄기초판 밑에 일정 간격으로 말뚝을 박아 보강

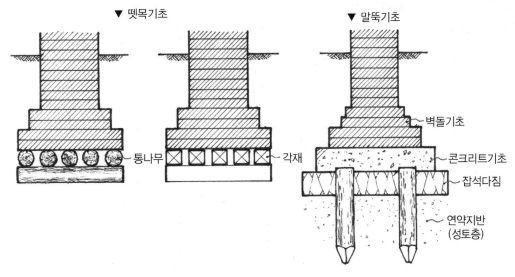

▼ 뗏목기초

▼ 말뚝기초

통나무

각재

벽돌기초

콘크리트기초

잡석다짐

연약지반
(성토층)

‖ **연약지반 기초보강** ‖

07 | 벽돌 교체 및 재설치

① **시공순서** : 벽돌철거(해체) → 바탕면 청소 및 물축임 → 규준틀, 기준선 설치 → 벽돌쌓기 → 내부 모르타르 충전(주입기) → 줄눈누르기, 줄눈파기 → 치장줄눈 → 청소 및 보양

② **공정별 주요사항**

ㄱ 규준틀 설치
- 수직 · 수평규준틀을 건물의 모서리에 설치
- 세로규준틀에 벽돌 줄눈금을 먹으로 긋고 벽돌켜수 등을 명기
- 가새 또는 버팀대가 이동하거나 변형되지 않게 설치하고 견고히 고정

ㄴ 바탕면 청소 : 쌓기 전에 물로 먼지, 흙을 청소

ㄷ 물축임
- 접착이 잘 되도록 2~3일 전에 물을 축여 표면을 건조하여 쌓음(접착력 증강 및 균열 방지)
- 벽돌은 쌓기 전 물을 충분히 축여서 사용
- 벽돌을 쌓을 때는 물뿌리개로 뿌리며 쌓음

ㄹ 벽돌쌓기(내부 모르타르 주입 / 일일 쌓기높이 / 줄눈 / 마감)
- 석회모르타르의 벽돌 1일 쌓기 높이는 0.6m 이하, 9켜 이하
- 시멘트모르타르의 벽돌 1일 쌓기 높이는 1.2m 이하, 18켜 이하(최대 1.5m 이하, 22켜 이하)
- 중단할 때는 쌓기마감이 계단형이 되게 마감
- 각단의 세로줄눈은 일직선으로 연결하지 않게 쌓음
- 내부 모르타르는 주입기를 사용해 내부를 공극 없이 채움

③ 아치쌓기

　　㉠ 아치의 쌓기형식, 형태, 벽돌 규격 및 개수, 줄눈 간격 등 원형유지

　　㉡ 가설형틀을 견고하게 설치한 후 수리

　　㉢ 어깨에서부터 중앙으로 좌우 대칭이 되도록 균등하게 쌓음

　　㉣ 겉쌓기 후 내부를 밀실하게 채움

　　㉤ 쌓기 후에는 하중이 실리거나 충격 등을 주지 않도록 유의

　　㉥ 가설형틀은 모르타르가 완전히 굳을 때까지 존치(최소 5일 이상)

④ 개구부쌓기

　　㉠ 창문틀, 문틀 보양(훼손 유의)

　　㉡ 교체되는 나무벽돌은 방부처리하여 건조 후 설치

　　㉢ 문틀 주위 방수에 문제 없도록 모르타르를 밀실하게 채움

⑤ 보양

　　㉠ 쌓은 후 12시간 동안은 하중 금지 / 3일 동안은 집중하중 금지

　　㉡ 모르타르가 완전히 경화될 때까지 진동, 충격 등을 가하지 않음

　　㉢ 모서리, 돌출부, 단부, 창호부, 장식부 등은 파손이나 오염되지 않도록 보양

　　㉣ 벽돌쌓기 후 기온이 4℃ 이하일 경우에는 양생기간 동안 보온 조치

　　㉤ 하절기에는 고온 및 직사광선 등에 의해 수분증발에 의한 급격한 건조를 막는 조치

08 | 벽돌 수리의 유형

① 시멘트바름, 타일벽돌 시공

　　㉠ 구조적인 문제가 없는 부재는 박락부에 모르타르를 채우고 벽돌가루를 두드려 바름

　　㉡ 시멘트바름 : 벽돌 표면의 파손 균열부에 시멘트를 메움(3~10mm)

　　㉢ 타일벽돌 : 벽돌표면을 절삭하고 표면에 모르타르를 바른 후, 타일벽돌로 마감(30mm)

　　㉣ 문제점 : 기존 벽체와 색상 이질감 / 벽돌 표면 가공으로 인한 단면 훼손 / 타일벽돌의 탈락

② 수지처리 : 균열, 탈락 부분에 구부재 벽돌가루, 안료를 배합한 수지 충전(탄성형 실링재)

③ 부재교체 : 균열, 파손으로 재사용이 불가능한 경우 신재 교체

④ 구부재 재사용

　　㉠ 균열, 부식부 제거 후 벽체 안쪽에 모르타르를 채움

　　㉡ 벽돌의 반대면을 노출면으로 해서 재사용

　　㉢ 문제점 : 채움모르타르의 강도와 벽돌의 강도 차이로 하중의 불균형과 균열 발생

⑤ 세척 및 오염제거

　　㉠ 쇠주걱, 그라인더, 샌드블라스터 등을 사용하여 표면 변색부의 오염물 제거

　　㉡ 문제점 : 시공에 따른 외관 손상 및 벽돌 표면의 풍화 촉진 문제 발생

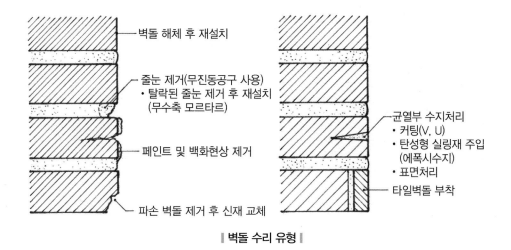

|| 벽돌 수리 유형 ||

⑥ 줄눈 보수(탄성형 실링재, 석회모르타르, 시멘트모르타르 / 모르타르재료, 줄눈두께 원형유지)

　　㉠ 줄눈 제거는 손공구를 사용

　　㉡ 줄눈은 벽돌면과 모르타르면에 충분히 물축임하고 바름

　　㉢ 줄눈은 한 번에 6mm 내외의 깊이로 여러 번 나누어 바름

09 | 벽돌조 건축물의 구조 보강

보강 방법 : 부축벽 / 테두리보 / 보받이돌 / 보강 조적조 / 철선, 철망 / 철골구조물

① 테두리보

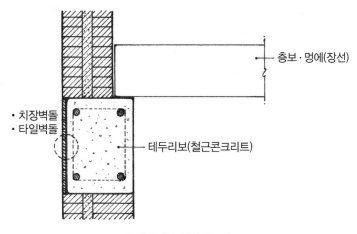

|| 테두리보 설치 구조 ||

ⓒ 벽체 상부 또는 상·하층 바닥 부분에 목재, 철근콘크리트, 철골 등으로 둘러 댄 보

ⓛ 지붕보, 층보, 층도리를 지지

ⓒ 벽면에 작용하는 수평력에 대응 / 국부적인 집중하중에 의한 벽체 균열 방지

ⓡ 벽체를 일체로 연결하여 하중을 하부 벽체에 고르게 분산

ⓜ 표면에 치장벽돌을 쌓거나 벽돌형 타일을 부착

② 보받이돌

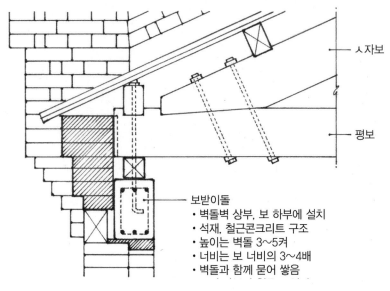

┃ 보받이돌 설치 구조 ┃

③ 철선 보강(wall tie)

ⓒ 균열부에 철선 보강 : 균열부의 줄눈을 일정 간격으로 제거 후 철선을 삽입하고 모르타르 충전

ⓛ 벽돌쌓기 시 철선 보강 : 공간벽을 쌓는 경우 철선 보강

ⓒ 수평거리 90cm 이내, 수직거리 40cm 이하 간격으로 삽입(8자형, U자형 등)

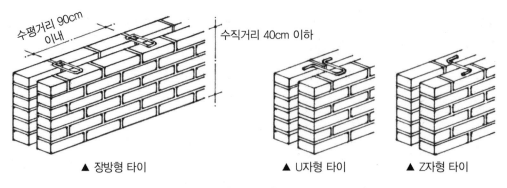

┃ wall tie ┃

④ 와이어메쉬, 띠쇠 삽입 보강

　　㉠ 벽돌벽의 수평횡력에 대한 보강

　　㉡ 벽돌쌓기 줄눈에 철망, 띠쇠를 삽입하여 보강

　　㉢ 벽돌 3~6켜 걸름으로 설치

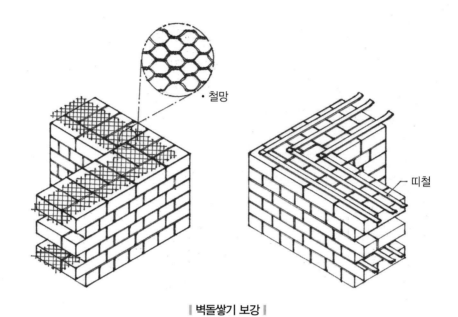

‖ 벽돌쌓기 보강 ‖

⑤ 철근콘크리트 보강 구조(보강벽돌조) : 벽돌벽체 내부에 일정 간격으로 철근 배근 및 모르타르, 콘크리트 채움

⑥ 모서리부 보강

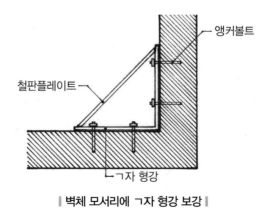

‖ 벽체 모서리에 ㄱ자 형강 보강 ‖

ⓐ 벽체 균열 시 벽체를 해체하지 않고 벽체의 모서리부에 형강을 덧대어 보강

ⓑ 모서리 안쪽에 H형강 기둥을 설치하여 구조보강(바닥면에 철제플레이트 고정)

ⓒ ㄱ자 형강을 벽체 모서리에 앵커볼트로 고정하여 모서리부를 일체화하여 벌어짐과 균열을 방지

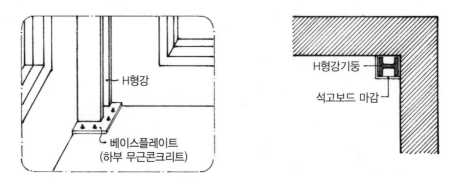

∥ 벽체 모서리에 H형강기둥 설치 ∥

⑦ 스테인리스 서포트 보강

ⓐ 유실된 벽돌 벽체 하부에 스테인리스 강관파이프로 내력 보강

ⓑ 서포트를 수평 결속하여 하중 분산

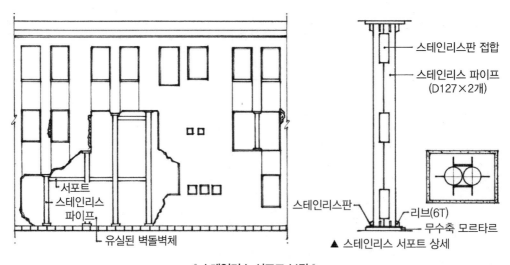

∥ 스테인리스 서포트 보강 ∥

⑧ 벽체 지지대 보강 : 내외벽면, 모서리부에 벽체를 지지하는 철구조물 설치

10 | 주변정비

① 주변 배수시설의 정비
② 지하층, 각층의 마루 하부에 환기시설을 정비하여 통풍 확보

11 | 시공 시 유의사항

① 벽돌은 모두 쌓기 전에 충분히 물에 축여 놓고 모르타르가 굳는 데 지장이 없도록 함
② 치장줄눈 시공 시 줄눈모르타르가 완전히 굳기 전에 줄눈파기 시공
③ 벽돌은 쌓은 후 거적 등으로 보양하고 충격 등으로 이동이 발생하지 않도록 함
④ 일일 쌓기높이 준수(석회모르타르 0.6m, 9켜 이하 / 시멘트모르타르 1.2m, 18켜 이하)
⑤ 내외벽을 동시에 시공하지 않음
⑥ 동일한 수직선상에서 상하부 2개소를 동시에 시공하지 않음
⑦ 아치부는 최소 5일 이상 양생 후 아치형틀 제거
⑧ 내외벽 아치가 일체화될 수 있도록 내외벽 사이에 뒤채움을 충실히 시공
⑨ 해체된 면은 바로 되쌓기를 실시(해체 면적은 하루에 되쌓기 할 수 있는 양으로 시공)
⑩ 신재는 구부재와 질량 및 강도 등이 유사한 부재를 사용
⑪ 벽돌은 모서리나 면이 훼손되지 않도록 던지거나 쏟아 내리지 않음
⑫ 벽돌은 규격, 형태, 품질 등을 구분하여 보관
⑬ 벽돌은 습기에 손상되지 않도록 받침대 위에 적재 / 방수용 덮개를 이용하여 보양
⑭ 기온이 4℃ 이하일 경우에는 작업을 시행하지 않음
⑮ 연결철물이 사용된 경우에는 원위치에 연결철물을 설치

LESSON 03 목조 지붕틀의 구조와 시공

SECTION 01 | 트러스 구조

01 | 개념

비교적 가늘고 긴 부재를 삼각형 형태가 되도록 배열한 구조물

02 | 종류

목재트러스, 철골트러스

03 | 구조적인 특징

① 못, 볼트 등 철제품 사용의 확대를 배경으로 함
② 얇은 제재목을 사용하여 지붕 부재의 치수를 낮추고 지붕하중을 줄임
③ 역학적 원리를 이용해 지붕구조의 강성을 확보

04 | 구성부재

① 상현재 : ㅅ자보(압축재)
② 하현재 : 평보(인장재)
③ 복재 : 가새(수직, 수평, 경사재)

SECTION 02 | 왕대공 트러스

① 평보, ㅅ자보, 왕대공, 달대공, 빗대공

② 마룻대, 중도리, 처마도리, 깔도리

③ 대공밑잡이, 가새

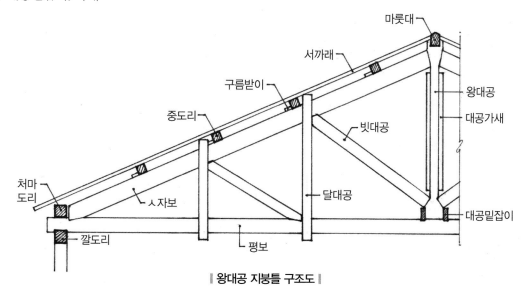

‖ 왕대공 지붕틀 구조도 ‖

SECTION 03 | 쌍대공 트러스

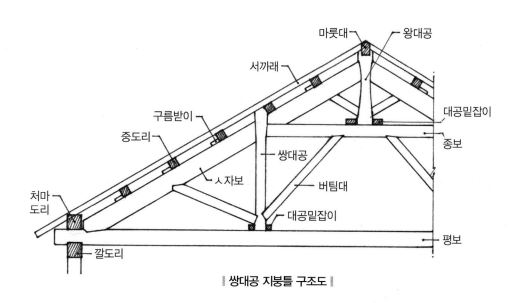

‖ 쌍대공 지붕틀 구조도 ‖

01 | 구성부재

① 대보(평보), 종보, ㅅ자보, 쌍대공, 왕대공, 버팀대

② 마룻대, 중도리, 처마도리, 깔도리

③ 대공밑잡이, 평보잡이, 가새

④ 서까래, 개판

02 | 쌍대공 트러스의 특징

① 지붕속 공간을 이용하거나 꺾임지붕틀로 외관을 구성하는 경우 사용

② 쌍대공 사이 공간을 창고, 수장공간으로 활용

③ 왕대공 지붕틀에 비해 간사이와 대공 간격을 크게 설정

④ 종보와 버팀대 설치(쌍대공 사이의 간격이 5m 이상이면 버팀대 설치)

▲ 버팀대 설치　　▲ 버팀대 없음　　▲ 멘사드형

‖ 쌍대공 트러스의 유형 ‖

SECTION 04 | 절충식 지붕틀

01 | 구조

① 전통 목구조 요소

ⓐ 기둥 위에서 지붕보와 처마도리를 조립

ⓑ 지붕보 위에 대공, 동자대공을 설치하여 중도리, 마룻대지지

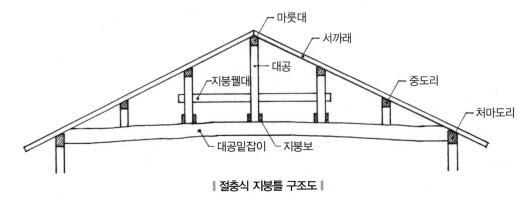

‖ 절충식 지붕틀 구조도 ‖

② 트러스 요소

    ㉠ 전통목구조의 지붕가구재와의 규격 차이

    ㉡ 펠대, 대공밑잡이 등의 부재 사용

02 | 구성부재

① 지붕보, 종보, 대공, 동자기둥

② 마룻대, 중도리, 처마도리

③ 펠대(대공과 동자기둥을 수평, 빗방향으로 연결)

④ 대공밑잡이

SECTION **05** | # 트러스 수리

01 | 사전조사 사항

① 관련 문헌, 설계도서, 수리기록, 사진

② 목재의 종류, 규격, 형태, 함수율

③ 훼손 부위 및 현상

④ 철물의 종류, 규격, 형태, 재질, 설치기법

02 | 해체조사 사항

① 목재의 종류, 규격, 형태

② 목재의 이음과 맞춤법

③ 못자리, 명문, 낙서 등 흔적

④ 철물의 종류, 규격, 형태, 설치기법

⑤ 기존 부재의 재사용 여부

03 | 해체 시 주요사항

① 해체 부재는 번호표를 붙이고 도면상에 기록

② 벽체, 마루, 지붕틀 등 주변 부재에 뒤틀림이 발생치 않도록 보강한 후 해체

③ 해체 시 철물 훼손 유의

④ 해체 부재는 재사용 여부를 구분하여 보관

04 | 지붕틀 시공

① 수리 유형
- ㉠ 제자리보수(드잡이 시공)
- ㉡ 해체수리(부분해체 / 전체해체)

② 조립순서
- ㉠ 단위트러스 조립 : 평보, 왕대공, ㅅ자보, 빗대공, 달대공 순으로 조립
- ㉡ 기준트러스 조립 : 측면 트러스 등 기준이 되는 트러스를 깔도리 위에 설치
- ㉢ 기준트러스에 맞춰 나머지 트러스를 차례로 설치
- ㉣ 가새, 버팀대 등을 임시로 설치하여 수직 수평을 유지하고 비틀림을 억제
- ㉤ 트러스 설치 후 수직 수평 및 줄바르기를 검사
- ㉥ 대공밑잡이, 대공가새, 마룻대, 처마도리, 중도리를 순서대로 설치

③ 조립 시 주요사항
- ㉠ 부재의 이음부, 맞춤부, 볼트구멍 등은 기존 규격대로 치목 / 기존 기법에 따라 설치
- ㉡ 평보, ㅅ자 보 : 단일재로 하되, 불가피하게 이음을 할 경우에는 대공 위치를 피하여 이음
- ㉢ 대공, 보 결구부는 감잡이쇠, 띠쇠, 꺾쇠 등으로 고정

④ 부재 수리
- ㉠ 훼손부를 목재로 보충하여 수리
  - 접합된 보충 부재는 기존 부재와 동일한 강도를 유지하도록 시공
  - 기존 부재와 동일 수종으로 하고, 나뭇결 및 함수율이 유사한 재료를 선정
  - 보충 부재는 나뭇결이 동일한 방향으로 놓이도록 하고 기존 규격대로 치목
  - 기존 부재의 부식부는 완전히 제거하고 접합부를 치목
  - 보강철물을 사용하는 경우에는 기존 부재가 손상되지 않도록 시공
- ㉡ 훼손부 수지 처리
  - 해체 부재 중 불용재를 보충 목재로 재사용
  - 부식부 제거면에 수지를 밀실하게 채운 후 양생
  - 양생 기간 동안 진동, 충격 등을 가하지 않음
  - 작업 완료 후 수지처리부 표면은 기존 부재와 유사하게 처리

⑤ 구조보강
- ㉠ 내력저하부, 접합부 등에 철물을 덧대거나 부재 보강 등의 공법을 적용
- ㉡ 부식 등 훼손부는 보강 전에 수리
- ㉢ 보강되는 부재의 노출이 불가피한 경우에는 기존 건축물의 외관과 조화를 이루도록 시공
- ㉣ 구부재와 결구 시 가급적 보강 부재를 치목

ⓜ 철물로 고정하되 해체가 용이하도록 시공

ⓑ 목재에는 가급적 볼트구멍 등을 천공하지 않도록 하고, 천공 시에는 부재 훼손상태를 고려해 크기 및 간격 설정

ⓢ 기존 철물을 최대한 유지한 상태에서 철물을 덧대어 보강

ⓞ 구조체에 변형이 발생하지 않도록 유의

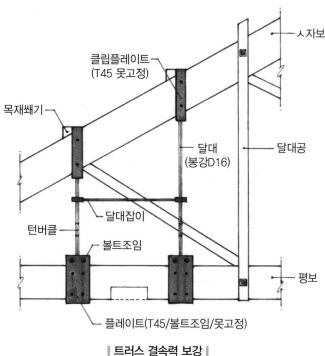

‖ 트러스 결속력 보강 ‖

⑥ 철물 설치 시 유의사항

ⓖ 기존 철물은 녹제거 및 방청 처리한 후 재사용

ⓛ 철물설치 시 목재의 갈램 및 쪼개짐이 발생하지 않도록 유의

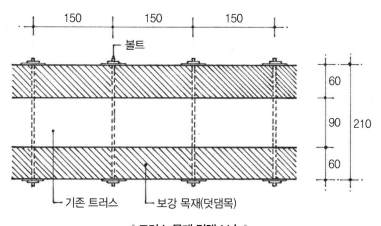

‖ 트러스 목재 덧댐 보수 ‖

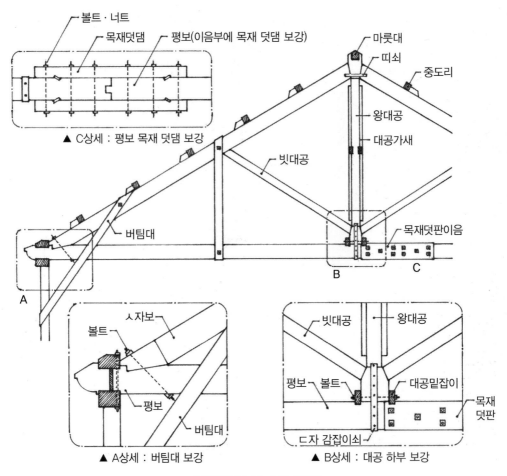

▲ C상세 : 평보 목재 덧댐 보강

▲ A상세 : 버팀대 보강

▲ B상세 : 대공 하부 보강

❚ 왕대공 트러스 수리 사례 ❚

LESSON 04 표준시방서 주요사항

SECTION 01 | 근대건축물 문화재 수리 원칙

01 | 기본원칙

① 원형유지
② 외형적인 수리에 그치지 않고 그 원인이 해결되도록 수리
③ 최소한의 수리

02 | 수리방법

① 외형
    ㉠ 모든 시기의 흔적을 존중하고 가치 있는 부분은 최대한 보존
    ㉡ 방수, 단열, 전기, 냉난방 설비 등으로 인해 건축물의 가치가 손상되지 않도록 함

② 재료
    ㉠ 손상된 것은 가급적 수리하거나 보강하여 재사용
    ㉡ 재사용이 불가한 재료 중 역사적 · 학술적 · 예술적 가치가 있는 재료는 별도 보관

③ 재료의 교체, 보강
    ㉠ 구조적으로 위험을 초래하거나 훼손이 가속화될 우려가 있는 경우
    ㉡ 기존 재료가 변경된 것으로서 가치가 없는 것으로 판단된 경우

④ 기법
    ㉠ 기존의 마감기법, 결구기법을 따름
    ㉡ 현대적인 기계장비는 건축물의 보존에 영향을 미치지 않는 범위 내에서 사용 가능
    ㉢ 구조보강 등 현대적인 기법 적용 시에는 환원될 수 있는 기법을 채택

01 | 재료

① 점토벽돌
  ㉠ 보충 벽돌은 기존의 것과 동등 품질의 것을 사용
  ㉡ 담당원의 승인을 받아 동등 품질 이상의 벽돌 사용 가능

② 운반 및 보관
  ㉠ 벽돌은 모서리나 면이 훼손되지 않도록 던지거나 쏟아 내리지 않음
  ㉡ 벽돌이 불순물에 오염되지 않도록 보관장소를 깨끗이 청소
  ㉢ 벽돌은 규격, 형태, 품질 등을 구분하여 보관
  ㉣ 습기에 손상되지 않도록 받침대 위에 적재
  ㉤ 필요한 경우에는 방수용 덮개를 이용하여 보양

02 | 사전조사

① 문헌 및 보수이력 조사
② 벽돌의 종류, 규격, 형태, 색상, 부위별 쌓기법 조사
③ 명문 및 흔적조사
④ 훼손 부위 및 현황 조사 : 균열, 박리, 박락, 백화, 오염물, 생장물, 부등침하, 기울음
⑤ 모르타르의 종류
⑥ 줄눈 조사 : 줄눈의 형태, 두께, 줄눈의 훼손현상(균열, 풍화, 충전불량)

03 | 해체조사

① 벽돌의 규격, 형태, 색상, 부위별 쌓기법 조사
② 훼손원인에 대한 조사 : 풍화, 누수 및 결로, 구조적 결함, 시공상 오류 등
③ 벽돌의 명문 등 흔적
④ 모르타르의 종류, 바름, 채움 양상
⑤ 연결철물의 종류, 형태, 규격, 연결기법 / 연결철물의 훼손 현상 및 원인
⑥ 수리흔적에 대한 조사
⑦ 기존 재료의 재사용 여부
⑧ 재료의 물리적인 성분 및 품질조사

⑨ 훼손현상 분석을 위한 조사

⑩ 벽돌의 제작 기술, 제작 방법에 대한 조사

04 | 해체 및 해체 시 유의사항

① 변형되었거나 훼손된 부분만 해체한다.

② 장식부위와 같이 중요한 부분, 훼손될 우려가 있는 부재는 보양 및 보강 후 해체한다.

③ 건축물에 영향을 미치지 않도록 작업충격을 최소화하고 수시로 손상 여부를 점검한다.

④ 미장면을 해체할 경우에는 벽돌면이 훼손되지 않도록 한다.

⑤ 해체 시 인접 부위의 수리가 선행된 경우에는 충분히 양생한 후 해체한다.

⑥ 인접 벽돌이 훼손되지 않도록 줄눈을 먼저 제거한 후 벽돌 해체한다.

⑦ 재사용 벽돌이 훼손되지 않도록 한다.

⑧ 해체 부위가 수직으로 2개소 이상인 경우에는 동시에 해체작업을 하지 않는다.

⑨ 아치, 개구부, 기둥 등의 부분 해체 시 상부 및 인접 벽돌의 처짐이나 무너짐을 예방하기 위해 보강조치를 취한다.

⑩ 벽돌은 온장으로 해체한다.

⑪ 해체 벽돌은 재사용 여부를 구분하여 보관한다.

⑫ 해체 벽돌은 이물질을 제거한 후 번호표를 붙여 보관한다.

05 | 시공

① 일반사항

　㉠ 기온이 4℃ 이하일 경우에는 작업을 시행하지 않는다.

　㉡ 강우, 강풍 등으로 인하여 작업에 지장이 있는 경우에는 작업을 시행하지 않는다.

　㉢ 하중 또는 구조적인 변형으로 벽체에 균열, 처짐 등이 발생하거나 예상되는 경우에는 보강방법을 강구한다.

② 모르타르의 배합비

구분	석회모르타르 (석회 : 모래)	시멘트석회모르타르 (시멘트 : 석회 : 모래)	시멘트모르타르 (시멘트 : 모래)
치장줄눈용		1 : 0.2 : 1	1 : 1
아치쌓기, 특수구조용	1 : 2~3	1 : 0.2 : 2.5	1 : 2
일반쌓기용		1 : 0.2 : 2.8	1 : 3

③ 벽돌쌓기

    ㉠ 재사용재는 원위치에 시공한다.

    ㉡ 균열, 박리, 파손이 크게 발생한 벽돌은 교체한다.

    ㉢ 벽돌은 온장으로 교체한다.

    ㉣ 불가피한 경우에는 훼손된 일부만 제거한 후 제거한 부분만큼 벽돌을 붙여서 시공한다.

    ㉤ 석회모르타르의 벽돌 1일 쌓기 높이는 0.6m 이하, 9켜 이하

    ㉥ 시멘트모르타르의 벽돌 1일 쌓기 높이는 1.2m 이하, 18켜 이하(최대 1.5m 이하, 22켜 이하)

④ 벽체쌓기

    ㉠ 수평, 수직 기준선 설치

    ㉡ 바탕면 청소 후 물축임

    ㉢ 보충 벽돌 이물질 청소

    ㉣ 벽돌쌓기 시점에 표면이 건조하지 않도록 충분히 물축임

    ㉤ 연결철물이 사용된 경우에는 원위치에 연결철물을 설치

    ㉥ 보충 벽돌과 바탕면 사이에 모르타르가 충분히 채워질 수 있도록 모르타르 바름

    ㉦ 기준실과 벽돌나누기에 맞춰 정확히 쌓음

    ㉧ 쌓기 완료 후 가로줄눈과 세로줄눈을 위에서부터 아래로 밀실하게 충전

    ㉨ 줄눈 모르타르가 굳기 전에 빈틈없이 줄눈 누르기를 하고 치장줄눈이 있는 경우 줄눈파기

    ㉩ 치장줄눈의 마감형태 및 깊이는 기존의 것을 따름

    ㉪ 모르타르 작업 후 표면에 붙어있는 모르타르 제거

⑤ 아치쌓기

    ㉠ 아치의 쌓기형식, 형태, 벽돌 규격 및 개수, 줄눈 간격 등이 변경되지 않도록 한다.

    ㉡ 가설형틀을 견고하게 설치한 후 수리한다.

    ㉢ 가설형틀 측면에 기존과 동일하게 벽돌나누기를 표시한다.

    ㉣ 어깨에서부터 중앙으로 좌우 대칭이 되도록 균등하게 쌓는다.

    ㉤ 겉쌓기 후 내부를 밀실하게 채운다.

    ㉥ 보충 벽돌은 줄눈간격이 기존과 동일하게 설치한다.

    ㉦ 보충 벽돌은 기존 아치부와 잘 맞물리도록 모르타르를 밀실하게 채운다.

    ㉧ 줄눈 모르타르가 굳기 전에 줄눈 누르기를 하고 치장줄눈이 있는 경우에는 줄눈파기를 한다.

    ㉨ 치장줄눈이 있는 경우 마감 형태 및 깊이는 기존의 것을 따른다.

    ㉩ 모르타르 작업 후 표면에 붙어 있는 모르타르를 깨끗이 제거한다.

    ㉪ 쌓기 후에는 하중이 실리거나 충격 등을 주지 않도록 한다.

    ㉫ 가설형틀은 모르타르가 완전히 굳을 때까지 존치(최소 5일 이상)한다.

⑥ 개구부쌓기

    ⑦ 창문틀, 문틀 보양 후 쌓고 훼손되지 않도록 한다.

    ⓛ 문틀 해체 시에는 인방 등 상부 구조가 훼손되지 않도록 조치를 취한다.

    ⓒ 창문틀, 문틀 주변의 나무벽돌 교체 시, 교체되는 벽돌은 방부처리하여 건조 후 설치한다.

    ⓔ 문틀 주위 방수에 문제 없도록 모르타르를 밀실하게 채운다.

    ⓜ 줄눈에 우수가 침투되지 않도록 치장줄눈을 일매지게 시공한다.

06 | 줄눈

① 줄눈바름은 위에서 아래로 하고 바닥은 보양한다.

② 기존 줄눈과 다른 재료로 수리된 부분, 생장물에 의해 손상된 부분은 제거한 후 바른다.

③ 줄눈 제거는 손공구를 사용한다.

④ 손상된 줄눈은 완전히 제거하고 깨끗이 청소한다.

⑤ 줄눈은 벽돌면과 모르타르면에 충분히 물축임하고 바른다.

⑥ 줄눈은 한 번에 6mm 내외의 깊이로 여러 번 나누어 바른다.

⑦ 기존 줄눈과 같은 형태, 깊이로 맞추고 줄눈 두께는 균일하게 한다.

⑧ 줄눈 작업 후 표면에 붙어 있는 모르타르를 제거한다.

07 | 보양

① 쌓은 후 12시간 동안은 하중을 받지 않도록 한다.

② 3일 동안은 집중하중을 받지 않도록 한다.

③ 모르타르가 완전히 경화될 때까지 진동, 충격 등을 가하지 않도록 한다.

④ 모서리, 돌출부, 단부, 창호부, 장식부 등은 파손이나 오염되지 않도록 보양한다.

⑤ 하절기에는 고온 및 직사광선 등에 의해 수분증발에 의한 급격한 건조를 막는 조치를 취한다.

⑥ 벽돌쌓기 후 기온이 4℃ 이하일 경우에는 양생기간 동안 보온 조치를 취한다.

SECTION 03 | 석공사

01 | 재료

화강석은 압축강도 100N/mm², 흡수율 5% 미만 부재 사용

02 | 시공

① 치석

    ㉠ 규격, 형태, 가공, 연결철물, 촉, 꺾쇠 등의 구멍 및 물림자리 등은 기존 석재와 같게 한다.

    ㉡ 모조석에 사용되는 종석의 종류, 크기, 색깔, 굳기, 마무리 정도는 미리 견본품을 제출하여 담당원의 승인을 받는다.

② 석재쌓기

    ㉠ 바른층쌓기, 허튼층쌓기 등 기존 쌓기법에 따라 시공한다.

    ㉡ 바탕면 청소 후 규준틀에 따라 수평실을 치고 모서리, 구석 등 기준이 되는 위치에서부터 수직 수평을 맞추어 쌓는다.

    ㉢ 줄눈을 일매지게 하기 위해 쐐기를 끼워서 쌓는다.

    ㉣ 쐐기는 모르타르가 굳은 다음 빼내고 모르타르를 채운다.

    ㉤ 사춤 모르타르를 넣을 때에는 석재면에 물축임을 한다.

    ㉥ 사춤 모르타르는 줄눈으로 모르타르가 흘러나오지 않도록 조치한 후 빈틈없이 채워 넣는다.

    ㉦ 모르타르의 압력으로 석재가 밀려나가지 않도록 여러 번에 나누어 채운다.

    ㉧ 사춤 모르타르가 경화되면 석재와 석재 또는 석재와 바탕면(안벽) 사이에 연결철물을 설치한다.

    ㉨ 아랫켜를 쌓은 후 다음 켜를 쌓을 때, 아랫켜에 충격을 주지 않도록 한다.

    ㉩ 아치, 처마 돌림띠 시공 시에는 지지대를 받치고 견고하게 설치한다.

    ㉪ 석재쌓기 완료 후 줄눈 모르타르를 속빔이 없도록 밀실하게 충전한다.

    ㉫ 줄눈 모르타르가 굳기 전에 줄눈 누르기를 하고 치장줄눈이 있는 경우에는 줄눈파기를 한다.

    ㉬ 치장줄눈이 있는 경우 마감 형태 및 깊이는 기존의 것을 따른다

    ㉭ 모르타르 작업 후 표면에 붙어 있는 모르타르를 깨끗이 제거한다.

03 | 석재수리

① 균열부를 주입제로 충전

    ㉠ 균열부를 중심으로 표면을 청소한다.

    ㉡ 균열폭에 따라 주입 간격을 결정한다.

    ㉢ 주입 전 주입핀을 설치하고, 주입제가 흘러나오지 않도록 균열부에 표면실링제를 바른다.

    ㉣ 균열부 공극 내로 밀실하게 충전한다.

    ㉤ 양생 후 주입핀, 표면실링제를 제거하고 깨끗이 표면을 처리한다.

    ㉥ 양생기간 동안 진동, 충격 등을 가하지 않는다.

    ㉦ 기존 석재와 재질, 색상 등이 같게 표면을 처리한다.

② 훼손부를 모르타르로 성형

    ㉠ 기존 석재와 유사한 석분을 모르타르와 배합하여 성형한다.

    ㉡ 성형 두께가 큰 경우 한 번에 시공하지 않고 여러 번 나누어 시공한다.

    ㉢ 시공 후 충분히 경화된 후 다음 회차 시공을 한다.

    ㉣ 보강철물을 삽입하는 경우에는 기존 석재의 손상을 최소화한다.

    ㉤ 부재 성형 시 기존 규격 및 형태와 같게 한다.

    ㉥ 모서리, 구석, 개구부 주변, 쇠시리면, 장식부 등은 주의하여 시공한다.

    ㉦ 성형면은 기존 석재와 재질, 색상 등이 같게 표면을 처리한다.

③ 훼손부를 석재로 보충

    ㉠ 훼손 부위가 크거나 장식부 등 섬세한 작업이 필요한 경우 실시한다.

    ㉡ 기존 석재와 유사한 석재를 가공하여 접착제로 부착한다.

    ㉢ 석재의 규모가 크거나 하중이 실리는 곳은 접합면에 보강철물을 사용하여 보강한다.

    ㉣ 보강철물을 삽입하는 경우에는 기존 석재의 손상을 최소화한다.

    ㉤ 보충 석재 가공 시, 훼손되기 이전의 석재 규격 및 형태와 같게 한다.

    ㉥ 모서리, 구석, 개구부 주변, 쇠시리면, 장식부 등은 주의하여 가공한다.

    ㉦ 보충 석재가 기존 석재에 견고하게 접합되도록 하고, 필요시 고정장치 등을 이용하여 고정한다.

    ㉧ 기존 석재와 보충 석재가 접하는 부분은 기존 석재와 재질, 색상 등이 같게 표면을 처리한다.

01 | 지붕틀 시공(양식 지붕틀)

① 조립순서

    ㉠ 단위트러스 조립 : 평보, 왕대공, 人자 보를 걸쳐 대고 빗대공, 달대공 순으로 조립

    ㉡ 기준트러스 조립 : 측면 트러스 등 기준이 되는 트러스를 깔도리 위에 설치

    ㉢ 기준트러스에 맞춰 나머지 트러스를 차례로 설치

    ㉣ 가새, 버팀대 등을 임시로 설치하여 수직 수평을 유지하고 비틀림을 억제

    ㉤ 트러스 설치 후 수직 수평 및 줄바르기를 검사

    ㉥ 대공밑잡이, 대공가새, 마룻대, 처마도리, 중도리를 순서대로 설치

② 부재의 이음부, 맞춤부, 볼트구멍 등은 기존 규격대로 치목

③ 부재의 이음 및 맞춤, 철물설치는 기존 기법을 따름

④ 조립 시 주요사항

    ㉠ 평보 : 단일재로 하되, 불가피하게 이음을 할 경우에는 대공 위치를 피하여 이음

    ㉡ 왕대공 : 평보 또는 종보와 맞춤하고 감잡이쇠로 고정 / 마룻대와 맞춤(쐐기, 못 고정)

    ㉢ 人자 보 : 평보, 왕대공과 맞춤하고 띠쇠로 고정 / 대공 위치를 피해서 이음

    ㉣ 종보 : 쌍대공 트러스에서 쌍대공, 인자보와 맞춤하고 종보 중앙에서 왕대공을 지지

    ㉤ 쌍대공 : 하부는 평보와 맞춤 / 상부는 人자 보, 종보와 맞춤(감잡이쇠, 꺾쇠, 띠쇠 등으로 고정)

    ㉥ 빗대공 : 상부는 人자 보, 하부는 왕대공 또는 평보와 맞춤(띠쇠, 꺾쇠 고정)

    ㉦ 달대공 : 人자 보, 평보의 양단에 대거나 걸침턱 맞춤

    ㉧ 대공가새 : 왕대공에 도리방향으로 설치하여 트러스와 트러스를 연결(볼트, 꺾쇠로 고정)

    ㉨ 대공밑잡이 : 도리방향으로 왕대공 하부에 볼트, 못으로 고정

    ㉩ 귀잡이 : 평보와 처마도리 및 깔도리 사이에 설치하고 볼트, 못으로 고정

    ㉪ 중도리 : 人자 보 위에 직교하여 설치 / 人자 보 위에 걸쳐대거나 걸침턱 맞춤(꺾쇠, 못 고정) 구름받이재 설치(중도리 밀림 방지)

    ㉫ 마룻대 : 왕대공 위에 설치

    ㉬ 서까래 : 처마도리, 중도리에 직교하여 서까래 자리를 따내거나, 도리에 걸치고 못을 박음

    ㉭ 개판 : 서까래 위에 못 박아 고정

01 | 용어의 정의

① **감새** : 박공 끝을 감싸는 비흘림면이 있는 기와

② **기와살** : 기와가 밀려나지 않게 개판 위에 댄 각재

③ **기와가락** : 동판, 함석지붕 등에 기왓골을 만들기 위하여 서까래 모양으로 댄 각재

④ **거멀쪽** : 동판, 함석지붕 판의 신축이나 못 구멍의 확대를 막기 위해 금속의 이음부에 대는 쪽

⑤ **거멀띠** : 동판, 함석지붕의 처마 변형을 방지하기 위해 금속판 뒤에 대는 동판 또는 함석 띠장

⑥ **일자잇기** : 용마루와 수평방향으로 잇는 방법(동판, 함석, 슬레이트 지붕)

⑦ **마름모잇기** : 마름모형으로 잇는 방법(동판, 함석, 슬레이트 지붕)

⑧ **기와가락잇기** : 지붕널 위에 기와가락을 45~60cm 간격으로 대고 동판, 함석 등을 잇는 방법

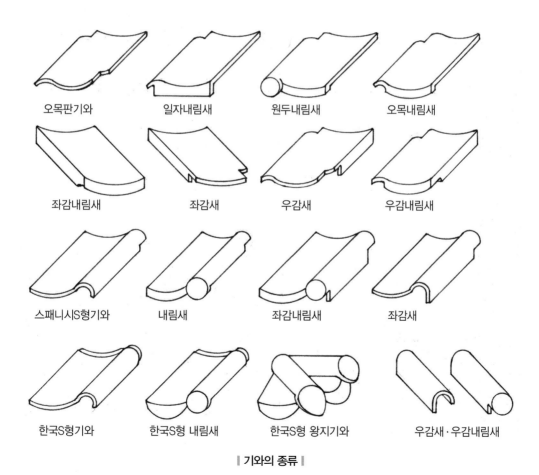

| 오목판기와 | 일자내림새 | 원두내림새 | 오목내림새 |

| 좌감내림새 | 좌감새 | 우감새 | 우감내림새 |

| 스패니시S형기와 | 내림새 | 좌감내림새 | 좌감새 |

| 한국S형기와 | 한국S형 내림새 | 한국S형 왕지기와 | 우감새·우감내림새 |

‖ 기와의 종류 ‖

02 | 기와지붕공사

① **기와** : 시멘트기와, 점토기와

② **기와살** : 기존 규격 및 수종에 따르되 일반적으로 한 변 25mm 내외인 각재 사용

③ **고정못** : 지름 2.4mm, 길이 45mm 내외의 아연도금 또는 구리못 사용

④ **결속선** : 지름 0.94mm 내외의 동선, 아연도금 철선 사용

⑤ 시공 전 조사

　　㉠ 관련 문헌, 설계도서, 수리기록, 사진

　　㉡ 지붕 형태, 물매

　　㉢ 바닥기와의 종류, 규격, 형태, 색상, 노후화 상태

　　㉣ 각종 마감부의 종류, 형태(지붕마루, 처마, 지붕골, 박공, 벽과의 접합부)

⑥ 해체조사

　　㉠ 바닥기와의 규격, 형태, 중량, 잇기법

　　㉡ 각종 마감부의 기와 규격, 형태, 잇기법(지붕마루, 처마, 지붕골, 박공, 벽과의 접합부)

　　㉢ 망와 등 각종 장식기와의 규격, 형태, 잇기법

　　㉣ 기와살의 수종, 규격, 설치기법

　　㉤ 보토, 펠트, 루핑, 기타 방수층 등 지붕 바탕의 기법

　　㉥ 개판 훼손 현상 및 원인

　　㉦ 각종 기와의 명문 등 흔적

　　㉧ 수리흔적

　　㉨ 기존 재료의 재사용 여부

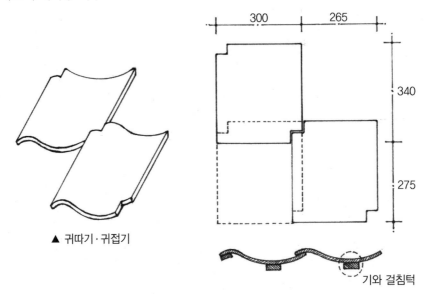

▲ 귀따기·귀접기

∥ **시멘트 오목판기와의 구조** ∥

⑦ 해체

　　㉠ 변형되었거나 훼손된 부분만 해체

　　㉡ 해체 부재는 번호표를 붙이고 도면상에 기록

　　㉢ 해체 시 재료가 훼손되지 않도록 보양

　　㉣ 해체 재료는 재사용 여부를 구분하여 보관

　　㉤ 지붕하중이 분산되도록 전후좌우 균형 있게 해체

　　㉥ 망와 등 중요 기와는 먼저 해체

　　㉦ 지붕마루는 추녀마루, 내림마루, 용마루 순서로 해체

　　㉧ 바닥기와는 위쪽에서 아래쪽 방향으로 해체

　　㉨ 기와는 손상되지 않도록 해체

　　㉩ 고정못, 결속선을 먼저 해체하며 지붕 바탕이 손상되지 않도록 해체

　　㉪ 기와살 전체를 해체하지 않고 부식되거나 훼손된 부분만 해체

　　㉫ 기와살 해체는 먼저 고정못을 빼내어 기와살이 손상되지 않도록 해체

　　㉬ 지붕 바탕의 상태와 기법이 설계도서와 일치하는지 확인하고 해체

　　㉭ 보토를 사용한 경우에는 해체 시 분진이 발생되지 않도록 해체

　　㉮ 펠트, 루핑, 기타 방수층이 설치된 경우에는 해체 시 손상되지 않도록 주의

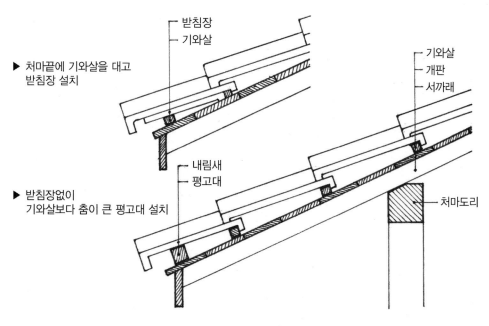

‖ 처마끝 기와 설치 구조 ‖

⑧ 시공

　ⓐ 기와를 지붕 위로 올릴 때에는 불균형 하중이 발생하지 않도록 분산하여 적재

　ⓑ 기와이기 중 물을 사용하는 작업은 기온이 4℃ 이하일 경우에는 작업을 시행하지 않음

　ⓒ 기와의 중량이 증가되거나 다른 지붕재료에서 기와로 변경될 경우에는 지붕의 구조 안전성 검토

　ⓓ 기와살은 지붕 바탕의 펠트, 루핑, 기타 방수층이 손상되지 않도록 설치

　ⓔ 기와살은 물매 방향에 직교하여 줄바르게 설치하고 간격은 바닥기와의 크기에 맞춰 설치

　ⓕ 기와살을 이어댈 때에는 양끝을 서로 밀착시키지 말고 10mm 내외의 간격을 두어 설치

　ⓖ 바닥기와는 지붕에 구조적 불균형이 발생되지 않도록 균형 있게 이어나감

　ⓗ 바닥기와는 가로, 세로 이음새를 줄바르게 밀착시키고 물림, 겹침 등을 일정하게 하여 기와가 움직
　　이지 않도록 시공

　ⓘ 상부 바닥기와의 밑면은 하부 바닥기와의 윗면에 밀착하여 강풍에 빗물이 역류되지 않도록 함

　ⓙ 처마끝 부분의 바닥기와는 탈락되지 않도록 못 또는 결속선으로 고정

　ⓚ 감새는 박공 옆에 잘 대어 잇고 감새 부분은 서로 밀착하여 틈서리가 없고 터지지 않게 이음

　ⓛ 내림새는 처마 끝에 기와살을 겹쳐대거나 기와살보다 춤이 높은 평고대를 설치하거나, 기와살 위에
　　처마 받침장 기와를 설치하고 그 위에서 90mm 내외를 내밀어 잇되, 못 또는 결속선으로 고정

　ⓜ 지붕골은 너비 30~60cm 내외로 하되 양쪽에 골걸침대(골기와살, 골평고대)를 설치하고 지붕골 바
　　닥 금속판을 골걸침대에 감아 접어 고정

　ⓝ 지붕골 바닥 금속판은 함석판 또는 금속판을 접어 사용

　ⓞ 지붕골 옆 바닥기와는 마름질하고 깨어낸 면을 깨끗하게 다듬어 지붕골 금속판 옆에서 90mm 내외
　　를 내밀어 잇되, 필요에 따라 못 또는 결속선으로 고정

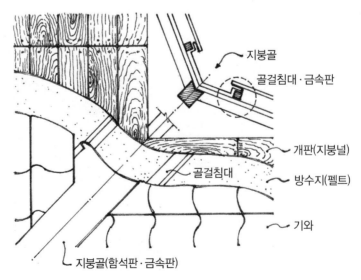

┃ 지붕골 설치 구조 ┃

ⓝ 적새는 회반죽 또는 시멘트모르타르로 얇게 붙여 덮음

ⓓ 적새 위에 숫마루장을 덮고 숫마루장 내부는 모르타르로 채워 이동하지 않도록 하며 회반죽, 시멘트모르타르 또는 못 및 결속선 등으로 고정

ⓡ 착고는 기와의 색상에 맞추어 회반죽 또는 시멘트모르타르 바름으로 하고, 착고바름은 적새 옆면에서 20mm 내외로 들어가게 하여 비가 스며들지 않도록 함

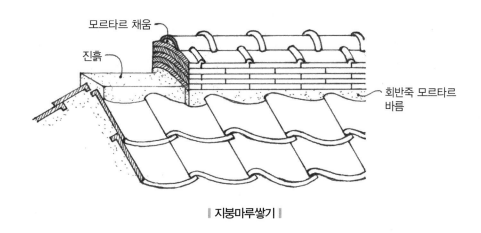

‖ 지붕마루쌓기 ‖

03 | 동판지붕공사

① 재료

ㄱ 동판, 고정못

ㄴ 기와가락 : 한 변 50mm 내외 각재

ㄷ 바탕재 : 펠트, 루핑, 기타 방수층

ㄹ 동판은 훼손되지 않도록 던지거나 쏟아 내리지 않음

ㅁ 동판은 불순물에 오염되지 않도록 보관장소를 깨끗이 청소

ㅂ 동판은 규격, 형태 등을 구분하여 보관하고 습기에 손상되지 않도록 받침대 위에 적재

② 시공 전 조사

ㄱ 관련 문헌, 설계도서, 수리기록, 사진

ㄴ 지붕의 형태, 물매

ㄷ 동판의 종류, 규격, 색상, 노후화 상태

ㄹ 각종 마감부의 종류, 형태(지붕마루, 처마, 지붕골, 박공, 벽과의 접합부)

ㅁ 일자 및 마름모 잇기판의 규격, 형태

ㅂ 기와가락잇기 바닥판의 규격, 형태, 기와가락의 규격, 설치간격

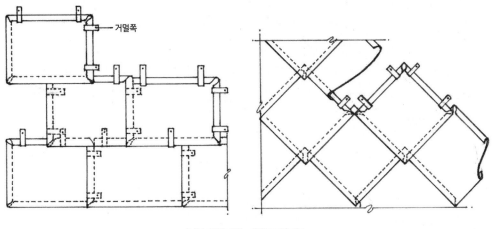

║ 일자잇기와 마름모잇기 ║

③ 해체조사

　ⓖ 동판의 규격, 형태, 잇기법

　ⓛ 각종 마감부의 기법(지붕마루, 처마, 지붕골, 박공, 벽과의 접합부)

　ⓒ 일자 및 마름모 잇기법

　ⓔ 기와가락잇기의 바닥판, 기와가락 잇기법

　ⓜ 거멀쪽 및 거멀띠의 규격, 형태, 설치기법

　ⓗ 개판 훼손 현상 및 원인

　ⓢ 수리흔적, 기존 재료의 재사용 여부

④ 해체

　ⓖ 지붕마루 등 마감처리부부터 해체

　ⓛ 동판은 훼손되지 않도록 해체

　ⓒ 부분 해체 시 인접부 훼손 유의

　ⓔ 거멀쪽, 거멀띠 해체는 먼저 고정못을 빼내어 지붕 바탕이 훼손되지 않도록 해체

　ⓜ 기와가락은 훼손된 부분만 해체

　ⓗ 기와가락 고정못을 먼저 빼내어 기와가락이 손상되지 않도록 해체

　ⓢ 기와가락 해체 시 지붕 바탕이 훼손되지 않도록 해체

　ⓞ 지붕 바탕의 상태와 기법이 설계도서와 일치하는지 확인하고 해체

　ⓩ 이전 지붕 바탕 기법의 흔적 조사(기와살, 고정못 자국, 펠트, 루핑)

　ⓐ 펠트, 루핑, 기타 방수층이 훼손되지 않도록 해체

| 평감접기 | 평겹감접기 | 선감접기 |

| 거멀쪽 | 거멀쪽 | 거멀쪽　못 |

‖ **거멀접기의 종류** ‖

⑤ 거멀접기, 거멀쪽, 거멀띠

   ㉠ 거멀접기는 너비 15mm 이상으로 하고, 접은 자리는 금이 가지 않게 잘 접는다.

   ㉡ 거멀접기는 상호 물림이 잘되도록 하며 줄바르고 일매지게 함

   ㉢ 거멀쪽은 너비 15~35mm, 길이 60~90mm로 하고 못 2개로 고정(최대 간격 300mm 이내)

   ㉣ 거멀띠는 길이 900mm 내외 / 이음은 맞대고 양끝 및 중간 간격 200mm 내외마다 못 고정

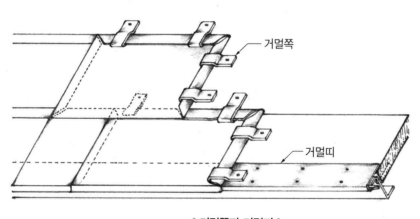

거멀쪽

거멀띠

‖ **거멀쪽과 거멀띠** ‖

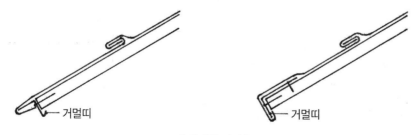

거멀띠

거멀띠

‖ **처마끝 마감** ‖

⑥ 동판잇기(일자잇기)

　　㉠ 잇기판은 크기 600×450mm 내외의 장방형

　　㉡ 상하변과 좌우변은 각각 너비 10~15mm로 서로 반대 방향으로 접음

　　㉢ 잇기판의 상변과 좌변 또는 우변에 각각 거멀쪽을 2개씩 끼워 개판에 못으로 고정하고 잇기판을 위쪽으로 이어 나감

　　㉣ 잇기판의 이음새는 가로 방향은 일자, 세로 방향은 상하가 서로 엇갈리게 시공

　　㉤ 지붕마루는 지붕마루덮개로 감싼 후 양쪽의 잇기판을 치켜 올려 지붕마루덮개와 거멀접기

　　㉥ 처마 끝과 박공옆 잇기판은 거멀띠와 거멀접기 하되 물끊기를 고려하여 시공

　　㉦ 지붕골은 너비 300~600mm로 양쪽에 골걸침대를 대고 바닥에 지붕골 동판을 설치

　　㉧ 지붕골 동판의 양옆을 각각 골걸침대 위로 꺾어 올려 되접기 및 거멀쪽으로 고정

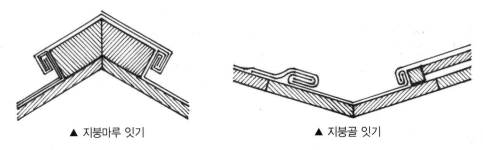

▲ 지붕마루 잇기　　　　　　　　　　▲ 지붕골 잇기

❘ 지붕마루, 지붕골의 동판잇기 ❘

⑦ 기와가락잇기

　　㉠ 바닥판 크기는 900×450~600mm 내외 / 기와가락 감싸기판 크기는 100×900mm 내외

　　㉡ 기와가락 감싸기판의 이음은 바닥판의 이음자리와 엇갈리게 시공

　　㉢ 기와가락은 한 변 50mm 내외 각재 / 설치간격은 450~600mm / 가급적 서까래 위에 설치

　　㉣ 바닥판을 기와가락 윗면까지 치켜 올리고 기와가락 감싸기판 양끝과 거멀접기 / 300mm 이내마다 거멀쪽으로 고정

　　㉤ 지붕마루는 양쪽 바닥판 위쪽과 기와가락 감싸기판 위쪽을 치켜 올려 지붕마루 덮개와 거멀접기

　　㉥ 처마 끝과 박공옆 바닥판은 거멀띠와 거멀접기 하되 물끊기를 고려하여 시공

　　㉦ 지붕골은 너비 300~600mm로 양쪽에 골걸침대를 대고 바닥에 지붕골 동판을 설치

　　㉧ 지붕골 동판의 양옆을 각각 골걸침대 위로 꺾어 올려 되접기 및 거멀쪽으로 고정

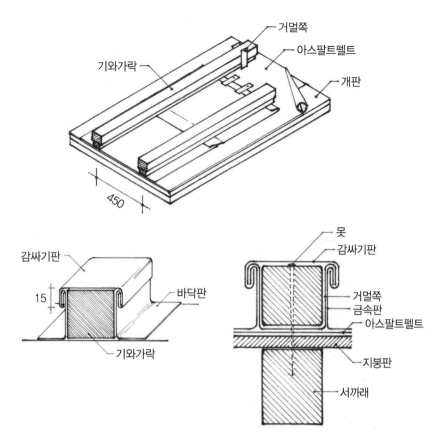

| 기와가락잇기 설치 구조 |

SECTION 06 | 창호공사

01 | 조사

① 시공 전 조사

　㉠ 관련 문헌, 설계도서, 수리기록, 사진

　㉡ 창호의 종류, 규격, 형태

　㉢ 창호의 훼손 부위 및 현상

　㉣ 창호의 기밀 상태 및 개폐 원활 여부

　㉤ 창호의 경계부 현황(인방, 창대의 파손 및 변형 현황)

　㉥ 창호철물의 종류, 규격, 형태, 훼손현상

　㉦ 유리 및 고정재의 종류, 규격, 형태, 설치기법, 훼손현상

② 해체조사

  ㉠ 창호의 종류, 규격, 형태

  ㉡ 창호의 설치, 이음 및 맞춤 기법

  ㉢ 창호의 훼손원인(인방처짐 등)

  ㉣ 창호의 경계부 현황(창문틀 및 문틀 주변 충전상태, 벽체와 연결방법)

  ㉤ 창호철물 및 고정철물의 규격, 형태

  ㉥ 수리흔적

  ㉦ 기존 창호재의 재사용 여부

02 | 해체

① 일반사항

  ㉠ 변형 및 훼손될 우려가 있는 창호는 보양한 후 해체

  ㉡ 해체 시 창호 및 구조체가 훼손되지 않도록 함

  ㉢ 해체 부재는 재사용 여부를 구분하여 보관 / 이물질 제거 후 번호표를 붙여 보관

② 창문 · 문 해체

  ㉠ 경첩 등 창호철물을 제거하고 해체

  ㉡ 창문선, 문선은 못 등 고정철물을 제거하고 해체

  ㉢ 주변 경계부의 도장 등 마감면이 훼손되지 않도록 해체

③ 오르내리기창호 해체

  ㉠ 내부 창문선은 못 등 고정철물을 해체한 후 해체

  ㉡ 내부 창문의 도르래줄을 분리하여 매듭을 만들고 고정시켜 추 낙하로 인한 창문틀의 파손을 방지

  ㉢ 내부 창문을 창문틀에서 해체

  ㉣ 외부 창문은 아래로 내린 후 내부창과 마찬가지로 도르래줄을 분리하고 해체

  ㉤ 추함을 열어 추를 밖으로 꺼내 도르래줄을 푼 후 추를 보관

④ 창문틀 · 문틀 해체

  ㉠ 창문선, 문선은 못 등 고정철물을 제거한 후 해체

  ㉡ 주변 경계부 도장 등 마감면이 훼손되지 않도록 해체

  ㉢ 창문틀, 문틀과 벽체면 사이의 사춤 모르타르를 떼어냄

  ㉣ 창문틀, 문틀의 고정철물은 위치, 개소, 종류를 파악하여 도면상에 기록한 후 해체

  ㉤ 창문틀, 문틀 해체 시 변형의 우려가 있는 경우에는 가새 등을 대고 해체

03 | 시공

① 창문틀 · 문틀 설치

    ㉠ 창문틀, 문틀은 변형의 우려가 있는 경우에는 버팀대, 가새 등으로 보강

    ㉡ 밑틀, 위틀 및 선틀이 수평, 수직을 유지하도록 설치

    ㉢ 고정철물로 벽체와 긴결된 경우에는 기존 기법에 따름

    ㉣ 콘크리트, 벽돌벽 경계면은 모르타르로 빈틈없이 사춤

    ㉤ 모르타르 사춤 과정에서 창문틀, 문틀에 배부름 현상이 발생하지 않도록 주의

② 창문 · 문 설치

    ㉠ 여닫음에 의한 벽선, 홈대 및 창문틀, 문틀의 뒤틀림, 휨 등을 조사

    ㉡ 본 설치에 앞서 기둥, 벽선, 홈대 및 창문틀, 문틀 등에 맞도록 상하좌우를 조정한 후 정해진 위치에 가설치

    ㉢ 창호철물을 정해진 위치에 여닫기, 잠그기가 잘되도록 견고하게 설치

    ㉣ 창호를 달아 놓고 일정기간 고정하여 변형이 일어나지 않도록 함

    ㉤ 변형이 발생된 창호는 해체하여 바로잡아 재설치

    ㉥ 위치가 바르고, 여닫음이 좋게 틀과 틈서리가 나지 않도록 달고 뒤틀림, 처짐 등이 없도록 설치

③ 오르내리기창 설치

    ㉠ 안팎 창짝의 여밈이 정확하고 여닫음이 잘되며, 뒤틀림이 생기지 않도록 설치

    ㉡ 도르래 줄은 기존 고정 위치에 맞추어 그 끝을 못으로 고정하고 추는 풀리지 않게 매어서 고정

    ㉢ 양쪽 추를 더한 무게는 창문의 여밈 및 여닫음 상태를 고려하여 창문과 같거나 1~2kg 정도 무겁게 설치

    ㉣ 창호제작 시 창호 무게가 변경된 경우에는 추의 무게도 변경

01 | 목재보존처리

① 조사

 ㉠ 보존 처리시기, 방법, 사용약품 등 보존처리이력

 ㉡ 목재의 훼손 현상(부식, 노후화), 범위, 원인(미생물, 흰개미)

② 방충방부처리

 ㉠ 내력부분에 사용되는 목재로서 콘크리트, 벽돌, 돌, 흙 등 포수성 재질에 접하는 부분

 ㉡ 급수 배수시설에 근접된 목재로서 부식의 우려가 있는 부분

 ㉢ 지표면상 1m 이내의 부분에 있는 토대, 귀잡이, 멍에, 장선, 동바리, 기둥, 가새, 창대 등

 ㉣ 목재 방부방충제에 따른 가압법, 침지법, 도포법, 뿜칠법으로 시공

 ㉤ 목재는 방충방부처리에 지장이 없는 정도로 건조(처리된 목재의 함수율은 18% 이하)

 ㉥ 도포나 뿜칠 시의 기온은 7℃ 이상이어야 하고, 상대습도가 85% 이상일 때는 작업을 중지

 ㉦ 침지법, 도포법, 뿜칠법에 의한 처리는 목재 가공 후에 실시

 ㉧ 약제를 재도포할 경우에는 매회 도포 종료 후 건조한 다음 실시

 ㉨ 방충방부처리한 목재를 가공했을 때는 가공부위에 대하여 도포 또는 뿜칠로 방부방충처리

02 | 벽돌보존처리

① 조사

 ㉠ 보존 처리시기, 방법, 사용약품 등 보존처리이력

 ㉡ 벽돌의 훼손 현상(균열, 풍화, 탈락, 누수, 백화, 오염 및 생장물)

 ㉢ 훼손 범위와 원인

② 세척

 ㉠ 세척은 벽돌표면 손상을 최소화하는 방법을 적용한다.

 ㉡ 물세척을 원칙으로 하고 고압세척, 기계세척, 화학세척은 사용 범위를 최소화한다.

 ㉢ 세척방법은 시범 세척 후 담당원의 승인을 받아 결정한다.

 ㉣ 시험세척은 낮은 압력, 낮은 온도, 낮은 화학약품 농도, 작은 마모제 등 위험도가 낮은 방법부터 시행한다.

 ㉤ 오염물이 완벽하게 제거되지 않더라도 벽돌 표면이 손상되지 않는 범위 내에서 세척한다.

 ㉥ 창문 등 개구부 및 금속부 등은 보양 후 세척한다.

 ㉦ 세척은 위에서부터 아래로 내려가면서 시행한다.

 ㉧ 작업자는 보호장비를 착용하고 응급처치방법을 숙지한다.

③ 물세척

    ㉠ 물뿌리기, 온수세척, 스팀세척, 고압세척을 오염정도에 따라 선택적으로 사용한다.

    ㉡ 세제는 중성세제로 세척하고 철을 함유하지 않은 부드러운 솔을 사용하여 오염물을 제거한다.

    ㉢ 장시간 물세척은 백화의 원인이 되므로, 젖은 상태가 지속되지 않도록 한다.

    ㉣ 고압세척은 벽돌의 손상을 최소화하도록 압력을 선정하고 벽면에서 적절하게 이격해서 세척한다.

    ㉤ 물세척이 완료되면 벽돌 표면 건조 후 부드러운 솔을 사용하여 잔류물을 제거한다.

④ 화학세척

    ㉠ 물세척으로 제거가 불가능한 부위, 고착부위 및 페인트로 오염된 부분은 화학약품을 사용하여 제거할 수 있다.

    ㉡ 벽돌의 변색, 페인트의 침착 등이 발생되지 않게 약품의 선택이나 작업에 주의한다.

    ㉢ 화학세척 후에는 증류수 및 알코올, 중성세제 등을 사용하여 중화처리하고, 잔존 이물질 및 잔류 약품 등을 제거한다.

⑤ 기계세척

    ㉠ 가급적 사용하지 않으며 물세척 및 화학세척으로 제거되지 않는 오염물 제거 시 선택적으로 사용할 수 있다.

    ㉡ 분사기(Blaster)와 같은 장비를 사용할 경우에는 벽돌 손상을 최소화하도록 압력 및 마모제의 종류와 규격을 선정한다.

    ㉢ 기계세척 시 먼지가 발생하지 않도록 분진시설을 갖추고 작업한다.

    ㉣ 먼지로 인해 세척 상태 확인이 용이하지 않으므로 기존 벽돌이 훼손되지 않도록 주의한다.

    ㉤ 물세척을 병행하는 경우에는 벽면 및 하부에 침전물이 고이지 않도록 세척 후 당일 청소한다.

    ㉥ 기계세척 완료 후 물세척을 하여 분진탈착으로 인한 재오염을 방지한다.

⑥ 생장물 제거

    ㉠ 살생물제 사용 시에는 작업자 안전에 주의하고 주변을 보양한다.

    ㉡ 건조한 날에 실시하고 바람 부는 날에는 가급적 실시하지 않는다.

    ㉢ 벽돌 표면에 생장하는 이끼, 덩굴 등의 뿌리를 잘라 건조시킨 후 제거한다.

    ㉣ 필요시 식물 밑둥에 살생물제를 도포한다.

    ㉤ 살생물제 처리 전에 수작업에 의해 제거작업을 실시한다.

    ㉥ 살생물제를 처리하고 1주일 경과 후 죽은 생물조직은 부드러운 솔로 제거한다.

⑦ 발수처리 : 벽돌면 훼손상황에 따라 사용 여부를 결정하고 발수제의 성능을 검토하여 담당원의 승인을 받아 처리한다.

LESSON 05 공종별 수리사례

SECTION 01 | 벽돌공사

01 | (구)서울구치소

① 재료 수급 : 중국에서 중고 벽돌 수입

② 벽돌 균열부 수리
- ㉠ 와이어브러쉬, 디스크샌더 등으로 균열 주위 청소
- ㉡ 균열부 U커팅 및 이물질 제거
- ㉢ 에폭시프라이머 도포, 탄성에폭시 실링
- ㉣ 실링재 경화 후 마감 시공

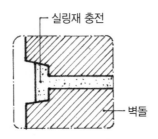 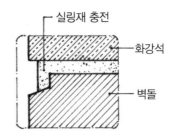

┃ 벽돌 균열부 수리 ┃

③ 벽돌 교체
- ㉠ 줄눈제거(그라인더 커팅)
- ㉡ 벽돌제거(완충용 파쇄해머)
- ㉢ 바탕면청소(에어건, 브러쉬)
- ㉣ 물축임(바탕면, 교체 벽돌)
- ㉤ 기준실 설치
- ㉥ 모르타르 채움(바닥, 후면)

      ⓧ 벽돌삽입

      ⓞ 벽돌 윗면, 측면에 모르타르 충전(주입기 사용)

      ⓩ 줄눈누르기, 줄눈파기, 치장줄눈 시공

④ **줄눈보수**

      ㉠ 시멘트모르타르 줄눈 들뜸 및 탈락 부위 재시공

      ㉡ 줄눈두께에 맞춰 그라인더 휠을 2~3개 겹쳐서 줄눈 제거 후 재시공

02 | (구)러시아공사관

① **재료 수급** : 동시기에 건립된 러시아 건물 해체 시 발생한 파벽돌 수입

② **훼손 현황** : 외벽 미장 마감면에 균열

③ **내외벽 미장 마감 해체**

      ㉠ 그라인더로 미장 마감면을 바둑판 모양으로 잘라냄

      ㉡ 커트부를 지렛대와 파쇄해머로 제거

④ **임시 보강시설**

      ㉠ 4면 모서리에 철골구조물을 덧대고 철봉을 턴버클로 연결

      ㉡ 벽돌의 박락이 심한 부분은 판재를 대고 고정

      ㉢ 내부에 비계와 목재를 이용해 기둥과 모서리 부분 보강

⑤ **벽돌해체**

      ㉠ 줄눈제거기로 줄눈 제거 후 한 장씩 해체

      ㉡ 훼손이 심한 부분은 완충용 파쇄해머로 해체

⑥ **벽돌쌓기**

      ㉠ 모서리부는 한 장씩 해체하고 양쪽벽이 맞물리도록 쌓음

      ㉡ 아치부에 철판 소재 형틀을 설치하고 지지대로 보강

      ㉢ 외벽 아치 해체 및 쌓기

      ㉣ 내벽 아치 해체 및 쌓기

01 | 한국은행본관

① 균열부 수리

　ㄱ 균열부 V커팅

　ㄴ 기존 석재로 석분 제작 / 석분과 석재 접착제 혼합

　ㄷ 커팅부에 충전, 경화

　ㄹ 표면마감

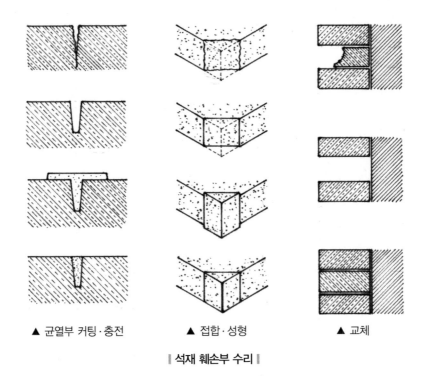

▲ 균열부 커팅·충전　　▲ 접합·성형　　▲ 교체

‖ 석재 훼손부 수리 ‖

② 박락부 수리

　ㄱ 파손부 정리

　ㄴ 석재 가공(박리 박락된 부분보다 약간 크게 제작)

　ㄷ 석재 접착

　ㄹ 양생 후 표면마감

02 | 덕수궁 석조전

① 수리 내용

    ㉠ 균열이 있는 처마도리에 탄소막대 삽입해서 보강

    ㉡ 훼손부는 에폭시 주입, 석분으로 성형하거나 신재 교체

② 탄소막대 삽입

    ㉠ 매립 부위에 먹놓기

    ㉡ 커팅, 매립부 홈파기

    ㉢ 분진 제거

    ㉣ 에폭시프라이머 도포 후 양생

    ㉤ 탄소섬유막대 삽입(전용 접착제를 홈 내부에 충전 후 막대 삽입)

    ㉥ 양생 후 석재마감재 도포

③ 균열부 수리

    ㉠ 표면청소(녹, 먼지, 부식물제거)

    ㉡ 균열부 수지 주입(건축용 주사기 사용)

    ㉢ 양생 후 표면마감

④ 훼손부 성형

    ㉠ 모르타르 제거

    ㉡ 접합 및 성형(석재용 에폭시수지와 석분 혼합)

    ㉢ 고색처리(아크릴물감)

01 | 중명전

① 화재 등으로 단면 손실 및 변형이 발생한 트러스 부재의 교체 및 보강
② 교체부는 동일 수종으로 교체하고 손상이 적은 부분은 재사용
③ 인장력을 받는 접합부는 감잡이 철물로 감아서 보강
④ 신재 교체 및 빗대공 추가(2개)
⑤ 연결철물 부식부 제거 및 도장처리

‖ 트러스 부재 보강 ‖

02 | 배재학당 본관

① 훼손현황 : 서까래, 도리 부식 및 변형(규격 부족)

② 탄소섬유판 보강
  ㉠ 목부재에 탄소섬유판 삽입(목부재의 내력 보강)
  ㉡ 홈파기는 설치규격보다 6mm 크게 시공하여 홈내부에 목재용 에폭시 충전 후 탄소판 삽입

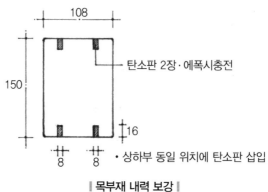

‖ 목부재 내력 보강 ‖

03 | 공업전습소

① 훼손 현황 : 1, 2층 마룻바닥의 변형

② 수리 내용
    ㉠ 외벽 안쪽에 철골 기둥을 독립기초 위에 설치
    ㉡ 철골 기둥 사이에 보를 설치하여 바닥 구조 보강

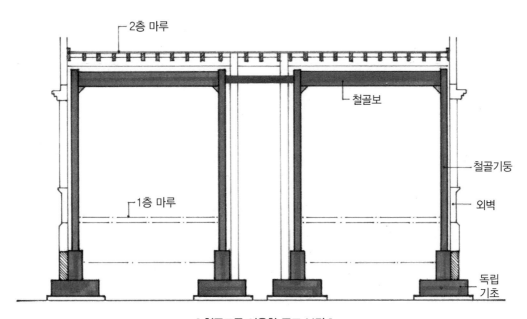

▎철골조를 이용한 구조 보강 ▎

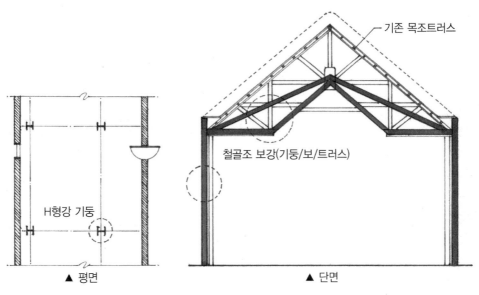

▎철골 구조물 신설 ▎

01 | 단행본

경기문화재단, 「화성성역의궤건축용어집」, 2007
김동욱, 「한국건축의 역사」, 기문당, 2013
김왕직, 「알기 쉬운 한국건축 용어사전」, 동녘, 2007
장기인, 「한국건축대계 I · 창호」, 보성각, 2005
장기인, 「한국건축대계 VII · 석조」, 보성각, 1997
장기인, 「한국건축대계 II · 벽돌」, 보성각, 2010
서유구, 「임원경제지 섬용지 1」, 풍석문화재단, 2016
김진욱, 「100년만에 되살리는 한국의 전통미장기술」, 성안당, 2017
손영식, 「한국의 성곽」, 주류성, 2011
조성기, 「한국의 민가」, 한울, 2006

02 | 간행물

「문화재수리표준시방서」, 문화재청, 2014
「한국성곽용어사전」, 문화재청, 2007
「근대건축물 문화재수리표준시방서」, 문화재청, 2010
「근대건축물 수리사례집」, 문화재청, 2010

03 | 보고서

가. 수리보고서

「강화 정수사 법당 실측 · 수리보고서」, 강화군, 문화재청, 2004
「경복궁 광화문권역 중건보고서」, 문화재청, 2011
「광릉 및 휘경원 보수공사 수리보고서」, 문화재청, 2007
「광릉 정자각 및 비각 수리보고서」, 문화재청, 2010
「경주 불국사 삼층석탑 수리보고서 I, II」, 문화재청, 2017
「김제 금산사 미륵전 수리보고서」, 문화재청, 김제시, 2000
「나주향교 대성전 수리보고서」, 나주시청, 2008
「덕수궁 준명당 수리보고서」, 문화재청, 2010
「법주사 대웅전 실측 · 수리보고서」, 문화재청, 2005
「법주사 팔상전 수리공사보고서」, 국립문화재연구소, 1998
「부여 무량사 극락전 수리보고서」, 문화재청, 부여군, 2002
「수원 팔달문 해체보수공사수리보고서」, 화성사업소, 2013
「숭례문 복구 및 성곽 복원공사 수리보고서」, 문화재청, 2013
「영천향교 대성전 수리공사보고서」, 문화재청, 2001
「인릉(仁陵) 정자각 및 비각 수리보고서」, 문화재청, 2009
「전주객사 수리정밀실측 보고서」, 문화재청, 2004
「화성 융릉 정자각 및 비각수리보고서」, 문화재청, 2008

나. 실측조사보고서

「경주 양동 무첨당 실측조사보고서」, 문화재청, 2000
「공주 마곡사 대웅보전 · 대광보전 정밀실측조사보고서」, 문화재청, 2012
「근정전 실측조사보고서」, 문화재청, 2000
「나주향교 실측조사보고서」, 문화재관리국, 1991
「남원 광한루 실측조사보고서」, 문화재청, 2000

「논산 돈암서원 응도당 정밀실측조사보고서」, 문화재청, 2011
「대전 회덕 동춘당 실측조사보고서」, 문화재청, 2002
「밀양 영남루 실측조사보고서」, 문화재청, 1999
「미륵사지석탑 해체조사보고서 I, II, III, IV」, 문화재청, 2003~2011
「보은 법주사 팔상전 정밀실측조사보고서」, 문화재청, 2013
「부산 범어사 조계문 정밀실측조사보고서」, 문화재청, 2012
「부안 내소사 대웅보전 정밀실측조사보고서」, 문화재청, 2012
「사직단 정문 실측조사보고서」, 문화재청, 2005
「서울 숭례문 정밀실측조사보고서」, 서울특별시 중구, 2006
「서울문묘 실측조사보고서」, 문화재청, 2006
「성주향교 대성전 및 명륜당 정밀실측조사보고서」, 문화재청, 2011
「수원 서북공심돈 정밀실측조사보고서」, 수원시 화성사업소, 2012
「수원 팔달문 · 화서문 실측조사보고서」, 경기도, 1998
「수원 화서문 정밀실측조사보고서」, 문화재청, 2014
「안동 도산서원 전교당, 상덕사 및 삼문 정밀실측보고서」, 문화재청, 2011
「여수 진남관 실측조사보고서」, 문화재청, 2001
「영암 도갑사 해탈문 실측조사보고서」, 문화재청, 2005
「영주 소수서원 강학당 및 문성공묘 실측조사보고서」, 영주시, 2003
「예산 수덕사 대웅전 실측조사보고서」, 문화재청, 2005
「종묘 영녕전 정밀실측조사 설계용역 보고서」, 문화재청, 2013
「종묘 정전 실측조사보고서」, 문화공보부 문화재관리국, 1989
「전주 풍남문 실측조사보고서」, 문화재청, 2004
「창경궁 통명전 실측조사보고서」, 문화재청, 2001
「창경궁 홍화문 정밀실측조사보고서」, 문화재청, 2010
「창덕궁 인정전 실측조사보고서」, 문화재관리국, 1998
「청계천발굴유적 실측 및 설계보고서 III. 오간수문 실측조사보고서」, 서울특별시, 2005
「통영 세병관 실측조사보고서」, 문화재청, 2002
「해남 미황사 대웅전 정밀실측조사보고서」, 문화재청, 2011
「화엄사 각황전 실측조사보고서」, 문화재청, 2009
「흥인지문 정밀실측조사보고서」, 서울특별시 종로구, 2006

04 | 논문

김지민, 「남서해 도서 민가의 '마리' 공간 연구」, 한국건축역사학회논문집 v.20 no.6, 2011
이천우, 「남한산성 축성법에 관한 연구」, 명지대학교 산업대학원, 국내석사, 2006
천득염 · 허지혜, 「한국석탑 용어정의 시론」, 한국건축역사학회, 한국건축역사학회 춘계학술발표대회 논문집, 2016
최정효, 「조선후기 왕릉 정자각의 지붕구조 변화 연구에 관한 연구」, 경기대학교 일반대학원, 국내석사, 2013
김상협 외, 「조선후기 석빙고 홍예구조와 조성방법 연구」, 대한건축학회 논문집 계획계 v.29 no.11, 2013년
노현균 외, 「법주사 팔상전의 건축특성 재조명」, 한국건축역사학회 추계학술발표대회 논문집, 2013

박강철 · 신웅주, 「전통 중층문루의 유형별 특성에 관한 연구」, 대한건축학회 지회연합회 논문집 v.12 n.02 (통권42호), 2010

정해두 · 장석하, 「석탑 기단부 적심구성방법에 대한 특성 고찰」, 한국건축역사학회논문집 v.16 no.5, 2007

홍병화 · 이은수, 「귀고주방식의 조영전통과 의미」, 한국건축역사학회논문집 v.19 no.3, 2010

홍은기 · 장헌덕, 「조선시대 중층문루의 우진각 지붕 가구기법 연구」, 한국건축역사학회 춘계학술발표대회 논문집, 2014

박태근 · 김환철 · 김왕직, 「전통창호 제작기법에 관한 고찰」, 한국건축역사학회 춘계학술발표대회 논문집 , 2011

박일찬 · 박재범 · 이호열, 「조선시대 반가의 창얼굴과 머름의 형식 연구」, 한국건축역사학회 추계학술발표대회 논문집, 2009

이은수 · 홍병화 · 김성우, 「조선시대 중층목조건축의 전각부 가구법의 형식과 구조적 특성」, 대한건축학회논문집 계획계, v.25 no.12, 2009

성대철 · 장진영, 「부안 내소사 대웅보전 꽃살문의 구성과 특징에 관한 연구」, 대한건축학회논문집 계획계 제29권 제4호, 2013

김현용 · 홍승재, 「익산 미륵사지 석탑 기초의 조성기법 연구」, 한국건축역사학회 추계학술발표대회 논문집, 2013

양태현 · 천득염, 「쌍봉사 대웅전의 조영에 관한 고찰」, 건축역사연구, V.22 n.1, 2013

김상협 외, 「조선후기 석빙고 홍예구조와 조성방법 연구」, 대한건축학회논문집 계획계 제29권 제11호, 2013

이형재, 「임진왜란과 정유재란시기 왜성 축조방법에 대한 연구」, 건축역사연구 제18권 1호, 2009

여상진, 「조선시대 객사의 영건과 성격 변화」, 서울대학교 건축학과 박사논문, 2005

박찬범, 「남한산성 여장 축조기법의 특성과 보수기법 고찰」, 목원대학교 건축학과 석사논문, 2013

조영민, 「전통 벽체 기법 변화에 관한 연구」, 건축역사연구 제23권 4호, 2014

조현정 외, 「중층목조건축의 가구유형별 취약부위 분석 연구」, 대한건축학회논문집 계획계 제30권 제3호, 2014

이철영 · 윤재웅, 「조선시대 연변봉수의 배치형식 및 연대에 관한 연구」, 건축역사연구 제15권 5호, 2006

천득염 · 한승훈, 「백제석탑과 신라석탑의 비교론적 고찰」, 건축역사연구 제4권 1호, 1995

천득염 · 김은양, 「한국전탑에 관한 비교론적 연구」, 건축역사연구 제4권 2호, 1995

김봉건, 「전통 중층목조건축에 관한 연구」, 서울대학교 박사논문, 1994

정대열 · 예명해, 「일주문의 건축형식에 관한 연구」, 대한건축학회논문집 계획계, v.18 no.11, 2002

❑ **전통건축 관련 자료 검색에 도움이 되는 사이트**

■ **수리보고서 다운로드**

문화재청(http://www.cha.go.kr) → 행정정보 → 간행물 → 문화재도서

■ **논문 및 자료검색**

국회전자도서관(http://dl.nanet.go.kr)
건축도시연구정보센터(http://www.auric.or.kr)
학술연구정보서비스RISS(http://www.riss.kr)
국립문화재연구소(http://www.nrich.go.kr)

저자소개

이승환
문화재수리기술자(보수)

박남신
문화재수리기술자(보수)

정수희
문화재수리기술자(보수, 단청)

문화재수리보수기술자
한국건축구조와 시공 ❷

발행일	2019. 1. 15　초판발행
	2020. 5. 30　개정 1판1쇄
저　자	이승환 · 박남신 · 정수희
발행인	정용수
발행처	예문사

주　소	경기도 파주시 직지길 460(출판도시) 도서출판 예문사
T E L	031) 955 – 0550
F A X	031) 955 – 0660
등록번호	11 – 76호

- 이 책의 어느 부분도 저작권자나 발행인의 승인 없이 무단 복제하여 이용할 수 없습니다.
- 파본 및 낙장은 구입하신 서점에서 교환하여 드립니다.
- 예문사 홈페이지 http://www.yeamoonsa.com
- 카이스건축토목학원 홈페이지 http://www.ikais.com

정가 : 40,000원

ISBN 978–89–274–3609–6　13540

이 도서의 국립중앙도서관 출판예정도서목록(CIP)은 서지정보유통지원시스템 홈페이지(http://seoji.nl.go.kr)와 국가자료공동목록시스템(http://www.nl.go.kr/kolisnet)에서 이용하실 수 있습니다.
(CIP제어번호 : CIP2020019783)